无人机技术与应用

高黑兵　王坤泉　房余龙　主编

苏州大学出版社

图书在版编目（CIP）数据

无人机技术与应用／高黑兵，王坤泉，房余龙主编．
苏州：苏州大学出版社，2025.8. -- ISBN 978-7-5672-5340-7

Ⅰ. V279

中国国家版本馆 CIP 数据核字第 20254XA464 号

WURENJI JISHU YU YINGYONG

责任编辑：史创新

出版发行：	苏州大学出版社	**网　　址：**	www.sudapress.com
社　　址：	苏州市十梓街 1 号	**邮　　箱：**	sdcbs@suda.edu.cn
邮　　编：	215006	**开　　本：**	787 mm×1 092 mm　1/16
印　　刷：	苏州工业园区美柯乐制版印务有限责任公司	**印　　张：**	23.5
版　　次：	2025 年 8 月第 1 版	**字　　数：**	515 千
印　　次：	2025 年 8 月第 1 次印刷	**定　　价：**	78.00 元

图书若有印装错误，本社负责调换

苏州大学出版社营销部电话　0512-68741020

苏州大学出版社天猫旗舰店　https://szdxcbs.tmall.com

《无人机技术与应用》编委会

翱翔的智慧

——无人机时代的机遇与责任

（代序）

今日的世界，无人机已从军事领域的“千里眼”拓展为赋能千行百业的“无形之手”。从精准农业中每一株作物的智能灌溉到灾后救援分秒必争的空中生命通道，从边境线上一刻不息的电磁频谱监测到城市夜空书写光影诗篇的集群之舞，无人机的形态与应用边界，正以超越想象的速度重构着人类感知与改造世界的方式。值此《无人机技术与应用》修订再版之际，我向本书主编高黑兵、王坤泉、房余龙及所有编写者致以敬意。此版不仅凝聚了技术演进的精髓，更呼应了国家低空经济战略的迫切需求。

本书的诞生，恰逢无人机产业从技术探索迈向深度融合的关键节点。从消费级航拍到精准农业测绘，从紧急医疗物资配送到基础设施智能巡检，从战场态势感知到生态保护区反盗猎监测……无人机正悄然渗透至人类生产生活的每一个维度。它既是工具的革命，更是思维的解放。

该书具有如下优势：

1. 语言通俗性——立足教育之根本，采用通俗化的语言，让读者易学易懂；

2. 技术硬核性——系统阐述无人机技术，如动力系统、飞控算法、通信链路与载荷集成、反无人机等原理和应用发展；

3. 场景普适性——覆盖军用、警用、民用、工业、消防、应急、摄影、安防等领域的创新案例；

4. 发展持续性——分析法规、标准制定、风险管控与产业生态协同路径。

修订版特别增设无人机战争，无人机在低空经济、消防灭火、影视业、体育界中的应用，无人机低空经济法规等内容，揭示近年来无人机技术如何驱动产业范式跃升，无人机应用如何实现低空经济的高质量发展。

谨以此书献给：工程师与科研工作者——愿它成为技术突破的基石；政策制定者与法律从业者——愿它提供治理创新的视角；每一位仰望天空的梦想家——愿你们以责任为舵，以创意为帆，在这片低空蓝海中破浪前行。

无人机的终极意义，在于让我们以更谦卑的姿态理解世界。本书不仅是技术手册，更是低空经济时代的战略指南。它既保留了房余龙首版中扎实的无人机技术与应用框架及应用实操解析，又以近期的最新科研成果重绘技术应用疆界。无人机正从“看得见的工具”进化为“看不见的基础设施”。本书将为政策制定者、工程师及每一位低空经济参与者提供参考。

是为序。

张小飞

2025 年 7 月 20 日

（张小飞，教授，博士生导师，南京航空航天大学电子工程学院副院长，电磁频谱空间认知动态系统工信部重点实验室常务副主任）

再版前言

2021年4月，初版《无人机技术与应用》面世后，受到了无人机爱好者的喜爱，有些无人机驾驶员、职业技能培训机构和高等院校，也将该书用作技能培训读本和无人机选修课的教材。

近年来，无人机作业发展迅速，尤其是随着AI技术和人工智能的介入，无人机的应用场景越来越广泛。2024年，全国320万家无人机相关企业在民用无人驾驶航空器综合管理平台登记注册，平台发放操控员执照27万本，登记无人机215.8万架。2024年，无人机行业年产值2100亿元，较上年增长39.5%。我国无人机领域的专利申请量占全球70%。为了满足社会经济发展的需要，传播无人机的新技术，推动无人机更好地服务于社会政治、经济、军事、文化等各个方面，再版《无人机技术与应用》应运而生。

再版《无人机技术与应用》一书，在对原版内容作适当修改的基础上，增加了近几年来国内外无人机技术、产品、设施设备、应用场景的新发展以及无人机安全管控的新法律法规等内容。再版《无人机技术与应用》在以下几个方面呈现出新面目。

一、无人机在低空经济中占据核心地位

无人机与低空经济的结合，正在成为推动经济和社会发展的重要力量。无人机具有高灵活性、低成本、智能化等优势，正在重塑传统行业的运作模式，它在物流配送、城乡治理、文旅运动、应急救援、交通运输、生产作业等方面的应用越来越广泛。

二、无人机在现代战争中得到广泛应用

从上世纪末以来，无人机在战争中不仅用于空中侦察、定点清除、反恐侦查，而且出现了察打一体无人机、无人机集群作战、无人机部队。纵观俄乌冲突、印巴冲突、以伊冲突，无人机均已成为战场上的重要武器。军用无人机的发展趋势呈现智能化升级、察打自主化、高空长航时等特征。

三、反无人机技术突飞猛进

无人机的广泛应用，也对各国的无人机反制能力提出了新的挑战，从而引发反无人机技术的飞速发展。总体来说，反无人机技术分为电子干扰和物理毁伤两大类。细分的话，反无人机技术包括电子干扰与信号阻断、GPS 诱骗、物理拦截、雷达与光电探测、激光武器、AI 与多传感器融合等六种技术。2025 年 2 月 17 日，第十七届阿布扎比国际防务展上亮相的中国激光防御系统“寂静狩猎者”大放异彩。该防御系统集雷达搜索、光电捕获跟踪、激光拦截等功能于一体，具有高效紧凑、拦截概率高、效费比高等优点，具备随停作战能力，实现快速反应，是当前拦截中低空无人机的有效手段，适用于政治、军事、经济防护和重大活动安保。且可根据用户需要加装电子对抗单元，对无人机进行软杀伤，实现“百发百中”。这标志着我国在定向能武器领域已走在了世界前列。

四、社会诸多行业对无人机的应用需求持续扩大

初版《无人机技术与应用》一书列出了无人机在军事、安全、工业、农业、商业、林业、交通、建筑、城管、水利、文化、艺术、环保、电力、石化、应急救援、测绘、演讲、互联网等方面的应用。近年来，随着社会经济和军事、文化、教育事业的发展，无人机应用又有了新的场景，特别是低空的开放，给无人机带来了大展宏图的平台。再版《无人机技术与应用》列举了无人机在交通运输、物流配送、违章建筑执法、市容市貌管理、基础设施巡查、历史文化保护、自然资源的生态空间管控、土地执法督察、生态环境的温室气体监测、生态治理、气象和生态环境质量监测、河湖保护及防洪、海事管理中的安全执法和设施检查、景区内部和景区之间的低空游览观光、灭火（高层、狭小空间中的火灾）、应急通信、通用航空货运、城市间或城区内低空通勤客运、矿产资源勘探和生态动态监测以及能源、交通等设施设备的清洁、维护等方面的应用。

五、无人机新产品、新技术的发展

再版《无人机技术与应用》一书中，对近五年来无人机新产品、新技术等方面的情况，作了概括性介绍，主要集中在第二章、第三章、第五章里。

第二章第一节《国外无人机的应用与研究》中增加了无人机在现代战争中的应用这一部分内容。第三节《我国无人机的应用与研究》中，介绍了目前我国技术领先的军用无人机。第四节《未来无人机发展趋势》中，增加了无人机在交通运输和文旅消费方面的发展内容。

第三章第三节《无人机系统的构成》中，增加了“无人机机库”内容。无人机机库是近年来专为无人机设计的智能硬件基础设施，集自动起降、光换电、数据交互、安全存储功能于一体，适应户外复杂环境，支持 4G/5G 远程监控与云端调度。另外，还在无人机电动系统中的“电池”这一部分增加了“锂离子电池属于国家强制 CCC 认证产品”这一内容，明确了其认证规则和技术要求。

第五章第三节《无人机应用的安全措施》中，增加了无人机从业人员必备相关岗位的职业技能要求。

附录部分，删除了原版的7个有关无人机管理的法规，取而代之的是新颁布的《无人驾驶航空器飞行管理暂行条例》《民用无人驾驶航空器系统安全要求》《强制性产品认证实施规则 移动电源、锂离子电池和电池组（试行)》。

最后需要说明的是，参加本书编写的作者来自各个领域，既有大学老师、公安专家、质量检验检测部门的专业人士，又有无人机制造工程师、无人机培训机构的领导和教员。大家各抒己见，优势互补，同时参阅、借鉴了大量网络资源和相关文献、规章、标准，以保证图书的质量和价值。全书正文分九章，具体分工如下：第一章、第二章、第三章，高黑兵、房余龙；第四章，杨鹏正、杨智岚、房余龙；第五章，田源、陈泓、高黑兵、房余龙；第六章，杨智岚、杨鹏正、房余龙；第七章，吕鑫、杨智岚；第八章、第九章，高黑兵、房余龙。全书统稿由高黑兵、房余龙负责，配图由陈泓、田源、杨智岚、高黑兵等人完成。王坤泉、陈涛、王凯峰、黄超勇分别对本书进行了审读，并提出了修改建议，提供了相关资料。

编 者

2025 年 6 月 26 日

目录

第一章

概 述

第一节 无人机的概念

无人机出现一个多世纪以来，随着信息技术的高速发展，它的技术发生了巨大的变化，从遥控飞行器（Remotely Piloted Vehicle，简称 RPV）到无人飞行器（Unmanned Aircraft Vehicle，简称 UAV），再到无人驾驶飞行器系统（Unmanned Aircraft System，简称 UAS），无人机技术不断迈上新的高度。

一、无人机是什么

在无人机技术的漫长发展过程中，有关专家、学者从不同角度，根据不同的考量，对无人机是什么做出了表述不尽相同的解释。

无人机（Unmanned Aircraft，简称 UA），是由控制站管理（包括远程操纵或自主飞行）的航空器，也称远程驾驶航空器（Remotely Piloted Aircraft，简称 RPA）。

无人机（UAV）是利用无线电遥控设备和自备的程序控制装置操纵的不载人飞机。

无人机（Drone）是无人飞行器的简称，指一种通过无线遥控或内设的智能控件进行操控，利用机内嵌入式系统及配件，与远程信息平台构建完成数据链，从而完成信息实时交互的不载人飞行器。

无人机是利用无线遥控设备或者预先编写好的程序控制，能在实现自主或者半自主功能的同时，重复使用的飞行器。

无人机是无人驾驶飞机，指通过无线电遥控设备，利用自备的程序控制装置来操控飞行的飞机。

无人机是无人驾驶航空器的简称，指一种通过远程操作遥控器指挥，让其自主飞行的航空器。

此外，还有把无人机称为空中机器人的。美国白宫军事顾问、机器人专家辛格曾经说过，机器人的本质就是机器。中国工程院院士、自动化和人工智能专家李德毅也说过，未来汽车的三个功能将是感知、认知和行动，无人机既然是机器，就也要具备汽车的这三个功能。因此，无人机也叫空中机器人。

如果要给无人机下个定义的话，那就是从严格意义上对无人机做出解释：无人机是一种由无线电遥控设备和自备程序控制装置操纵的无人驾驶飞行器。但是从专业的角度上看，根据中国民用航空局飞行标准司的规定，无人机是由控制站管理（包括远程操纵或自主飞行）的航空器，也称远程驾驶航空器。

二、无人机与航模的区别

从广义上来说，无人机与航模的主要区别是看能否进行无人操控的自主飞行。前者通过飞控系统控制飞机的姿态和机动，只需通过数据链与地面控制系统参数进行交互，即可实现自主飞行，在一些军用、航测等应用中，可实现超远距离飞行。而后者比较初级，大多在视距内飞行，也几乎没有自动化的飞控系统。未来，无人机将作为空中载体和应用平台，探索出越来越多的应用场景和功能。

具体地讲，要知道无人机和航模的真正不同之处，就得从定义、飞控系统、结构、用途、安全管理等五个方面来梳理两者之间的区别。

1. 定义方面

航模的定义是航空模型，要在不超过 500 米的视距内飞行，相对高度不超过 120 米。它是一种有尺寸限制、带有或不带有动力装置的不能载人的航空器。

无人机则是一种由无线电遥控设备和自备程序控制装置操纵的无人驾驶飞行器。它可以完全不用遥控器，而是通过计算机、地面站、地面电路来指挥，能飞行到几千千米外，留空时间可以长达几个小时甚至几十个小时。

2. 飞控系统方面

无人机与航模的区别在于是否安装导航飞控系统，能否按照预设程序实现自主飞行。通俗地说，无人机通过复杂的中央飞控系统，与地面控制系统参数进行交互，以控制飞机的姿态和机动，实现自主飞行。航模虽然也是无人驾驶，但它在操控手的视距范围内，由操控手遥控实现机动和姿态的调整。换言之，就是无人机本身带了“大脑”飞行，可能“大脑”受限于人工智能，没有人聪明；但航模的“大脑”，始终在地面的操纵人员手里。

3. 结构方面

无人机的结构要比航模复杂得多。航空模型由飞行平台、动力系统、视距内控系统等组成，主要是为了娱乐和观赏，追求的是外表的仿真或飞行姿态优雅等，科技含量不高。

无人机系统由飞行平台、动力系统、飞控导航系统、链路系统、任务系统、地面控制站等组成，主要是为了完成特定飞行任务，追求的是系统的任务完成能力，科技含量高。

4. 用途方面

无人机多数用于执行超视距任务，最大任务半径可达上千千米。通过机载导航飞控系统自主飞行，由链路系统上传控制指令和下达任务信息。

航模通常在视距范围内飞行，控制半径小于500米，操纵人员目视飞机，通过手中的遥控发射器操控飞行，机上一般不会搭载执行任务的设备。

5. 安全管理方面

在我国，航空模型由国家体育总局下属的航空无线电模型运动管理中心管理，民用无人机由国家民航局统一管理，军用无人机由军方统一管理。

三、无人机相关名词解释

无人驾驶航空器，包括无人机和航模航空器。

无人机系统（Unmanned Aircraft System，简称UAS），也称远程驾驶航空器系统（Remotely Piloted Aircraft Systems，简称RPAS），指由无人机、相关控制站、所需的指令与控制数据链路，以及批准的型号设计规定的其他所有部件组成的系统。

控制站，也称遥控站、地面站，它是无人机系统的组成部分，包括用于操纵无人机的设备。

指令与控制数据链路（Command and Control Data Link，简称C2），指无人机和控制站之间为实现飞行管理目的而形成的数据链接。

无人机云系统（简称“无人机云”），指轻小型民用无人机运行动态数据库系统，用于向无人机用户提供航行服务、气象服务等，对民用无人机运行数据（包括运营信息、位置、高度和速度等）进行实时监测。接入系统的无人机，应即时上传飞行数据，无人机云系统对侵入电子围栏的无人机具有报警功能。

运营人，指从事或拟从事航空器运营的个人、组织或者企业。

主动反馈系统，指运营人主动将航空器的运行信息发送给监视系统。

被动反馈系统，指利用雷达、ADS-B（广播式自动相关监视设备）、北斗系统等手段，从地面对航空器进行监视的系统，该反馈信息不经过运营人。

无人机驾驶员，指由运营人指派的对无人机的运行负有责任，并在飞行期间适时操纵无人机的人。

无人机系统机长，指在系统运行时间内，负责整个无人机系统运行和安全的驾驶员。

无人机观测员，指由运营人指定的训练有素，通过目视观测无人机，协助无人机驾驶员实施安全飞行的人员。

视距内运行（Visual Line of Sight Operations，简称 VLOS），是无人机驾驶员或无人机观测员与无人机保持直接视觉接触的操作方式，指的是航空器处于驾驶员或观测员视距半径 500 米内、相对高度低于 120 米区域内的运行。

超视距运行（Beyond VLOS，简称 BVLOS），指无人机在视距以外的运行。

融合空域，指有其他航空器同时运行的空域。

隔离空域，指专门分配给无人机系统运行的空域，通过限制其他航空器的进入以规避碰撞风险。

人口稠密区，指城镇、村庄、繁忙的道路或大型露天集会场所等区域。

重点地区，指军事重地、核电站和行政中心等关乎国家安全的区域及周边，或者由地方政府临时划设的区域。

机场净空区，也称机场净空保护区域，指为保护航空器起飞、飞行和降落安全，根据民用机场净空障碍物限制图要求划定的空间范围。

空机重量，指不包含载荷和燃料的无人机重量，该重量包含无人机的燃料容器和电池等固体装置。

电子围栏，指为阻挡未经批准而侵入特定区域的航空器，在相应电子地理范围中划出特定区域，并配合飞行控制系统，保障区域安全的软硬件系统。

反无人机系统，指利用技术手段对无人机进行监测、干扰、诱骗、控制、摧毁的一种装置。当今，反无人机技术手段主要有激光炮、信号干扰、信号欺骗、声波干扰、黑客技术、无线电控制及反无人机无人机等。

第二节　无人机的特点

一、无人机的一般特点

总的来讲，无人机的特点是用途广泛，成本低，效费比好，无人员伤亡风险，生存能力强，机动性能好，使用方便，在现代战争中有极其重要的作用，在民用领域更有广阔的前景。

具体而言，无人机有以下六个方面的特点。

1. 良好的飞行能力

轻型无人机和微型无人机体积小、重量轻，便于携带，可以随时起降，飞行高度可至 1000 米以上，在大风大雨的恶劣天气下也能正常飞行，不受地理环境和天气条件的限制，能装载一定重量的物品。

2. **智能性高**

随着科学技术的不断发展，无人机系统的智能化和自动化程度越来越高。现在的轻、微型无人机携带卫星定位系统、高清摄像头、自航仪、电子地图等软硬件，可以通过遥控操作飞行、半自主飞行和按照设定航线自主飞行，而且还能通过无线通信系统，将拍摄到的信息传回终端设备，具有双向通信能力。

3. **操作简单**

轻型无人机运行费用比较低，维护和修理各部件简单，对飞行场地要求不高，可以在很小的地方起降，控制无人机的“飞手”经过短时间的培训，就可以执行各项操作。

4. **执行任务范围广**

无人机既可作军用，又可作警用、民用。军用无人机体积小、隐蔽性好，具有很强的应用优势。无人机可代替有人飞机在空中执行高危、高难、高技术任务，已经成为航天领域的重要组成部分，直接影响到军事作战指挥和实战取得的成效。警用无人机则是维护公共安全的锐器，无人机上面安装的武器，可以直接处置敌对势力和犯罪分子，避免和减少人员伤亡。民用无人机广泛用于航拍、农林、物流、电力、城市规划、水利监测等各个领域。轻型无人机可以在人们无法到达的地方执行特殊任务。

5. **可实时传递信息**

无人机应用于侦查破案过程中，可以垂直升降、高清拍摄歹徒的动态和现场环境，及时传回指挥平台。现场指挥者可以根据实际情况部署方案，精准引导民警抓获案犯。无人机运用在大型活动、应急救援、区域监控等诸多行动中，均可把目标现场的真实信息传送到指挥中心，服务于领导决策。

6. **价格低廉**

无人机品牌有很多种，消费级的无人机价格便宜，即使用于侦查破案的无人机，一般价格也只有万元左右，县级公安机关及基层派出所，都能在日常办案中配备。

二、无人机的优势

与有人飞机相比，无人机具有以下六个方面的优势。

一是机上没有驾驶员，无须配备生命保障系统，简化了系统，减轻了重量，降低了成本。

二是无人驾驶航空器执行危险任务时，不会危及人员安全，更适合执行危险性高的任务。

三是没有驾驶员的无人机，可以适应更激烈的机动飞行和更加恶劣的飞行环境，留空时间也不会受到人所固有的生理条件的限制。

四是无人机在制造、使用和维护方面的技术门槛与成本相对更低。在制造方面，放宽了冗余性、可靠性指标，放宽了机身材料、过载、耐久等要求。在使用方面，操作相对简单，训练更易上手，且可用模拟器代替真机进行训练，延长了真机的实际使用寿命。另外，维护相对简单，维护成本低。

五是无人机对环境要求较低，包括起降环境、飞行环境和地面保障等。

六是无人机相对重量轻、体积小、结构简单，应用领域广泛。

三、固定翼和多旋翼无人机的特点

常见的无人机分为固定翼和多旋翼两大类，它们具有各自的优势和特点。

1. 固定翼无人机的特点

固定翼无人机的优点是续航时间长，抗风性能好，拍摄面积广，适合航测航拍、区域监控、管道巡线、应急通信等领域。固定翼无人机在飞行原理上与飞机类似，以螺旋桨或者涡轮发动机产生的推力作为飞机向前飞行的动力，主要的升力来自机翼与空气的相对运动。所以，固定翼无人机必须有一定的无空气的相对速度，才会有升力来飞行。

固定翼无人机具有飞行速度快、运载能力大的特点。在有航程和高度的要求时，一般选用固定翼无人机，如低空摄影测量、电力巡检、公路监控等。在性能方面，固定翼无人机的续航时间能达到一两个小时，单架次拍摄面积在30平方千米以上（比例尺1∶1000），有高达4200万像素的航拍摄像机的地面分辨率，适合大面积地形测绘和大区域拍摄。

固定翼无人机在工农业领域的应用比较多，驾驶人员必须经过系统的培训才能操作。

2. 多旋翼无人机的特点

多旋翼无人机依靠旋翼转动产生的升力来平衡飞行器的重力，气动效率只有固定翼的四分之一左右。它的优点是操作简单、轻便，造价相对低廉，可以定点悬停，垂直升降时对起飞场地的要求低。

专业级多旋翼无人机，最多载重达7千克，最大平飞速度10米/秒，续航时间能达到40～50分钟，大大提升了作业效率与适应力，在城区、矿区、灾害应急、小区域测绘应用等方面有着不俗的表现，常应用于航拍、环境监测、案件侦查、建筑建模、特殊物体运输等。

多旋翼无人机的缺点是速度比较慢，续航时间短。所以，环境复杂、范围不大的区域比较适合使用轻型的操作简单的多旋翼无人机。消费级的无人机，是多旋翼无人机，通常其续航时间在20分钟左右，载重能力基本上就是一个微单相机。

四、不同用途无人机的各自特点

当今的无人机，根据用途的不同，可分为军用无人机和民用无人机两个大类。为了表达清楚，现把警用无人机从民用无人机中单列出来，分述三类不同用途无人机的各自特点。

（一）军用无人机的特点

军用无人机多使用固定翼无人机，因为它飞行速度快，续航时间长，航程远，飞行控制的精确度较高。在国防建设中起到重要作用的军用无人机，具有隐形、小巧、灵活、成本低的特点，能在战场上空侦察，并能对目标进行攻击。军用无人机除了用于作战外，还用于军事训练。

（二）警用无人机的特点

警用无人机作为服务于警务工作需要的公安专业特种装备，具有体积小、隐蔽性强、抗干扰性强、动态定点追踪能力强、全方位监视控制等特点。相对于消费级无人机和其他专业级无人机来说，警用无人机的应用具有以下特点。

1. 现场快速展开能力强

公安工作的特点之一就是突发性、不确定性，这就要求投入工作的警力必须能够快速反应、快速处置。兵贵神速，只有抓住稍纵即逝的战机，才能迅速制胜。所以，警用无人机必须具备快速展开能力，在数分钟内完成准备工作，然后迅速升空执行相关任务。

2. 较好的隐蔽能力

在警务工作中，经常会用无人机来执行侦查、跟踪、抓捕等特殊任务。在此过程中，最重要的一点就是隐蔽，不可轻易暴露目标，以免引起嫌疑人的警觉。为此，警用无人机必须具备隐蔽执行任务的能力，在降噪、低可视性等方面有着更高的要求，其动力、桨叶、外观均须采用特殊设计，以实现隐蔽性。

3. 多样化、多手段，系统集成度高、通用性强

公安系统战线长、任务重，不同警种的警务工作需求也不尽相同。警用无人机作为强警装备，必须具有多种任务平台、多种任务挂载以及模块化、集成化、通用化的特点，以适应公安战线多警种、多项警务工作的点、线、面全方位需求。

4. 安全可靠性高

相比于大众消费级无人机，专业警用无人机系统的安全可靠性要求更高。警用无人机要成功通过高低温测试、耐腐蚀测试、最大续航时间测试、最大载荷能力测试、最大飞行速度测试、持续工作可靠性测试、手控操作稳定性测试、防水（雨）测试等多项极限条件的测试，方可定型。同时，在数据安全性、通信链路保密性等方面，警用无人机均须按照专业级甚至是军工级的标准执行，绝非普通的消费级产品可比。

（三）民用无人机的特点

目前，无人机在农业植保、电力应用、专业航拍、遥感测绘、气象探测、空中送货、工业检查等民用方面，有着十分广泛的用途。这些不同行业使用的无人机，有着各自不同的特点，难以一一叙说。在此，我们仅以航拍无人机为例，对其特点作一简单介绍。

2014 年 8 月 6 日，中央电视台购置了 Flying-Cam 近距离航拍系统，该系统由比利时 FN 公司研制，由两个飞行器、陀螺仪、地面控制基站、传输系统组成。每个飞行器可持续飞行 30 分钟，满足高清直播制作需求，具有系统稳定性高、安全性高、操作灵活的特点，其独特、全方位的拍摄视角，大大提升了视觉的冲击力和震撼力，适用于各类电视节目制作。

小型轻便、高效机动、影像清晰、安全和智能化，是航拍无人机的特点。

第三节　无人机的类别

无人机涉及传感器技术、通信技术、信息处理技术、智能控制技术及航空动力推进技术等，是信息时代高技术的产物。无人机的价值在于形成空中平台，结合其他部件扩展应用，替代人类完成空中作业。

近年来，国内外无人机相关技术飞速发展，无人机系统种类繁多，用途广泛，特点鲜明，使得其在尺寸、质量、航程、航时、飞行高度、飞行速度、性能及任务等多个方面都有较大差异。由于无人机具有多样性，出于不同的考量会有不同的分类方法，且相互交叉、边界模糊，故较难准确分类。本书从无人机飞行平台构型、用途、尺度、活动半径、任务高度等方面进行如下分类。

一、按飞行平台构型分类

按飞行平台构型分类，无人机可以分为固定翼无人机、旋翼无人机、无人飞艇、伞翼无人机、扑翼无人机等。

（一）固定翼无人机

固定翼无人机（图 1-1）是由动力装置产生推力、固定的机翼产生升力，在大气层内运行的重于空气的航空器。机体结构通常包括机翼、机身、起落架、尾翼、发动机等。它依靠发动机螺旋桨进行动力滑跑或弹射方式起降，飞行高度高、速度快，适用于大范围航拍、长距离高速勘测等。

图 1-1 固定翼无人机

(二) 旋翼无人机

旋翼无人机又称旋翼航空器(图 1-2),类型很多,分类方法也有多种,这里介绍两种分类方法。

图 1-2 旋翼无人机

1. 按起飞重量分类

根据《无人驾驶航空器飞行管理暂行条例》之规定,微型、轻型、小型、大型无人机起飞重量分类标准如下:

(1) 微型无人机。微型无人机的空机质量小于 0.25 千克。

(2) 轻型无人机。轻型无人机的空机质量大于 4 千克,且最大起飞重量不超过 7 千克。

(3) 小型无人机。小型无人机的空机质量大于 15 千克,且最大起飞重量不超过 25 千克。

(4) 中型无人机。中型无人机的最大起飞重量不超过 150 千克。

(5) 大型无人机。大型无人机的最大起飞重量超过 150 千克。

2. 按结构形式分类

(1) 单旋翼带尾桨式无人直升机。该机装有一个旋翼和一个尾桨。旋翼的反作用力矩，由尾桨拉力相对于直升机重心所构成的偏转力矩来平衡。虽然尾桨消耗一部分功率，但这种结构形式构造简单、操纵灵便，应用极为广泛。

（2）双旋翼共轴式无人直升机。该机在同一转轴上装有两个旋转方向相反的旋翼，其反作用力矩相互平衡。它的特点是外廓尺寸小、气动效率高，但操纵机构较为复杂。

（3）多轴无人飞行器。该机是一种具有两个以上旋翼轴的无人旋翼航空器。它由每个轴末端的电动机转动带动旋翼，从而产生上升动力。旋翼的总矩固定，不像直升机那样可变。通过改变不同旋翼之间的相对速度，可以改变推进力和扭矩，从而控制飞行器的运行轨迹等。

（4）其他类型。旋翼无人机的其他类型包括自转旋翼无人机、变模态旋翼无人机、复合旋翼无人机等。

（三）无人飞艇

无人飞艇是人类文明史上最古老的航空器之一。美国联邦航空局编制的飞艇设计准则，把飞艇定义为“一种由发动机驱动的、轻于空气的、可以操纵的航空器”。这个定义明确了飞艇是航空器，并区分了飞艇与气球等依赖于气体浮力升空的浮空器。

无人飞艇（图 1-3）有不少种类。按结构来分类，无人飞艇可分为三种：一是软式飞艇；二是硬式飞艇；三是半硬式飞艇。软式飞艇气囊的外形是靠充入主气囊内浮升气体的压力保持的，因而这类飞艇也叫压力飞艇。硬式飞艇具有一个完整的金属结构，并由金属结构保持主气囊的外形，浮升气体充入构架内的几十个或更多的相互独立的小气囊内，以产生飞艇所需的浮升力。半硬式飞艇基本上属于压力飞艇，虽然以金属或碳纤维龙骨做支撑构架，但其气囊外形仍需要靠浮升气体的压力来保持。

图 1-3　无人飞艇

按填充气体来分类，飞艇的种类有氢气飞艇、氦气飞艇和热气飞艇。世界上早期的飞艇（习惯上把第二次世界大战前的飞艇称作早期飞艇）都是氢气飞艇，但由于氢气具有易燃易爆的特性，易引发燃烧爆炸的危险，自 1937 年德国“兴登堡”号飞艇发生爆炸事故以后，世界各国都禁止使用氢气作为填充气体。现代飞艇以氦气飞艇居多。

（四）伞翼无人机

伞翼无人机（图 1-4），顾名思义，是以伞翼作为动力而飞行的无人机，近年来得到了很大发展。伞翼无人机的制造技术是，冲压翼伞通过翼伞操纵绳与结构舱体连接，翼伞操纵绳控制器通过翼伞操纵绳与冲压翼伞相连，结构舱体的左右两侧均安装有翼伞操纵绳控制器，结构舱体的前后两端分别装有发动机，发动机的输出端连接螺旋桨，减震起落架安装在结构舱体的底部。操纵系统包括地面控制站以及置于结构舱体内部的接收器。地面控制站传输控制指令，接收机接收地面控制站的控制指令，分别控制翼伞操纵绳控制器及发动机控制器，实现伞翼无人机控制飞行及发动机的点火、熄火动作。该技术能有效地消除空中某个发动机发生故障而造成的动力缺失问题，构建了一套安全可靠的伞翼无人机飞行系统。

图 1-4　伞翼无人机

与固定翼无人机相比，伞翼无人机的特点是由于将伞翼作为升力面，因而具有体积小、载荷大、续航时间长、起降距离短、自身稳定、控制简单、雷达反射面积小等优点。可见，在当前条件下，为满足低成本、大载荷、长航时、野外起降等需求，伞翼无人机应该是一种优选的无人飞行器。伞翼机的不足之处是飞行速度慢，且易受气流影响。

（五）扑翼无人机

扑翼无人机即扑翼飞行器（图 1-5），指像鸟一样通过机翼主动运动产生升力和前行力的飞行器，又称振翼机。其特征是：机翼主动运动；以机翼拍打空气产生的作用力作为升力及前行力；通过机翼及尾翼的位置改变来进行机动飞行。

图 1-5　扑翼无人机

人类的飞行梦就是从扑翼飞行器开始，由固定翼飞行器初步实现的。目前，固定翼飞行器已经可以将人类送上蓝天，但扑翼梦还在进行中。因为扑翼空气动力学还未成熟，无法指导飞行器设计；材料要求特别高，不仅要质量轻，还要强度大；扑翼机结构复杂。但是，扑翼无人机一旦研制成功，将具有诸多优点：无须跑道，垂直起落；动力系统和控制系统合为一体；机械效率高于固定翼飞机。其局限是难以高速化、大型化。

二、按用途分类

按用途分类，无人机可分为军用无人机和民用无人机。近年来，随着公安机关使用无人机维护公共安全的进程加快，警用无人机又从民用无人机中脱颖而出，这就有了军用、警用、民用三类无人机。

（一）军用无人机

军用无人机是由遥控设备或自备程序控制操纵的不载人飞机。

军事是无人机的主要应用领域，军用无人机占比超过 70% 。军用无人机具有用途多、生存能力强、作战环境要求低等优点，是信息战和网络中心战的重要装备。军用无人机是高性能信息化武器，是现代信息技术发展成果在军事方面的重要体现。无人机在军事领域的成功应用，也揭开了以智能化远程攻击武器为主导的非接触战争的新篇章。自 20 世纪 70 年代以来，军用无人机越来越频繁地出现在局部战争中，无人机的发展也被越来越多的国家置于重要的地位。世界范围内，美国与以色列的无人机发展相对领先，西欧发达国家和其他地区的一些发展中国家也有各自的进展。目前，全球军用无人机已经有两百多种型号，其典型用途包括模拟飞行器、情报侦察、军事打击、信息对抗、通信中继、空中预警等。未来战争中，军用无人机的使用将会非常广泛。

军用无人机主要指的是无人侦察机和无人战斗机。

1. 无人侦察机

无人侦察机几乎不受天气和昼夜的影响，无论是白天还是晚上，都能潜入目标（天空、水下）附近进行侦察，为军队的作战指挥中心提供准确的目标信息，让军队及时掌握战场的情况，制订作战计划。无人侦察机门类齐全，种类繁多，如著名的美国“全球鹰”“捕食者”无人侦察机，曾在伊拉克战争和阿富汗战争中多次执行侦察任务。

2. 无人战斗机

无人战斗机指携带有导弹或激光武器的无人作战飞机，其主要任务是攻击、拦截地面和空中目标。与传统有人驾驶的战斗机相比，无人战斗机具有成本低、维护少、无飞行员、没有与人相关的安全性要求等特点。所以，无人战斗机可以在不牺牲人员的情况下，完成高风险任务，进行精确打击。

（二）警用无人机

警用无人机是警用无人驾驶飞机的简称，是警方、保安组织执行多种任务的专用无人机。它以无人机飞行平台为载体，通过负载相关任务模块，精准执行侦查、处置、打击等警务工作。警用无人机是警方的专业警用装备，在当前警察系统中有着十分广泛的应用，已经成为公安部门七大警种、二十三项警务工作的技术手段和支持。

公安机关借助于无人机的独特优势，将其广泛应用于反恐除暴、侦查缉捕、紧急救援、禁毒铲毒、治安巡逻、交通监管、大型活动安保、突发事件应急处置等方面，节省了大量警力、财力，减少、避免了人员伤亡风险，取得显著成效。

警用无人机一般为多轴无人机，对飞行器的稳定性、云台精度的要求较高，需要摄影设备具有一定的变焦功能，可以在远处实现悬停，并在对焦后能够清晰地拍摄车牌号、人脸等局部细节。同时，也需要较长的续航时间。

（三）民用无人机

随着无人机研发技术的逐渐成熟，其制造成本大幅降低，无人机在各个领域得到了广泛应用，除了军用、警用，还包括农业植保、测绘巡检、地质勘探、环境监测、森林防火、抢险搜救、林业监管、海事监管、海洋监测、航空物探及影视航拍等民用领域，且其适用领域还在随着相关科技的发展而迅速拓展。

民用无人机按照其具体用途，又可分为植保无人机、气象无人机、勘探无人机及测绘无人机等。植保无人机使用最广，主要用于农业大田作物（如小麦、棉花、玉米等）的病虫害防治（航空施药），以及化学除草、叶面施肥、森林病虫害防治、草原灭蝗等。使用航空施药可以及时有效地控制大面积病虫害的发生，与地面喷雾相比，具有工作效率高、不受地形因素的限制、施药均匀且穿透性好等优点。同时，施药时人机分离，能够降低药剂对人的影响，飞机产生的下旋气流可有效减少药剂的漂移，减少对环境的危害。

民用无人机多使用多轴无人机，重量轻，载重小，续航时间较短。

三、按活动半径分类

不同型号的无人机，活动范围不一。按活动半径分类，无人机可分为超近程无人机、近程无人机、短程无人机、中程无人机和远程无人机。

1. 超近程无人机

超近程无人机的活动半径在 15 千米以内。

2. 近程无人机

近程无人机的活动半径为 15 ~ 50 千米。

3. 短程无人机

短程无人机的活动半径为 50 ~ 200 千米。

4. 中程无人机

中程无人机的活动半径为 200 ~ 800 千米。

5. 远程无人机

远程无人机的活动半径大于 800 千米。

四、按任务高度分类

无人机驾驶员使用无人机承担的任务不同，它的飞行高度也就不完全一样。按任务高度分类，无人机可以分为超低空无人机、低空无人机、中空无人机、高空无人机和超高空无人机。

1. 超低空无人机

超低空无人机的任务高度一般为 100 米以下。

2. 低空无人机

低空无人机的任务高度一般为 100 ~ 1000 米。

3. 中空无人机

中空无人机的任务高度一般为 1000 ~ 7000 米。

4. 高空无人机

高空无人机的任务高度一般为 7000 ~ 18000 米。

5. 超高空无人机

超高空无人机的任务高度一般大于 18000 米。

五、按技术特征分类

不同类型的无人机，有不同的技术特征。按技术特征分类，无人机有固定翼无人机、多旋翼无人机、无人直升机和特殊构型的无人机等。

1. 固定翼无人机

固定翼无人机是多数军用和专业级应用的选择机型，由于机体结构的关系，高巡航速度、长航时与长航程是其最突出的特点，其飞行速度多在120千米/时以上，飞行距离可超100千米，续航时间为1~3小时。它通常采用滑跑或轨道弹射方式起飞，着陆通常采用滑跑或者伞降方式。

固定翼无人机在巡航速度、续航时间等方面都明显优于多旋翼无人机，但对起降场地的要求较高，应用场景不广。同时，由于固定翼无人机无法在空中悬停，仅能在特定区域内不断盘旋，因此面对需要定点监测的应用场景便无法胜任。

2. 多旋翼无人机

多旋翼无人机具有体积小、重量轻、成本低等优点。得益于飞控系统、无刷电机、电子调速器等关键元素的迅猛发展，电动多旋翼无人机操控简单，机身姿态控制平稳，拥有自动驾驶功能。同时，其垂直起降方式对于起降场地的要求不高，在复杂城市环境下的作业效果较好。

多旋翼无人机的机型结构，使其对各个旋翼的控制需要高速响应与高精度控制，无刷电机和电子调速器是关键，故大多数多旋翼无人机均采用无锂电池作为动力来源。受制于锂电池能量密度有限的特点，大部分多旋翼无人机续航的时间小于1小时，飞行速度较慢，飞行半径较小。

常见多旋翼无人机有四旋翼、六旋翼、八旋翼等。四旋翼无人机在体积、质量、便携性等方面具有优势，但其安全冗余度较低，一旦其中一个旋翼的电机出现问题，则无人机会坠落。而六旋翼、八旋翼无人机拥有一定的安全冗余度，即便有一个旋翼停桨，其余旋翼可以配平动力，使得紧急状况下仍然能保证飞行安全。

另外，多旋翼无人机还有共轴双桨机型（×8布局），兼顾了四旋翼机型的便携性，又在一定程度上满足升重比、控制性能和安全冗余的需求。

3. 无人直升机

根据平衡旋翼反扭矩（与驱动旋翼旋转等量但方向相反的扭矩，即反作用扭矩）的方式，无人直升机可分为单旋翼和多旋翼两大类。

常见的无人直升机多为单旋翼带尾桨式，其结构简单，气动、平衡、操纵稳定性以及操纵问题较易解决。在续航时间、负载能力和巡航速度等指标上，略好于多旋翼无人机。但此类机型需要尾桨来平衡主旋翼的反扭矩；若尾桨失效，则整机安全受到威胁。

4. 特殊构型的无人机

特殊构型的无人机有复合翼、回转旋翼、扑翼等。为了兼顾旋翼的垂直起降和固定翼的续航优势，近年来许多民用无人机企业开始着手研制这类特殊构型的无人机。

六、按应用领域分类

按应用领域分类，无人机可以分为消费级无人机、专业级（行业级）无人机和军事级无人机三大类。

1. 消费级无人机

消费级无人机一般面向终端消费者，售价较低，有数千元至万元人民币不等，大多数消费级产品以航拍为主要应用。消费级无人机更注重用户使用过程中的娱乐体验。例如法国 Parrot 公司的 Bebop 系列无人机以轻便著称，可使用手机进行短距离操控。而零度智控的 Dobby 口袋无人机，则在此基础上主推“便携”定位、小巧机身、掌上起降、一键自拍等功能，满足了消费者的个性化需求。

2. 专业级无人机

专业级无人机又称为行业级无人机，用于工业、农业、服务业、运输业等方面，售价在数万元至数千万元不等，主要为提高各行业中的作业效率，降低作业成本，现在已经广泛应用于气象检测、土地测绘、环境保护、应急监控、电力巡检、运输快递等领域。专业级无人机根据不同行业的需求，机型选择及性能侧重点有所不同，但在总体上，它对稳定性、可靠性、耐久性与续航的要求都比较高。

3. 军事级无人机

军事级无人机是用于军队的侦察、监视、打击等军事行动的武器装备，其技术含量比消费级、行业级都高。它的最大优势在于能避免人员伤亡。

第二章
无人机的历史和现状

第一节　概　说

无人机的出现可以追溯到第一次世界大战时期。1914 年，英国的两位将军提出了研制一种使用无线电操纵的小型无人驾驶飞机用来空投炸弹的建议，得到认可并开始研制。1915 年 10 月，德国西门子公司成功研制了采用伺服控制装置和指令制导的滑翔炸弹。1916 年 9 月 12 日，第一架无线电操纵的无人驾驶飞机在美国试飞。1917—1918 年，英国与德国先后研制成功无人遥控飞机。这些被公认为遥控无人机的先驱。

随后，无人机被逐步应用于靶机、侦察、情报收集、跟踪、通信和诱饵等军事任务中。

20 世纪末，军用无人机的发展进入了一个新时代，并先后形成三次发展浪潮。第一次是海湾战争后，以发展师级战术无人机系统为标志；第二次是波黑-科索沃战争后期，以 1993 年美国发展中高空、长航时无人机系统为标志；第三次是 20 世纪末期出现的，以发展旅团级固定翼和旋翼战术无人机为标志。21 世纪以来，军用无人机被用作“定点清除”敌对目标。如 2020 年 1 月 3 日，伊朗苏莱曼尼一行车队遭遇美国无人机空袭，苏莱曼尼与同行的伊拉克民兵武装副指挥官穆罕迪斯等 10 人均身亡。此次，美国出动的是具有新型发动机和螺旋桨技术，即使在夜空中飞行声音也很小的无人机。无人机向车队发射的是最新式的“地狱火”空对地导弹，弹头内装有 6 片刀锋，击中汽车爆炸后，这些刀锋以每秒旋转数百次的速度砍向车内的人。

我国的无人机研制始于 20 世纪 60 年代，最早也是用于军事。尽管我国无人机产业起步晚，但发展速度快，其技术已跻身世界前列。

无人机产业是一个新兴的高科技产业，从研发、制造到使用、管理、服务，涉及诸多领域，并且可以广泛用于军事、民间及科学研究。无论是技术还是市场，军用无人机都始终占据最重要的位置。

与军用无人机的百年历史相比，民用无人机就显得比较年轻，技术要求也低，更注重经济性。军用无人机技术的民用化，降低了民用无人机的市场进入门槛和研发成本，使得民用无人机得以快速发展。目前，民用无人机已广泛应用于航拍、航测、农林植保、巡线巡检、防灾减灾、地质勘测、灾害监测和气象探测等领域，形成了一个新兴的无人机产业。

民用无人机的情况，从全球范围来看，由于整机技术的发展以及产业链的成熟，无人机逐渐向小型化、低能耗方向发展，并且在航拍、娱乐等消费领域出现大规模应用，从而促进了消费级无人机市场的爆发。1990 年全球民用无人机的销量为 2.5 万架，2000 年已经超过 4 万架，2010 年达到 10 万架以上，2024 年则为 2200 万～2400 万架。未来几年预计保持 10%～15%的平均增长率，2028 年销量或达 3500 万～4200 万架。

第二节　国外无人机的应用与研究

国外无人机的应用与研究起步早、行动快、发展全面。美国不仅十分重视军用无人机的研发，而且在国家航空航天局成立了一个无人机应用中心，专门开展无人机的各种民用科学研究，如天气预报、地球变暖、冰川消融、热带风暴强度的演化过程等。美国的无人机技术处于世界领先水平，当下主要的研究对象和发展方向是长航时无人机、无人作战机、微型无人机和特种无人机。以色列是无人机的出口大国，无论是技术还是产量，在世界范围内的排名都非常靠前，所以它的军用无人机产品在国际市场上的占有率也相对较高。欧洲无人机技术发展较快，主要集中在英国、法国、德国、俄罗斯等国家。欧洲各国在无人机的研制技术方面各有长短，但整体的技术水平都比较一般，与美国的无人机技术相比，存在着短期内难以赶上的差距。亚洲的日本、韩国、印度、新加坡等国，都在积极研制各种用途的军用和民用无人机，但它们的自主研发能力都较为薄弱，主要还是依靠从外国进口。

一、军用无人机

作为 21 世纪新型武器的代表，无人机充分体现了现代军备武器发展的高科技化水平，其远程控制、低操作成本、零战争伤亡的特性，受到国际社会的普遍认同。

（一）无人机在现代战争中的应用

在现代军事战略布局中，无人机地位重要且类型多样，可按需选用于不同作战任务。侦察时凭借先进传感设备突破阻碍防线，如美国“全球鹰”等能够进行高空高分辨率成像侦察。监视时依靠气动与能源系统长时间巡航，如以色列“苍鹭”能续航数天。在目标指示与电子战方面，通过搭载相关装置干扰敌方系统，并指示目标。据媒体报道，美军“捕食者”无人机具备电子攻击能力，可用于干扰敌方雷达和目标定位系统，大幅削弱对方作战效能。无人机凭借自身的高机动性，能够迅速抵达预定干扰区域，在复杂电磁环境下展开有针对性的干扰，营造有利的作战态势，已经成为现代电子战不可或缺的重要力量。

近年来，无人机在军事领域较好地满足了战场侦察、区域监视、反恐维稳、毁伤评估等军事需求。外国无人机类型多种多样，按照其在军事领域的作用分析，大致有以下几种不同用途的军用无人机。

一是靶机。靶机泛指作为射击训练目标的一种军用飞行器，属于无人机的一种。这种飞行器利用遥控设备或者是预先设定好的飞行路径与模式，在军事演习或武器试射时模拟敌军之航空器或来袭导弹，为各类型火炮或是导弹系统提供假想的目标与射击的机会。靶机可以模拟导弹、飞机以及其他飞行器的飞行状态，可以用于训练战斗机飞行员以及防空操作员。

二是诱饵无人机。诱饵无人机主要用于诱使敌方开启电子侦察设备以获取有利信息，从而出其不意地发起攻击。

三是无人侦察机。无人侦察机可以在各种战斗中用于侦察和监控战场，及时为后方作战指挥提供准确而全面的军事情报。

四是攻击无人机。攻击无人机主要用于正面攻击和拦截目标。

五是战斗无人机。战斗无人机用于对地攻击、空战和反战术导弹。

六是电子对抗无人机。电子对抗无人机主要用于对敌机的指挥系统和雷达等电子设备进行干扰破坏。

此外，还有用于激光照射、远程数据、信息传递和各种污染侦察的无人机。2018年10月28日，俄罗斯展示了可携带RPG（火箭筒）的小型战场无人机。

美国作为无人机数量最多、技术最发达的国家，无人机的实战应用也走在世界前列。自20世纪六七十年代开始，美国就在实战中使用无人机，从越南战争、海湾战争主要用于情报搜集，到阿富汗战争中察打一体，再到伊拉克战争中的多样化应用，无人机发挥的功能越来越多。

从无人机的使用情况来看，陆军和空军是拥有无人机最多的军种，占比均达到34%。陆军侦察和打击并重，侦察（ISR）无人机和察打一体（CISR）无人机数量均较多。空军装备最为先进，察打一体无人机占比最大；特种部队机型多样化，各类型无人机配置较为均衡。海军以及海军陆战队侦察无人机占绝大多数，几乎没有察打一体无人机。

从美军使用的无人机主要型号来看，包括 MQ-1C“灰鹰”、MQ-1B“捕食者”、MQ-9A“收割者”，均由通用原子公司生产。美军侦察无人机型号较多，有重型、中型和轻型。重型代表型号有 RQ-4B“全球鹰”（图 2-1）、MQ-8B/C“火力侦察兵”、察打一体无人机；中型代表型号有 RQ-7B“影子”、RQ-2B“先锋”等；轻型代表型号则有 XPV-1“燕鸥”和 XPV-2“灰鲭鲨”。

从型号分布看，侦察型无人机以中型为主，占比达到 58%，其次为轻型，占比达到 24%，重型占比为 18%。运输型无人机代表型号是 CQ-10 雪雁无人机。雪雁无人机采用旋翼形式，长度达到 2. 9 米，发动机功率达到 115 马力，拥有 6 个货厢，总载货量可达 270 千克，续航时间为 19 小时，续航里程达到 300 千米，可直接着陆进行卸货。

图 2-1　美国全球鹰无人机

以色列是全球军用无人机出口大国。以色列的航空工业公司早在第四次中东战争期间就处于世界领先地位。1969 年，以色列就产出第一架无人机。1982 年第五次中东战争中，以色列自行研制的侦察兵无人机和猛犬无人机，摧毁了叙利亚的萨姆-6 导弹连阵地和 29 架飞机，从而奠定了其全球无人机出口地位。

法国及欧洲其他国家的无人机研制与应用，无法与美国相提并论。尽管法国多年来已经研制了不少无人机，但是整个无人机市场仍然以美国、以色列的产品为主流，加上美国在“全球鹰”基础上，推出了专门面向欧洲的“欧洲鹰”无人机，使得法国无人机举步维艰。然而，法国的无人机研制与应用也有不少亮点。

2015 年巴黎航展上萨基姆公司展示的巡逻者无人机，不仅具有长航时、载荷多样和部署快等优势，而且既能遥控飞行，也可有人驾驶。从性质上讲，“巡逻者”为中型无人机，可由 C-130 型运输机装载，法国将其定义为“中空长航时无人机”，在运行效率和节省开支等方面表现出色。该无人机有 2 ~ 3 名操作人员，由地面控制终端、远程视频终端和全景任务训练模拟器组成。

为了满足未来情报、监视和侦察需求，2007 年，法国联合德国和西班牙提出了“塔拉里昂”无人机计划，由欧洲宇航防务集团法国分部着手研制一款“欧洲无人机”。

2009年，塔拉里昂无人机（图2-2）亮相巴黎航展。2011年，土耳其宣布加入塔拉里昂无人机计划。同年，法国空军正式采购塔拉里昂无人机。在此之后，意大利也参与到塔拉里昂无人机的研制计划中，使该型无人机成为符合欧陆四大国（法国、德国、西班牙、意大利）标准的无人机系统。

图2-2　塔拉里昂无人机

塔拉里昂无人机系统由一个地面控制站和三架塔拉里昂无人机构成，与现役的无人机相比，其最大的特点在于能够根据不同的任务需求，换装由参与计划各国为之研制的任务模块。同时，该机十分注重隐形设计，机身整体简洁紧凑，所有机载设备全都位于机身内部，大大减少了飞机雷达横截面信号和红外信号特征。

塔拉里昂无人机自主飞行能力强，能够在各种恶劣的天气情况下实现全自动起降，在一定任务完成之后会自动返回基地。同时，地面操纵人员可以通过地面控制站对其进行远程遥控控制。“塔拉里昂”的主要任务是监视战场环境，在陆海空战场执行广域搜索侦察、情报搜集、目标捕捉与跟踪等任务。它能实时将战场上监视到的情报传输给指挥中心，供指挥中心的情报分析人员参考，评估战场情况。

（二）无人机战争

无人机已成为现代军事行动中的关键工具，广泛应用于情报搜集、监视、侦察及精准打击任务。它们能够在无需飞行员直接参与的情况下执行任务，显著降低人员风险，同时提高作战效率。无人机 + AI 技术的不断发展，正在改变现代战争的格局，从亚阿两国的纳卡冲突，到俄乌冲突以至印巴冲突，无人机都成为作战主力，发挥了重要作用。从一定意义上说，这些军事冲突就是无人机战争。

近几年来，无人机技术在全球军事冲突中的应用显著升级，深刻改变了现代战争的形态。无人机凭借其低成本、高灵活性和低人员风险的特点，逐渐从辅助性武器转变为战场主角，甚至成为战略威慑的一部分。

1. 亚阿纳卡冲突中的无人机应用

2020年9月，阿塞拜疆和亚美尼亚两国发生战争，由于双方空军规模都非常小，主力机型老旧，难以进行传统意义上的空战对抗，于是两国均投放多型无人机，打击对方防空系统和地面装备，使其成为世界上第一次大规模使用无人机的战争。从某种意义上说，这标志着战争进入了一个全新的时代。新时代的军用无人机在很大程度上改变了军 事战争和军事调动的原始形式。

2. 俄乌冲突中的无人机对抗

2022 年 2 月爆发的俄乌冲突，被称为第一场全面的无人机对抗，双方均大量使用无人机。2024 年 8 月，乌军利用无人机侦察到俄军基地部署电子战系统干扰通信，随后使用攻击型无人机打击俄军阵地，最后由机动部队占领并坚守阵地，进入俄罗斯库尔斯克州。俄军的猎户座察打一体无人机在俄乌冲突中发挥了重要作用。2024 年 10 月 6 日，该无人机在苏梅地区炸毁乌军的法国造凯撒轮式自行火炮。在库尔斯克作战期间，该无人机沿着公路对乌军车辆展开轰炸行动。此外，在智能算法和网信体系的支撑下，俄军无人机集群作战威力逐渐显现，如将无人艇与无人机组合形成海上无人作战集群，实现对大型舰艇的围猎式轰炸。俄军无人机还通过 AI 赋能实现自主识别和抗干扰通信，如 FPV（First Person View，第一人称视角）无人机通过 YOLO7 算法完成自动识别，对坦克步兵的分类精度达到 92%，并通过跳频和量子加密图传技术保持 85% 的指令稳定性。

纵观俄乌战争，无人机技术的应用已成为决定战场态势的关键因素之一，双方在侦察、打击、电子对抗等领域展开激烈竞争，并催生了多项技术创新和战术变革。

一是光纤制导无人机抗干扰与精准打击的突破。

光纤无人机通过光纤光缆传输信号，避免了传统无线电遥控易受电子干扰的缺陷，可稳定传输高清影像并精确操控。例如，俄军的毁灭者无人机采用光纤制导，能在复杂电磁环境中攻击战壕和装甲目标，其光纤长度达 10.8 千米，抗干扰能力显著提升。俄军在库尔斯克地区使用光纤无人机对乌军装甲集团实施定点清除，摧毁弹药库和补给设施，迫使乌军装甲部队后撤至 20 千米外的安全区。乌克兰则开发了阿古斯-30 等型号，有效载荷达 4 千克，使用半径 20 千米，主要用于侦察与精确打击前线目标。局限性在于光纤无人机的机动性较差，转弯角度受限制，飞行速度较慢，且光纤长度限制了作战半径，在复杂环境中会因光纤缠绕或断裂而使无人机失控。

二是 FPV 自杀式无人机已成为低成本消耗作战的利器。

FPV 无人机以低成本（单机数百美元）、高灵活性和实时操控为核心优势，尤其适合攻击移动目标。尽管 FPV 无人机易受电子干扰（75% ~90% 被击落），但俄乌双方均尝试通过光纤制导、AI 自主识别等技术规避干扰。如乌军使用澳制 SYPAQ Corvo 纸板无人机（每架成本仅 700 ~ 3300 美元）突袭俄军空军基地，摧毁俄军多架战机和防空系统，凸显低成本消耗战的威力。

三是无人机与主站平台的协同作战。

通过无人机侦察目标并回传目标，超视距引导坦克实施10千米以外的精确打击。

四是新型无人机技术与材料的创新。

纸板无人机以可降解材料制造，雷达反射面积小，可执行侦察、物资运输和自杀式打击任务，部分光纤无人机尝试通过光纤线缆直接供电，延长续航寿命。同时，结合AI技术实现自主目标识别，减少对人工操作的依赖。

俄乌战争验证了无人机在现代战争中的核心地位，从光纤抗干扰技术到低成本消耗战，从有人+无人协同到集群智能化，无人机正推动战术革命。未来，随着AI新材料和通信技术的突破，无人机将更深度地融入战场体系。

3. 印巴军事冲突中的无人机战争

2025年5月，印度和巴基斯坦之间突然爆发冲突，无人机成为战场上的主角，是名副其实的一场无人机战争。在这场无人机战争中，尽管印度依靠以色列的先进无人机配合本土无人机有一定的战斗力，但是巴方配备了干扰装备，将其作用于印度无人机干扰器、导航及通信系统。这场印巴冲突背后的无人机战争，是现代军事技术的集中展示，它让我们看到了无人机在战争中的巨大潜力，同时也揭示出防空体系对于应对无人机蜂群战术有着关键的作用。未来战争形态将因无人机与防空技术的不断进化而发生深刻变革，而这场印巴冲突或许只是一个开始。

当今世界，地区冲突和战争持续不断发生，尤其在中东地区，从1947年以来接连发生了5次中东战争，2023年10月又一轮巴以冲突爆发，以色列进入战争状态。在这些中东战争和巴以冲突中，沙特阿拉伯、黎巴嫩、以色列和胡塞武装都把无人机作为军事行动的武器。

面向未来，无人机战争和无人机用作军事行动的市场将会快速增长。2023年全球无人机战争市场规模达234亿美元，预计到2033年将达到421亿美元，年复合增长率为6.05%。其主要因素为：军事预算增加，各国为提升军事能力，不断增加对先进无人机系统的投资；技术进步，人工智能、机器学习和传感器技术的发展，使无人机能够实现更高级别的自主飞行和任务规划；反恐与非常规战争需求，无人机在反恐和反叛乱行动中表现出色，能够精准打击目标；网络中心站的推动，无人机作为网络中心站的重要组成部分，能够与其他军事资源协同作战，提供实时数据和提升态势感知能力。

从全球军用无人机的市场状况来看，主要集中在北美和亚太地区：北美地区尤其是美国，由于其强大的军事基础设施和技术专长，预计在2033年以前将主导全球无人机战争市场。亚太地区是增长最快的市场，中国在无人机技术方面取得了显著进展，并在军事和商业领域广泛应用。

（三）军用无人机发展趋势

近年来，军用无人机的发展呈现三大趋势：

一是智能化升级。2021年以色列在“城墙卫士”行动中首次实战部署AI驱动的

“哈洛普”无人机群，机群可自主识别并攻击雷达信号源。

二是蜂群战术成熟。2023 年中国电科集团完成 200 架无人机集群试验；美国“郊狼”Block 2 无人机已实现 50 架以上的协同作战。

三是抗干扰能力强化。俄乌战场上，无人机普遍加装惯性导航模块以应对 GPS 干扰。同时，反无人机技术快速发展，包括电磁脉冲武器（如俄罗斯“蔷薇”系统）、激光拦截（如美国“守护者”系统）和网络攻防战。

未来，随着人工智能、卫星通信和新能源技术的突破，第六代无人机可能实现全天候全域作战，战争形态将进一步向“算法主导、无人集群、瞬时决胜”演变。但技术优势与战略风险始终并存——当无人机使战争门槛降低，全球安全格局或将面临更复杂的挑战。

2025 年 2 月 24 日，中共中央党校主办的《学习时报》刊发的高韫珩文章《军用无人机研发的七个趋势》指出，随着世界各国对无人机重视程度的增加，无人机作战正不断从简单任务向复杂任务，从低威胁、低对抗环境向高威胁、高对抗环境，从中高空高速向临近空间高超声速作战拓展，并从小规模战术运用向大规模集群作战发展。无人机将成为未来战场不可替代的首选作战装备。对无人机技术和未来作战应用的相关研究也将不断掀起高潮。通过近年几场局部冲突，可以看出无人机在未来战场常态化、体系化运用将成为趋势。而且，随着材料技术、控制技术、信息技术及航空航天技术的不断进步，无人机在未来战场的作战需求更加多样，发展将更加迅捷。从技术战术角度来看，军用无人机研发呈现的趋势是察打自主化、高空长时化、机动高速化、结构灵巧化、机体隐形化等。

察打自主化。武器装备发展就是不断拓宽延伸人类感官、拳脚及认知的过程，无人机的发展也必然遵循这一过程。如何快速闭合“观察—判断—决策—行动”（OODA）环路成为催生其发展的重要驱动。这就要求无人机能够真正实现察打一体，自主完成侦察、判断、打击、评估的过程。操控人员只需要在战前将任务赋予无人机，战中按照“人在环路上”的工作模式，实时监控无人机行动。当无人机发生违背己方指挥员意愿、违反伦理道德底线、伤害非战斗人员、危及社会正常秩序等情况时，及时“叫停”，其余情况下不以人工干涉无人机行动自由。实现这一功能，将大幅提升无人机的自主作战效能。

高空长时化。无人作战力量较之有人作战力量的优势在于其无所畏惧、不知疲惫。无所畏惧，就能赴目标区执行高危高难任务；不知疲惫，就能长时间执行高强度作战任务。从现在各国发展的无人机来看，“全球鹰”“死神”等无人机都能在高空执行十几个小时甚至几十个小时任务。信息化、智能化战争，需要感知范围更广、待战状态更久，才能满足全域化、全时化、全维化的需求。可以预见，通过能源技术、动力技术、控制技术的加持，无人机将通过飞得更高实现看得更广，通过待机时间更长实现状态保持更久，高空长时化将成为其发展的重要方向之一。

机动高速化。无人机因不受人的生理和自身机体的限制，从理论上来讲能够承受更大荷载，也就是说，其较有人机具有更高的机动性。从现在已经列装的无人机性能来看，虽然基本是亚声速飞行，但从技术角度来分析，无人机高速化机动、敏捷化格斗的基础条件已然具备。加之通信、控制方面存在的一些技术难题正在逐步攻克当中，不久之后，无人机机动高速化将成为可能，这在一些作战概念中已经有所体现。例如，“忠诚机”就是F-22飞行员通过控制多架与其速度相当的无人机进行作战，实现空战效能跃升。将来，高速度、高机动性将为无人机提供更多执行任务的可能性。

结构灵巧化。因无人机不需要考虑人员乘坐，不仅节约了空间，还节省了材料，使得同体积的无人机比有人机成本更低、重量更轻、尺寸更小。通过近几场局部冲突可以发现，适合班、组的小微型无人机，成本低廉、携带方便，雷达反射截面积小、不易发现，可在战场上担负战术侦察、目标监视、通信中继、前出侦测等多样化任务。尤其是在城市作战中，无人机能够进出建筑物内部进行侦察，有效弥补雷达、卫星侦察有死角的缺憾。为此，随着消声材料、通信组网技术的发展，无人机会更加轻盈灵巧，能够在战场上自由穿梭。

机体隐形化。如何提高战场生存能力成为无人机发展的重要增长极，从各国无人机发展脉络来看，隐形化已成为有效解决方案之一。捕食者无人机除了主梁外，机身全部使用石墨合成材料、雷达吸波材料，并通过对发动机及卫星天线进行特殊设计，使得雷达反射截面积较小，具有很强的隐身性能。未来，为了达到隐形化，无人机机体不仅可以在材料上下功夫，还可通过在其表面涂上能够吸收红外光谱的特殊制剂，运用新工艺将其副翼、襟翼制成综合面，减少表面缝隙，运用可变色充电表面涂层等新技术，减少无人机红外及雷达反射特征，以实现“神出鬼没”、隐匿踪迹的目的。

二、警用无人机

世界各地使用警用无人机辅助执法已有十多年，主要应用范围包括“要人”警卫现场、高空巡检警戒、室内大厅或室外高空安检员不易接近的区域、重大突发性事件和活动现场的高空呼叫警告、图像传输等。此处主要介绍美国的警用无人机。

（一）美国警用无人机的分类

美国的警用无人机分为两类：一类是无人驾驶飞行器系统（UAS），其特征是具有丰富的组成——陆基控制器、数据链与载具（如摄像机、传感器、减震器、水上通话基站、机载通话基站等），以及联系飞行器与使用者之间的通信或控制系统，此外往往还有自己独立的供电设施。

另一类是小型无人飞行器（Drone）。如2016年2月6日，美国宾夕法尼亚州蒙哥马利县上格温内思镇警察局接到居民报告，其10个月大的德国牧羊犬跑出家门后走失，请求警方寻找。一警官随即出警，徒步寻找无果后，他便在其私人无人飞行器上安装了一台摄像机，然后在警局上空将其放飞。20分钟后，发现小狗在附近的树林里，成功通过定位将其找回。

2017年，美国有近350个执法机构配备了无人飞行器，但是这些无人飞行器的性能和普通爱好者购买的并无太大区别。这些无人机产品分界较为模糊，有40%~45%的执法单位购置的无人机和民用型号相同，主要是DJI（深圳市大疆创新科技有限公司）的Inspire（如“悟”系列）和Phantom（如“御”系列、“精灵”系列）两种型号。此外，占有率较高的是美国洛克希德·马丁公司的Indago系列和3DR的Solo系列。这些都是四轴的无人机。

美国规模较大的警局，成立了配套的UAS“无人机大队”；小警局则用A/B岗的形式，购买商业及即买即用的模型机Drone来应急。目前，高端的Drone可覆盖6000米以上、飞行速度60千米/时以上、滞空30分钟以上，具备视频、热成像系统，可执行日、夜两种模式的任务。

无论是无人驾驶飞行器系统还是小型无人飞行器，其内部都安装了卫星定位系统与自主飞行程序，能帮助控制员专注地执行任务，搜集关键的信息，与行动部门保持通信。飞行器中的遥感勘测装置，能提供其所在的实时位置，在控制员面前展示的是一幅移动的地图，包括地理位置、地面的街道名称等，使控制员与地面行动人员之间的沟通变得极为方便。这些技术允许无人飞行器参与到缉捕行动中，无论是步行还是小范围的跟车堵截都很适用。

（二）美国警用无人机的用途

美国警用无人机的用途并不广泛，主要集中在搜寻救援、消防灭火、对付罪犯、现场分析、人群控制、爆炸物侦察、短暂通信等七个方面。

1. 搜寻救援

美国警方在帮助搜寻走失的人或宠物，以及为灾害中被困人员实施援助时，常常能发挥无人机的特殊作用。如2014年，通过操作一架无人机，警方在20分钟内就搜寻了0.8平方千米的面积，找到了一名82岁的走失老人。2013年6月，缅因州开展了史上最大搜救行动，搜寻对象是66岁的北美登山爱好者拉杰德丁·拉盖。拉盖当时独自沿着阿巴拉契亚山脉徒步行走，离开登山小径进入森林后迷路。警方出动了直升机、州警、消防人员、国家公园工作人员、志愿者共数百人，持续搜寻了十余天，搜索面积达23平方千米，结果一无所获。直到2015年某摄影团队在一次偶然中发现其尸体，而地点距登山小径仅3000米之遥。可见，能否使用无人机为搜救提供观察帮助，有时候就是生与死的区别。

救护无人机比地面救援汽车的反应快得多，运送急救物品也要快得多。急救行动已包含了无人机快速反应环节，从大而重的电击除颤器到小而轻的肾上腺素注射笔，都可用无人机遥控运送。在救援现场的警察也好，民众也罢，获得之后就可以立即使用这些设备。

救灾无人机在灾区上空飞行勘查，不仅能给予第一批进入灾区的人员以良好的地理状况提示，还可以帮助定位生还者，可以进行建筑结构分析，传递给养、装备以及帮助灭火。2005 年 8 月，当“卡特里娜”飓风来袭时，美国的救灾反应明显迟滞，饱受诟病。飓风来临后，上千名新奥尔良灾民躲在体育场里，在长达五天的时间里没吃、没喝、没药品，民怨沸腾，绝大多数人将之归咎于各级政府和官员的官僚作风，但灾区范围巨大、破坏严重，救援人员确实难以及时抵达。针对类似的灾害，无人机就可以不依赖后勤网络，独自承担起快速运输给养的任务。

2. 消防灭火

美国乔治梅森大学的两个学生设计用声波来灭火，声波发生器就安装在无人机上，采用遥控办法进入火场。声波资源比起其他灭火材料可以说是相当富裕，能极大地减少消防队的人员伤亡。无人机安装了特殊的红外线成像仪后，便可以给第一批赶到现场的紧急救援人员提供极大的帮助。红外线成像仪能穿透烟雾寻找人员，而无人机可携带该仪器飞到一些车辆、人员无法进入的地点进行抵近勘查。如消防队在进入着火的建筑物之前，红外线成像仪可以帮助判定房屋温度最高点并提供更多影像。同理，警方可利用其发现、缉捕危险嫌疑人的藏匿地。2013 年 4 月的波士顿马拉松爆炸案中，警方很有远见地在直升机上安装了红外线成像仪，帮助搜寻爆炸案嫌疑人。当红外线成像仪发现嫌疑人的藏匿位置后，一辆装甲车开近，用一台机械手将嫌疑人身上的油布提走，顺利将其抓捕。实际上，完全可以用无人机来完成发现、暴露这两项任务，这样更快也更安全。

3. 对付罪犯

美国警方借助无人机的独特功能和优势，在追捕逃犯、应对持枪歹徒、监控犯罪活动等方面取得了显著成效。

仅美国警察追捕嫌疑人导致嫌疑对象驾车逃窜这类事件，每年就会造成数百人丧生。为了降低挑战性，提高安全性，警方选择用无人机应对。无人机空中优势强，比直升机用途广，比 GPS 跟踪器的功能更多，特别是应用无人机后就不用一窝蜂地上路跟堵，这给抓捕行动带来了革命性改变。无人机还能为新的抓捕技术提供“母舰”功能，更好地实施跟踪、抓捕的战术，从而挽救更多生命。

在应对个人极端持枪犯罪行动中，警察让无人机悬停于空中，以“鸟瞰”的角度观察四周，不只是给警方提供位置信息，而且能帮助警方了解枪手在这样的场景下，他的心里究竟在“想”什么。例如，枪手的射界有多大？枪手会移动到哪个方向？受害人该往哪里逃避？警用无人机可以放在一台 SUV（运动型实用汽车）里，便于机动，随时释放升空；可替代直升机能做的绝大多数侦查工作，还可以悬停在桥下、建筑物里静静地驻留观测；可以灵活地低空飞行甚至钻窗入室，从而给警方提供大量的现场细节。

在美国，“盯梢”也是警方最常见的活动之一，几个小时的蹲守、观察是常有的事。无人机可以做很多固定照相机不能做的事情。虽然无人机不能总是悬停，但可以着陆、“栖息”，即降落在人无法企及的隐蔽位置，旋翼停转但相机继续工作，后台人员可以单独操作相机进行选点、聚焦。有的监控任务很难，如毒贩交易、人质交换等，目标在一大片空地的中央，周遭根本无法安插人员隐蔽躲藏，这时候就可以出动搭载高分辨率相机的无人机在高空进行监控。

4. 现场分析

无论是交通事故还是犯罪活动现场，警察都必须认真仔细地进行现场分析，以寻找事故发生和犯罪的证据。现场事故的勘查笔录，需要专业技术人员制作，包括犯罪现场照片。现场勘查人员工作很辛苦，需要在非常精细的条件下，用专业角度来捕捉证据细节。勘查笔录制作需要几小时，甚至几天，以实现现场人员记录和展现现场的完整度。在交通事故现场，需要封闭道路、测量刹车痕迹和车辆位置以及勘查其他细节。如果使用无人机，则可以将这一过程缩短到一个小时左右。在现场摆放比例尺和其他测量参照物，然后释放无人机，在现场上方拍摄事故现场全貌，分析人员再依据全景图在计算机上进行调查。

5. 人群控制

大型公众活动（如音乐会、游行、大型赛事）的安保工作任务繁重，要把人群控制好，就要投入大量的警力、安保人力资源，把他们安排在各个路口和重点区域，在一些重点关注的区域，甚至要多个警力去看守保障。假如在地面安保队伍的基础上增加无人机队，则可以扩大警戒监控范围，对一些重要点位、可疑迹象进行实时聚焦、放大精细查看。例如，看台上出现一个无人看管的包裹，这一监控模式能提供极为重要的信息，利于警方指挥员第一时间做出关键决断，地面安保队伍随机同步行动，从而把握安保主动权，确保万无一失。如遇拥堵踩踏事件，事发当时警察根本无法进入现场，人群对外界也浑然不知，如果当时配有无人机队，便可利用视频、语音、灯光等，及时发现出事点位，发出语音广播，开展引导和安抚。

6. 爆炸物侦查

美国警方的排爆队，已普遍引进陆地机器人对可疑包裹进行勘查和排爆作业，其实无人机也能干这个工作。虽不能像机器人那样触摸和操作爆炸物，但无人机可以对形势进行初步评估，在机器人被炸坏、警员被炸死炸伤之前，就可以给出“是否存在威胁”的判断，从而让现场指挥员考虑应对措施。

7. 短暂通信

组织救援的核心在于通信。“卡特里娜”风灾期间，风速达到了225千米/时，所到之处摧毁了电网、手机信号铁塔，导致新奥尔良市大部分地方都陷入沉寂。在这样的情况下，无人机就可以替代电线和铁塔，作为 Wi-Fi 热点，帮助扩展网络覆盖区域。

据统计，2018 年美国执法机构使用无人机参与执行的任务，主要有以下几个方面：一是搜寻失踪人员，使用率为 83%；二是自然灾害事故响应与评估，使用率为 79%；三是特警行动，使用率为 76%；四是犯罪活动与交通事故现场分析，使用率为 71%。

虽然美国的警用无人机已在七个方面投入使用，但是纵观美国警用无人机的整体使用情况，并不理想。美国警察协会 2018 年的问卷调查显示，美国警方在无人机使用上碰到的难处是多方面的，除了资金制约无人机的购买和使用外，还有公众质疑和国会的限制。洛杉矶警察局首次配备无人飞行器始于 2014 年，但从 2015 年以来，公众就对这一高科技产品存在“侵犯隐私”“过度使用武力”等争议，所以直至 2017 年 8 月，洛杉矶警局接受捐赠的三架无人飞行器才开始投入使用于“搜救”行动。

美国有十多个州依据国会相关立法，要求执法机构必须在已开具逮捕或搜查文书的情况下，才能使用无人飞行器进行监视、搜查。直至 2016 年，圣迭戈警察局成为全美执法机构中第一个使用无人机进行监控的单位。2017 年 8 月，内布拉斯加州的林肯市发生了一起爆炸事故，警方在得到市长批准后，首次使用无人飞行器进行现场勘查。内华达、北卡罗来纳、俄勒冈、福蒙特和威斯康星等五个州，严禁任何人使用武器化的无人机。还有一些州直接禁止警方使用无人机。

北达科他州是目前美国唯一一个允许警方使用武器化无人机的州，但限制机载武器为“弱致命性”级，包括高压电击枪、橡皮子弹、催泪瓦斯。

2017 年，康涅狄格州议会研究一项法案，其核心内容是禁止使无人机“武器化”，但对警方例外，使用范围被严格界定在对付极端个人持枪犯罪以及绑架犯罪等情形下。

三、民用无人机

国外无人机在民用方面（主要是农业领域的应用）走在我国前列，其特点是应用范围广，监管力度大。

国外航空施药技术发达。先是德国提出，利用飞机喷洒农药对森林病虫害进行防治。1918 年，美国首先用飞机喷洒砷制剂，用于牧草害虫的防治。随后，其他发达国家也开始用飞机防治病虫害。二战以后，随着新型化学农药的大量研发，新型农药对药械发展需求加强，同时，战后大量飞机被转移运用到农业上，促进了航空施药技术的发展。20 世纪 50 年代以后，施药专用的农业航空机被相继开发出来，直升机也被开发用于航空植保。

美国是世界上农业航空技术最发达的国家，具有先进的航空植保机械以及完善的农业航空组织体系，美国在航空施药领域也使用了国际上最为先进的施药技术（图 2-3）。美国大部分的化学农药采用飞机完成喷施。美国的农场规模化生产模式，使得以航空植保机械与大型植保机械为主的病虫草害防治体系逐步建立。1966 年，美国成立了国家农业航空协会，据该协会统计，农业航空承担美国近 20% 的农场植保与 100% 的森林植保工作，每年农业航空完成的农田作业面积达 2800 余万公顷。在防治对象方面，截至 2012 年，农业航空已几乎应用于所有种类的作物，其中以玉米、小麦、大豆、牧草、苜蓿等 5 类作物防治面积最广。目前，美国航空农业飞机以固定翼飞机为主，约占 87%，旋翼直升机约占 13%。

图 2-3　美国无人植保直升机

日本目前是全球最大的无人飞行器使用国之一，但其应用主要集中在民用领域，军事方面的应用则较少。在民用领域内，其无人飞行器广泛应用于农业生产等部门。

日本是 20 世纪 80 年代最先将无人直升机用于农业生产的国家，经过多年的发展，日本成为该领域最发达的国家之一。日本国土面积比较小，而且多山地，少耕地，农业经营规模小，大型的植保器械很难适应。因而，日本选择发展外形尺寸小、机动灵活、操控简便、单位面积施药液量小、作业效率高的无人机。1983 年，雅马哈公司接受日本农林水产省（隶属日本中央省厅）提出的发明单旋翼无人直升机的委托，经过四年的研究探索，载荷为 20 千克的无人直升机 R-50 问世，这是世界上第一款投入农业喷洒实践的无人直升机。

1991 年，日本农林水产省出台了“推广植保无人机在稻田中应用”的政策，植保无人机在日本迎来了有利的大环境，大量植保无人机企业应运而生。

从 1995 年到 2005 年 10 月底，日本登记的植保无人机从 307 架增加到 2002 架，平均年增长 13.8%，用于林业建设的无人机，仅雅马哈公司的 Rmax 系列就有 1200 多架（图 2-4），防治面积从 20 万公顷增加到 60 万公顷，超过有人驾驶直升机的防治面积。截至 2012 年，日本农用无人机的年工作面积达到 96.3 万公顷，拥有无人直升机 2346 架，无人机操控手 14163 人。自 2015 年起，日本的一些公司开始推广多旋翼无人机。2020 年，日本拥有植保无人机 2400 多架，操作人员 14000 多人，成为世界上农用无人机喷药第一大国。但日本不是无人机生产大国，大多引进中国技术和中国原机。此外，日本的无人机人工授粉、无人机物流配送、无人机救援等，也得到了广泛应用。

图 2-4　雅马哈无人植保机

在消费级民用无人机发展方面，德国又取得新成就。2022 年 4 月，德国维尔茨堡大学的物理学家成功利用光在水环境中驱动微米大小的无人机，并精确控制它们。科学家们以普通飞行无人机为范例，展示了水环境中的光驱动微型无人机，并通过四个独立的纳米马达精确地控制它们的运动。相关成果发表在《自然·纳米技术》杂志上。

法国民用无人机的状况，从 2018 年 4 月 16 日法国媒体报道的《大火中拯救巴黎圣母院，无人机功不可没》中可以看出，法国文化部和内政部都装备了无人机，那次救火用的无人机是从这两个部里借来的。而且，尽管我国的大疆公司并未向巴黎消防队提供无人机培训，但无人机技术在法国的确得到了推广。巴黎消防员们已经整合并掌握了无人机操作技术，可以像扑灭巴黎圣母院大火一样，在其他搜救行动中熟练操作无人机。

外国无人机监管严格，法制较为健全。例如法国，通常情况下，无人机不允许在巴黎飞行，并设置了地理围栏，以防止任何飞行。那次使用无人机参与巴黎圣母院救火是特殊情况。任何无人机操作员都可以要求解锁地理围栏，但他们需要相关凭证才能解锁高风险区域。2018 年 3 月 13 日上午，3 名中国旅客因触犯意大利航拍条例，被没收航拍器并面临被起诉，最高罚款可达 11.3 万欧元。据意大利媒体报道，当时这 3 名游客操控无人机穿越罗马斗兽场及君士坦丁凯旋门时，被巡逻队发现而遭到当地警方拘留。根据意大利航拍法规，无人机飞行高度必须在 70 米以下，同时必须操控在 200 米范围内飞航。此外，无人机用户如未经批准，不得操控无人机飞越人口稠密地区。

鉴于每个国家或地区有各自的航拍条例，我们在出境旅游期间，操作无人机之前，须确认所在位置是否属于可飞行区域，以免带来麻烦。毕竟，前车可鉴。

第三节　我国无人机的应用与研究

从20世纪60年代开始，我国就自主开展无人机研究工作。目前，已经积累了丰富的技术和经验，形成了配套齐全的研发、制造、销售和服务体系，为无人机产业的后续发展奠定了一定基础。

一、军用无人机

随着“翼龙”“翔龙”无人侦察机和“利剑”无人战斗机以及T6通用无人机、Z-5系列侦察机、ASN系列无人机的研制成功，我国军用无人机技术迈入世界前列。航天科技集团发展新一代彩虹系列无人机彩虹-5，起飞重量超过3吨，载重能力超过1吨，是瞄准由美国主导的重型无人机市场的一款重磅产品。中国航空工业成都飞机工业公司研制的翔龙无人机，则定位于高空高速无人侦察机。“翔龙”巡航高度为18000～20000米，巡航速度大于700千米/时，比美国MQ-9死神无人机还快200千米/时。该机除了可执行任务，还能携带多款250千克级的制导炸弹或者空地导弹等，相比只具备侦察或者监视能力的“全球鹰”，它具有对地攻击这一独特优势，综合性能更加突出。

我国军用无人机的发展经历了三个阶段，形成了军民融合的行业发展格局，造就了一批高水平的无人机科研机构和高质量的无人机制造企业，发展前景宽广。

（一）三个发展阶段

回顾我国军用无人机发展的历程，可以分为起步、快速进步和群雄并起三个阶段。

起步阶段为20世纪中期至70年代。在这十多年时间里，我国形成无人靶机研制生产能力。20世纪50年代末，苏联援助项目的取消，使得我国空军试验用的拉-17无人靶机严重缺失，自此，我国开始自主研制长空1号（CK-1）高速无人靶机，并在此基础上逐渐形成了具备拍照取样能力的系列改进型。

快速进步阶段始于20世纪70年代，通过分析美国BQM-34火烽无人侦察机，我国研制了第一架高空无人驾驶侦察机长虹1号。到20世纪80年代初，无侦-5开始陆续装备部队，形成了我国无人侦察机研制的生产能力。

群雄并起阶段从1995年起，在中央军委科技强军的重大战略部署下，我国军用无人机的研发开始突飞猛进，迎来了一个崭新的时代。随着新一代“翼龙”“翔龙”等无人机的首飞成功和装备部队，我国军用无人机技术开始跻身世界前列，全面形成察打一体无人机研制生产能力。

（二）行业发展格局

目前，我国军用无人机的研制生产单位，主要包括各大军工集团下属单位、高校以及民参军企业，呈现“三足鼎立”的态势。

军工集团下属单位，主要包括航天科技集团中国航天空气动力技术研究院、中航工业成都飞机设计研究所、中航工业沈阳飞机设计研究所、中航工业贵州飞机有限公司、中国航天科工三院。整体而言，军工集团主要产品集中在中、重型侦察型以及察打一体型，包括“翼龙”系列（图2-5）、“彩虹”系列以及“鹞鹰”系列。

图2-5 翼龙无人机

研制、生产军用无人机的高校，主要有北京航空航天大学、西北工业大学和南京航空航天大学。我国无人机起步发展于高校，北京航空航天大学产品以大型察打一体无人机为主，西北工业大学和南京航空航天大学则以中小型无人机为主。

民参军的军用无人机研制生产单位数量较多，包括晨曦航空、华讯方舟等。在中央军民融合发展的方针指引下，未来民参军的军用无人机研制、生产单位会越来越多。

（三）研制生产单位

中国航天空气动力技术研究院（简称“航天气动院”）隶属于航天科技集团，主要从事飞行器空气动力综合技术研究，在航天气动专业领域处于领先地位。基于在气动领域的技术积累，航天气动院成功研制了“彩虹”系列无人机，目前已形成了小型、中型及大型高端无人机的全覆盖，有彩虹-3A、彩虹-3、彩虹-4 等系列产品（图2-6）。这些无人机的尺寸从小到大，起飞重量从轻到重，在应用方面从侦察、监视到攻击等，形成了完备的体系。彩虹无人机是我国在国际市场上极具竞争力的品牌。

图 2-6　彩虹无人机

中航工业成都飞机设计研究所是从事飞行器设计研究的多学科综合性设计研究所，是我国现代化歼击机设计研究的重要基地。该所先后承担“歼七”“枭龙”“歼十”等多个飞机型号的研制和大量课题研究任务。无人机方面，该所研制了“翼龙”和“灵龙”系列无人机。

翼龙无人机是一种中低空、军民两用、长航时、多用途无人机。翼龙无人机不仅具备对敌目标进行精确打击的能力，还能够携带侦察设备，对敌方目标进行远距离、长航时侦察，总体性能已经达到了国际上同类型无人机的先进水平。翼龙-Ⅱ入选全球最致命五款军用无人机，共同入选的包括 MQ-8B、MQ-1C、“复仇者”及 MQ-9 等。

中航工业沈阳飞机设计研究所是新中国组建的最早的飞机设计研究所，主要从事战斗机的总体设计与研究工作，研制了 20 多个型号的战斗机，研制范围涵盖了空中优势、舰队防空、对面攻击、侦察和教练等领域。暗剑无人机（图 2-7）是沈阳飞机设计研究所设计的一种大型无人作战飞机，具有超声速、超高机动能力和低可探测性，主要用于未来对空作战。“暗剑”在气动设计上，采用了类似 B-2 和 F-117 混合体的箭形翼身融合布局，机身部分在垂直方向上呈现出箭头形状的三角形，具有超声速、高机动能力和隐身性能，将有可能成为世界上第一款超声速的无人驾驶战机。

图 2-7　暗剑无人机

中航工业贵州飞机有限公司是专业从事无人机和教练机的研制、生产的大型军工企业。“鹞鹰”（图2-8）是在现有成熟无人机系统上，针对国内用户需求发展的一型中空、低速无人机系统。该公司是中航工业直管的19家重点单位之一，先后研制、生产了数十个型号的歼击机、教练机和无人机，可以实现高精度、高时效性、多载荷、同平台遥感成像，是目前国内最大的民用遥感无人机生产单位。

图2-8 鹞鹰无人机

“鹞鹰”系列最新型号鹞鹰-3属于中高空、长航时、多用途大型无人机，起飞重量2吨，最大载荷700千克，可内置两枚350千克制导炸弹或外挂8枚国产“射手-1”或“蓝剑-7”空对地激光制导导弹。

北京航空航天大学是国内最早从事无人机研究的单位，1959年成功地实现国内第一次飞机无人驾驶飞行。后于1964年设立北京航空航天大学无人机设计研究所，它是国内第一个无人机研制单位，在大型、高空、长航时无人机等关键技术领域，处于国内领先地位。

北航无人机的代表产品有“长虹”系列无人机、BZK系列无人机、“海鸥”共轴式无人直升机。代表产品BZK-005无人机是哈尔滨飞机工业集团（简称“哈飞”）与北航联合设计的一种具有隐身能力的中高空远程无人侦察机系统，最大升限8000米，续航时间40小时，最大搭载重量150千克。

西北工业大学第365研究所归属西安爱生技术集团公司，是集无人机系统研发、生产、试验、销售、售后服务于一体的现代化高科技企业，具备同时开展多个无人机型号研制和年产各型无人机300架的批量生产能力。公司先后开发、研制、生产了靶标、侦察、攻击、通用共4个系列、15种平台、50多个型号的无人机，缔造了我国无人机发展史上的多个“第一”。公司代表产品是ASN系列，包括ASN-209等。ASN-209最大起飞重量320千克，载重量50千克，最大飞行速度180千米/时，飞行高度5000千米，具备实施昼夜战役、战术空中侦察和监视的能力。

南京航空航天大学无人机研究院（原航空部362研究所）是我国最早开展无人机技术研究和型号研制的单位之一，依托于学校的人才资源和学科支撑，无人机研究院在国家中小型无人机研制方面具有先发优势和深厚的产品与技术积淀，逐步发展为我国中小型无人机的重要研发基地之一。南航代表产品是鸿雁 HY30 全地形通用、小型长航时无人机系统。该无人机也是我国首款可以舰载的固定翼无人机，成功突破了小型活塞式重油发动机、精确飞行控制与导引等多项关键技术，具备全地形复杂环境适应能力。

（四）我国先进的军用无人机

我国无人机技术近年来取得巨大进步，已在全球舞台上显露实力。我国自主研发的多款高性能无人机，不仅在技术上持续取得突破，还在国际市场上广受欢迎，展示出强大的竞争实力。

1. 九天无人机

九天无人机是近年来中国自主研发的高性能无人机系统，主要服务于现代战场侦察、目标定位及战术支援等任务。该无人机采用气动优化设计，结合隐身涂层与复合材料，有效降低雷达反射截面积，配备先进数据链系统，可实现与地面指挥中心、其他作战单元实时信息共享，载光电/红外设备、合成孔径雷达及电子战系统，满足复杂战场环境下的多任务需求，支持“察打一体”协同作战，具备长航时、高载荷、强环境适应能力等特点，其最大续航时间超过 30 小时，实用升限达 10000 米以上，能实现大范围区域持续监控。

作为中国无人机技术发展的代表之一，九天无人机已逐步列装部队，并在边境巡逻、海域监控等任务中发挥重要作用。其技术成熟度与任务灵活性标志着中国在高端军用无人机领域已跻身世界前列，为未来智能化、网络化作战体系提供了关键装备支撑。

2. 云影 5000T 无人机

云影 5000T 无人机，机长超过 12 米，翼展达到 18 米，拥有 6 吨的最大载弹量，被称为“空中武库”，可以携带多种武器执行各种任务。它不仅具有强大的搭载能力，也为其装备先进设备和武器系统提供了充裕空间。在性能方面，云影 5000T 同样表现卓越。它可以飞到 12000 米的高空，比大多数战斗机的作战高度都要高。最大速度接近音速，达到 0.9 马赫（1 马赫≈1225 千米/时），确保快速反应能力。拥有 4000 千米的最大航程，能够执行远程任务，并且极大地扩展了作战范围。

3. 无侦-8 无人机

无侦-8 无人机，设计别具匠心，可悬挂在轰-6 轰炸机上发射，既能增加作战半径，又能提高突防能力。该机长 11.5 米，高 2.2 米，宽 6.7 米，宽敞的大体量使得该机可以容纳先进设备和武器系统。令人惊讶的是，它可达到 6 马赫的最大飞行速度，相当于音速的 6 倍，使得敌方防御系统难以有效应对。同时，它可以飞行到 5 万米的最大高度，比大多数战斗机的作战高度都要高，这不仅让它更隐秘，也显著提升了打击精准度。其高速和高空性能使它成为突破航母防御系统的利器，显著增强了我国在海上军事对抗中的威慑力。

4. 攻击-11 无人机

攻击-11 无人机的性能表现令人印象深刻，最大起飞重量约为 10 吨，这赋予了它强大的承载能力。2 吨的载弹量使其可以搭载多种武器系统，执行各种复杂攻击任务。每小时 900 千米的最大飞行速度，使这款飞机成为真正的“空中猎手”，能够迅速抵达战斗区域并完成任务。该机具有 4000 千米的极限航程和 1500 千米的作战半径，这使得它能够执行远距离打击任务，显著扩大了我军的作战范围。超过 6 小时的持续飞行时间，保证它能在目标区域进行长时间侦察和打击任务。1 万米的最大飞行高度使它能够执行高空侦察任务。作为隐身攻击无人机，其隐身技术不仅显著降低了被敌方发现的可能性，还提高了任务成功和生存概率，是执行高风险任务的最佳选项。

5. 彩虹-7 无人机

彩虹-7 无人机，机身长约 10 米，翼展则达到了惊人的 22 米，其体型相当可观，这使得它具备优秀的空气动力学性能。最大起飞重量高达 13 吨，不仅显示了其强大的载荷能力，也为其装备先进设备和武器系统提供了宽裕的空间。性能方面，它可以在高达 1 万米的高空巡飞，最大可上升到 13000 米的高度，能够轻松俯瞰绝大多数商用飞机，并执行高空侦察任务。它以 600 千米/时的巡航速度和 750 千米/时的最大飞行速度，被称为“空中利剑”，可以快速到达目标区域并完成任务。此外，它还使用了内置弹舱设计，不仅提升了隐身性能、减小了空气阻力，也提高了飞行效率，可执行对地打击和电子战等任务，在作战中展现极高的灵活性。

6. 彩虹-6 无人机

彩虹-6 无人机，可以在 1 万米高空巡航，最高可达 15000 米飞行高度，因此能够俯瞰大多数商用飞机并执行高空侦察任务。它具有强大的载荷能力，最大起飞重量为 7. 8 吨，可以搭载各种先进设备和武器系统。令人印象深刻的是彩虹-6 的航程和速度，800 千米/时的最大时速、20 小时的续航能力、12000 千米的航程，使其能够执行远程任务，并覆盖广阔的作战区域。彩虹-6 具有军民两用特性，可以用来完成不同任务，如侦察、打击、环境监测以及灾害救援等，显示了极高的实用性。

7. 飞鸿无人机

飞鸿无人机的 6 小时巡航时间和 1000 千米作战半径，使其可以在敌人的后方执行任务，有效地扩大了我军的作战范围。此外，飞鸿无人机配置有 360 度全方位的侦察系统，能够全面监视周围环境，没有任何盲区。飞鸿无人机还配备了先进的智能武器系统，这让它不仅可以准确识别目标，还能自主作出打击决策并执行任务，显著提升战斗效率。双发系统布局不仅提升了飞行的稳定性和可靠性，同时也提升了续航能力。

8. 猎鹰无人机

猎鹰无人机可以飞到 15000 米的高空，能以每小时 670 千米的速度飞行，另外，20

小时超过 1 万米的航程、12 枚武器的载弹量、3.5 吨的最大起飞重量，使之可以持续执行侦察和监视任务，确实堪称“空中猎鹰”，为我国的空中力量增添了强大利器。

9. 翼龙-10 高速无人机

翼龙-10 高速无人机机长 9.95 米，翼展达 10.78 米，最大上升高度达 12500 米，使其成为真正的高空侦察无人机。翼龙-10 的性能让人惊叹，它是我国首款双涡扇高速无人机，巡航速度达 500 千米/时，最大航程为 4000 千米，飞行时长达 8 小时，能够胜任各种中远程任务。翼龙-10 无人机装备了各种先进的侦察设备，在执行侦察任务时拥有独特优势。

10. 双尾蝎无人机

双尾蝎无人机是一种高空侦察和打击功能结合的无人机，其技术参数令人惊叹：机身长度约 10 米，翼展达到 20 米，最大上升高度可达 1 万米，在天空中具备强大的“空中猎手”能力。它具有 3.2 吨的最大起飞重量和 1.2 吨的最大载重量，这赋予它强大的作战能力。具有 35 小时的最长续航时长决定了双尾蝎无人机可以在目标区域停留很长时间。最多可以携带 24 枚火箭弹，并能挂载多种制导武器，这就决定了双尾蝎无人机拥有强大的火力输出能力。

二、警用无人机

无人机用于警察执行公务活动始于上世纪末。21 世纪初，公安机关装备无人机的单位屈指可数。2010 年后，警用无人机进入爆发式增长。2017 年，全国警用无人机数量达 4000 余架，驾驶员 2000 多人。2025 年，全国警用无人机数以万计，应用场景主要包括以下六个方面。

（一）治安防控

高空巡逻。可对城区监控死角、盲区进行定时巡查，节省警力，及时掌握公共安全状况。如公安依托警用无人机构建“空地一体”防控网，实现“5 分钟无人机警务圈”。

大型活动安保。对活动现场的人员聚集区域进行监管，实现追踪监视、精准制导，通过高空喊话进行安保、疏导。如苏州、南京等马拉松运动的安保工作中，警用无人机按照设定航线执行高空安保任务。

（二）交通管理

日常巡查。搭载高清摄录像设备及空中喊话模块，在高空进行交通常态化巡查，针对拥堵、交通事故等非正常路况，进行空中疏导、指挥、分流。

事故勘查。在发生重大交通事故时，快速勘查事故现场，拍照记录，为执勤人员判断、清理现场提供资料，还可加载空中照明模块，对夜间事故现场实施照明。

（三）应急救援

江海水上搜救。沿江、沿海地区警方用无人机开展水上搜救，可快速覆盖广阔海域，寻找失踪人员或船只。

森林火情核查。在森林火灾发生时，无人机可飞至火场上空，实时传回火情画面，帮助消防人员了解火势蔓延情况，制订灭火方案。

医疗物资投送。苏州的 AED（自动体外除颤器）无人机可在紧急情况下实现“黄金 4 分钟”医疗物资投送，为急救争取时间。

（四）侦查办案

侦查追捕。不受地面条件限制，能突入深山丛林中的制假、制毒、赌博窝点，或进入高危现场上空进行监视，实时传输目标图像，帮助分析研判并精确打击。

犯罪现场调查。从空中视角记录犯罪现场，捕捉高分辨率的图像和视频，为案件分析提供宝贵数据，帮助绘制犯罪现场图，提高证据收集和犯罪重建的准确性。

（五）安全宣传

反诈宣传。民警、辅警利用警用无人机在辖区重点区域、重点时间段，多批次、有重点地组织开展反诈宣传，全方位提醒群众捂紧“钱袋子”，谨防网络诈骗。

交通安全宣传。搭载喊话设备对人车流量大的道路进行实时监控，引导驾乘人员自觉遵守交通法规，共同维护道路交通安全。

（六）其他领域

禁种铲毒。利用警用无人机对可能种植罂粟、大麻等毒品植物的地区进行巡查，及时发现和铲除非法种植的毒品原植物。

服务群众。如在上下学高峰时段，对校园周边人流、车流进行实时监控，与地面“护学岗”警力形成立体防控体系，确保学生上下学安全。

三、民用无人机

民用无人机是指除了军用无人机外的其他用途无人机。民用无人机分为消费级无人机和行业级无人机两类。消费级无人机是以航拍、娱乐为主的微型或轻型无人机，多旋翼无人机为其主要类型。行业级无人机是应用于消防、电力巡检、农业植保、警务等领域的轻型或小型无人机，以多旋翼或固定翼无人机为主要类型。整体而言，我国民用无人机的生产技术在世界处于领先水平。全球无人机企业排名前十的有四家在中国，其中大疆创新公司位居全球第一。在巴黎圣母院火灾救援中，巴黎消防队使用了大疆 Mavic Pro 和 Matrice M210 无人机追踪火情，获得了控制火势的必要数据，并寻找到最佳扑火位置。如果消防队员使用无人机热成像摄像机，对这次救火可能还会有更大帮助。

我国民用无人机的生产始于本世纪初。二十多年来，该行业发展较快，尤其是近年来明显提速。无人机被列入国家战略重点发展方向之一，国家出台了一系列政策、规划，大力扶持无人机尤其是民用无人机产业的发展，以进一步激发消费级无人机巨大的市场增长潜力，拓展行业级无人机下游应用领域，助力经济结构的转型升级，培育无人机产业经济增长点。从航空政策来看，国家先后出台了《关于加快培育和发展战略性新兴产业的决定》《民用航空工业中长期发展规划（2013—2020年）》《关于深化我国低空空域管理改革的意见》等政策，将航空产业列入国家战略性新兴产业重点发展方向，有序开放低空空域，引导支持航空装备制造业和相关产业做大做强。从无人机行业政策来看，2016年国务院发布的《“十三五”国家战略性新兴产业发展规划》中明确提出将无人机作为发展重点之一，推进民用飞机产业化，大力开发市场需求大的民用直升机、多用途飞机、特种飞机和行业级无人机，这是首次将无人机产业提升到国家战略的层面。2019年5月，教育部将无人机相关专业列入《中等职业学校专业目录》，为无人机行业的发展提供充足的人才储备。在国家战略的引领下，各地方政府也相继出台了相关发展规划，积极扶持无人机行业的发展。国家政策导向和地方政府的务实推进，正在大力推动我国无人机行业发展，必将催生出巨大的经济效益。

中国现已成为全球民用无人机最主要的产业基地，2019年无人机行业保持了较快增长，全国共有7000多家无人机企业获得了民用无人驾驶航空器经营许可证，交易规模突破500亿元人民币。消费级无人机占全球70%的市场份额，行业级无人机占国内60%的市场份额。全年无人机出口180亿元，以消费级无人机、行业级无人机及配套产品为主。

2024年，因为低空经济改革政策的推动，无人机行业发展迅猛。全年产值为2100亿元，增长幅度为39.5%。根据UOM（民用无人机驾驶航空器综合管理平台）公布的统计数据，截至2024年12月31日，全国已有320万家企业在该平台登记注册，颁发操控员执照27万张，国内完成实名登记的无人机超过215.8万架。在专利方面，我国无人机领域的专利申请量占全球70%以上，是世界第一大技术来源国。

民用无人机最大的市场在于政府公共服务的提供，如警用、消防、测绘、植保、巡检、气象等，占到总需求的80%。2017年，工信部发布的《关于促进和规范民用无人机制造业发展的指导意见》中指出，我国民用无人机产业持续快速发展，到2020年产值可达600亿元，年均增速40%以上；到2025年，产值将增至1800亿元，年均增速为25%以上，产业规模、技术水平、企业实力持续保持国际领先势头，建立健全民用无人机标准、检测认证体系及产业体系，实现民用无人机安全可控和良性健康发展。2019年5月，民航局下发《促进民用无人驾驶航空发展的指导意见》，提出要构建“社会管理+行业管理”的格局，形成安全、高效、顺畅、可持续的民用无人机驾驶航空运行体系，实现民用无人机驾驶航空“无缝隙”融入国家空域体系，打造与各类航空器相适应的运行生态系统。到2020年，将完成无人驾驶航空运行顶层设计，建立并完善法规标准体系，统筹开展试点示范运行；从2036年到本世纪中叶将全方位提升我国在无人驾驶航空领域的国际竞争力、国际民航规则标准话语权和技术创新引领力，实现无人驾驶航空应用及管理全领域向民航强国跨越的目标。

（一）消费级无人机

无论是国外还是国内，无人机的诞生都是为了满足军事发展的需要，消费级无人机的问世，则是后来研究、应用的结果。2010 年前，我国的消费级无人机总体规模小，发展缓慢。2012 年，传感器等核心硬件成本的下降，迎来了消费级无人机的大发展。2015 年，我国消费级无人机数量爆发性增长，国内的市场营业收入达 22.9 亿元。

我国的消费级无人机首先是由大疆创新科技有限公司（以下简称“大疆创新公司”）研发生产出来的。大疆创新公司位于深圳，成立于 2006 年 11 月，是无人飞行器探测控制系统及无人机解决方案的研发、生产商。公司初创期的多年，专注于消费级无人机的不断推陈出新，产品立足全国，面向世界，在消费级无人机领域一枝独秀，领军全球。2012 年，大疆创新公司将多旋翼无人机飞行平台和多旋翼飞控推向消费级市场后，无人机产业已成为通用航空产业中冉冉升起的一颗新星，成为新的经济增长点。据 2017 年统计，大疆创新公司的产品在全球消费级无人机市场的份额达到 70%（其中 80% 的客户在国外），年营销收入 30 亿元，5 年翻了 100 倍。如今，大疆创新公司在我国乃至全球范围内的消费级无人机行业中，仍一如既往地保持着王者地位。2019 年，该公司消费级无人机在全球的销售营业收入达 230 多亿元。

始创于 2014 年 4 月的从消费级无人机的产品起步，进而转入行业级智能无人机研发、生产的广州亿航智能科技有限公司（以下简称“亿航公司”），初始阶段的主打产品是消费级 GHOST 无人机，其特色是使用手机 APP 操控。

大疆创新公司和亿航公司的成功，带动了一批企业进入消费级无人机生产领域。2015 年，美国消费电子产品展览会上的无人机展区，中国企业占了一半。这一年，中国的无人机企业有 400 多家，多数有消费级无人机产品。其中，绝大多数无人机企业的消费级无人机产品都集中在深圳。

据 2024 年 7 月 18 日国际学术期刊《自然》上发表的文章，北京航空航天大学利用自主开发的新型静电电机，成功地研发出微型、长时续航的太阳能动力微型消费级无人机，其重量仅为 4.21 克，能在纯自然光功能下持续飞行。换而言之，该无人机靠自然光就能飞。

近年来，鉴于消费级无人机市场逐渐趋于饱和，一些规模小、产品性价比低的消费级无人机生产企业，纷纷转产行业级无人机或者退出无人机行业。当然，消费级无人机占比下降的原因之一，是行业级无人机生产量的扩大。

可以肯定，未来我国消费级无人机市场竞争会更加激烈。消费级无人机产品的发展方向是智能化升级，即人工智能 +5G，消费级无人机通过控制和软件功能方面的提升，增加应用价值方面的吸引力。在此基础上细分市场，从而赢得更多的用户。未来消费级无人机行业的走向是，能开发出具有特殊应用场景产品的企业，会进一步受到市场青睐；功能智能化升级以及形成有效消费体验的无人机，将赢得消费者广泛认可；更多企业从消费级转向行业级。

（二）行业级无人机

行业级无人机也可称为专业级无人机。其实，行业级无人机倒是在农业领域应用最广。2019 年登记在册的全国 28. 5 万架民用无人机中，行业级无人机 16. 96 万架，占 59. 5%。其中，农林植保机 7. 35 万架，占 25. 8%；电力巡检机 5. 51 万架，占 19. 3%；警用安防机 2. 27 万架，占 8. 0%；环境保护、航空测绘、低空物流等其他类型用途的无人机 1. 83 万架，占 6. 4%。

在我国行业级无人机的研发生产企业中，名列前茅的单位有汇星海、极飞、亿航、大疆等 4 家科技公司。

汇星海科技有限公司（以下简称“汇星海公司”）是一家专注于无人机技术的创新型企业，其产品和技术在农业、监测、救援等多个领域得到广泛应用。该公司生产的 FH18V 倾转式垂起固定翼无人机（图 2-9）有“测绘神机”之称。长航时固定翼小白鲨无人机最大续航时间 2. 5 小时，续航距离 200 千米，用于远距离检查、测绘、侦察作业。2019 年 4 月 30 日，美国举办的国防无人机展暨无人机/机器人展览会上，汇星海公司展出了上述两款行业级无人机，受到欢迎。公司还拥有全国最大、唯一的海外行业无人机 B2B、B2C 平台，月访客 2500 万人次。该公司产品的应用范围涵盖了航测、消防、侦察、农业、防暴、赛事直播等方面，销往全球 70 多个国家和地区，现有用户 20 多万。

图 2-9　FH18V 垂起固定翼无人机

近几年来，汇星海公司推出了一款又一款新技术无人机。2022 年推出了海鹰系列农业植保无人机，该无人机采用先进的喷洒技术，能够实现精准施药，大大提高了农作物的病虫害防治效率。2023 年公司发布了海卫士系列无人机，它是专为应急救援设计的，具备夜间飞行和实时数据传输功能，为灾害现场提供及时的空中支援。2024 年，汇星海推出的海图测绘无人机，搭载高精度传感器和摄影设备，能够快速完成大范围地形测绘任务，广泛应用于城市规划和土地管理。2025 年，公司研发的海翼垂直起降固定翼无人机，结合了固定翼无人机的长距离飞行能力和多旋翼无人机的垂直起降能力，适用于复杂地形的空中巡查和物流配送。

广州极飞科技有限公司（以下简称“极飞公司”）成立于2007年，是一家商用无人机制造企业，也是国内最大的民用无人机运营公司，在国内农业科技领域占据领先地位。2016年10月，极飞公司推出P20无人机，产品主要用于农业植保和地理信息测绘领域，至今已售出2500架。公司的800人服务团队，在全国14个省份的作业面积达200多万亩，为10万用户提供无人机植保服务。公司在国内每个省份及韩、日、澳等19个国家和地区设有运营机构，并参与多个国际农业自动化科研项目。截至2018年11月30日，植保无人机全球销量21731架，认证的植保无人机操作员2.8万多人。2019年11月22日前，极飞公司的农业无人机已服务农户637万户，全球累计作业面积3.1亿亩（含国内9000万亩），为客户节省4290吨农业喷洒用水，减少1.86万吨农药、化肥的滥用，累计培训中国农村无人机使用人员5.6万名。

2017年以来，极飞公司研发生产的产品，主要有极飞地理C2020智能测绘无人机，极飞物理智能农田监测站FMI，极飞XP 2020款、P30 2020款与P20 2020款农业无人机。极飞无人机的优势在于：载重上，XP 2020款支持20升、16升与12升药箱与16升颗粒箱；P30 2020款支持16升药箱与11升颗粒箱；P20 2020款支持10升药箱（不支持播撒系统）；外形结构的框架强度提升30%，防护性好，模块化等级，维护保养快拆设计领先；动力系统全面提升，飞行力效提升15%；喷洒流量最大（5.6～7.2升/分），喷头在85～550微米之间能任意调节；作业不受环境影响，复杂地形应对自如；感知系统灵敏，能同时探测128个障碍物，准确识别障碍物的位置、距离、运动方向和速度，从而精准绕行，保障飞行安全；探测范围30米，飞行控制能自主执行。2019年，P30 2020款农业无人机在全国平均单机作业面积11676亩，最大单机作业61400亩（喷洒和播种）。

2023年，极飞公司发布了“极飞云”智能农业管理平台，该平台整合了无人机采集的数据，为用户提供精准农业管理解决方案。2025年，公司研发了“极飞天眼”智能监测系统，该系统结合了无人机和人工智能技术，能够实时监测作物生长状况，为农业生产提供决策支持。

大疆创新科技有限公司（以下简称“大疆创新公司”）是全球领先的无人机制造商，其产品源头是消费级无人机，现在其产品广泛应用于摄影、农业、监测等多个领域。2015年12月首推一款智能农业喷洒防治无人机——大疆MG-1农业植保机（图2-10），这是大疆创新公司进入行业级无人机领域的标志。该款无人机配备8轴动力系统，使其载荷达10千克，推比高达1∶2.2，每小时作业量40～60亩，作业效率是人工的40倍以上。该机在自动作业模式下，可实现定速定高飞行和定流量喷洒。此后，大疆创新公司陆续研发推出了ACE系列直升机飞控系统，多旋翼飞控系统，筋斗云系统专业级飞行平台 S1000、S900，多旋翼一体机 Phantom、Ronin 三轴手持云台系统等。这些产品填补了国内多项技术空白。2019 年 1 月 8 日，大疆创新公司在图引擎服务方面正式推出 DJI 带屏遥控器，集成 5.5 英寸 1080P 高亮显示屏，其最高亮度约为普通移动设备的 2 倍，配备新一代 OcuSync 2.0 高清图像传输系统，适配御 Mavic 2 等飞行器，图像传输距离达 8000 米。2019 年 7 月，大疆创新公司加强了美国业务，除了计划在美国新建无人机组装工厂外，还加快了产品进入政府机构的步伐。

图 2-10　大疆植保无人机

大疆创新公司的领先技术和产品，已被广泛应用于遥感测绘、森林防火、电力巡检、搜索救援、影视广告等工商业领域。美国《时代》杂志发布的 2014 年度十大科技产品中，大疆创新公司的产品 Phantom 2 Vision + 入选，位列第三。2018 年 8 月，在 CB Insights 公布的该年度全球独角兽企业榜单上，大疆创新公司位居第六。2018 年 11 月 7 日，工信部发布（第 17 届）中国软件业务收入百强企业，大疆创新公司排名第 40 位。大疆创新公司还入选 2019 年度《麻省理工科技评论》50 家聪明公司榜单和 2019 中国品牌强国盛典年度新锐品牌。2020 年 1 月 9 日，胡润研究院发布《2019 年中国 500 强企业》，大疆创新公司居第 63 位。2020 年 2 月 24 日，大疆创新公司下辖的大疆学院与韩国合作开办无人机学院，培养无人机专业人才。至此，大疆学院已在全球 50 个国家和地区先后设立了 200 多个培训中心。

近几年来，大疆创新公司又有新发展。2022 年，大疆创新公司推出的御 Mavic 3 系列无人机，搭载先进的影像系统，能够拍摄高质量的照片和视频，为专业摄影师和爱好者提供强大的拍摄工具。2023 年，公司发布的大疆农业植保无人机，采用智能喷洒技术，能够实现精准施药，提高农作物产量和质量。2024 年，推出的大疆天空端智能空中交通管理平台，整合了无人机飞行数据，为城市空中交通提供实时监控和调度。2025 年，公司研发的大疆矩阵无人机集群技术，能够实现多架无人机的协同飞行，为大型活动和城市安全提供高效的空中解决方案。

从研发生产消费级无人机转入行业级智能飞行器的研究、生产、销售、服务一体化的广州亿航智能技术有限公司（以下简称“亿航智能公司”），其主要产品有 GHOSTDRONE 智能无人机、GHOSTDRONE 2.0 智能无人机、天鹰行业应用无人机。2018 年以来，亿航智能公司与敦豪-中外运国际航空快递有限公司合作，力求攻克无人机快递“最后一公里”的难题。2019 年 12 月 19 日，该公司又推出农业无人车 R80，该车不仅具备植保无人机除飞行以外的所有技术优势，而且还拥有数倍于植保无人机的超大负荷、超长续航、运作成本更低、运行更安全、操作简单（无须培训即可上手）、作业灵活等优势。亿航智能公司生产的我国第一架自动驾驶载人飞行器亿航-184 和双座版载人自动驾驶飞行器亿航-216（图 2-11），2019 年获得美国联邦航空管理局（FAA）颁发的飞行许可证。近年来，亿航智能公司先后三次分别组织 1000 架、1180 架、1374 架无人机编队表演灯光秀。在美国商业杂志《快公司》评选的 2016 全球最佳创新公司活动中，亿航智能公司获评全球无人机企业前三名。2019 年 11 月 13 日，胡润研究院发布《中国人工智能企业知识产权竞争力百强榜》，亿航智能公司排名第 39 位。2019 年 12 月 7 日，该公司在美国纳斯达克成功上市。2022 年，亿航智能公司推出的亿航 216 载人级自动驾驶飞行器（AAV），能够实现自主飞行，为城市空中交通提供新的解决方案。2023 年，公司发布了亿航智能空中交通管理系统，能够实时监控和调度空中交通，确保飞行安全。2024 年，新产品亿航白鹭无人机是专为空中旅游设计的，能够搭载两名乘客，提供独特的空中观光体验。2025 年，公司结合无人机和人工智能技术，研发出了亿航天眼智能巡检系统，能够自动识别和监测城市基础设施的运行情况。

图 2-11　亿航-216 无人机

未来，随着无人机的耐久性和使用成本降低等问题得到根本性解决，民用无人机需求量将大幅攀升，并在建筑、农业、保险索赔、石油管道巡线、警务、消防、空气检测等领域发挥重要作用。“无人机和互联网、GPS 一样，正在不断变化，甚至超过它们的军事起源，成为强大的商业工具。”研究机构高盛集团如此预测。

第四节　未来无人机的发展趋势

无人机的出现正在改变人类社会，未来的无人机将在智能化、微型化、长航时、超高速、隐身性等方向上发展，无人机的市场空间和应用前景非常广阔。

过去，有人机一统天下，下一步，无人机将会对有人机做出重要补充。未来一段时间，无人机和有人机相互依存，协同发展。最后，我们期待着无人机一统天下。

一、无人机的发展前景

无论是国外还是国内，无人机的应用前景都非常广阔。

美国电器消费协会 2015 年统计表明，美国已出售的无人飞行器达到 40 万架，在 2035 年有望达到 100 万架。2015 年，美国只有 6 个无人机飞行大队，2016 年有 170 个。2017 年全美已经有超过 350 个执法机构成立了无人机操作大队。无人机在警务部门的使用已经迈出了一大步。

从国内情况来看，我国无人机的未来值得期待。2015 年 10 月，我国明确提出实施军民融合发展战略，形成全要素、多领域、高效益的军民深度融合发展格局；2016 年 5 月 13 日，国务院办公厅发布的《关于促进通用航空业发展的指导意见》指出，要大力发展枢纽型机场，建设京津冀、长三角、珠三角世界级机场群。军民融合战略和通用机场政策表明，无人机已经具备成熟的应用环境和条件，作为一种智能化的工具，无人机正在助力“无人机 + 传统产业”，推动传统产业智能升级、降低生产成本、提高生产效率。

目前，无人机已在农业植保、影视航拍、灾情检测、灾后救援、航空物探、森林防火、安保设防、管道巡检、地质勘探、海洋监测、应急测绘、交通管控等领域有着广泛的应用。

在 2018 年 9 月召开的中国地理信息产业协会无人机应用与管控工作委员会成立大会上，中科院院士、科技部原部长徐冠华指出，当前我国民用无人机产业正处于深刻转型的重要战略性机遇期，发展势头很好，现已渗透到遥感、物流、植保、安防、电力、消防、娱乐等众多领域，在国民经济和生产生活中发挥着越来越重要的作用，无人机行业也已经成为国民经济新的增长点，特别是个人消费级无人机，已具有全球市场领先优势，成为中国制造的一张新名片。

中国无人机的起步虽然落后于国外很多年，但是近年来无人机发售量涨幅十分明显。前瞻产业研究院《2016—2021 年中国无人机行业市场需求预测及投资战略规划分析报告》显示，截至 2015 年 11 月，我国已有 25 个省、自治区、直辖市公安机关，147 个实战单位配备了近 300 架（套）警用无人机，涉及 50 种型号，相比于 2014 年的 26 个实战单位、60 余架（套）警用无人机、20 种型号，有了大幅度提升。2019 年，我国警用安防无人机拥有量飙升至 2 万多架。未来，随着警用装备的加强，警用无人机会更多。

民用无人机方面，目前全国已有农林植保无人机 7 万多架，一架无人机一天作业 1 万亩，高效率、低成本的特点深受业界推崇。当然，现在无人机的技术含量参差不齐，质量和精密度需要较大的提升，有的植保无人机打农药，把庄稼打死了，这是驾驶员培训和售后服务不到位引起的问题，亟须加以解决。至于物流无人机，随着京东、顺丰的介入，资本相当看好，这方面也会有很大的发展空间。

据农业农村部 2018 年报道，一个时期以来，高效植保机需求旺盛，全国销量已达 8000 架次，作业面积全年预计达到 2 亿亩。目前，全国农业航空技术 95% 以上用于航空植保作业，还有 5% 左右用于农情信息获取、航空拍摄、农作物的辅助育种等。未来，植保无人机仍将持续升温。

二、国外无人机技术发展新动态

国外无人机技术发展的新动态，集中反映在军用无人机的技术发展上，因为在现代及未来战争中，无人机将成为侦察卫星和有人驾驶战略飞机的重要补充和增强手段，国外已将其作为一个重要环节列入军用卫星—载人飞船—预警机—战略导弹—无人机这一防卫作战大系统中，值得我们学习和借鉴。随着新材料、新能源、智能制造以及人工智能技术的发展，无人机的性能不断提升与扩展，应用前景也将更为广阔。无人机的长航时、察打一体化、高速度、隐身性、垂直起降、蜂群作战、人工智能控制等特点将成为未来发展趋势，无人机将进一步融入现有的装备体系，带来新的作战模式。

（一）长航时无人机

研发长航时无人机，是为了解决一般无人机留空时间短、侦察监视面积小、不能持续获取信息，甚至会造成情报盲区，不适应现代战争需要等问题。在这方面，美国、以色列走在了世界前列。

美国从 20 世纪 70 年代初开始研制，至今已研制和正在研制的长航时无人机超过 20 多种，无论在性能上还是在数量上，均居于世界领先水平，具有代表性的有全球鹰高空长航时无人机、捕食者 MQ-1 中空长航时无人机等。以色列紧随美国之后发展这一无人机种，已研制和正在研制的长航时无人机有 10 种左右，代表性的有赫尔梅斯、苍鹭高空长航时无人机等（表 2-1）。

表 2-1 国外中型、大型长航时无人机

长航时无人机	全球鹰	捕食者 MQ-1	赫尔梅斯 1500	苍鹭 TP
气动布局	正常式	正常式	无尾布局	正常式
翼展/米	35.5	14.8	18	26
最大起飞重量/千克	11612	1020	1650	4650
巡航速度/(千米/时)	635	130 ~ 165	240	180 ~ 220
升限/米	18000	7620	9145	12000
续航时间/小时	42	40	40	20

长航时无人机一般采用大翼展来提高飞机升阻比，结构上采用复合材料设计，降低飞行重量，发动机具有良好的任务可靠性、燃油经济性和稳定的高空工作能力，以及良好的爬升能力，以实现长航时飞行。

随着技术的进步，航空电子设备、任务载荷、动力系统重量越来越轻，体积越来越小，高性能战术无人机将向小型化方向发展。小型长航时无人机具有使用便捷、部署灵活、使用效费比高、场地适应性强等突出优势，可以部署在沿海、远海、岛屿、山区、高原等远距离、长时间、宽海拔高度的复杂作战环境及艰苦地区，进行定期巡航，掌握区域动态，有效地解决看不远、看不清的问题。小型长航时无人机的研发，标志着无人机发展过程中一个新阶段的出现。目前，国外小型长航时无人机有美国 AAI 公司的航空探测器系列无人机，Insitu 公司的综合者无人机（表 2-2）、扫描鹰无人机（图 2-12）。

表 2-2 国外小型长航时无人机

长航时无人机	航空探测器 4.7	航空探测器 5.0	扫描鹰	综合者 BQ21A
气动布局	正常式	正常式	无尾布局	正常式
翼展/米	3.6	—	3.2	4.8
最大起飞重量/千克	25	54	22	60
巡航速度/(千米/时)	90 ~ 110	90	90	110
升限/米	4500	4500	4500	6000
续航时间/小时	24	14 ~ 24	24	24
起飞方式	弹射起飞	弹射起飞	弹射起飞	弹射起飞
回收方式	撞网回收	撞网回收	挂绳回收	挂绳回收

图 2-12　高空长航时无人机——扫描鹰

长航时无人机不断挑战新的飞行高度和续航时间，于是高高空长航时无人机应运而生。欧洲空间局（ESA）已经考虑将无人机飞行高度提高到距离地面大约 20 千米，那里风速足够低，无人机可以在大气中滞留数周甚至数月。这种被称为高空伪卫星的无人机，可以覆盖地面直径为 1000 千米的区域，提供通信中继、情报、监视与侦察等服务。这种高高空长航时无人机的动力源有两种（表 2-3），一种是液氢为燃料，如全球观察者无人机（图 2-13）。另一种是太阳能。太阳能无人机以其能源优势，可以飞行更长时间。空客西风 S 太阳能无人机于 2018 年 8 月 5 日创造出飞行高度 22555. 2 米、飞行时间约 26 天的飞行纪录。

表 2-3　高高空长航时无人机

长航时无人机	鬼怪眼	全球观察者	西风 7	猫头鹰
翼展/米	46	53	22. 5	28
最大起飞重量/千克	6400	4131	43	—
巡航速度/(千米/时)	200	180	—	—
飞行高度/米	19000	17000 ~ 20000	16000 ~ 20000	20000
动力能源	液氢	液氢	太阳能	太阳能
续航时间/天	10	5 ~ 7	>10	—

图 2-13　高高空长航无人机——全球观察者

（二）察打一体无人机

随着无人机载荷能力的不断提升以及小型化精确制导武器的发展，可以在无人机上配装精确制导武器，通过通信系统与作战指挥控制系统进行交流，给无人机赋予作战使命，使无人机逐步由单打独斗向联合作战中的战场支援方向发展，由作战辅助手段变为主战装备，担当未来空中作战的主角。

美国“捕食者”系列无人机在几次局部战争中表现抢眼，已经成为世界上察打一体无人机序列中的佼佼者（表2-4）。以美国死神无人机MQ-9为例，其主要机载武器包括2枚GBU-12激光制导炸弹和4枚AGM-114海尔法空地导弹，还可携带227千克的联合直接攻击弹药和113.5千克的小直径炸弹。GPS制导武器使该无人机在恶劣天气下也能实现精确打击，大大提高了侦察打击系统的时效性。捕食者C型（复仇者）无人机是由MQ-9死神无人机发展而来的，比“死神”飞得更高、更快，隐身性更好，留空时间长达20小时，航程可达12900千米，机内弹舱可携带1.6吨的武器，如果使用机翼下的外部挂架，总载弹最大可达3.6吨。MQ-1C灰鹰无人机（图2-14）最长续航时间达30小时。

表2-4　察打一体无人机

无人机	MQ-1B	MQ-1C灰鹰	MQ-9	复仇者
气动布局	正常式	正常式	正常式	正常式
翼展/米	14.8	17.07	20	20.12
最大起飞重量/千克	1020	1633	4760	8255
最大任务载荷/千克	204	488	1360	3600
最大巡航速度/(千米/时)	217	278	460	740
升限/米	7620	8840	15000	18288
续航时间/小时	40	30	15	20

图2-14　MQ-1C灰鹰无人机

（三）高超声速无人机

高超声速无人机是以5马赫以上的速度飞行的无人机。从目前的防御技术来看，该机借助于飞行速度和高度的绝对优势，还有轨迹复杂的特点，使得空中拦截变得非常困难。

高超声速飞行器技术先进，开发研制一直面临许多难题，如推进技术、热障、一体化设计、材料工艺等，对气动外形的要求非常高。但是，美国已具备下一代高超声速无人机研制的技术条件。高空高速有人侦察机SR-71自投入使用以来，实战中从未被击落过。随着SR-71的退役，美国空军将其替代机型定位为无人版的高空高速超声速侦察机，即SR-72无人侦察机，由洛马公司秘密研制。2017年6月，洛马公司在美国航空航天学会（AIAA）上宣布，该公司具备SR-72高超声速飞机缩比验证机研制的条件，该机将是集打击、侦察于一体的高超声速无人机，将使用涡喷发动机与超燃冲压发动机的组合体作为动力，涡喷发动机将飞机加速到3马赫后，超燃冲压发动机点火继续加速至5~6马赫，飞行高度达30千米。新一代的SR-72融合了速度、高度和隐身优势，根据计划安排，SR-72预计于2030年左右服役。

（四）隐身无人机

无人机在敌方防御区巡航时，一定程度上增大了被探测到的可能性，因此，无人机应该考虑具备良好的隐身性能，提高战场生存能力。美国是世界上最早把隐身技术用于无人机的国家。

飞翼隐身无人机由于没有尾翼，外形更加简洁，不仅具有良好的气动性能，而且非常有利于隐身，内部空间也相对充裕，可以携带更多的燃油和弹药，逐渐成为近几年来比较流行的气动布局，如法国的神经元无人机等（表2-5），美国的RQ-170、RQ-180无人机（图2-15）。神经元无人机翼展与幻影2000相当，在雷达屏幕上显示的神经元尺寸不超过一只麻雀。

表2-5 飞翼隐身无人机

无人机	RQ-170	RQ-180	神经元	X-478
翼展/米	19.8	40	12	18.92
最大起飞重量/千克	3856	14641	7000	20215
巡航速度/(千米/时)	0.62	—	0.8	0.8
升限/米	15000	—	—	12000
续航时间/小时	12~15	24	3	—

图 2-15　RQ-180 飞翼隐身无人机

（五）垂直起降固定翼无人机

垂直起降固定翼无人机具有场地适应性强、机动性好、巡航速度高、航时长等优势，能够满足现代机械化部队和海军舰艇编队的移动作战，近几年发展呈井喷之势。从垂直起降的实现方式上分类，主要有三大类：倾转式、复合式及尾座式。

表 2-6　国外垂直起降研究的相关机构及其相关研究

序号	机构名称	相关研究	技术特点/应用领域
1	以色列航宇工业公司	黑豹倾转旋翼无人机	固定翼、旋翼/侦察
2	美国贝尔公司	黑豹倾转旋翼无人机	倾转涵道式，“鱼鹰” V22 的无人版/侦察
3	美国极光飞行科学公司	神剑垂直起降高速无人机	涡轮、电混合推进，高速飞行/军事侦察打击
4	美国 Sky Teelmology 公司	Aerolus 垂直起降无人机	固定翼直升机，长航时/监视
5	美国格鲁曼公司	尾座式垂直起降飞翼布局无人机	飞翼布局、共轴反桨直升机/海军舰载，侦察打击

倾转式垂直起降无人机起飞时推力向上，转入水平飞行时利用倾转机构使推力向前，由机翼承担部分或全部升力。典型代表是美国贝尔公司的鹰眼无人机，该机型脱胎于鱼鹰倾转旋翼机，翼展为 7.37 米，最大飞行速度达到 360 千米/时，续航时间 6 小时，已于 2006 年服役于美国海军，用于海军炮火支援、战斗毁损评估、通信与数据中继和电子对抗等。2015 年 3 月，美国极光飞行科学公司研制的雷击垂直起降无人机方案，已经获得美国空军和美国国防部高级研究计划局（DARPA）的资金支持。2017 年 3 月，雷击无人机缩比验证机 XV-24A 成功首飞，该无人机系统由高度集成的分布式涵道风扇与混合电力驱动系统组成，试验实现了包括垂直起飞、盘旋、向前飞行转换、垂直起降等在内的一系列操作，验证了非常规的气动构型方案和复杂的飞行控制律，通过

在鸭翼、主翼间分配推力并使表面倾斜，能够使飞机在不损失高度的前提下转换到机翼飞行。

复合式垂直起降无人机类似于在固定翼的基础上加装一套垂直起降动力系统，通过两套动力系统分别实现起降和平飞。典型代表为美国 Latitude Engineering 公司开发的 HQ-20 及 HQ-40 无人机。该公司还研发了垂直起降套件，可用于改装现有固定翼无人机。

尾座式垂直起降无人机采用机尾坐地式垂直起飞，达到一定高度转入平飞，降落时先爬升使机头向上，随后减小推力垂直降落。典型代表有波音公司的 Heliwing Vehicle、航空环境公司的 Sky Tote 以及 Aerovel 公司的 Flexrotor 等。这种起降方式的优点是结构简单、废重少、系统效率和可靠性高。2015 年，美国格鲁曼公司推出的尾座式垂直起降飞翼布局无人机方案，成功竞标美国国防部高级研究计划局主导的 TERN 项目第三阶段合同，证明这种类型的垂直起降无人机潜力巨大。

（六）有人机、无人机协同作战

随着无人机相关技术的发展，其战场优势在现代战争中不断凸显。2018 年 7 月，米切尔航空航天研究所发布了《有人-无人编队：将空中作战力量提升到新水平》报告，指出美国未来将重点发展有人-无人编队力量，提高美军的空中作战能力。通过开展无人机与有人作战平台的协同作战模式，建立平台资源共享和互用关系，在一定程度上弥补了当前无人机自主水平的不足，并使无人机与有人作战平台优势互补，为现代战争提供了一种新的作战样式。

在法国达索公司 2017 年推出的宣传片中，首次出现了阵风战斗机、神经元无人机进行编队飞行的场面。神经元无人机综合运用了自动容错、神经网络、人工智能等先进技术，具有自动捕获和自主识别目标的能力，也可由指挥机控制其飞行或作战。比如，一架法国阵风战斗机可同时指挥 4～5 架神经元无人机，在有人机前方进行侦察或攻击。

2017 年 3 月，美国空军在位于加利福尼亚州的爱德华兹基地，成功地演示了有人机与无人机编组，以提高作战效率。在该演习中，F-16 战斗机与无人机僚机协同，演示了自主打击能力，这一行动表明人机协同技术的发展已经取得了较大进展，揭开了空战的新序幕。

美国陆军也一直将有人机和无人机组队视为一种关键的作战能力。早在 20 世纪 90 年代，美国陆军就基于通用战术控制系统的研制基础，开展了有人直升机和无人机协同作战的技术研究。在 2011 年开始了大规模的集成演示验证，AH-64E 阿帕奇攻击直升机能够分享 MQ-1C 灰鹰无人机拍摄的视频图像，所有安装战术通用数据链的无人机，均可由 AH-64E 乘员在 50 千米外的地方进行控制，直升机可直接接收无人机传感器数据并传输到 100 千米外的地面站，大大提高直升机乘员和地面指挥官的态势感知能力，实现直升机和无人机之间的数据实时共享和有人机与无人机协同作战。

复杂的有人机与无人机协同作战，目前的技术还不够完善，但数十年无人机作战使用经验以及人工智能技术的发展，使这种能力的提升指日可待。

（七）无人机蜂群作战

无人机蜂群由一定数量的小尺寸、低成本、有限功能的无人机组成。这些无人机可选择各类型的任务载荷，在人的指挥或监督下，通过网络协同执行侦察、干扰或攻击等任务。无人机蜂群作战具备诸多优势：一是无人机数量多、覆盖面积大，可分散或干扰敌方防空火力；二是单架无人机成本远低于防空导弹，可增加对敌防御成本；三是灵活性高，可与各种高性能的有人机、无人机配合作战。

美国将无人机蜂群作为一个重要发展方向。美国国防部预研局、美国战略能力办公室以及海、陆、空三军，分别启动了多个项目研究。美国空军《2016—2036 年小型无人机系统飞行规划》，已提出多种蜂群作战构想，规划在 2035 年形成蜂群作战能力；陆军新版《机器人及自主系统战略》，也提出在 2030 年实现无人机系统蜂群作战。美国战略能力办公室在 2014 年启动了无人机蜂群项目，开展了 670 多架次试飞活动。2016 年 10 月验证了 103 架灰山鹑无人机从 3 架 F/A-18 战斗机上快速发射和编队飞行的能力。试验中，“灰山鹑”蜂群未预先编写飞行程序，而是在地面站指挥下自主实现协同，展现了集体决策、自修正和自适应编队飞行的能力。美国海军研究办公室于 2016 年 7 月实现了 30 米发射 30 架郊狼小型无人机的目标，验证了编队飞行、队形变换、协同机动的能力。美国国防部预研局针对对抗环境作战，布局了蜂群空中发射回收、强对抗环境协同算法、蜂群作战体系架构、蜂群作战战术、小型多功能射频载荷项目群。

（八）人工智能与无人机

近几年，人工智能发展迅猛，其主要实现手段是机器学习。深度学习是实现机器学习的一种方式，图像、语音、大规模数据处理分析等相对成熟的技术应用已逐渐达到甚至超过人类普通水平。从人工智能的角度看，无人机将向单机智能飞行、多机智能协同、任务自主智能等方向发展，涉及环境感知与规避、协同指挥控制、协同态势生成与评估、自主驾驶与自主定下作战决心、自主完成作战任务等，这是无人机应用的最高境界。

2017 年 4 月 26 日，时任美国国防部副部长的罗伯特·沃克签发了关于成立算法战跨职能小组（AWCFT）（即 Maven 项目）的备忘录。Maven 项目旨在加快国防部融入人工智能与机器学习技术的速度，将国防部海量数据快速转换为切实可用的情报。目前，研究的工作重点是帮助美国特种作战司令部情报分析人员识别扫描鹰无人机所拍视频中的物体，情报分析人员使用含特殊算法的计算机，开展对扫描鹰无人机所拍视频的识别工作。试验开始仅几天，计算机对人员、车辆、建筑等物体的识别准确率便达到了 60%，一周后提升到 80%。Maven 项目正在为将来的人机编队创造基础，并计划将开发的算法交付更多拥有小型战术无人机的部队，拓展到“捕食者”和“死神”等无人机相关应用上，这将变革军队的作战方式。

美国国防部于2018年8月30日发布了《无人系统综合路线图（2017—2042年）》，这是美国自2001年以来发布的第8版无人系统综合路线图，其中首次将人工智能和机器学习列为加速无人系统作战应用的驱动力之一。美军在早期版《无人系统综合路线图》中，也都提到了人工智能，但都是一带而过，并未突出强调。新版《无人系统综合路线图》把人工智能和机器学习列为自主性这一全局主题的首要支撑因素，提出机器学习是人工智能领域一项快速进步的技术，在推动无人系统指挥控制、导航、传感器情报与整合、障碍探测与规避、蜂群行动和战术发展等方面具有巨大潜力，人工智能和机器学习将使无人系统能够自主学习并做出高质量决策，从而提升自主性，拓展和改进无人系统的功能，极大地增强作战空间感知能力，最终变革作战空间管理和指挥控制。这表明，美军意图充分利用人工智能和机器学习技术，进一步加速无人系统的发展。

俄罗斯Kronstadt公司正在研制用于军民无人机的人工智能技术，开发适用于所有类型无人机的人工智能管理的软件系统。目前，已开发出供无人机集群自主执行任务、分享任务信息和交互使用时的完全自主的人工智能操作系统。

三、我国无人机未来发展方向

近年来，得益于无人机技术的发展以及硬件产业链的进一步成熟，无人机迅速步入军界和社会大众日常生活的各个方面。无人具有灵活性、实用性、智能化、方便操作等特点，也逐渐成为政府各执法部门和军方的重要装备。但是，针对未来无人机发展的难题，要谋求无人机更加美好的未来，还必须解决当前无人机的续航能力、通信网络和多样化应用服务等方面的问题，大力提升无人机的性能、质量。

（一）续航能力的提升

续航能力不足是目前无人机行业应用中最突出的问题。应用最为广泛的电动多旋翼无人机，由于飞行效率较低，在载荷指标、航程、航时方面的短板十分明显。在目前锂电池技术没有太大突破的情况下，电力、燃油混合动力系统，旋翼、固定翼复合构型将会是无人机科技企业主攻的研究方向。这类机型将兼具电动多旋翼机型稳定悬停、垂直起降的优点，又能够发挥燃油型固定翼无人机的长航时与长续航优势，可将业内平均指标由“30分钟续航、40千米航程”级别提升至“5小时续航、500千米航程”级别，并由此大大提升无人机行业的应用发展。

（二）通信网络的提升

随着无人机续航能力、载荷指标的提升，无人机作业范围将越来越大，传统的无线电遥控方式将无法满足日益增多的作业需求。目前，已有部分无人机企业利用

“互联＋”模式，依托城市部署的4G无线网络对无人机进行远程控制。这样的操控模式大大拓展了无人机行业的应用场景，打破了行业应用作业场景必须现场实施的桎梏。结合日益完善的自主飞行控制系统，无人机应用将更加智能与灵活。但受限于移动通信基站的建设，目前网络运营商的4G信号仅对地面覆盖进行专项优化，低空域的空中信号覆盖还十分不理想，需要网络运营商加强通信基站的覆盖建设。只有保证无人机在低空域的通信效果，才能更好地对无人机作业效率进行提升与优化。

无人机作为高效率、适应多种环境的强大数据获取平台，是未来重要的空中数据端口。提升了续航、载重能力的无人机可以搭载更多样的传感器，测量、采集更高质量的数据，进行实时大流量数据的传输，快速整合分析并生成反馈报告将会是未来的发展趋势。更多样的应用服务都依赖于5G通信、物联网、云计算、大数据分析等功能，力求早日实现意念控制无人机。总而言之，智能化、自主化必将是无人机下一阶段的主要发展方向。

（三）应用范围的拓展

结合近年新兴的物联网、云计算、5G通信等技术手段，无人机已经开始在各行业崭露头角。随着无人机行业技术的积累和创新能力的提高，其必将在各行各业的应用中大放异彩。但是，综观无人机的用途，无论过去、现在还是将来，都归属为军用、民用、警用无人机三大类。未来，不管哪类无人机，都有一个广阔的发展前景。

随着小米、腾讯等互联网巨头以及苹果、华为等智能手机巨头纷纷计划或已进入无人机市场，大量无人机创业公司通过“无人机＋航拍”的方式介入消费级市场，民用无人机市场竞争进入白热化。而行业级市场将成为竞争的主战场。如何将无人机与行业更好地融合发展，成为当下民用无人机企业面临的严峻考验。

1. 军用无人机

我国对国防建设高度重视，这是军用无人机发展的机遇。党的十九大明确提出了世界一流军队的建设目标和建设进度。2020年，实现机械化、信息化取得重大进展；2035年，基本完成现代化；本世纪中叶，全面建设成为世界一流的军队。这就必然使国防建设持续高额投入，装备发展建设持续获得有力支撑。从军队发展方向上来看，我国军队加快由数量规模型向质量效能型转变，而我国幅员辽阔、边境海防线长、周边环境复杂，以无人机为代表的新型高效作战力量占比将不断提升。再者，现代化战争环境下，快速反应和信息搜集、处理、应用要求进一步提升，无人机平台性优势进一步凸显，信息感知和中继的地位与作用将进一步增强。

中国工程院院士、美国高级访问学者樊邦奎先生曾经指出，近年来的局部战争使得无人机的使用数量急剧增加，引发了全球研制无人机的热潮。未来无人机的发展方向，从军用无人机来看，重点应该解决好优先发展、提速延时和智能化三个方面的问题。

首先是研发察打一体的军用无人机、无人作战飞机以及微小型无人机系统。所以，我们应当以战场需要的侦察和打击为主要目的，大力发展侦察和打击结合的无人机；以火力打击和空中对抗为主要需求，大力发展作战无人机，特别是隐身无人机；以特种侦察和蜂群作战为主要目标，大力发展微小型无人机系统。

其次是提速延时。要通过火箭发动机、航空发动机和超燃冲压发动机的组合，来实现巡航速度大于5马赫的超高速飞行；同时利用太阳能、燃料电池、氢发动机和核动力来解决续航48小时以上的问题。这就必须以新型动力技术为突破口，大力发展超高速无人机和超长航时系统。

最后是无人机信息技术进一步智能化势在必行。因为无人机的操作性、自主性、通信、传感器、计算机等，都与信息技术密切相关。大数据、云计算、物联网（含互联网）等新兴信息技术产业的发展，正在深刻影响着无人机技术的变革，而移动通信基础设施、互联网基础设施以及广播电视基础设施，都将成为无人机组网和飞行管理的重要依托。人工智能技术又位于提升无人机应用能力的颠覆技术之首，包括单机智能飞行、多机智能协同、任务自主智能在内的人工智能技术，对无人机的发展有着核心的引导作用。

从军用无人机的功能来看发展方向，微型、小型、中型、大型以及特种等尺度的军用无人机，根据适应范围，有着不尽相同的发展方向。总体而言，都应朝着功能更加丰富、形式更加多样、操作更加智能的方向发展。

室内侦察、室内攻击、室内通信、网络攻击等，将是微型无人机的施展舞台。伴随侦察、伴随攻击、网络攻击、反无人机等是小型无人机的发展方向。攻击能力进一步强化、电子战、近空支援、信号侦察等是中型无人机的主要发展方向。自主化、通信中继、空域封锁、空中加油等是大型无人机的发展方向。

2. 警用无人机

从大范围分类讲，警用无人机属于民用无人机范畴。无人机凭借经济性、实用性、智能化等特点，成为政府部门执法的重要工具，尤其是在公安机关，无人机可以协助完成处理突发群体事件、打击违法犯罪、交通管理巡控、安保维稳、抢险救灾、采集地理信息等任务，格外受到青睐。多年前，公安部部长就提出：“加快警航事业发展，以适应新型安全需要，生成新的战斗力。”公安实践中，警用无人机协助公安机关侦破案件时有耳闻，无人机侦查俨然成为未来侦查工作的发展趋向之一。

我国公安机关把无人机用于公共领域的安保工作，较多的是用在案件的侦查方面，充分发挥无人机侦查技术的作用。总的来说，无人机侦查技术分为无人机本体技术和无人机整体信息交互系统两部分。从无人机本身来说，目前普遍应用于侦查工作中的警用无人机，主要分为固定翼无人机、多旋翼无人机、倾转翼无人机和垂直起降固定翼无人机等。上述无人机因具备隐蔽性强、体积小、抗电磁干扰性强、动态定点追踪能力强、全方位监控视角等特点，对公安工作从二维平面被动监控转化为三维立体自主追踪具有重要意义。而从无人机整体信息交互系统上来看，无人机侦查是一个完整的系统，主要由警用无人机、公安信息系统、无人机传输信息数据链、人工操控四个主体部分构成。目前，在无人机数据链层面，我国形成了无人机上行链路、下行链路两层级数据链交互，构建了遥控指令的发送和接收，以及遥测数据与公安信息系统的发送、接收两套系统，并且融入信息化的指挥决策系统，构筑了包括动态数据信息要素、实时可视化信息要素、智能扫描分析的指挥决策平台。

无人机侦查技术所特有的空域监控视角广、低空成像清晰以及地空联动通信便捷等特性，不仅使公安机关能在短时间内全面获取案发事件现场的第一手资料，提高了公安机关的快速响应能力、指挥决策能力，而且在一定程度上实现了侦查工作由被动发现到主动追踪、由广度信息群到轨迹信息链的变革。而无人机侦查作为一种侦查技术的变革发展，其在侦查工作中的应用以及在实践工作中所面临的问题——警用无人机提档升级，也成为当前公安工作关注的重点。

当前警用无人机虽然发展迅速，但从实际投入使用的情况和未来应用的需要来看，还存在管理无法、运行无章可循、安全可靠性差、平台装备单一、信息系统融合欠缺、专业人才不足等问题。因此，除了要加强警用无人机监管的违章立法外，还必须向警用无人机应用更加细化、技术更加成熟的方向快速发展，切实解决好安全性、智能化和监管规范化等问题，这就是未来警用无人机发展的方向。

（1）提高警用无人机的安全性。由于公共安全领域对无人机的应急性要求，警用无人机的安全性急需提高。当无人机在执行任务过程中遇到恶劣环境，在续航能力、最大载荷、抗风能力、避障能力等方面，需要更强的技术支持，确保在使用无人机的任何情况下，特别是在大型活动或群体现场，都不会出现人员伤亡。

另外，由于公安领域的特殊性，很多任务对保密性的要求较高，因此需要加强无人机数据传输、通信链路的安全性。

（2）提升警用无人机的智能性。公安工作的一个突出特点是突发性，要求警用无人机以最快的速度部署，快速执行作业，这就需要无人机智能化程度越高越好。人工智能技术的发展，使其在综合信息处理、智能跟踪识别、智能避障、自动处置等技术上的应用，将会在公共安全领域发挥重要的作用。例如，倾转旋翼机载机平台的创新研发，使其起降、悬停和水平飞行的动力均靠可倾转旋翼提供，效率大大高于垂直起降固定翼机，甚至高于直升机，同时兼具固定翼长航时、速度快、多旋翼垂直起降、可悬停的优势。再如，结合警务工作需求装备多样化，促使警用无人机平台多元化，任务装备多样化，努力实现各警种在使用警用无人机进行警务实战时，能够坚持“优选适合的无人机飞行平台”与“多样化、高可靠性的作战模块”相结合的路线，快速解决警务实战难题。

特别是随着人工智能技术、云技术、大数据等先进技术的发展，无人机的智能化能从解决一线警务人员的实际需求出发，在使用操控方面会更加人性化。例如，穿戴式操控系统的应用，颠覆了传统警用无人机必须守在地面站前操纵的方法，通过手势控制技术、AR 增强现实技术，即可实时操纵警用无人机。警用无人机可以进行自动目标识别、人脸识别、目标追踪、自主跟踪及信息处理，操纵人员可以解放双手，成为一名作战人员参加一线战斗。还有警力叠加技术的应用，利用数据信息综合处理方面的优势，实现了一线作战人员、指挥中心的实时态势共享，警用无人机、一线警力采集到的信息与指挥中心的指令信息，能够实时相互叠加共享，极大地提高现场态势感知和掌控能力，为进一步行动提供有力支持。再有就是一站多机协同，通过集群控制技术、多链路传输与控制技术，可实现同一地面站系统同时控制多架警用无人机飞行，执行不同的任务，大大提高警用无人机的利用率以及工作效率，更好地把握稍纵即逝的战机。

此外，必须加强警用无人机的智能化与公安信息化系统的深度融合。警用无人机是包含无人机平台、任务设备、地面控制平台、地面配套设备在内的综合系统，是软硬件相结合的新型警用装备系统。目前，绝大多数警用无人机仅仅作为一种警用工具在使用，还没有作为装备融入整个公安信息系统。警用无人机系统目前解决了前端侦察、中端传输的难题，但是与后端的指挥中心衔接还不够紧密，直接影响了应急情况下的指挥决策效率。还有，警用无人机作为一种机动性极强的空中尖兵，在信息搜集方面具有得天独厚的优势，但警用无人机目前与公安业务信息系统基本上完全是脱节的，导致这种信息搜集优势无法转化为快速的处置和打击优势。

鉴于此，促进警用无人机与公安业务信息化系统融合，通过警用无人机行业标准的制定，规范警用无人机数据传输端口、链路。制定统一标准，方便接入公安业务信息系统，将是今后发展的重要方向之一。警用无人机前端侦察数据连接警用地理信息系统（PGIS）、在逃人员信息系统、情报管理信息系统、交通管理信息系统等公安业务系统后，警用无人机与公安现有成熟的业务系统相融合，将实现远距离情报搜集、警情预判、处置命令下达等功能，甚至可以实现指挥中心对警用无人机的远程控制，有效提高指挥决策效率和效果。

（3）建立专业警用无人机队伍。警用无人机系统实战化运行，需要具有专业化知识、技能的人员来驾驭。警用无人机操纵人员，不仅要了解现代无人机技术，掌握无人机驾驶、相关警务设备的使用方法，还必须熟悉公安信息化作战所需的技能，应具备较高的政治素质并经过专业培训。

公安院校应该紧跟时代发展，开设警用无人机专业，与专业警用无人机生产企业联合，开展校企合作，培养、储备警用无人机专业人才。学校主要对警用无人机操纵人员进行政治理论、航空法规、航空理论和操作技能专业培训，并通过专业考核，颁发警用无人机驾驶执照，使每一名警用无人机操纵人员都能够合法、安全地执行飞行任务，协助各警种在执法执勤、安保维稳等各类警务实战应用中发挥重要作用。

总之，无人机在我国治安防控体系中发挥着越来越重要的作用，极大地提升了警务工作效率。但是，要将先进的无人机技术更深入地应用到警务工作的各个领域，关键是结合各警种本身特点，开展无人机技术的深度研究，制订适用于不同警种实战应用的解决方案，并且不断完善无人机监管制度。随着国家对无人机管理的日益完善，无论是警用无人机还是未来的行业级无人机，都会向着更加规范化、有序化的方向发展。

3. 民用无人机

未来民用无人机的发展，应以低空空域为依托，面向广阔的民用领域。现在，低空飞行开放程度在逐渐扩大，如何面向民用领域来发展无人机，各个国家都出台了相关的政策和规定。我国民用无人机的应用前景广阔，遥感探测类的数字地球感知是最重要的研究项目。具体而言，民用无人机在国土调查、气象探测、物流运输、影视制作、夜空灯舞、海事巡航、林业应用以及农业植保等领域用途广泛。

（1）影视航拍。当今世界，无人机应用最广泛的场景，非影视创作莫属。历史上，最早期的航拍可以追溯到1858年，法国摄影师纳达尔在热气球上使用老式的湿版照相机，拍下了第一张航拍照片。此后，随着航空业的发展，近代影视创作中的航拍镜头，开始使用直升机加Space Camera这种组合进行拍摄。Space Camera是利用三轴增稳平台来稳定相机系统，以获得好的长焦拍摄稳定性的一种系统。而现代无人机技术不断更新迭代，电影摄像机进一步轻量化、一体化，在此情况下，越来越多的影视创作团队开始选择使用无人机平台进行航拍。近年来，在《爸爸去哪儿》《舌尖上的中国》《奔跑吧兄弟》等国内综艺节目中，令人印象深刻的航拍镜头获得了非常好的效果。以大疆创新公司为例，其Inspire系列无人机以高集成度著称，专为影视创作进行大量优化。飞行平台（机身）搭配视觉避障传感器，并以高速（最大速度94千米/时）飞行为特点，适应影视创作中对速度的要求。集成相机的三轴增稳云台，可更换不同镜头，传感器性能较好，能满足电视节目的拍摄需求。

（2）安监应急。安监应急即安防监控与应急响应，是无人机应用的一个重要领域。安监应急应用于早期军事侦察。由于航拍可以在远端安全之处提供许多宝贵的影像资料用于后台分析，所以演变为用现代警用无人机开展安防监控，无人机小型化、轻量化的发展趋势，加上旋翼机型的应用，使之在城市救灾应急指挥方面也有了用武之地。小型无人机垂直起降、快速展开的特性，使得应急响应所需时间大幅缩短，而无人机在空中飞行相较于地面车辆而言，又能更快到达事发现场，这对于快速制订合作救援方案有着重要的意义。

（3）测绘巡检。无人测绘巡检属于特殊的航空测绘应用，涉及多个领域，组成较为复杂。测绘巡检应用，主要是利用无人机飞行平台的智能化控制系统，通过设定具体的配置参数，使得无人机按照一定的区域路线自主飞行。在无人机自主飞行的过程中，飞行平台所搭载的相机进行等距或定时拍照，获得大量影像资料。同时，结合无人机飞行平台的 POS 系统数据，可将获取到的影像资料进行快速拼图。对大面积区域的整体环境进行快速测量，利用不同时段的正射数据，可分析计算出监控区域的扰动面积、植被覆盖、水保措施等情况。相较于传统的手持式及激光五仪测距仪测绘方式而言，无人机测绘巡检大大缩减了测绘过程中的人力成本和时间成本。而且，对于检测周期短的区域，利用无人机可以实现高频次的自动化复检，不仅是常规检测方法的有力补充，更能全面直观地搜集到检测项目的动态变化信息。

（4）宣传娱乐。夜空灯舞是利用无人机创新的一种媒体宣传和娱乐形式。在现代无人机发展的过程中，由于使用环境日益复杂，任务日趋多样，单机性能受到限制，多机协作共同执行任务成为重要趋势。而民用无人机集群作业的一个典型应用，就是无人机户外灯光秀。搭载高亮度 LED 灯的无人机，通过集群控制技术，在夜空的三维空间中动态变换位置，以形成书写文字、图形、动画特效，宛如一幕会飞的 LED 屏幕。夜空灯舞，通过集群控制大量的无人机，实现了爆炸式的媒体传播效果。例如，广州亿航智能技术有限公司在 2017 年广州《财富》全球论坛开幕式上，表演了 1180 架无人机空中编队，将亮丽的城市名片传递给现场来宾和世界。无独有偶，3 个月后，2018 年韩国平昌冬奥会开幕式上，美国的英特尔公司使用 1200 架无人机进行灯光表演秀，令人记忆深刻。2020 年 6 月 5 日晚，哈尔滨工业大学千架无人机百年校庆预演的场面也十分壮观。

（5）物流配送。随着电子商务的迅速发展，物流行业插上了飞速发展的翅膀。消费者对于快捷的物流配送方式期待越来越高，传统的物流配送已满足不了庞大的市场需求。2013 年，国外企业亚马逊公司便开始试验无人机配送的自动投放功能，国内企业京东、顺丰等公司，于 2015 年着手布局无人机物流配送业务。以京东为例，其无人机物流运输业务，主要是为了解决农村电商物流配送成本过高的问题。虽然农村电商市场规模大，但是人口分散，物流配送订单不集中，且交通运输基础设施差，道路弯曲，不利于汽车行驶。这些因素制约着农村电商物流配送，使用无人机进行全自动化物流运输，可以有效地降低站点配送成本。

（6）海事巡航。海事巡航也是无人机一展身手的大舞台。因为无人机巡航应对范围广、反应迅速、视野开阔，其拍摄影像具有高清晰、大比例、小面积、高现势性的优点，特别是它搭载的高清摄像设备，昼夜均可拍摄，能提升海上突发应急事件的决策指挥能力、预警和处置能力，有助于进一步实现统一指挥、协调有序、运转高效的指挥调度机制。

海事巡航就是无人机在巡航区域内进行空中巡查，并沿途对码头、过往船舶进行摄录，同时利用 5G 技术建立空巡可视化网络，将巡航的远程高清视频实时回传到水上交通指挥中心，指挥中心工作人员通过与船舶自动识别系统、雷达信号进行比对，实时了解通航水域环境、船舶航行和锚泊秩序等情况。

（7）林用拓展。

其一，森林保护。森林是极其重要的自然资源之一，是人类生存和发展的基础，保护好森林资源的安全，是利国利民的大事。无人机用于森林资源调查，是为了及时掌握森林资源的质量、数量、生产、死亡的动态规律，以及其与自然环境和经济、经营等条件之间的关系，以便于国家对林业政策的调整与制定，以及对林业计划的编制，以此来保证森林资源在国民经济建设中可以得到充分的利用。

然而，森林容易出现火灾、盗伐、病虫害、违法占地等问题，传统的森林保护方法、措施，难以及时发现并迅速解决这些问题。近些年来，随着科技的不断进步，无人机加入保护森林资源安全的队伍中，显示出了运行费用少、操作简便、机动灵活等独特的优势，逐渐成为林业管理的“空中保护伞”。林区一旦发生火灾，灾区上方的无人机所搭载的相机、视频等传感仪则可拍摄灾区照片和视频，传递给地面的救灾人员，完成火情的侦查和火灾探测任务。在非常恶劣的环境下，如可见光相机无法进行工作时，还可以搭载红外成像系统，打破雨、雪、雾等恶劣的气候条件限制，夜晚也不会影响其正常工作；扑救森林火灾过程中，无人机又能够穿透浓烟捕捉火势的实时情况，为现场指导扑火工作人员提供有力的参考依据。无人机的红外成像系统还具有测温功能，从其成像的系统上可获取到温度的异常点，便于随时发现火源情况，减少火灾发生所造成的损失。

其二，林业调查。林业调查包括造林面积核查、森林资源调查，一般周期较短，要求数据精细。以往，林业工作者跋山涉水对林木进行监测，具有工作量大、高难度、高强度的特点。无人机的出现解决了众多难题，其遥感系统具有机动、灵活等特点，可以快速到达指定的作业区域，受地形和天气条件的影响较小，可实时获取到森林资源的高清航拍数据，基本上承担了样地调查的任务。无人机可以获取高分辨率的正射影像，调查人员无须到户外，就可以获取到林木的类别、分布的范围、面积等准确数据，有效地减少了外业工作时间，降低了林业人员的劳动强度，工作效率也相应得到了提高。

根据巡检中无人机遥感监测航拍的影像，林业执法部门能够及时准确地发现林区中出现的所有违法行为，例如违法占用林地、偷盗砍伐树木、违章用火等；通过数据分析森林受损的位置以及程度，可及时有效地制止和处罚毁林行为；通过无人机拍摄的影像，林业技术人员可以更直观地看到更多的森林受灾面积和受灾程度，从而可以更加准确地确定受灾的树木面积以及数量。

应用无人机对森林病虫害发生的状况进行实时监测并准确评价，是提出防治策略、开展防治工作和提高防治效率的前提。借助于无人机，结合遥感、红外探测等技术对林区病虫害进行观察，可以了解病虫害的动态变化，找到病虫害发生的规律，整合分析并预测病虫害流行蔓延的趋势，建立病虫害发生的模型，得出更长期且更有科学性的森林病虫害预测结果，以便在病虫害发生的初期做好预防工作，避免病虫害进一步扩散、蔓延。利用无人机的航拍技术，可以获取更多高分辨率的影像，精准地定位变色树木和受到病虫害侵蚀枯死的树木以及异常林木的分布。同时，无人机可以辅助技术人员判断森林是否健康、受损程度等级，确定林业受到病虫害影响的范围、面积等情况。无人机具有高效快速、检测范围广、辨别方位精准、组织实施灵活等众多优点，尤其是对林业工作人员无法到达的高处和复杂地带的树木进行检测，无人机具有不可替代的优势。

利用无人机对造林面积进行核查，通过无人机获取到的高清晰航拍影像，来获取湿地、荒漠化和沙化土地的范围，精确计算出植树造林的面积和株数，并通过获取到的死亡的株数及总株数的数量，计算出树木的成活率以及死亡率，以便林业管理部门进行成本计算与造林规划。通过正射的影像，还能确定需要进行补植的树木位置。

（8）农用推广。无人机在科学发展农业方面用途广泛，农业植保、土地调查、水利巡检等，都需要借助无人机提高效率、解决难题。

其一，农业植保。在农业植保领域，农用无人机以其高效率作业的优势，广泛受到人们的青睐。植保无人机在玉米、水稻、棉花、小麦等农作物的应用中成效尤其突出。玉米是我国第一大粮食作物，由于气候改变等原因，玉米病虫害高发，玉米生长环境又特殊，高大密植，空气不流通，施药条件差，加之近来的销售价格不理想，农民对防治玉米病虫害的积极性下降。使用无人机可以对玉米的病虫害及自然灾害进行有效监控，无人机施药还解决了玉米田施药难的问题，具有较广的发展前景。

水稻是我国第二大粮食作物，种植面积达到306万公顷，自给率99%以上。水稻的播种、插秧及收获都实现了机械化，提高了工作效率，但是水稻病虫害防治设备落后，仍停留在人工防治阶段，不仅造成人工上的浪费，而且防治不及时，极易错过最佳防治时期。随着水稻种植的产业化，药械的开发成为制约水稻病虫害防治的新问题。因为水稻生长过程中，陆地机械难以下田作业，常规喷雾的劳动强度大，且难以到达水稻的中下部，作业效率低，对施药人员和环境也易造成伤害。鉴于此，植保无人机凭借用药量少、精准作业、高度低等优点而受到欢迎，可达到对水稻病虫害机械化、专业化、一体化防治。

棉花是关系到我国国计民生的重要战略物资，也是纺织工业的重要工业原料，在国民经济中占有重要地位，我国是全球棉花生产和消费大国。但近年来，棉花生产面临着诸多问题，棉花生产依赖人工，机械化水平低，大型植保器械伤害棉株和果实，病虫害防治效果差，植保技术落后等。而无人机施药效率高，低空灵活作业，精准预防，大大减小劳动强度，为棉花生产机械化开辟了新的道路。

近半个世纪以来，小麦在育种、繁种、推广、生产等方面发展较快，但面对集约化种植、劳动力资源匮乏的变化，在病虫害防治方面就显得不尽如人意，严重影响小麦的产量和品质。在小麦生长和病虫害监测方面，无人机能够起到关键作用。和玉米、水稻相似，无人机能够根据小麦生长状况判断氮素的供求状况，对氮素缺乏的区域进行精准施肥，以降低资源的浪费和对环境的污染。无人机遥感技术还可以用于获取小麦的育种信息。

其二，土地调查。全国第三次土地调查从2018年开始启动，截止到2020年，其目的就是全面细化和完善全国土地利用基础数据，掌握翔实准确的全国国土利用现状和自然资源变化情况，进一步完善国土调查、监测和统计制度，实现成果信息化管理与共享，满足生态文明建设、空间规划编制、供给侧结构性改革、宏观调控、自然资源管理体制改革和统一确权登记、国土空间用途管制、国土空间生态修复、空间治理能力现代化和国土空间规划体系建设等各项工作的需要。

目前土地调查运用的技术手段除调用卫星数据外，还运用无人机作为采集影像资料的补充。土地调查过程中，图斑具有范围小、分布广的特点，而无人机具备携带方便、机动性强的特性，现场核查图斑会更加快速，获取小区域高清正射影像更加灵活，可分辨0.1米范围内的影像，完全能够满足土地调查的要求。据估计，在农业普查上采购的无人机达3000万架以上。

其三，水利巡查。2019年，全国水利系统工作会议在北京召开，水利部部长鄂竟平强调，要打好河湖管理攻坚战，把“清四乱”作为第一抓手，把划定河湖管理范围作为重要支撑，把系统治理“盆”和“水”作为核心任务，把长江大保护作为重点区域，把编制岸线保护和采砂管理规划作为重要基础，把河湖执法督查作为重要手段。

目前，全国正在实施国家水土流失重点治理工程的县就达760多个，分布在各流域、各侵蚀类型区，每年开展治理的重点小流域达10000多条，全国每年完成综合治理面积达5万公顷左右，涉及面如此广、分布点如此分散、工程量如此巨大，给水土保持管理提出了极大挑战。那么，如何做好水土保持的督查工作呢？早在2016年，水利部就曾提出过，运用无人机来进行“天地一体化”的监督和管理工作。因为，无人机技术具有近地表、快速、随时可操作的特点。无人机遥感数据的分析软件开发应用的加快，为无人机在水利行业的推广应用提供了技术支撑。今后会更加重视利用这种先进的技术手段来进行水土保持工作。

（9）建筑监理，实景建模。近年来，我国经济面临下滑的趋势，国家为此加大了基础建设投资，如铁路建设，国家发改委就计划投资8000亿元。对此，最直接受益的就是相关的基础建设公司，如中铁建、中铁工、中国建筑等企业。这些企业在工程建设过程中，都需要对项目进行监理，而每个项目部都需要运用无人机相关软硬件来辅助企业工程建设。

在建筑企业使用BIM（建筑信息模型）系统的过程中，无人机可对施工场地原始地貌拍照，由于每张照片都带有拍摄时的经纬度、海拔高度、拍摄姿态（角度）等POS信息，故将照片导入专业的软件中进行实景建模，就可以形成施工场地原始地貌模型。将该模型导入专业的软件中，再建立设计基坑模型，软件就可自动对比，精确计算出土石方工程的挖方量、填方量和净挖方量。

（10）执法调查取证。检察院在诉讼期间采集诉讼证据是个难题，继海南省检察院采用无人机固定诉讼证据后，全国很多检察院已经开始配备无人机采集诉讼证据。无人机视野开阔、适应性强，动态跟踪能拍到人力无法达到的角度。在办案过程中充分利用无人机等科技手段调查取证，能提高公益诉讼办案质量和效率。有理由相信，未来很多省市的检察系统会推广类似应用。

（11）光伏和油气管道巡检。2019 年，“三桶油”中的中石油、中石化将专业的油气管道资产合并，成立国家管道公司，合并后的管道里程估计有 12 万千米。而近年来，随着油气管网的建设和城市的发展，我国形成了不少严重的高后果区。高后果区容易出现工程车辆占压、钻挖、打孔盗油等非法作业。因此，如何协调好油气管道建设和人民生活财产安全之间的矛盾，就成了亟待解决的问题，而无人机加油气管网巡检平台的应用，可为国家油气管道的安全生产保驾护航。

（12）交通运输。无人机用于交通运输，既包括用作短距离的人员交通工具，又包括军用物资和民用物资的货物运输。在 1 千米以下的低空领域开放后，无人机的交通运输功能得以实现。苏州的低空经济发展较快，通用机场在苏州工业园区、吴中区、常熟、昆山等地陆续建成使用。原先乘客开车去上海浦东机场至少要两个小时，现在从苏州工业园区搭乘无人载人航空器去浦东机场仅需半个多小时，若是去虹桥机场，20 分钟左右即可到达。

无人机技术的发展使得运输无人机的载重提升至 2 吨。不久的未来，6 吨载重无人运输机将应运而生。

（13）文旅消费。消费者可操纵无人载人航空器在低空中观光旅游，利用天空视角欣赏美好的自然风光和人文景观。例如，黄山推出“低空 + 文旅”项目，2024 年国庆期间累计飞行 87 架次，降低了航空消费门槛。丹霞山景区引入亿航智能的载人无人机 EH216-S，打造“飞阅丹霞”项目，成为全国首个山岳型低空旅游示范区，推动航空研学、营地互动等多元化产品。此类项目不仅满足游客对高空景观的探索需求，还能够通过“地空联票”等服务整合旅游资源。2025 年，白云花市推出“低空 AI 拍照打卡”，游客扫码后，无人机自动拍摄高空全景，实时合成“云端祥瑞图”并一键分享，且能结合智能避障与 5G 技术保障安全。佛山三龙湾游船码头则通过“共享无人机 + 低空智联网”为游客提供自助航拍服务，游客支付 0.01 元即可获取“天空视角”照片，推动了旅拍发展。

第三章 无人机的结构与系统

无人机的结构与系统是生产制造、使用、维护无人机的人必须学习和掌握的基本知识。无人机的结构主要是指无人机的硬件结构，不同类型无人机的硬件结构是不完全相同的。无人机的系统主要是指无人机的动力系统、控制站、飞行控制系统、通信导航系统、任务载荷系统和发射回收系统等，无论什么型号的无人机，其系统状况是一致的。

第一节 无人机的基本结构

无人机的基本结构因机而异，情况比较复杂。此处主要介绍固定翼无人机、无人直升机和多旋翼无人机等三种机型的组装和调试。

一、固定翼无人机的基本结构

固定翼无人机一般由机翼、机身、尾翼、起落装置和动力装置等五个部分组成。

机翼主要由翼梁、纵墙、桁条、翼肋和蒙皮等组成，主要功能是产生飞行所需要的升力。

机身主要由纵向骨架桁梁和桁条、横向骨架普通隔框和加强隔框、蒙皮等组成，主要功能是装载燃料和设备，并将机翼、尾翼、起落装置等连成一个整体。

尾翼主要由水平尾翼和垂直尾翼两部分组成，主要功能是稳定和操纵无人机的俯仰与偏转。

起落装置主要由支位、减振器、机轮和收放机构等组成，主要功能是支撑无人机的起飞、着陆滑跑、滑行和停放等。

动力装置包括油动和电动两种。其中，油动动力装置主要由螺旋桨、发动机、舵机和辅助系统等组成，电动动力装置主要由电池、电调、电动机和螺旋桨等组成。动力装置的主要功能是产生拉力（螺旋桨式）或推力（喷气式），使无人机产生相对气流的运动。

二、无人直升机的基本结构

无人直升机一般由机身、主旋翼、尾桨、操纵系统、传动系统、电动机或发动机、起落架等组成。

无人直升机机身与固定翼无人机机身的结构和功能类似，主要功能是装载燃料、货物和设备等，同时作为无人直升机安装基础将各部分连成一个整体。机身是直接承受和产生空气动力的部件，还具有承载和传力的作用，承受各种装载的载荷和各类动载荷。

主旋翼主要由桨叶和桨毂组成，主要功能是将旋转动能转换成旋翼的升力和拉力。

尾桨一般安装在尾梁后部或尾斜梁或垂尾上，主要功能是平衡旋翼的反扭矩，改变尾桨的推力（或拉力），实现对直升机的航向控制，对航向起稳定作用和提供一部分升力等。尾桨分为推式尾桨和拉式尾桨。

操纵系统主要由自动倾斜器座舱操纵机构和操纵线索等组成，主要功能是用来控制无人直升机的飞行。无人直升机的垂直俯仰、滚转和偏航等四种运动形式，分别对应总距操纵、纵向操纵、横向操纵和航向操纵等四个操纵。

传动系统主要由减速器、传动轴、尾减速器及中间减速器组成，主要功能是将发动机的动力传递给主旋翼和尾桨。

三、多旋翼无人机的基本结构

多旋翼无人机的基本结构与固定翼无人机、无人直升机有明显的区别，一般由机架、动力装置和飞控等组成。

机架主要由机臂、中心板和脚架等组成，也有采用一体化设计的机架，其主要功能是承载其他构件的安装。

多旋翼无人机的动力装置通常采用电动系统，主要由电池、电调、电动机和螺旋桨等四个部分组成。

飞控主要由陀螺仪、加速度计、角速度计、气压计、GPS、指南针和控制电路等组成，主要功能是计算并调整无人机的飞行姿态，控制无人机自主或半自主飞行。

第二节　无人机的组装与调试

无人机的组装与调试，必须要有相适宜的装调工具和材料，必须遵循无人机装调工艺的基本原则，必须执行无人机装调的规范程序，保障无人机装调操作安全，提高无人机装调效益。

一、无人机装调工具和材料

（一）装调工具

无人机的装调工具有电烙铁、焊接台、热风枪、万用表、扳手、螺丝刀、电线钳等（图 3-1、图 3-2）。

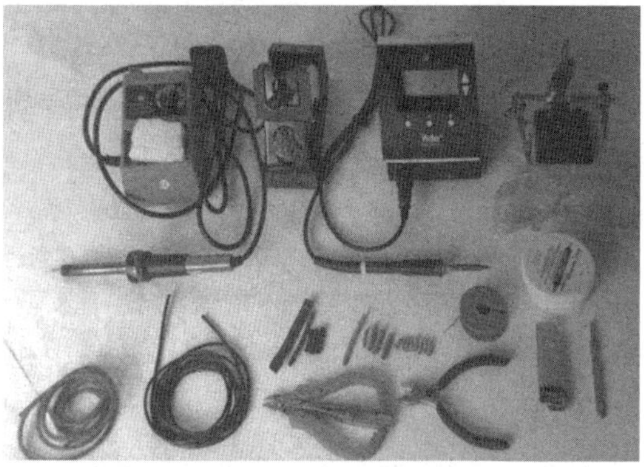

图 3-1　无人机的装调工具（1）

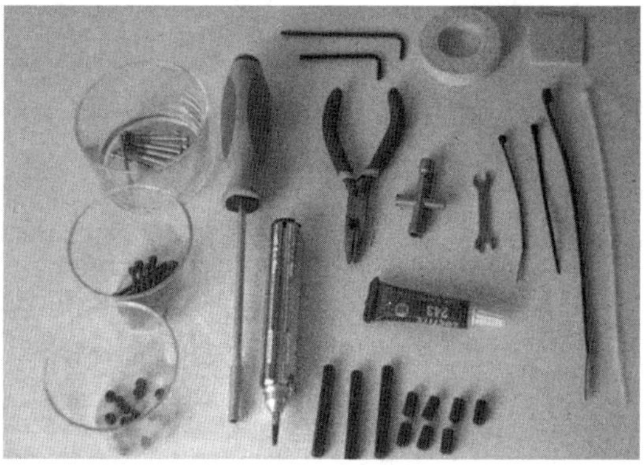

图 3-2　无人机的装调工具（2）

电烙铁用于电线与连接头（插头）、电线与分电板等的焊接。

焊接台用于夹紧稳固小部件，便于精准焊接。

热风枪用于加热热缩套管，稳固保护电线与各种规格和用途的插头接头。

万用表用于测量集线板电流、电池电流和电芯电压等，判断通路、短路、断路等电路情况。

扳手、螺丝刀用于装卸主机机架、电动机机座、任务载荷平台等螺钉。

电线钳用于电线、胶布等的裁剪。

（二）装调材料

无人机装调所用材料都是耗材，这些耗材大体上分为焊接、插接、粘接、基础、辅助等五类。

焊接耗材包括锡焊和松香。锡焊耗材用于焊接，需要预热。松香耗材是焊接辅助耗材，能使电烙铁的焊头和锡焊更好地吸收。插接材料包括连接头、香蕉头、杜邦线（图3-3）。连接头用于电池电源线的插接。

图 3-3 插接材料

粘接耗材包括双面胶、螺纹胶。双面胶用于飞控、LED 灯、电源管理模块、接收机等设备的粘接与稳固。螺纹胶用于螺钉、螺杆、螺母的稳固。行业级无人机的螺钉、螺杆、螺母的稳固必须使用螺纹胶。

图 3-4 热缩管

基础耗材包括热缩管（图 3-4）、电线、扎带。热缩管用于各种连接间（接头位置）的绝缘保护。

电线是用于连接电路的器件。根据电流大小和使用功能（信号线）选择线的规格型号（截面积）。扎带有尼龙扎带、魔术扎带、魔术贴等，用于辅助或者加强稳固。

辅助耗材包括报警装置、LED 灯、砂纸、减震器等。报警装置有低电量报警器、异常报警器等。LED 灯有彩灯、尾灯，用于白天警示、夜间装饰或者机尾方向辨识。砂纸用于圆滑边缘、平衡桨叶等操作。减震器（图 3-5）用于飞控、电池等关键系统的减震。

图 3-5 减震器

二、无人机装调操作安全与操作规程

（一）操作安全

无人机装调过程中，经常会使用各种用电设备、仪器和电动工具，如电源、电烙铁、手电钻等，在操作过程中必须注意操作安全，应当坚持做到以下几点：

（1）认识电源总开关，遇到紧急情况要关断电源。

（2）用电设备使用完毕后，随即拔掉电源插头。

（3）切记采取绝缘保护措施，防止触电。

（4）认识铁丝、钉子、金属制品等各种导电物，不用手和导电物直接接触电源插座内部；不随意碰触裸露的线头。

（5）遇到雷雨天气，停止使用电器。

（6）遵从专业人员指导，不要随意拆卸、安装电源线路。

（7）使用多个大功率电器，一定要使用专用插座，不在一个插座上同时使用多个大功率电器，防止过载引起短路，进而引发火灾。

（二）操作规程

（1）从事无人机装调的人员，需遵守相关负责人或者说明书的规定。

（2）衣着整齐，不携带食品、饮料等。

（3）注意装调场所卫生，不吸烟，不随地乱扔垃圾和无人机零部件的包装物。

（4）装调现场的电气设备，一律视为有电；任何接拆线操作，务必断电进行。

（5）注意力保持高度集中，严禁做任何与无人机装调无关的事。

（6）认真学习无人机装调工艺指导书，掌握无人机电路或者零部件工作原理，明确零部件安装使用用途，严守装调步骤和安全注意事项。

（7）坚持小零部件（包括线束、螺钉等）集中摆放，以免遗失、遗忘、损坏，或者无人机装调组件的遗漏。

（8）使用电器、钻床、工具时，严格遵循现场装调作业规定。

（9）使用电焊机时，热风枪必须放在架子上，保持风口畅通；作业完毕，应将加热手柄放在加热架上；电烙铁温度不宜长时间过高，控制加热温度并实时调整；作业完毕，待机器冷却后摆放，禁止周边有易燃易爆的物品，以免引发火灾。

（10）使用台钳时，钳口不允许张得过大；夹持圆形或者精密零部件时，应用铜垫，防止工件坠落或者损坏。

（11）使用手工锯或者剪刀等切割工具时，控制好身体部位与切割工具之间的安全距离，方向要正确，压力和速度要适宜，不能歪斜。

（12）签署安全操作规程知情书，知情书内容应包含相应场所安全和人身财产安全风险。

三、无人机装调工艺与无人机 DIY

（一）无人机装调工艺

无人机装调工艺主要包含机械装调工艺、电气装调工艺、软件装调工艺。虽然无人机有不同类型的产品，其平台结构也不尽相同，系统配置以及性能参数等诸多因素会影响装调工艺的复杂程度，但是涉及装调工艺的基本内容是一致的。

机械装调主要涉及零部件原材料的准备、机械连接、焊接胶接以及复合材料连接工艺等；电气装调主要涉及电气连接器、导线连接、电路图纸检查、电路检查、飞控系统配置等。将无人机机械和电气部件等硬件组装后，需要进行合理的调试，才能使无人机具有良好的飞行和功能要求。调试工作关系到飞行性能和飞行安全，主要表现在软件的调试上，包括飞控系统、遥控器和遥控接收系统、动力系统、通信系统等方面的调试。

1. 无人机装调工艺的基本要求

无人机装调工艺必须坚持做到完整性、规范性、准确性、安全性、严谨性。

（1）完整性指的是零部件、原材料、图文资料、过程信息记录、动力容量记录。

（2）规范性指的是零部件摆放、作业场所、操作动作、软件设置、装调试飞场地选取。

（3）准确性指的是零件安装、部件连接、图纸核对、软件调试、参数设置等。

（4）安全性指的是安装环境、供电设备、机械操作、电气绝缘、特种设备操作、静电防护、试飞和飞行的安全空域、安全降落。

（5）严谨性指的是依据说明书以及相关要求，严格执行指令，飞行前（包括试飞），应绝对确保组装和调试的过程自检自查，做到严谨。

2. 无人机装调工艺的基本原则

无人机装调工艺的基本原则有以下九条：

（1）先简单，后复杂；（2）先部件，后整体；（3）先外部，后内部；（4）先机械，后电气；（5）先电源，后设备；（6）先开环，后闭环；（7）先准备，后实施；（8）先断路，后短路；（9）先电调，后预飞。

3. 机械装调工艺

机械装调在无人机组装中占有较大的比重，装调方法是否科学，工艺是否合理，会影响到无人机的基本性能、飞行强度和可靠性。机械装调是指将无人机若干零部件按照规定或设计的技术要求，组合成部件—模块—子系统的无人机整机的劳动过程。机械装调是保证无人机产品质量、飞行安全性、操作准确性的重要环节。

机械装调的主要工艺包括装配资料、装配内容、装配流程、机械装配技术等。

（1）装配资料包括总装配图、部件装配图、零件图、物料清单表等。

（2）装配内容包括合理单元划分、确定基准和定位方法、确定装配顺序、选定所需设备和工具装备、零部件配套和准备等。

（3）装配流程包括研究装调对象的装配图和技术标准、选取确定装配方法、划分装配单元、确定装配顺序、确定所需工具设备、确定工艺流程图、细化操作技术规程、制定装配周期定额、编制装配工艺定稿。

（4）机械装配技术包括两个方面的内容：一是机械连接技术，即铆接、螺纹连接、焊接技术、螺钉连接等，主要应对无人机承受机械应力部位，适用于机械材料零部件、复合板、飞行机翼等刚性部件；二是复合材料胶接，即热缩焊、高温熔胶、胶螺连接等，主要适用于复合材料、电池固定、电路板固定等非刚性部件。

4. 电气装调工艺

电气装调主要针对无人机电子元器件组成的各种电路装配组合，它与机械装调工艺一起，组成功能完整的无人机硬件。其工艺基本要求和技术内容如下。

电气装调的基本要求：电气安装原材料和零部件，需检验合格且符合相应技术要求，才准许使用；安装应牢固可靠，不破坏绝缘、电气防护等主要性能指标；引出线、导线连接，应采用插接、搭接或绕接等方式固定，并增加绝缘防护措施，切忌裸露、切痕、钳伤等；绝缘套管使用，应遵循适当长度和适当大小，不宜过大，防止脱落后不密封绝缘；电气元器件、集成电路等属于基本装配单元，保持结构不可分割，形成插件级装配单元；通过互联插件，初步形成插箱板级单元的仪器、设备和系统，再采取箱柜装配，形成无人机电气主体。

电气装调技术涉及三个方面。一是电气连接器：壳体、绝缘体、接触体；二是连接方式：螺纹式、卡口式、直插式、卡锁式；三是电子元器件焊接：锡焊。

5. 软件装调工艺

软件装调工艺与机械装调、电气装调密不可分，直接关系到无人机试飞乃至后期飞行安全和功能。软件装调工艺涉及飞控调试、遥控器和接收机调试、动力系统调试。飞控调试包括固件的烧写、程序的联机测试、各种传感器的校准和飞控相关参数的设置；遥控器和接收机调试主要包括对码操作、遥控模式设置、通道配置、接收机模式选择、模型选择和机型选择、行程量设置、中立微调和微调布阶量设置、转向相位设置等；动力系统调试包括电池电量确认、电调系统界面调整。

（二）无人机 DIY

无人机 DIY 即无人机的组装和调试，过程比较复杂，可简单地分为以下七个步骤。

1. 掌握基本理论和基础知识

无人机的系统组成、无人机的结构、无人机飞行的原理和性能，以及无人机的组装工艺、组装步骤、调试方法等基础知识和技能的学习、掌握是必不可少的。

2. **给无人机定位**

组装和调试无人机，必须考虑无人机的性能设计、价格预算等因素。

3. **确定无人机的设计选材与选型**

无人机的设计选材与选型，主要包括无人机动力系统、飞机机架、飞控系统等软硬件配型。

4. **组装无人机**

按照组装原则，遵循工艺（包括机械、电气）指导，进行无人机的组装。

5. **调试无人机**

遵照无人机调试步骤，遵循无人机的调试方法（分无桨和有桨），井然有序地完成无人机的调试。

6. **试飞无人机**

遵守无人机试飞步骤和试飞原则，是无人机顺利试飞的基本保证。试飞中一旦出现问题，重复进行前五步，直至试飞成功。

7. **后期维护和升级**

无人机的后期维护和升级，包括平时的维护保养、坠机后的维修和改造升级。以四旋翼无人机 DIY 为例，其组装和调试步骤见图 3-6。

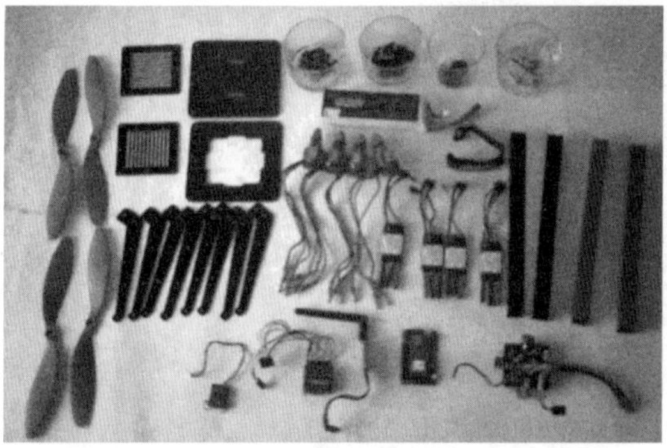

（a）装备无人机所需的元件

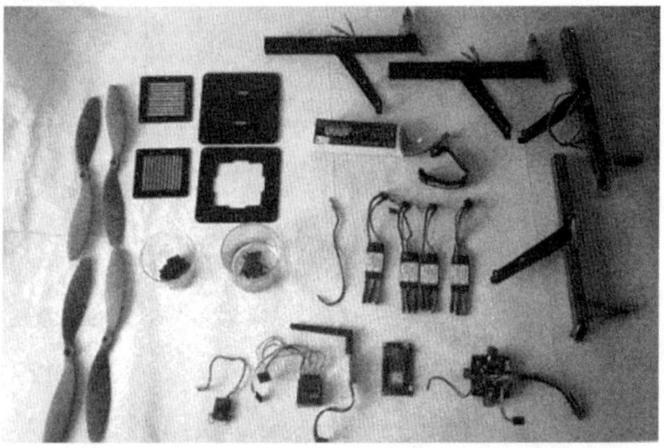

（b）组装支架和引擎

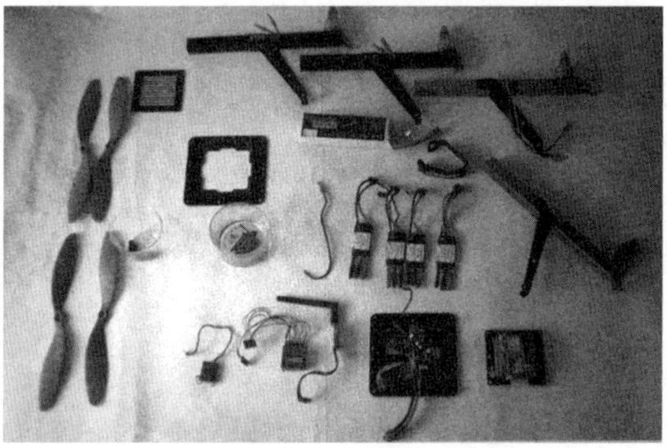

（c）安装驾驶仪和仪表盘

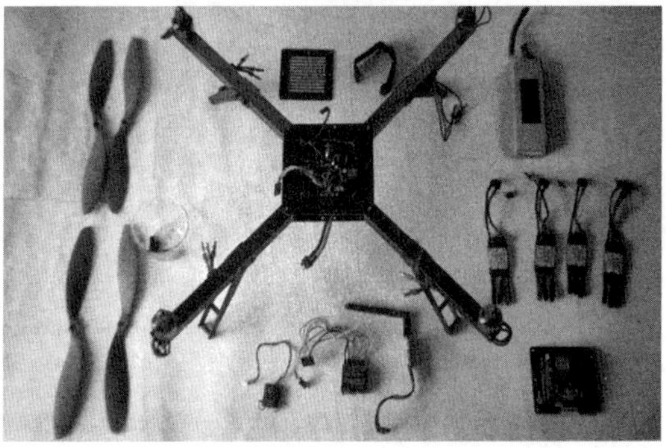

（d）组装十字形外形

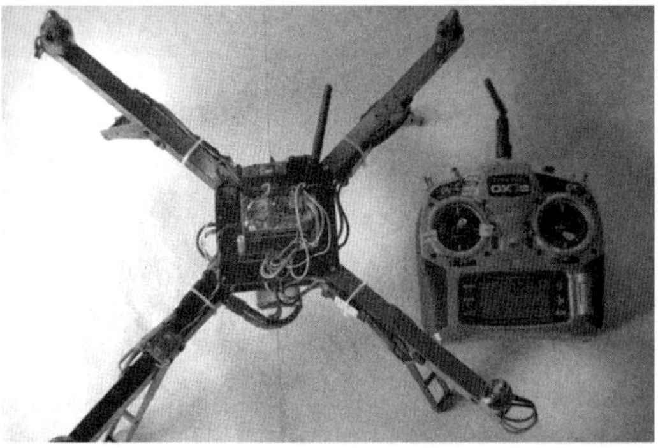

(e) 组装无人机和接线

(f) 无人机加载软件

(g) 校对和调试起飞

图 3-6　四旋翼无人机 DIY 的组装和调试步骤

第三节　无人机系统的构成

无人机系统的构成十分复杂，难以全面阐述。本节主要介绍无人机动力系统、控制站、飞行控制系统、通信链路系统等的构成。

一、无人机动力系统

无人机动力系统为无人机提供飞行所需要的动力，使无人机能够安全地进行各项飞行活动。无人机动力系统有三种类型，即以电池为能源的电动系统、以燃油为动力的油动系统和油电混动系统。目前油电混动系统更多地用于汽车中，在无人机领域较少使用。

（一）电动系统

电动系统是将化学能转化为电能再转化为机械能，为无人机飞行提供动力的系统，由电池、调速系统、电动机、螺旋桨四个部分组成。

1. 电池

电池主要为无人机提供能量，有镍镉、镍氢、锂离子、锂聚合物电池。考虑到电池的重量和效率问题，无人机多采用锂聚合物电池。

电池电压分为额定电压、开路电压、工作电压和充电电压等，符号为 U，单位为伏特（V）。额定电压是指电池工作时公认的标称电压，例如锂聚合物电池额定电压为3.7V；开路电压是指无负载使用情况下的电池电压；工作电压是指电池在有负载工作情况下的放电电压，它通常是一个电压范围，例如锂聚合物电池的工作电压为3.7～4.2V；充电电压是指外电路电压对电池进行充电时的电压，一般充电电压要大于电池开路电压。

电池容量是指电池储存电量的大小，电池容量分为实际容量、额定容量、理论容量，符号为 C，单位为毫安时（mA·h）。实际容量是指在一定放电条件下，在终止电压前电池能够放出的电量；额定容量是指电池在生产和设计时，规定的在一定放电条件下电池能够放出的最低电量；理论容量是指根据电池中参加化学反应的物质计算出的电量。

目前锂离子电池和电池组属于国家强制 CCC 认证（中国强制性产品认证）产品，认证类别0915，其认证规则和技术要求如下。

（1）认证规则。依据标准：国家强制标准《便携式电子产品用锂离子电池和电池组—安全技术规范》（GB 31241-2022）；认证实施规则：《强制性产品认证规则 移动电源、锂离子电池和电池组》（CNCA-C09-02：2025），实验室完成检测，认证机构实施工厂检查。

（2）认证技术要求。电性能测试：过充电（2 倍标称电压，55℃环境）、过放电（0V 保持 24h）、强制放电（1C 电流）、短路（$<5m\Omega$ 持续 1h）、高温充放电（45℃循环）、低气压（11.6kPa 拟高空）；安全测试：热滥用（130℃烘箱至失效）、挤压（13kN 压力形变 30%）、跌落（1m 高度 6 方向自由跌落）、燃烧喷射（直接火焰灼烧）、针刺（∅3mm 钢针穿透）；标识规范：本体标注 CCC 编号、制造商代码、额定能量（Wh），标称电压、最大充电电压、生产日期（年月），警告语需含“禁止拆卸/投入火中”中英双语；电路保护：双重独立过压保护（≥2.8V/cell 切断）、过流保护（1.5 倍额定电流触发）、温度保护（60℃断流）、自恢复保险丝；循环寿命：0.5C 充放电循环，

300 次后容量≥80%，500 次后无漏液/膨胀；环境适应性：-20℃～+60℃存储 72h 后恢复至室温，性能偏差≤10%；包装运输：UN38.3 认证文件，外包装印刷锂电池第九类危险品标识。

2. **调速系统**

电子调速器，简称电调，它的主要功能是将飞控板的控制信号进行功率放大，并向各开关管送去能使其饱和导通和可靠关断的驱动信号，以控制电动机的转速。因为电动机的电流是很大的，正常工作时通常为 3～20A。飞控没有驱动无刷电动机的功能，需要电调将直流电源转换为三相电源，为无刷电动机供电。同时，电调在多旋翼无人机中也充当了电压变化器的作用，将 11.1V 的电源电压转换为 5V 电压给飞控、遥控接收机供电，如果没有电调，飞控板根本无法承受这么大的电流。

电调两端都有接线，输入线与电池相连，输入电流；输出线与电动机相连，用以调节电动机转速。无刷电调有三根输出线。信号线与飞控连接，接收飞控信号并给飞控供电。

3. **电动机**

电动机旋转带动桨叶使无人机产生升力和推力，通过对电动机转速的控制，可使无人机完成各种飞行状态。有刷电动机中的电刷，在电动机运转时产生电火花，会对遥控无线电设备产生干扰，且电刷会产生摩擦力，噪声大，目前在无人机领域已较少使用，更多采用的是无刷电动机。

外转子型无刷电动机的工作原理是，电动机的转子在外部，而定子在内部，转子内侧有两个永久性磁铁。电动机的定子结构是线圈，也就是电磁铁，定子在内部是固定不动的。利用磁铁异性相吸的原理，给定子线圈通电；外面的转子由于异性相吸的原理会逆时针转动，让自己的 N 极靠近定子电磁铁的 S 极，自己的 S 极靠近定子电磁铁的 N 极。此时线圈停止通电，让下一个线圈通电。这样，永磁铁就因异性相吸的原理继续逆时针转动，追赶下一个电磁铁目标，前面有个电磁铁线圈在吸引永磁铁，后面有个电磁铁线圈在推动永磁铁。在无刷电动机里，安装了霍尔传感器，能准确判断转子永磁铁的位置，及时将永磁铁的位置报告给定子线圈控制器，控制器就能根据该信息控制线圈电流流向。

电动机的型号通常用“XXXX”型数字来表示。例如，2212 转子无刷动力电动机即表示电动机定子直径为 22 毫米，电动机定子高度为 12 毫米。又如电动机上的 kV 值，用来表示电动机空载转速，指电压每增加 1V，无刷电动机增加的每分钟转速，即电动机空载转速 = 电动机 kV × 电池电压。

4. **螺旋桨**

螺旋桨安装在无刷电动机上，通过电动机旋转带动螺旋桨旋转。多旋翼无人机多采用定距螺旋桨，即桨距固定。定距螺旋桨从桨毂到桨尖的安装角逐渐减小，这是因为半径越大的地方线速度越大，受到的空气反作用力就越大，容易造成螺旋桨因各处受力不均匀而折断。同时，螺旋桨安装角随着半径增加而逐渐减小，能够使螺旋桨从桨毂到叶尖产生一致升力。

螺旋桨尺寸通常用“XXXX”型数字来表示，前两位数字表示螺旋桨直径，后两位数字表示螺旋桨螺距，单位均为英寸（1 英寸约等于 2.54 厘米）。螺距即桨叶旋转一圈在旋转平面移动的距离。

螺旋桨有正反桨之分，顺时针方向旋转的是正桨，逆时针方向旋转的是反桨。

电动机与螺旋桨的配型原则：高 kV 电动机配小桨，低 kV 电动机配大桨。因为电动机 kV 值越小转动惯量越大，kV 值越大转动惯量越小，所以螺旋桨尺寸越大，产生的升力就越大，需要更大力量来驱动螺旋桨旋转，因此采用低 kV 电动机；反之，螺旋桨越小，需要的转速越快，以达到足够升力，因此采用高 kv 电动机。

另外，电动系统组成部分的接线方式是电动系统中的电池、电调、电动机之间的接线方式，多旋翼无人机的多个旋翼轴上的电调，其输入端的红线、黑线，需要并连接到电池的正负极上；其输出端的 3 根黑线连接到电动机上；其 BEC（电池电源系统）信号输出线，用于输出 SV 电压给飞控供电和接收飞控的控制信号；遥控接收机连接在飞行控制器上，输出遥控信号，同时从飞控上得到 SV 供电。

（二）油动系统

燃油类（内燃机）发动机的工作过程，是将化学能转换为机械能。内燃机分为汽油机和柴油机两种，两种点燃方式均为压缩冲程（活塞从上止点运动到下止点或者从下止点运动到上止点称为一个冲程，即曲轴转动半圈）。冲程结束时，火花塞产生火花，使燃料猛烈燃烧，产生高温高压气体。有所不同的是，汽油机压缩冲程结束时，汽油和空气的混合气体被压缩到一定程度，用打火塞将混合气体点燃；而柴油机吸入空气，对其进行猛烈压缩，其压缩程度比汽油机更剧烈，然后喷油嘴喷出柴油，柴油遇到高温气体后被点燃。常用的燃油类发动机有活塞式发动机和燃气涡轮发动机两种类型。

1. 活塞式发动机

活塞式发动机也叫往复式发动机，是一种利用汽缸内燃料燃烧膨胀产生的压力，推动活塞向下运动并做功的机器，将化学能转化为热能又转化成机械能。活塞式发动机是内燃机的一种，靠汽油、柴油等燃料提供动力。活塞式发动机主要由汽缸、活塞、连杆、曲轴、气门机构、螺旋桨减速器、机匣等部件组成。

根据燃料点火方式的不同，活塞式发动机可分为电火花点燃燃料的点燃式发动机和压缩空气使空气温度升高点燃燃料的压燃式发动机。大部分汽油机都是点燃式，大部分柴油机都是压燃式。

根据发动机工作原理的不同，活塞式发动机又可以分为二冲程发动机和四冲程发动机。活塞式航空发动机由汽车的活塞式发动机发展而来，大多是四冲程发动机。其工作原理是，活塞在汽缸内要依次经过进气冲程、压缩冲程、做功冲程和排气冲程等四个冲程。发动机除主要部件外，还须有汽缸、进气孔、排气孔、活塞、连杆零部件等。

（1）进气冲程。进气冲程中，汽缸的进气门打开，排气门关闭，发动机通过启动系统（发动机启动前）使活塞从上止点向下滑动到下止点为止，汽缸内的容积量逐渐增大，缸内气压降低且低于外面的大气压，于是汽油和空气的混合气体即通过打开的进气门被吸入汽缸内。

（2）压缩冲程。曲轴由于惯性作用继续旋转，此时活塞由下止点开始向上推动，于是，进气门也同排气门一样逐渐被关闭，汽缸内容积量逐渐减少，混合气体受到强烈压缩。当活塞运动到上止点时，汽缸内混合气体体积最小，被压缩在上止点和气缸头之间的燃烧室内。压缩冲程的功用有两个：一是提高空气的温度，为燃料自行发火做准备；二是为气体膨胀做功创造条件。

（3）做功冲程。做功冲程又称能量转化冲程或能量转化行程，指的是在发动机内部将燃料的内能转化为机械能的过程。不论是二冲程发动机还是四冲程发动机，都要经过进（扫）气、压缩、燃烧膨胀、排气等四个工作过程，才能完成一个工作循环。

（4）排气冲程。排气冲程是在做功冲程接近终了时，排气门开启，这时缸内的压力高于大气压力，高温废气迅速排出汽缸。这一阶段属于自由排气阶段，高温废气以当地音速通过排气门排出，后随排气过程进行进入强制排气阶段，即活塞越过下止点向上止点移动，强制将缸内废气排出。活塞达到上止点附近时，排气过程结束。

2. 燃气涡轮发动机

燃气涡轮发动机简称燃气轮机，是以连续流动的气体为工作物质带动叶轮高速旋转，将燃料的能量转变为机械能的内燃式动力机械，是一种旋转叶轮式热力发动机。燃气轮机是一个广泛的称呼，基本原理大同小异。一般所称的燃气涡轮发动机，是指用于船舶（以军用作战舰艇为主）、车轮（通常是体积庞大，可以容纳燃气涡轮机的车种，如坦克、工程车辆等）上的。它与推进用的涡轮发动机的不同之处在于其涡轮机除了要带动传动轴，传动轴再连上车辆的传动系统、船舶的螺旋桨等外，还要带动压缩机。

燃气轮机是一种先进而复杂的成套动力机械装备，是典型的高新技术密集型产品。作为高科技的载体，燃气轮机代表了多理论学科和多工程领域发展的综合水平，是21世纪的先导技术。发展集新技术、新材料、新工艺于一身的燃气轮机产业，是国家高技术水平和科技实力的重要标志之一，具有十分突出的战略地位。至少在目前来看，航空的未来是属于燃气涡轮发动机的。

二、控制站

控制站又称遥控站、无人机地面站，其主要功能是对无人机实施指挥控制与任务规划。在规模较大的无人机系统中，可以有若干个控制站，这些不同功能的控制站通过通信设备连接起来，构成无人机地面站系统。

（一）控制站的功能

无人机地面站系统的功能是多方面的，通常包括指挥调度、任务规划、操作控制、显示记录等。指挥调度功能主要包括上级指令接收、系统之间联络、系统内部调度等。任务规划功能主要包括飞行航路规划与重规划、任务载荷工作规划与重规划等。操作控制功能主要包括起降操纵、飞行控制操作、任务载荷操作、数据链控制等。显示记录功能主要包括飞行状态参数显示与记录、航迹显示与记录、任务载荷信息显示与记录等。

（二）控制站系统的组成

标准的无人机地面站，通常由数据链路控制、飞行控制、载荷控制、载荷数据处理等四类硬件设备构成。无人机地面站系统主要由指挥处理中心、无人机控制站、载荷控制站等三个不同功能的控制站模块组成。

1. 指挥处理中心

指挥处理中心主要是制订无人机飞行计划，完成无人机载荷数据的处理和应用。指挥处理中心一般都是通过无人机控制站等间接地实现对无人机的控制和数据接收。

2. 无人机控制站

无人机控制站主要由飞行操纵、任务载荷控制、数据链路控制和通信指挥等组成，可完成对无人机机载任务载荷等的操纵控制。一个无人机控制站，可以指挥控制一架无人机，也可以同时指挥控制多架无人机；一架无人机可以由一个控制站完成全部的指挥控制工作，也可以由多个控制站来协同完成指挥控制工作。

3. 载荷控制站

载荷控制站与无人机控制站的功能类似，但载荷控制站只能控制无人机的机载任务设备，不能进行无人机的飞行控制。

（三）控制站内的显示装置

地面控制站内的飞行控制席位、任务设备控制席位、数据链管理席位，都设有相应分系统的显示装置，因此需要综合规划，确定所显示的内容、方式、范围。显示的主要内容包括以下三个方面。

1. 飞行参数综合显示

飞行参数综合显示，可根据飞行与任务需要，选择相应的系统信息予以显示，便于无人机驾驶员判断。一般飞行中显示的内容主要包括以下四个方面。

（1）飞行与导航信息。飞行与导航参数是无人机驾驶员控制无人机执行任务所必需的信息，显示内容一般包括：无人机飞行姿态角及角速度信息；无人机飞行位置、高度、速度信息；大气数据信息；发动机状态信息；伺服控制及舵面响应信息。

（2）数据链状态信息。它包括数据链设备工作状态及信道状态等，显示的主要内容包括：链路工作状态的主要工作参数；各种链路设备的工作参数；各种链路设备的工作状态。

（3）设备状态信息。在飞行过程中，需要提供必要的系统设备状态信息，帮助无人机驾驶员正确进行相关控制，显示内容一般包括：机载航空电子状态信息；机载任务设备状态信息；地面设备状态信息；机载供电信息；导航状态信息；时钟信息；等等。

（4）指令信息。控制指令是显示无人机驾驶员判断操纵指令发送有效性的重要信息。控制指令作为在线监测内容，能够明确表达和描述指令发送是否有效，同时可对指令通道简单故障定位，显示内容应包括指令代码、发送状态、接收状态。

2. 告警

告警信息包括视觉告警和听觉告警。视觉告警主要包括灯光告警、颜色告警和文字告警等。听觉告警主要包括语音告警和音调告警等。告警分为提示、注意和警告三个级别。“提示”表明需要提示操纵人员重视系统安全或工作状态、性能状态，以及提醒操纵人员进行例行操纵的信息。“注意”表明即将出现危险状况，发展下去将危及飞行安全，或某系统、设备发生故障，将影响飞行任务完成或导致系统、设备性能降低，需引起操纵人员注意，但无须立即采取措施的信息。“警告”表明已出现了危及飞行安全的状况，需立即采取措施的信息，它是警告的最高级别。

3. 地图航迹显示

地图航迹显示可为无人机驾驶员提供无人机位置等导航信息。它包括无人机的导航信息显示、航迹绘制显示以及地理信息显示。

导航信息显示，能够显示无人机实时定位信息、机载定位传感器设备状态信息、无人机导航信息、导航控制器相关参数和任务规划信息。

航迹绘制显示。在无人机飞行过程中，往往要动态监视无人机位置及飞行轨迹，无人机驾驶员可以据此信息进行决策，规划飞行航线。无人机位置和航迹显示应能直观形象、简洁明了地显示无人机图标、背景地图、规划航线和飞行轨迹等信息，这就是航迹绘制的功能。

地理信息显示。地理信息可视化是地图航迹显示软件功能的一个重要组成部分，它包含多层信息内容，可根据需要选择若干层面予以显示。其主要功能有地图用户界面、开窗缩放、窗口自动漫游、多种显示方式的运用和比例尺控制显示、符号、注记、色彩控制等。

三、飞行控制系统

无人机操纵与控制，主要包括起降操纵、飞行控制、任务设备（载荷）控制和数据链管理等。地面控制站内的飞行控制席位、任务设备控制席位、数据链路管理席位等，都应设有相应分系统的操作装置。

（一）起降操纵

起降阶段是无人机操纵中最难的控制阶段，起降控制程序应简单、可靠、操纵灵活，操纵人员可直接通过操纵杆和按键，快捷介入控制通道，控制无人机的起降。根据无人机不同的类别及起飞重量，起飞降落的操纵方式也有所不同。

1. 发射方式

无人机的发射方式因机因地制宜，有手抛、弹射、零长发射、投放发射、滑跑起飞等五种方式方法。

手抛是采用人力手掷起飞，一般用于微型无人机。弹射是采用压缩空气或橡皮筋等储能来发射无人机，一般用于轻、微型无人机。零长发射是采用火箭助推方式发射无人机，一般用于小、轻、微型无人机。投放发射是采用母机挂载发射方式或投抛方式发射无人机，一般用于小、轻型无人机。滑跑起飞是采用跑道滑跑起飞，一般用于大、小型无人机。

2. 回收方式

空中的无人机回收方式也因机因地制宜，有伞降回收、撞网回收、飞囊回收及滑跑降落等。

伞降回收是利用机载降落伞回收无人机，一般用于小、轻、微型无人机。撞网回收是利用地面回收网，引导无人机撞网回收，一般用于轻、微型无人机。气囊回收是利用机载气囊装置回收无人机，一般用于微型无人机。滑跑降落是利用地面跑道滑跑降落，一般用于大、小型无人机。

国内民用无人机系统的起降，可采用自主控制、人工遥控或组合控制等模式。自主控制是指在起降阶段，操纵人员不需介入控制回路，无人机借助机载传感器信息，或辅助必要的引导信息，由机载计算机执行程序控制，可自动完成无人机的起飞和回收控制。人工遥控是无人机驾驶员通过无线电数据链，利用地面站获取的无人机状态信息，发送无人机控制指令，引导无人机发射和回收。

（二）飞行控制

飞行控制是指采用遥控方式对无人机在空中整个飞行过程的控制。无人机种类的不同、执行任务方式的不同，决定了无人机有多种飞行操纵方式。遥控方式是通过数据链路对无人机实施的飞行控制操纵，一般包括舵面遥控、姿态遥控和指令控制三种方式。

1. 舵面遥控

这种控制方式是由控制站上的操纵杆直接控制无人机的舵面，遥控无人机的飞行。

2. 姿态遥控

姿态遥控是在无人机具有姿态稳定控制机构的基础上，通过操纵杆控制无人机的俯仰角、滚转角和偏航角，改变无人机的飞行运动状态。

3. 指令控制

这种方式是通过上行链路发送控制指令，机载计算机接收到指令后，按预定的控制模式执行。这种方式必须在机载自动驾驶仪或机载飞行管理与控制系统自动控制的基础上实施。指令方式一般包括俯仰角选择与控制、高度选择与保持、飞行速度控制、滚转选择与控制、航向选择与保持、航迹控制等。

（三）任务设备控制

任务设备控制是地面站任务操纵人员通过任务控制单元（任务控制柜），发送任务控制指令，控制机载任务设备工作。同时，地面站任务控制单元处理并显示机载任务设备工作状态，供任务操纵人员判读和使用。

（四）数据链管理

数据链管理主要是对数据设备进行监控，使其完成对无人机的测控与信息传输任务。机载数据链主要有 V/UHF 视距数据链、L 视距数据链、C 视距数据链、UHF 卫星中继数据链、Ku 卫星中继数据链等。

四、通信链路系统

通信网络中两个结点之间的物理通道称为通信链路。无人机系统通信链路是指控制载荷和无载荷链路，主要包括指挥与控制（C&C）、空中交通管制（ATC）、感知和规避（S&A）三种链路，是用于无人机系统传输控制、无载荷通信、载荷通信等三部分信息的无线电链路。

（一）通信链路的类别

根据不同标准，可以把通信链路分为若干种类别。从连接方法来看，通信链路有点对点连接的通信链路和多点连接的通信链路。点对点的通信链路只连接两个结点；多点连接的通信链路是一条链路连接多个节点。根据通信方式不同，链路又可分为单向通信链路和双向通信链路。

控制站与无人机之间进行的实时信息交换，是通过通信链路来实现的。地面控制站需要将指挥、控制以及任务指令及时地传输到无人机上，同样，无人机也需要将自身状态（速度、高度、位置、设备状态等）以及相关任务数据发回地面控制站。无人机系统中的通信链路常被称为数据链。民用无人机系统一般使用点对点的双向通信链路，也有部分无人机系统使用单向下传通信链路。

（二）民用无人机射频指标的规定

无人机通信链路需要使用无线电资源。目前，世界上无人机的频谱使用主要集中在 UHF、L 和 C 波段，其他频段也有零散分布。我国工信部无线电管理局在制定的《无人机系统频率使用事宜》中规定：

（1）840.5～845MHz 频段可用于无人机系统的上行遥控链路，其中，841～845MHz 也可采用时分方式用于无人机系统的上行遥控和下行遥测信息传输链路。

（2）1430～1446MHz 频段可用于无人机系统下行遥测与信息传输链路，其中 1430～1434MHz 频段应优先保证警用无人机和直升机视频传输使用，必要时 1434～1442MHz 也可以用于警用直升机视频传输。无人机在市区部署时，应使用 1442MHz 以下频段。

（3）2408～2440MHz 频段可用于无人机系统下行链路，该无线电台工作时，不得对其他合法无线电业务造成影响，也不能寻求无线电干扰保护。

可见，目前民用无人机大量使用的 9XTend 数传电台（工作在 ISM 902～928MHz 频段）并不符合标准，必须寻找代替品。

（三）机载链路设备

机载链路设备是指无人机上用于通信联络的电子设备。机载通信设备的发展趋势，主要是数字化（实现以机载电子计算机为中心的数字通信）和综合化（将单一功能电台综合为多功能电台，进而将无人机电台与其他机载电子设备组成多功能综合电子系统），进一步减小机载通信设备的体积、重量和功耗，提高其可靠性、保密性和抗干扰能力。

机载电台一般由发信机、收信机、天线、控制盒和电源等组成。发信机和收信机是电台的主体，一般安装在无人机电子舱或靠近天线处，通过电缆与控制盒连接。视距内通信的无人机多数安装有全向天线，需要进行超视距通信的无人机一般采用自跟踪抛物面卫通天线。

（四）地面链路设备

民用通信链路的地面终端硬件，一般会被集成到控制站系统中，称作地面电台，部分地面终端会有独立的显示控制界面。视距内通信链路地面天线采用鞭状天线、八木天线和自跟踪抛物面天线，需要进行超视距通信的控制站还会采用固定卫星通信天线。

五、无人机机库

无人机机库是一种专为无人机设计的智能化硬件基础设施，集自动起降、充换电、数据交互、安全存储等功能于一体，能够适应户外复杂环境，支持 4G/5G 远程监控与云端调度。该设备广泛应用于光伏、电网、安防巡逻、河湖治理等新能源与低空城市的巡检管理，是实现无人机全天候、无人化、自动化作业的关键设施，可显著提升作业效率、有效缩短巡检周期、加快出勤速度并降低人工干预成本。无人机机库搭配配套系统，可指挥无人机开展自主巡检、带电检测及分析任务，联结起地面的无人化值守和空中的远程调度，实现各类场景的常态化巡逻。

（一）无人机机库的发展

为了突破飞手现场操作、手动执飞的桎梏，早在 2016 年，星逻智能科技（苏州）有限公司就推出了业界第一台通用型多层塔式无人机自动机库 UltraHive Mk1（图 3-7）。

图 3-7 通用型多层塔式无人机自动机库

到 2018 年，星逻智能发布了 UltraHive Mk2 无人机自动机库、UltraHive Mk3 “启”无人机通用机库和业界第一版无人机云端调度系统“祺云” SkyScout 1.0，开启了无人机巡检的空地云协同作业模式。该模式在临港核心城区成功部署，打造出全国最大的无人机低空网络城市样本，极大地缓解了临港地区“地广人稀，执法力量严重不足”的境况，形成了较好的管理效益和社会反响。2019 年，星逻智能自主研发了 UltraHive Mk4 充换电一体机库并成功出海英国伦敦，自此星逻智能打造出了中国第一台网联无人机机库和第一套出口海外的无人机无人化系统。2020 年，该公司再次创新，推出了 MobileHive Mk3 网联无人机移动航母、UltraHive Mk5 轻型无人机充电机库和 SkyCab 天斗机载 AI 模块。之后又相继研发出了 UltraPad 岚微型无人机机库、UltraHive MkZ 千巢固定翼无人机机库、MobileHive Mk3P 移动皮卡，打造出一整套适应全场景的无人机机库系列。

（二）无人机机库的分类

1. 按部署方式可分为固定式和移动式两类

固定式机库长期部署在固定位置，具备稳定的供电和网络环境，具有 24 小时无人化值守能力。在区域内通过设置多台固定式机库完成网格化部署，能够实现无人机在不同机库间的跳飞作业，减少无效飞行时间，提高覆盖效率，适合常态化巡检、大型能源场站巡检、安防巡逻等场景。见图 3-8。

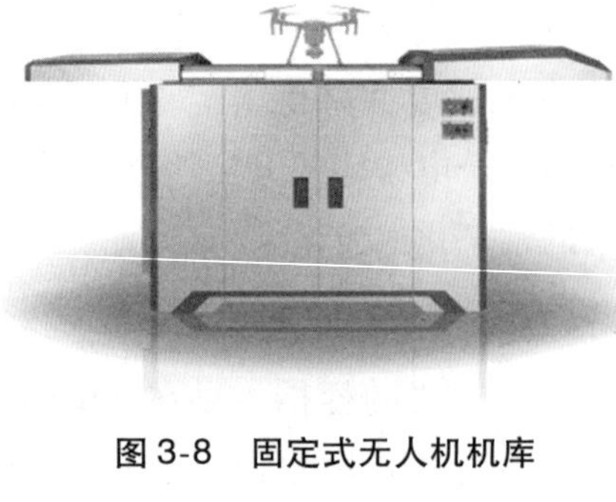

图 3-8 固定式无人机机库

移动式机库采用车载集成设计，具备机动灵活性，人员驾驶车辆可快速响应应急测绘、灾害救援等临时任务。车载主要包括无人机电动升降平台、监控与操控工位和空调系统。电动升降平台控制平台升降装置并释放、回收无人机，驱动推杆完成无人机降落后的对中归位，使用密闭舱体和空调系统为飞行器提供适宜的环境条件，并通过置于电气舱内部的充电机为飞行器补充电能，满足多种类型无人机的起飞与降落需求。

管理人员在监控与操作工位通过配套软件系统，可指挥无人机开展自主巡检、AI分析、自动充电等功能或任务，支持无人机的异地起降和临时充能，大幅提升作业效率并降低运维成本。无人机可以根据车载的判断，定时进行各路线的自动巡飞，当飞行完成后，自动返回到车载系统并进行充电。见图 3-9。

图 3-9　移动式无人机机库

此外，由无人自动驾驶车作为载具的移动机库则无需人工干预，无人机从车中自动释放后，无人车可用双光云台同步进行地面巡逻作业。无人车基于大航程、自动驾驶、地面机动探查的优势，可进入隧道、地下车库等无人机难以进入的盲区。无人机执行完任务后，可异地降落至无人车的机库平台上进行自动充电，充电过程中无人车可继续巡逻。见图 3-10。

图 3-10　无人自动驾驶车上的移动式无人机机库

2. **按充能方式可分为充电型机库和充换电一体型机库**

充电型机库将视觉、充电、制冷、通信集成为一体，通过闪充接口进行快速充电，极大地缩短充电时间。同时，电池在快速充电过程中可对电芯进行快速冷却降温处理，保证电池在安全温度范围内进行充电。

充电时，机器人通过视觉系统寻找和定位无人机，无人机精准降落到机库平台后，平台驱动推杆完成无人机的对中归位，并实现自动对接充电，充电完成后自动回位，实现全程无人化快速充电。见图3-11。

图3-11　模块化轻型无人机充电机库

充换电一体型机库通过高精度的机械臂在机库内部为无人机更换电池，无人机可在短时间内再次起飞，满足高频次或突发的巡检需求。见图3-12。

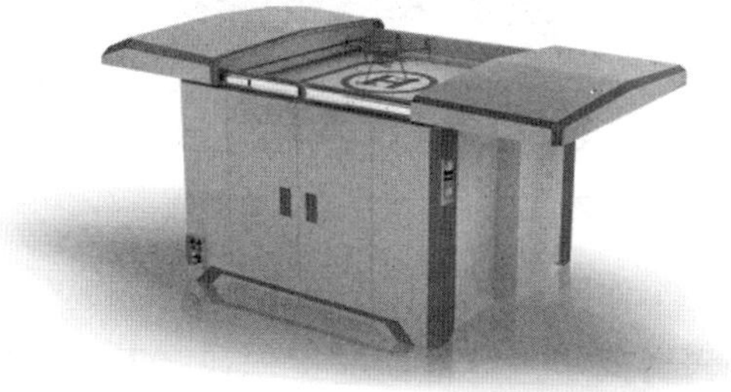

图3-12　固定式充换电一体机库

第四节　无人机的日常保养和维护

无人机的日常保养和维护，对于无人机的飞行安全和寿命延长来说，至关重要。轻视乃至无视无人机的日常保养和维护工作，难免会出现无人机的零配件受损、缺失后毫不知情的情况，从而影响无人机的正常飞行活动，且在飞行期间容易出现发动机熄火、电池异常，甚至引发无人机炸桨、炸机等问题。

无人机的日常保养和维护，除了认真做好每次飞行结束后的全面检查，发现损坏的零配件及时维修或更换外，主要是做好无人机的机身、电机、电池、螺旋桨、减震球等的日常保养和维护工作，确保无人机性能良好，始终处于适航状态，执行飞行任务时安全无恙，使用的寿命得到延长。

一、无人机机身的养护

目前，大多数无人机采用碳纤维材料制成机身，以保护无人机内部电路不被外界环境腐蚀。机身一般都设有散热孔，正是这些小的孔隙，让机身受到腐蚀且难以清理，雨、水、沙尘等会通过此孔隙进入机身内部。若不及时清理保养，日积月累便会对无人机产生严重的影响。

无人机机身的养护，主要是做好下列几个方面的工作。

（1）检查机身是否出现螺丝松动；检查机臂是否出现裂痕或破损，发现裂痕或破损，应当更换或者寄回检测维修。

（2）查看减震球的外层，如有变硬或者开裂等老化迹象，应及时更换，以免影响航拍效果。

（3）检查 GPS 上方以及每一个起落架的天线位置，发现贴有带导电介质的贴纸等影响信号的物体，及时清除。

（4）对可变形系统的机架结构进行检查，看看变形组件在变形过程中是否正常顺滑。如有污染异物，需要及时清理；组件若有受损，必须及时返修。

（5）避免在有沙土或者碎石等小颗粒存在的环境里起飞；若不得已起飞了，飞行结束后及时清理无人机孔隙周围，确保机身以及内部干净。

（6）如果在雨雪或者雾气较大的天气使用无人机，用完后立刻断电擦干，并且风干或者放到防潮箱吸潮，确保湿气除净。

二、无人机电机的养护

无人机电机的养护工作，包括清擦电机，保障各部位的螺丝牢固、完好，以及电器转动正常。

（1）经常清擦电机机座外部的灰尘、油泥。无人机使用的环境灰尘较多的，每次飞行之后必须清擦一次。

（2）检查和清擦电机接线处，发现接线盒接线螺丝松动或烧伤，及时处置。

（3）仔细查看无人机上各个固定部分的螺丝，将松动的螺母拧紧。

（4）用手转动转轴，检查电机转动灵活与否，有无异常的摩擦、卡阻、窜轴或响声。同时，检查电机上的各部件是否完备。如果通电之后某个电机不转或者转速很慢或有异常杂音，应立即断电检修或返修；否则，通电时间较长，极有可能烧毁电机，甚至损坏控制电路。

三、无人机螺旋桨的养护

螺旋桨是无人机快速消耗设备之一，若养护不当，在日常飞行过程中即使不发生炸机现象，也有可能会炸桨。因此在每次飞行之后，都应该查看桨叶外观，若有弯折、破损、裂缝等迹象，必须更换。

四、无人机遥控器的养护

（1）不在潮湿、高温的环境中使用或者放置遥控器，以免遥控器内部的元件损坏或者老化，导致遥控器外壳变形。

（2）避免遥控器受到强烈的震动，或从高处跌落，以保障内部构件的精度不变。

（3）无人机飞行后，注意检查遥控器的天线是否有损伤、遥控器的挂带牢固与否，以及与航拍器的连接有无异常。发现问题及时解决，不能解决的联系售后处理。

（4）无人机在使用或者存放过程中，尽量不要“弹杆”。

（5）检查遥控器的各个接口处，看是否有异物或者接触不良的情况。

（6）注意遥控器的电量，确保使用期间不缺电源供应。

五、无人机云台相机的养护

为了保证正常使用与良好的拍摄效果，云台相机配件的养护工作不可马虎。

（1）使用一段时间后，必须检查云台相机的排线是否正常连接。

（2）查看金属接触点是否氧化，云台快拆部分是否松动，风扇噪声是否正常。如果金属触点氧化，可用橡皮擦清洁。

（3）相机镜片被污损后，可用镜头清洁剂清洗，不要用手直接触摸。

六、无人机电池的养护

无人机装备中，消耗量最大的是电池。对于电池的养护，应当遵循“六不”原则，即不过充、不过放、不满电保存、不损坏外皮、不短路、不着凉。这样，方可延长电池的使用寿命。

（1）无人机使用前，首先检查电池是否可以使用，观察电池外观有无鼓包。保护壳内的无人机专用电池，如果安装不紧密有松动，很有可能是电池膨胀将保护壳挤变形了。

（2）经常外出航拍的无人机，应注意温度对电池的影响。在低温地区使用时，应给电池做好“保暖”和“热身”工作，以减少电量突然降低的情况。极端温度环境对电池的伤害非常大，冬天过冷和夏天过热的情况，都会导致无人机续航时间缩短。不要在热源附近使用或存放电池，如阳光直射或大热天的车内、火源或烤火炉旁。电池理想的保存温度为 22～28℃，切勿将电池存放在低于零下 10℃或高于 45℃的环境下。

（3）长时间不用的无人机，应把电池放在阴凉且干燥的地方保存。电池每隔大约 3

个月或经过约30次充放电后，需要进行一次完整的充电和放电过程再保存，以保证电池的最佳工作状态。定期检查智能飞行电池寿命，当电池指示灯发出低寿命报警时，必须更换新电池。

此外，为了保障无人机日常养护的工作质量，必须使用合适的养护工具：柔软的擦布、柔软的小清洁刷、气瓶或气球、异丙醇等。

柔软的小清洁刷用于清除无人机缝隙中的沙尘，能用清管器当然更好。气瓶或者气球用于清除无人机“敏感部位”的尘垢（如电机或电路板旁边的灰尘）。使用异丙醇清洁剂，可以去除污垢、草渍、血渍等绝大部分顽渍，且不会损坏电路，让无人机的外壳光洁如新。把无人机拆开来进行大扫除的时候，柔软的擦布必不可少，它可以和异丙醇协同工作，完美配合。

第四章 无人机飞行操控的基础知识

第一节 无人机导航系统

无人机导航即按照要求的精度，沿着预定的航线在指定的时间内正确地引导无人机至目的地。也就是说，无人机根据导航系统提供的卫星信号分析结果确定自身位置，从而实现定点悬停和按规划航线自主飞行的功能。要使无人机成功地完成预定的航行任务，除了起始点和目标的位置之外，还必须知道无人机的实时位置、航行速度、航向等参数。

无人机上有一个看起来像“棒棒糖”的圆形模块（图4-1、图4-2），这个模块包含两部分：GPS模块和磁罗盘。GPS模块的功能是确定无人机经纬度、海拔高度、航线与速度等信息；磁罗盘的功能是确定磁北方向，从而确定偏航向（机头朝向）。这两部分的功能加在一起，构成了无人机的导航系统。

图4-1 无人机导航系统（1）

图4-2 无人机导航系统（2）

无人机导航系统有三个方面的作用。一是配合控制系统实现无人机的定点悬停功能。二是配合地面站系统实现自主航线飞行，即无人机自主飞行。自主飞行是指无人机可以按照操纵者事先在电子地图上规划好的航线自主巡航，而不需要操纵者对其进行遥控干预。要实现这个功能，首先要满足两个条件：第一个条件是无人机自驾仪内要有规划好的航线，使用者可以在无人机起飞前用数据线对其上传航线，也可以在无人机起飞后通过数传链路对其上传航线；第二个条件是无人机必须具备精确的导航功能，通俗地说，也就是无人机必须时刻知道自己的地理位置，否则无法实现自主飞行功能。三是向地面发送无人机所在的实时位置。

第二节　无人机导航技术

目前在无人机上采用的导航技术，主要包括卫星导航、惯性导航、多普勒导航、地形辅助导航以及地磁导航等。这些导航技术都可以单独用于无人机导航，也可以组合导航无人机，前者谓之单一导航技术，后者谓之组合导航技术。各种导航技术均有各自的优缺点，因此，在无人机导航中，根据无人机担负的不同任务来选择合适的导航技术至关重要。

一、单一导航技术

单一导航技术指的是采用某一种导航技术来完成预定的航行任务。单一导航技术主要有定位卫星导航（GPS）和惯性导航（INS）两种。

（一）定位卫星导航

卫星导航是通过不断地对目标物体进行定位从而实现导航功能。目前，全球范围内有影响的卫星定位系统有美国的 GPS、欧洲的伽利略、俄罗斯的格拉纳斯及我国的北斗。这里主要介绍现阶段应用较为广泛的 GPS 全球定位系统导航。

GPS 是英文 Global Positioning System（全球定位系统）的简称，其利用 GPS 定位卫星，在全球范围内实时进行定位、导航。GPS 导航的基本原理是测量出已知位置的卫星到用户接收机之间的距离，然后综合多颗卫星的数据确定接收机的具体位置。

GPS 导航的优点是全球性、全天候、连续精密导航与定位能力、实时性较出色。缺点是易受电磁干扰；GPS 接收机的工作受飞行器机动的影响，比如 GPS 的信号更新频率一般在 1 ~2Hz，如果飞行器需要快速更新导航信息，单独搭载 GPS 就不能满足飞行器更新信息的需要。因为美国出于自身利益方面的考虑，在未经美国政府授权的广大用户所使用的标准定位服务（SPS）中人为地引入误差，即在所有的 GPS 工作卫星上实施选择可用性（SA）政策，使水平定位精度降低至 100 米（2dRMS），垂直定位精度为 156 米（2σ），时间精度为 175 纳秒。尽管 SA 政策已于 2000 年 5 月 1 日停止使用，但是单点定位的精度也只有 20～40 米，这样的精度难以满足飞机导航、工程测量等方面的定位需求。为了解决这一问题，提高单点定位的精度，差分全球定位系统（Differential Global Positioning System，简称 DGPS 或差分 GPS）便应运而生，它是在 GPS 的基础上，利用差分技术使用户能够从 GPS 中获得更高的精度。

（二）惯性导航

惯性导航是以牛顿力学定律为基础，依靠安装在载体（如飞机、舰船、火箭等）内部的加速度计测量载体在三个轴向上的运动加速度，经积分运算得出载体的瞬时速度和位置，以及测量载体姿态的一种导航方式。惯性导航系统通常由惯性测量装置、计算机、控制显示器等组成。惯性测量装置包括加速度计和陀螺仪。三自由度陀螺仪用来测量飞行器的三个转动运动；三个加速度计用来测量飞行器的三个平移运动的加速度。计算机根据测得的加速度信号计算出飞行器的速度和位置数据。控制显示器显示各种导航参数。惯性导航系统工作原理见图 4-3。

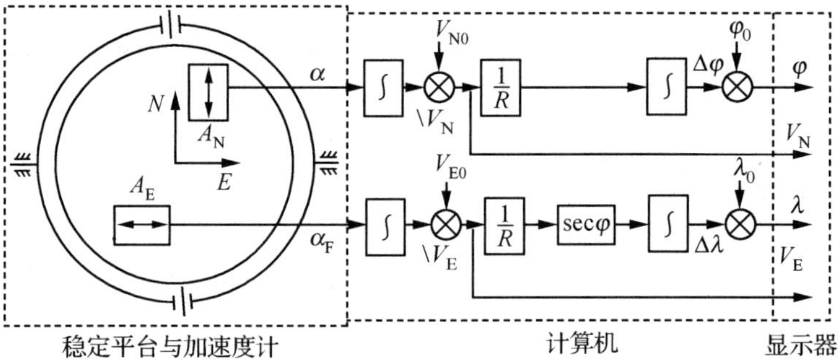

图 4-3　惯性导航系统工作原理

惯性导航完全依靠机载设备自主完成导航任务，工作时不依赖外界信息，也不向外界辐射能量，不易受到干扰，不受气象条件限制，是一种自主式的导航系统，具有完全自主、抗干扰、隐蔽性好、可全天候工作于空间和水下、输出导航信息多、连续性好且噪声低、数据更新率高、短期精度和稳定性好等优点。实际的惯性导航可以完成空间三维导航或地面上的二维导航。

惯性导航系统因为受各种因素的影响，存在的缺点主要是：由于导航信息经过积分而产生，定位误差随时间而增大，长期精度差；每次使用之前，需要较长的初始对准时间；惯性导航设备的价格较昂贵；不能给出时间信息。

按照惯性导航组合在飞行器上的安装方式，可分为平台式（惯性导航组合安装在惯性平台的台体上）和捷联式（惯性导航组合直接安装在飞行器上）两大类惯性导航系统。

1. **平台式惯性导航系统**

根据建立的坐标系不同，平台式惯性导航系统又分为空间稳定和本地水平两种工作方式。空间稳定平台式惯性导航系统的台体相对惯性空间稳定，用已建立的惯性坐标系。地球自转、重力加速度等影响由计算机加以补偿。这种系统多用于载体火箭的主动段和一些航天器上。

本地水平平台式惯性导航系统的特点是台体上的两个加速度计输入轴所构成的基准平面能够始终跟随飞行器所在点的平面（利用加速度计与陀螺仪组成舒拉回路来保证），因此加速度计不受重力加速度的影响。这种系统多用于沿着地球表面做等速运动的飞行器（如飞机、巡航导弹等）。

在平台式惯性导航系统中，框架能隔离飞行器的角震动，仪表工作条件较好。平台能直接建立导航坐标系，计算量小，容易补偿和修正仪表的输出，但结构复杂、尺寸大。平台式惯性导航系统工作原理见图 4-4。

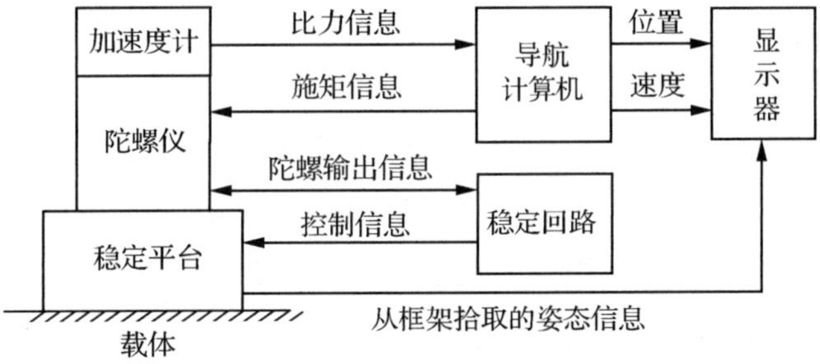

图 4-4　平台式惯性导航系统工作原理

2. **捷联式惯性导航系统**

捷联式惯性导航系统是一种无框架系统，由三个速率陀螺、三个线加速度计和微型计算机组成。由于惯性元器件有固定漂移率，会造成导航误差，因此导航通常采用指令、GPS 或其组合等方式对惯性导航进行定时修正，以获取持续准确的位置参数。如采用指令 + 捷联式惯性导航，捷联式惯性导航系统能精确提供载体的姿态、地速、经纬度等导航参数，是利用惯性敏感器、基准方向及最初的位置信息来确定运动载体的方位、位置和速度的自主式航位推算导航系统。在工作时，它实现了与外界条件隔绝的假想的“封闭”空间内的精确导航，具有隐蔽性好、工作不受气象条件和人为的外界干扰影响等一系列的优点。捷联式惯性导航系统的最大特点是没有实体平台，即将陀螺仪和加速度计直接安装在机动载体上，在计算机中实时地计算姿态矩阵，通过姿态矩阵把导航加速度计测量的载体沿机体坐标系轴向的加速度信息变换到导航坐标系上，然后进行导航计算。同时，从姿态矩阵的元素中提取姿态和航向信息。可见在捷联式惯性导航系统中，平台的作用已由计算机及其软件的作用所代替，捷联式惯性导航系统采用的是数字平台。力学编排就是按照合适的数学模型，由观测量计算出导航定位参数的。具体来讲，利用陀螺仪测得的载体相对于惯性参照系的旋转角速度，计算出载体坐标系至导航计算坐标系之间的坐标转换矩阵；将测量的比力（加速度计测量载体相对于惯性空间的线加速度）变换至导航坐标系，并经过两次积分得到所需的速度位置信息。捷联式惯性导航系统工作原理见图 4-5。

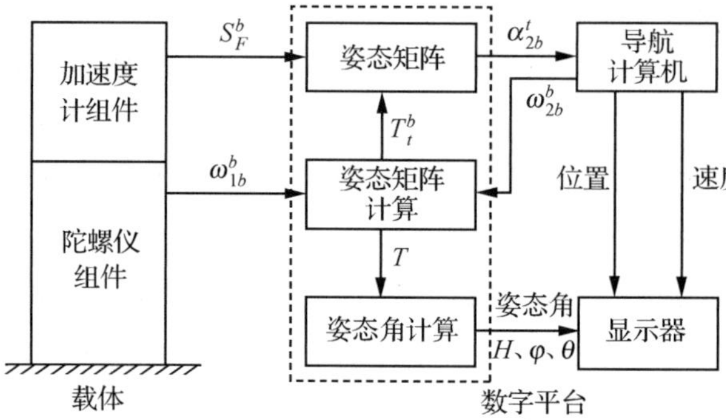

图 4-5　捷联式惯性导航系统工作原理

（三）多普勒导航

多普勒导航是飞行器常用的一种自主式导航。多普勒导航系统由磁罗盘或陀螺仪、多普勒雷达和导航计算机组成。其工作原理是多普勒效应，无人机上的多普勒导航雷达不断向地面发射电磁波，因无人机与电磁波照射的地面之间存在相对运动，雷达接收到地面回波的频率与发射电磁波的频率相差一个多普勒频率，根据公式计算出无人机相对于地面的飞行速度（地速），以及偏流角（地速与无人机纵轴之间的夹角）。由于气流的作用，偏流角的大小反映了地速、风速和空速之间的关系。磁罗盘或陀螺仪可以测出无人机的航天偏角，即无人机纵轴方向与正北方向的夹角。根据多普勒雷达提供的地速和偏流角数据，以及磁罗盘或陀螺仪提供的航向数据，导航计算机就可以不断地计算出无人机飞过的路线。

多普勒导航的优点是自主性好，反应快，抗干扰性强，测速精度高，能用于各种气候条件和地形条件。缺点是工作时必须发射电波，因此其隐蔽性不好；系统工作受地形影响，性能与反射面的形状有关，如在水平面或沙漠上空工作时，由于反射性不好就会降低性能；精度受天线姿态的影响；测量有累积误差，系统会随飞行距离的增加而使误差增大。

（四）地形辅助导航

地形辅助导航是指飞行器在飞行过程中，利用预先存储的飞行路线中某些地区的特征数据，与实际飞行过程中测量得到的相关数据不断比较来实施导航修正的一种方法。地形辅助导航的优点是没有累积误差，隐蔽性好，抗干扰性能较强。缺点是计算量较大，实时性受到制约；工作性能受地形影响，适合起伏变化大的地形，不适宜在平原或者海面使用；同时还受天气影响，在大雾和多云等天气条件下导航效果不佳；要求飞行器按照规定的路线飞行，机动性不强。地形辅助导航分为地形匹配、景象匹配和桑地亚惯性地形辅助导航三类。

1. 地形匹配

地形匹配也称为地形高度相关。其原理是地球表面上任何地点的地理坐标，都可以根据其周围地域的等高线或地貌来单值确定。地形匹配是通过获取沿途航线上的地形地貌情报，据此做出专门的数字地图并存入计算机，当飞机飞越某块已数字化的地形时，机载无线电高度表测出相对高度，根据气压、惯性综合测出绝对高度，两者相减即得地形标高。飞行一段时间后，即可得到真航迹的一串地形标高。将测得的数据与预先存储的数字地图进行相关分析，确定飞机航迹对应的网格位置。因为事先确定了网格各点对应的经纬度，所以便可以用数字地图校正惯性导航。

2. 景象匹配

景象匹配又称景象相关。它与地形匹配的区别如下：预先输入计算机的信息不是高度参数，而是通过摄像等手段获取的预定飞行路径的景象信息，将这些景象数字化后存储在机载的相关计算设备中，这些信息具有很好的可观测性。飞行中，通过机载的摄像设备获取飞行路径中的景象。然后，利用机载数字景象匹配相关器将其所测与预存的景象进行相关性比较以确定飞机的位置。

3. 桑地亚惯性地形辅助导航

桑地亚惯性地形辅助导航采用了推广的递推卡尔曼滤波算法，具有更好的实时性。其原理是根据惯性导航系统输出的位置在数字地图上找到地形高程。而惯性导航系统输出的绝对高度与地形高度之差为飞行器相对高度的估计值。它与无线电高度表实测相对高度之差就是卡尔曼滤波的测量值。地形的非线性导致了测量方程的非线性。采用地形随机线性化算法可以实时获得地形斜度，得到线性化测量方程，结合惯性导航系统的误差状态方程，经递推卡尔曼滤波算法可得到导航误差状态的最佳估计。利用输出校正可修正惯性导航系统的导航误差，从而获得最佳导航状态。

（五）地磁导航

地磁场为矢量场，地球近地空间内任意一点的地磁矢量，都不同于其他地点的矢量，且与该地点的经纬度存在一一对应的关系。因此，理论上只要确定该点的地磁场矢量，即可实现全球定位。按照地磁数据处理方式的不同，地磁导航分为地磁匹配与地磁滤波两种方式。

目前，地磁匹配在导航中应用更广，它是把预先规划好的航迹某段区域某些点的地磁场特征量绘制成参考图（或称基准图）存储在载体计算机中，当载体飞越这些地区时，由地磁匹配测量仪器实时测量出飞越这些点的地磁场特征量，以构成实时图。载体上的计算机对实时图与参考图进行相关匹配，计算出载体的实时坐标位置，供导航计算机解算导航信息。地磁匹配类似于地形匹配，区别在于地磁匹配可有多个特征量。

地磁导航具有无源、无辐射、隐蔽性强、不受敌方干扰、全天候、全地域、能耗低等优良特征，导航不存在累积误差，在跨海制导方面有一定的优势。缺点是地磁匹配需要存储大量的地磁数据，实时性与计算机处理数据的能力有关。

二、组合导航技术

组合导航是指把两种或两种以上的导航系统以适当的方式组合在一起，利用其性能上的互补特性，可以获得比单独使用任一系统时更高的导航性能。组合导航除了可以将以上介绍的导航技术进行组合之外，还可以应用一些相关技术提高精度，如大气数据系统、航迹推算技术等。

（一）INS/GPS 组合导航系统

INS/GPS 组合的优点，表现在对惯性导航系统可以实现惯性传感器的校准、惯性导航系统的空中对准、惯性导航系统高度通道的稳定等方面，从而可以有效地提高惯性导航系统的性能和精度；对 GPS 系统来说，惯性导航系统的辅助可以提高其跟踪卫星的能力，提高接收机动态特性和抗干扰性。

另外，INS/GPS 组合导航还有两个好处：一是可以实现 GPS 完整性检测，从而提高可靠性。二是可以实现一体化，把 GPS 接收机放入惯性导航部件中，以进一步减少系统的体积、质量和成本，便于实现惯性导航和 GPS 同步，减小非同步误差。

INS/GPS 组合导航系统是目前多数无人飞行器所采用的主流自主导航技术。美国的全球鹰和捕食者无人机都采用这种组合导航方式。

（二）惯性/多普勒组合导航系统

这种组合方式既解决了多普勒导航易受到地形因素影响的问题，又可以解决惯性导航自身的累积误差问题，同时在隐蔽性上二者实现了较好的互补。

（三）惯性/地磁组合导航系统

惯性/地磁组合导航的优势在于，利用地磁匹配技术的长期稳定性，改正惯性导航系统误差随时间累积的缺点；利用惯性导航系统的短期高精度，弥补地磁匹配系统易受干扰等不足。惯性/地磁组合导航具备自主性强、隐蔽性好、成本低、可用范围广等优点，是当前导航研究领域的一个热点。

（四）惯性/地形匹配组合导航系统

地形匹配定位的精度很高，可以利用它来消除惯性导航系统长时间工作的累积误差，提高惯性导航系统的定位精度。由于地形匹配辅助导航系统具有自主性和高精度的突出优点，将其应用于装载有多种图像传感器的无人机导航系统，构成惯性/地形匹配组合导航系统，将是地形匹配辅助导航技术发展和应用的未来趋势。

（五）GPS/航迹推算组合导航系统

航迹推算的基本原理是在 GPS 失效的情况下，依据计算机测得的空速和磁航向测得的航向以及当地风速风向，推算出地速及航迹角。当 GPS 定位信号中断或质量较差时，由航迹推算系统确定无人机的位置和速度；当 GPS 定位信号质量较好时，利用 GPS 高精度的定位信息对航迹推算系统进行校正，从而构成高精度、高可靠性的无人机导航定位系统，在以较高质量保证飞行安全和品质的同时，有效地降低系统的成本，使无人机摆脱对雷达、测控站等地面系统的依赖。

三、新型视觉定位技术

在无人机导航手段相对单一的过去，无人机在室内是无法实现定点悬停的，因为它搜索不到 GPS 信号。但随着科技的发展，近几年已经出现了一种新型视觉定位技术。这种技术依靠光流定位和超声波辅助定高，可以帮助导航系统在定点悬停时摆脱对 GPS 信号的依赖。

这种技术的出现对于无人机在今后的推广和应用大有益处。它的意义不仅在于促进无人机在室内环境下的精准定位，更在于为遭遇 GPS 信号干扰的无人机增加一种定位手段，从而确保飞机不会失控。这种导航手段相当于为容易受到干扰的卫星导航系统增加了一层保险。

在无 GPS 信号的室内环境中，它将自动切换成视觉定位模式，内置的光流传感器将像素分布及颜色、亮度等信息转变为数字信号，传送给图像处理系统并进行各种运算以抽取目标特征，进而根据判别结果来控制飞行器的动作。超声波传感器主要用来判别相对高度。通过高效的视觉处理器计算，无人机实现了精确的室内定位悬停和平稳飞行。

四、无人机导航技术的未来

无人机导航技术的发展趋势，主要集中在新型惯性导航系统的研制、组合因子的增加和数据融合新技术的研发三个方向上，以提高组合导航系统的精度和性能，提高导航的稳定性。

（一）研制新型惯性导航系统，提高组合导航系统精度

新型惯性导航系统目前已经研制出光纤惯性导航、激光惯性导航、微固态惯性仪表等多种方式。随着现代微机电系统的飞速发展，硅微陀螺仪和硅加速度计的研制迅速加快，其成本低、功耗低、体积小及质量轻的特点很适合于战术应用。随着先进的精密加工工艺的提升和关键理论、技术的突破，会有很多种类型的高精度惯性导航装置出现，

组合导航的精度也会随之提高。

（二）增加组合因子，提高导航稳定性能

未来无人机导航将对组合导航的稳定性和可靠性提出更高的要求，组合导航因子将会有足够的冗余，不再依赖于组合导航系统中的某一项或者某几项技术，当其中一项或者几项因子因为突发状况不能正常工作时，不会影响无人机的正常导航需求。

（三）研发数据融合新技术，进一步提高组合导航系统性能

组合导航系统的关键器件是卡尔曼滤波器，它是各导航系统之间的连接口，并进行数据融合处理。目前，研究人员正在研究新的数据融合技术，例如采用自适应滤波技术，在进行滤波的同时，利用观测数据带来的信息，不断地在线估计和修正模型参数、噪声统计特性和状态增益矩阵，以提高滤波精度，从而得到对象状态的最优估计值。

此外，如何将神经网络人工智能、小波变换等各种信息处理方法，引入以组合导航为核心的信息融合技术中，正在引起人们的高度重视，这些新技术一旦研制成功，必将进一步提高组合导航的综合性能。

第三节　无人机的起飞和降落

无人机的起飞和降落，对于无人机的飞行安全十分重要。早年有过不完全统计，无人机系统的事故有60%以上发生在起降阶段。究其原因，大都是无人机系统的机长或驾驶员，对无人机起降阶段的正常程序和技术，以及应急飞行程序和技术的理解不透彻、掌握不熟练。因此，起降阶段的操控技术，对于无人机系统的安全运行至关重要。

无人机驾驶员分为飞行操作手和起降操作手两大类，前者是通过地面站界面、控制台上的鼠标和按键以及飞行摇杆操纵无人机的驾驶员，后者是通过专用的遥控器、外部控制盒操纵无人机的驾驶员。一般来讲，飞行操作手参与无人机起降阶段、巡航阶段操纵，起降操作手仅参与起降阶段操纵。多数的无人机系统都有这两类驾驶员，但少数的军用无人机系统不设置起降操作手，因为该无人机系统飞行器及地面站上安装有完善的全向视频显示系统，在起降阶段飞行操作手使用飞行摇杆可以完全替代起降操作手的职能。然而出于安全考虑，少数军用无人机起降时，往往增设起降观察员或起降引导员；部分民用无人机系统出于简便和成本原因，飞行操作手无飞行摇杆硬件可用，仅通过鼠标、键盘来控制飞行。

起降阶段是无人机操纵中最难以控制的，起降控制程序应简单、可靠、操纵灵活，便于操纵人员直接通过操纵杆、开关和按键，快捷介入控制通道，控制无人机起降。由

于无人机的类别及起飞重量不尽相同，其起飞降落的操纵方式也有所不同。

民用无人机系统的起降操纵，可采用自主控制、人工遥控或组合控制等模式进行控制。自主控制是指在起降阶段，操纵人员无须介入控制回路，无人机借助于机载传感器信息，或辅助必要的引导信息，由机载计算机执行程序控制，可自动完成无人机的起飞和回收控制；人工遥控是无人机驾驶员通过无线电数据链，利用地面站获取的无人机状态信息，发送无人机控制指令，引导无人机发射和回收。

无人机的起飞、降落方式和控制模式都有许多种，本节以 JL-6 型轮式民用小型无人机系统为例，主要介绍人工遥控模式的无人机起降操纵技术，其采用的是姿态遥控或舵面遥控模式。

一、操纵无人机起降的技术训练

无人机起降的安全，是操纵无人机起降的前提条件。安全的无人机起降，依赖于机长、驾驶员过硬的操纵技术，而这就需要机长、驾驶员不折不扣地保障足够的操纵技术训练时间。以轻型无人机教练-3 模拟器及实物训练系统为例，机长、驾驶员各个阶段的训练时间要求分别如下：

机长起降阶段操纵技术训练，不少于 30 小时。其中，在模拟器实施系统检查程序，不少于 1 小时；在实物训练系统实施系统检查程序，不少于 3 小时；在模拟器实施正常飞行程序指挥，不少于 3 小时；在实物训练系统实施正常飞行程序指挥，不少于 10 小时；在模拟器实施应急飞行程序指挥，包括规避航空器、发动机故障、链路丢失、应急回收、迫降等，不少于 3 小时；在实物训练系统实施应急飞行程序指挥，包括规避航空器、发动机故障、链路丢失、应急回收、迫降等，不少于 10 小时。

驾驶员起降阶段操纵技术训练，同样不少于 30 小时。其中，在模拟器实施飞行前检查，不少于 1 小时；在实物训练系统实施飞行前检查，不少于 3 小时；在模拟器实施正常飞行程序操作，不少于 3 小时；在实物训练系统实施正常飞行程序操作，不少于 10 小时；在模拟器实施应急飞行程序操作，包括发动机故障、链路丢失、应急回收、迫降等，不少于 3 小时；在实物训练系统实施应急飞行程序操作，包括发动机故障、链路丢失、应急回收、迫降等，不少于 10 小时。

二、起飞前的准备工作

俗话说，有备无患。无人机起飞前，机长或驾驶员必须认真细致地做好两项准备工作：一是了解无人机的性能；二是进行无人机有关设施设备的检查。

（一）了解无人机性能

领受了负责一套无人机系统的运行任务后，机长或驾驶员要做的第一件事情，就是了解并掌握本系统（目标无人机）的关键性能，特别是飞行相关性能。这些性能的内容是多方面的，而且不同型号无人机的性能不同。机长或驾驶员需要了解并掌握的性能内容，包括着陆性能（表4-1），飞行速度范围（表4-2），飞行速度限制（表4-3），发动机性能（表4-4），收放起落架、襟翼对目标机的影响，节风门最小位置，等等。

表4-1　JL-6无人机着陆性能

襟翼/发动机条件	接地速度/(千米/时)	刹车/米	不刹车/米
不放襟翼/怠速	110	150	220
15°放襟翼/怠速	95	120	160
40°放襟翼/怠速	85	100	130
不放襟翼/灭车	110	140	210
15°放襟翼/灭车	95	100	140
40°放襟翼/灭车	85	70	100

表4-2　JL-6无人机飞行速度范围

高度	空载90千克	满载130千克
海平面	80~130千米/时	100~128千米/时
1000米	90~140千米/时	110~138千米/时
3000米	120~170千米/时	140~165千米/时

表4-3　JL-6无人机飞行速度限制

速度	限制/(千米/时)
俯冲最大允许速度（海平面）	170
失速速度（海平面、空载）	70
失速速度（海平面、满载）	90
机动速度（不放襟翼）	110
机动速度（40°放襟翼）	100
有利速度（海平面）	110

表4-4　JL-6无人机发动机性能

型号	工作状态	转速/(转/分)	节风门/%	连续工作时间
林巴赫L275-E	极限	7000	115	5分钟
	额定	6500	100	不限
	低空稳定怠速	2000	25	不限

收放起落架对无人机飞行的影响（以JL-6无人机为例），在姿态遥控状态下，起落架收起后，全机阻力减小，速度会加快，应减小油门，保持空速在合理范围。

在舵面遥控状态下，起落架收起后，机头会轻微上仰，应保持好飞行状态，并调整轻度（松）升降舵。同时，全机阻力减小，速度会加快，应减小油门并保持空速在合理范围。

在姿态遥控状态下，起落架放下后，全机阻力增加，速度会减小，应增大油门，保持空速在合理范围。

在舵面遥控状态下，起落架放下后，机头会轻微下俯，应保持好飞行状态，并轻拉（收）升降舵调整。同时，全机阻力增加，速度会减小，应增大油门并保持空速在合理范围。

收放襟翼对无人机飞行的影响（以 JL-6 无人机为例），在姿态遥控状态下，襟翼收起后，全机阻力减小，速度会加快，注意观察即可。

在舵面遥控状态下，襟翼收起后，机头会轻微下俯，应保持好飞行状态，并轻拉升降舵调整。同时，全机阻力减小，速度会加快，注意观察即可。

在姿态遥控状态下，襟翼放下后，全机阻力增加，速度会减小，应增大油门并保持空速在合理范围。特别是 40°放襟翼，需要给油门以较大的增量。

在舵面遥控状态下，襟翼放下后，机头会轻微上仰，应保持好飞行状态，并轻推升降舵调整。同时，全机阻力增加，速度会减小，应增大油门并保持空速在合理范围。特别是 40°放襟翼，需要给油门以较大的增量。

节风门最小位置的把控：起飞前，飞行操作手和起降操作手调整好的最小节风门位置，就是本起落的最小极限位置，任何时刻都不能使地面站控制面板和外控盒的节风门杆（旋钮）小于这个位置。

（二）进行全面安全检查

飞行前，机长或驾驶员必须认真负责地对飞行器、控制站、通信链路、动力装置等进行全面检查，确保无人机性能良好，无安全隐患。这些检查中，部分检查需要由机务或专业地检人员执行。

飞行器检查的内容包括：飞行器外观及对称性检查；飞行器称重及重心检查；舵面结构及连接检查；起飞（发射）、降落（回收）装置检查；螺旋桨正反向及紧固检查。

控制站检查的内容包括：控制站电源、天线等的连接检查；控制站电源检查；控制站软件检查；卫星定位系统检查；预规划航线及航点检查。

通信链路检查的内容包括：链路拉距或场强检查；飞行摇杆舵面及节风门反馈检查；外部控制盒舵面及节风门反馈检查。

动力装置的检查内容包括：发动机油量检查；发动机油料管路检查；发动机外部松动检查；发动机启动后怠速转速、震动、稳定性检查；发动机大车转速、震动检查；发动机节风门、大小油针、控制缆（杆）检查；发动机节风门跟随性检查；微型无人机不同姿态发动机稳定性检查；电动机进行正反转检查；动力装置启动后与其他系统的干扰检查。

三、飞行的基本动作

飞行摇杆的常规操作方式与有人机类似，包括姿态遥控和舵面遥控功能。而在实际飞行中，飞行摇杆的舵面遥控功能极少使用。外部控制器的使用方式，与航模遥控器类似，包括姿态遥控和舵面遥控功能。

（一）地面滑行、爬升、定高平飞、下降的操纵

1. 地面滑行

主要由起降操作手执行。姿态遥控和舵面遥控的操作手法一致，主要通过左手左右控制方向舵摇杆操纵。

2. 爬升

主要由飞行操作手执行，各高度爬升均保持节风门在100%。爬升时，保持飞行状态的方法与平飞基本相同。

根据地面站地平仪位置关系检查与保持俯仰状态。根据当时的飞行高度将俯仰角保持到理论值（如+2°），使用姿态遥控控制。如俯仰角偏高或偏低，应柔和地向前顶杆或向后带杆，保持好正常的位置关系。

大型、小型无人机爬升时，油门较大，螺旋桨扭转气流作用较强，左偏力矩较大，必须适当扭右舵，才能保持好飞行方向。

爬升中，如速度减慢太多，应迅速减小俯仰角。

长时间爬升，发动机温度容易高，需要注意检查和调整。

3. 定高平飞

定高平飞指的是在固定高度平行飞行。平飞主要由飞行操作手执行，各高度平飞均保持节风门在适当位置（如45%）。平飞时，应根据界面上的地平仪位置关系，判断无人机的俯仰状态和有无坡度；根据目标点方向，判断飞行方向；不断检查空速、高度和航向指示。同时，观察发动机指示，了解发动机工作情况，确保平飞中作用在无人机上的各力和各力矩均保持平衡。但是，无人机的平衡在飞行中经常受各种因素的影响而破坏，使飞行状态发生变化。对此，应及时发现和不断修正偏差，才能保持平飞。

为了保持无人机在飞行中的平衡，修正偏差的主要方法有以下几种：

（1）根据地平仪位置关系，检查与保持俯仰状态。即根据当时的飞行高度，将俯仰角保持到理论值，使用姿态遥控控制。俯仰角或高或低时，应柔和地向前顶杆或向后带杆，保持好正常的位置关系。

（2）根据飞机标志在地平仪天地线上是否有倾斜来判断飞机有无坡度。如有坡度，向影响无人机倾斜的反方向适当压杆修正。无人机无坡度时，注意检查航向变化。如果

变化较大，应向反方向轻轻扭舵杆，不使无人机产生侧滑。

（3）根据目标点方向与无人机轨迹方向，检查与保持飞行方向。如果无人机轨迹方向偏离目标点，应检查无人机有无坡度和侧滑，并随时修正。如果轨迹方向偏离目标5°以内，应柔和地向偏转的反方向适当扭舵杆，当轨迹方向对准目标点时回舵。如偏离目标超过5°，应协调地适当压杆扭舵，使无人机对准目标。然后改平坡度，保持好预定的方向。

（4）侧风的影响往往会使飞机偏离目标。一旦发现此情况，应用改变航向的方法修正。

4. 下降

无人机下降主要由飞行操作手执行，必须始终保持节风门控制在适当位置（如15%）。

下降时，保持飞行状态的方法与平飞基本相同，即根据当时的飞行高度，将俯仰角保持到理论值（如 -3°），使用姿态遥控控制。当发现俯仰角或高或低时，应柔和地向前顶杆或向后带杆，保持好正常的位置关系。

大型、小型无人机下降时，由于收小油门后，螺旋桨扭转气流减弱，无人机有右偏趋势，必须抵住左舵，以保持正确的飞行方向。下降速度过大时，应适当增加带杆力，减小下滑角。

（二）平飞、爬升、下降等飞行状态转换的操纵

1. 爬升转平飞

从爬升状态转为平飞的时候，应注视地平仪，柔和地松杆，然后收油门至45%。当地平仪的位置关系接近平飞时，保持杆不动，使无人机稳定在平飞状态。

设想在预定高度上将无人机转为平飞，则应在上升至该高度前10～20米时，开始改平飞。

2. 平飞转下降

从平飞状态转为下降飞行的时候，应注视地平仪，稍顶杆，同时收油门至15%。当地平仪的位置关系接近下降时，保持杆不动，使无人机稳定在下降状态。

3. 下降转平飞

从下降状态转为平飞的时候，应注视地平仪，柔和地加油门至45%，同时拉杆。当地平仪的位置关系接近平飞时，保持杆不动，使飞机稳定在平飞状态。

如果下降飞行过程中，要在预定高度上将飞机转为平飞，应在下降至该高度前20～30米时,开始改平飞。

4. 平飞转爬升

从平飞转爬升的时候，应注视地平仪，柔和地加油门至100%。同时，稍拉杆转为爬升。当机头接近预定状态时，保持杆不动，使飞机稳定在爬升状态。

平飞、爬升、下降互相转换时，容易产生的偏差有以下三种情况：一是没有及时检查地平仪位置关系，造成带坡度飞行；二是动作粗，操纵量大，造成飞行状态不稳定；三是飞行状态变换时，推杆、拉杆方向不正，干扰其他通道。

（三）转弯的操纵

改变飞行方向的基本动作是转弯。转弯过程中，起着支配地位的主要是飞行的坡度。坡度形成后，无人机即进入转弯；改平坡度时，转弯即停止。但在一定条件下的转弯中，坡度增大的同时，机头会向下俯，速度随即增大；坡度减小，则相反。可见，转弯的注意力主要应该放在保持坡度上，这是做好转弯的关键。

多数无人机需要方向舵的参与进行协调转弯，可有效地减小转弯半径并减少侧滑。执行对地正射任务的无人机，必须进行无坡度转弯，此时操作方法是向转弯方向压方向舵，同时反打副翼以保证坡度水平。

1. 平飞转弯的操纵方法

转弯前，首先是观察地图，选好退出转弯的检查方向。接着，根据转弯坡度的大小，加油门5%～10%，保持好平飞状态。然后，注视地平仪，协调地向转弯方向压杆扭舵，使无人机形成合适的坡度（如10°）。接近10°时，稳住杆保持好坡度，使无人机均匀稳定地转弯。

转弯中的操纵，主要是保持好合适的坡度。如坡度大，应协调地适当回杆回舵；坡度小，则适当增加压杆扭舵量。机头过高时，应向转弯一侧的斜前方适当推杆并稍扭舵；机头低时，则应适当增加向斜后方的拉杆量并稍回舵。倘若在转弯过程中同时出现两种以上偏差的情况，应当首先修正坡度的偏差，接着修正其他偏差。

转弯后段的操纵，必须注意检查目标方向，判断退出转弯的时机。当无人机轨迹方向离目标方向10°～15°时，注视地平仪，根据接近目标方向的快慢逐渐回杆。

2. 爬升转弯和下降转弯的操纵方法

爬升中的转弯、下降中的转弯操纵方法，与平飞转弯操纵的方法基本一致，但有两点不同。一是爬升转弯节风门为100%。转弯前，应保持好爬升状态；转弯中，注意稳住杆，防止机头上仰，保持好地平仪的位置关系；退出转弯后，保持好爬升状态。二是下降转弯节风门为15%。转弯过程中，应当保持好下降状态。

3. 转弯时应当防止的偏差

转弯过程中操纵不当，一般会造成三种异常状态：进入和退出转弯时，动作不协调，产生侧滑；转弯中，未保持好机头与天地线的位置关系，导致速度增大或减小；转弯后段，未注意观察退出转弯的目标方向，以致退出方向不准确。

四、起落航线飞行

起落航线飞行由建立航线、起飞、着陆目测和着陆等动作组成，也叫五边航线飞行。起落航线飞行的特点是时间短、动作多，各动作之间联系紧密，准确性要求高。起落航线飞行的训练，着陆目测和着陆是重点，必须在模拟器上或通过实物训练系统严格训练，严格要求，切实练好这一科目，为其他的飞行科目打下良好基础。

（一）建立应急航线

无人机的遥控（起落航线）飞行，大都用于应急情况下，所以必须建立应急航线。起落应急航线的飞行是无人机操作手根据机场或应急着陆场位置，操纵无人机沿（应急）规划的航线飞行，并保持规定的高度、速度，以便准确地进行目测和着陆的飞行。

建立应急航线的内容包括：检查飞行平台、发动机、机上设备有无故障状态及油量、电量；着陆或迫降场地、控制方式的选择；飞行操作手、起降操作手的交接时机和起落架、襟翼收放时机的确定。如果条件允许，第一时间飞回本场上空。

（二）航线飞行中的目测与操纵

航线飞行中的目测是飞行操作手根据当时的飞行高度以及无人机与降落地点的距离，进行目视判断，随后操纵无人机沿预定方向向预定的地点（通常为跑道中心）飞行的过程。准确地目测是为了使无人机在预定着陆地点前后有限的一定范围内触地。没有飞到这一范围内就触地的，叫目测低；超过这一范围才触地的，叫目测高。

无人机的目测与有人机相比，不同之处在于两点：一是有人机是从飞机上观察着陆场，无人机是从着陆场观察飞机；二是有人机驾驶员可自行观察仪表参考值，无人机起降操作手通过地面人员通告仪表参考值。

在水平能见度大于1000米时，目测由起降操作手决断；三转弯前，飞机交于起降操作手控制。在水平能见度小于1000米时，目测由飞行操作手决断；四转弯后，飞机交于起降操作手控制。

航线飞行中目测的重点是决断着陆方向和三转弯、四转弯的位置，并注意气象条件的变化，随时调整目测。

（三）三转弯时的目测与操纵

第三转弯的时机、角度、高度，都会影响目测的准确性，因此，必须把第三转弯点安排到跑道外侧（即地面站的另一侧），飞行高度控制在100～150米。

转弯前，注意观察第三、第四转弯之间有无高大障碍物遮蔽视线或通信，同时选择好第四转弯点，作为退出第三转弯的检查目标。判断进入三转弯时机时，应考虑第四边航线长短、航线和着陆标线交叉与无人机纵轴和着陆标志线交叉所造成的影响，并作必要的修正。

三转弯过程中，应保持好飞行状态，适时检查空速、高度。转弯坡度为20°，速度为110千米/时。退出转弯后保持好平飞，并检查高度、速度是否对正预定的第四转弯点，该点与着地点的距离是否适当，跑道上有无障碍物等，观察无人机，判断下滑时机。

当无人机与跑道延长线的夹角为25°～30°时，收油门至合适位置，推杆下滑，保持110千米/时的速度。特别需要注意的是控制好进入第四转弯的高度、位置，判断进入第四转弯的时机。见图4-6。

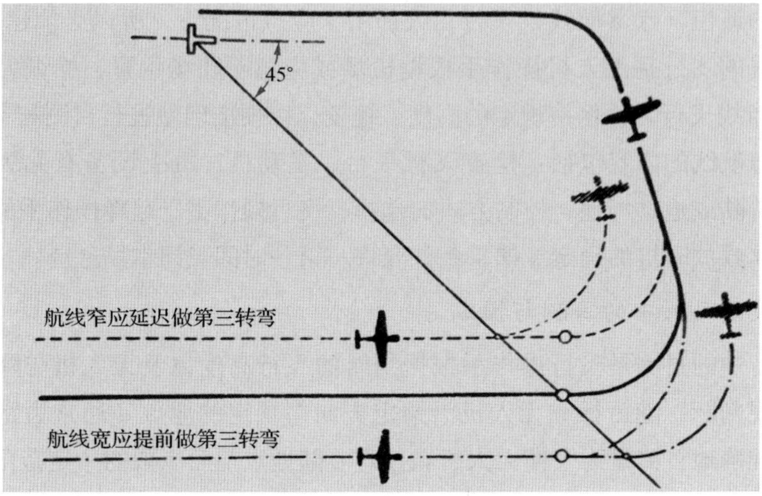

图4-6　三转弯示意图

（四）三转弯后的判断与修正目测的方法

第三转弯后至第四转弯前的飞行中，主要是根据无人机能否对正预定的第四转弯点、保持预定的高度来判断与修正目测。第四转弯点的位置是由第三转弯的时机和角度决定的，第四转弯高度是由下滑时机和动作决定的。

第三转弯后，如高度正常而航迹未对正预定的第四转弯点、靠近或远离着陆点时，表明目测高或目测低，应向航线外侧或内侧转一个角度进行修正。转弯的角度，一般不应超过20°，并应注意其对第四转弯进入时机的影响。

第三转弯后，如无人机的航迹正常，而高度高于150米或低于100米时，转入下滑的时机应提前或延迟。下滑中，如果估计到第四转弯时的高度将高于预定的高度，应及时地收小油门，必要时可收至20%，增大下滑角；反之，应适当地加大油门，减小下滑角，必要时可转为平飞进行修正。待接近预定高度时，再转为正常下滑。

（五）四转弯的目测与操纵

无人机进入四转弯的节点是，无人机与跑道延长线的夹角为10°～15°时，无人机高度为80～100米，速度为110千米/时，坡度正常为20°，最大不超过30°。同时，应考虑到第四转弯的角度，如转弯角度大于90°，应适当提前；否则，适当延迟。见图4-7。

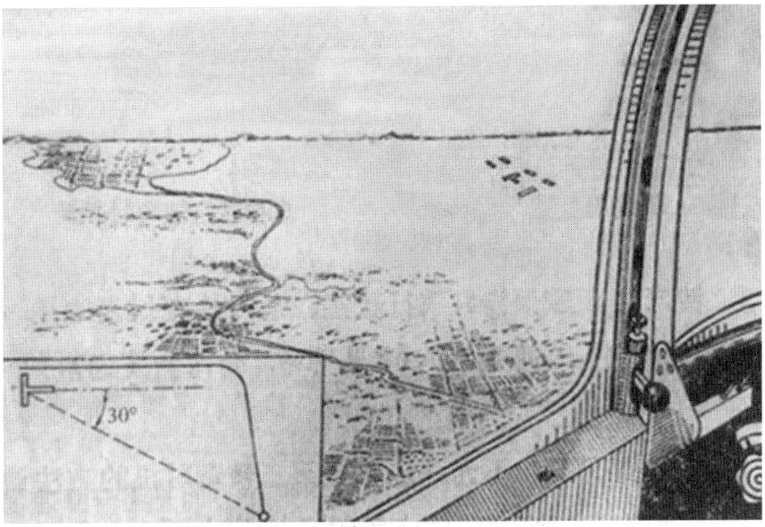

图 4-7 下滑跑道夹角示意图

转弯过程中，应当注意无人机接近跑道延长线的快慢和转弯剩余角（跑道延长线与无人机纵轴的夹角）的减小是否相适应；保持好飞行状态；适时地检查速度、高度，发现偏差及时修正。

进入正常第四转弯后，当转弯剩余角为 25°~30°时，无人机应正好在跑道外侧边线上。如果无人机接近跑道延长线较快，而转弯剩余角减少较慢，表明进入已晚，应立即协调地增大坡度和转弯角速度；反之，则应适当减小坡度，调整转弯半径，以便退出转弯时能对正跑道。

起降操作手做四转弯退出时，退出点的位置应当距着陆点 200 米、高度 30 米；飞行操作手做四转弯退出时，退出点的位置应当距着陆点 500 米、高度 60 米。

退出第四转弯后，由起降操作手控制无人机，飞行操作手在此之前向起降操作手间隔报空速（2 秒 1 次），起降操作手稍推杆，控制住俯仰角，对准下滑点。这时的下滑点位于距着陆点 50 米的跑道中心线上。油门收至 15%，速度保持在 120 千米/时。

当下滑线正常时，应注意检查速度。如速度大，表明目测高，应适当收小油门；反之，则应适当加大油门。加、减油门时，应及时用舵，使无人机不带坡度和侧滑，对正跑道下滑。下滑至 10 米高度时，做好着陆准备，即检查下滑速度，看是否向预定的下滑点下滑，并根据目测判断收怠速油门的时机；检查下滑方向，看是否正对跑道，观察跑道上有无障碍物。见图 4-8。

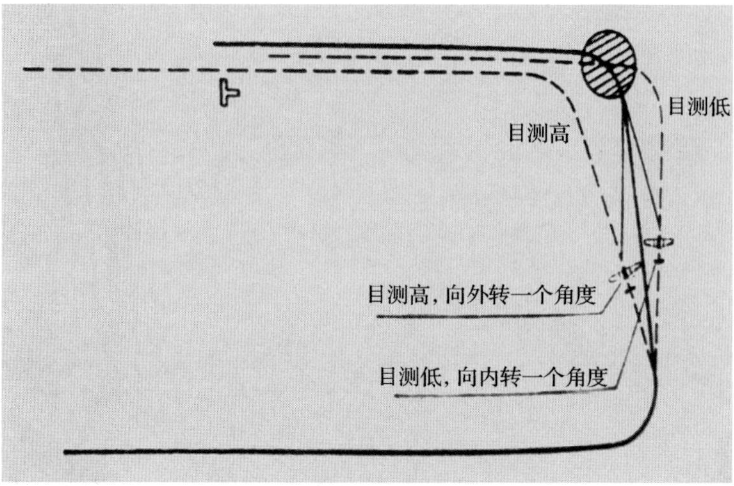

图 4-8　下滑中目测调节示意图

（六）四转弯后判断与修正目测的方法

四转弯后如发现目测稍高或稍低，一般不改变下滑点位置，应适当地收小或加大油门，保持好与当时气象条件相适应的下滑速度，飞向预定下滑点。

目测过低时，应在加大油门的同时，适当增加带杆量（姿态遥控为回杆量），减小下滑角，必要时平飞一段时间。当接近正常下滑线时，再重新对准下滑点，适当收小油门，保持好下滑角和相应的速度，对准预定下滑点下滑。目测过高时，修正方法相反。

修正目测加、收油门的量，主要根据偏差的大小和当时的气象条件。偏差大，加、收油门量相应大一些；反之，则小一些。风速较大或气温低时，如目测低，加油门量相应大一些；如目测高，收油量则不应多。风速小或气温高，则相反。

开始收油门的时机和收油门动作的快慢，以及收怠速油门的时机，应根据当时无人机的实际下滑点和预定下滑点是否一致来确定。收油门的动作应柔和均匀，通常在转入平飘时，将油门收完。

发生实际下滑点在预定下滑点后面，当时的高度低于预定高度，速度小、下沉快，逆风较大等情况时，收油门的时机应适当延迟，收油门的动作应适当减慢，但在主轮接地前应收完。如果实际下滑点在预定下滑点前面，则操纵动作相反。

（七）影响目测的气象因素

影响目测准确性的气象因素，包括风和气温等，做目测时必须引起注意。第三转弯的时机和转弯角度要根据当时的气象情况做必要的调整。转弯后，还要经常检查航迹和飞行高度，发现偏差及时修正。

逆风着陆时，由于风的影响，第三转弯后往往会使无人机逐渐远离着陆点，第四转弯后会使下滑距离和平飘距离缩短，风速愈大，影响愈大。顺风着陆时，情形则相反。

因此，逆风较大时，目测容易低（即提前接地）；顺风着陆时，目测容易高（即推迟接地）。见图 4-9。

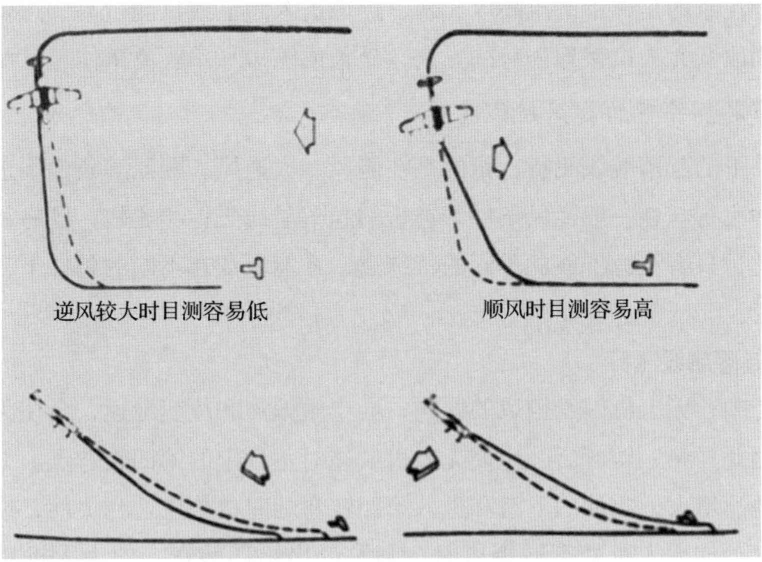

图 4-9 影响目测的气象因素示意图

气温较高时飞行，跑道上空的上升气流明显，会使下滑距离和平飘距离增大，这时的目测容易偏高。气温低时则相反，目测容易低。

下滑方向虽不能直接影响目测的准确性，但当下滑方向偏差较大时，就会分散操作手的精力。另外，修正方向偏差时，也容易带来下滑点、下滑速度的变化，从而造成判断和修正目测的困难。

总之，影响目测的因素来自多方面，气象条件的影响是客观存在的，其他因素则可以通过操作手的主观努力去适应。所以做目测时，必须根据当时的气象情况，控制好第三、第四转弯点的位置和高度；保持好预定的下滑点、下滑速度和下滑方向，准确地使用油门。这样，才能使无人机沿预定的下滑线降落于预定的地点。

（八）下滑方向的判断与修正

四转弯后下滑方向的好坏，不仅影响无人机的着陆方向、着陆动作，而且会影响目测的判断与修正。假设起降操作手的站位在内侧跑道边缘线上，野外起降点跑道宽度为 12 米，无人机翼展为 6 米，这时首先应判断无人机是否在跑道中心线延长线上。如果无人机下滑过程中近侧翼尖距离内侧跑道边缘线的距离始终接近半翼展，则接近跑道中心线。还要检查无人机纵轴是否与着陆方向一致。

如果无人机偏离跑道中心线延长线较大，应当马上压杆压舵，操纵无人机飞向跑道中心线，待无人机接近跑道中心线时，再根据当时交叉角的大小，适当提前压杆压舵，使无人机纵轴与中心线重合。如果无人机在跑道中心线延长线上，只是纵轴与中心线略有交叉，应柔和压舵修正，使无人机纵轴与着陆方向一致。在0.5米以下低空修正方向时，仅使用方向舵，防止坡度过大，翼尖擦地。

需要特别注意的是，下滑至高度3米，仍未进入跑道或目测过高、过低时，应果断复飞。禁止用改变无人机接地姿势的方法，延长或缩短平飘距离来修正目测偏差。

（九）特定条件下的起落航线飞行

特定条件下的起落航线飞行，指的是在侧风、大逆风、顺风等条件下进行的起落航线飞行。这种飞行与在一般逆风条件下进行的起落航线飞行相比较，既有相同点，又有不同点。因此，只有注意了彼此不同的特殊点，才能保证在不同的条件下，正确地进行起落航线飞行。

1. 侧风起落航线飞行

航线飞行中，无人机因受侧风的影响，会产生偏流和改变地速，会使无人机偏离预定的航迹。因此，第三转弯后，应使无人机航迹对正预定的第四转弯点。如无人机处于顺侧风时，地速增大，收油门下滑和进入第四转弯的时机均应适当提前，或适当增大第四转弯的坡度；如无人机处于逆侧风时，则要退出第四转弯，使无人机对正跑道中心线。侧风较大时，也可将无人机位置稍靠近侧风方向的一侧。

下滑及着陆时修正侧风影响的方法有以下两种。一是用侧滑的方法修正，即退出第四转弯后，应根据无人机偏离跑道的状况判明偏流的方向及影响的大小，及时适量地向侧风方向压杆形成坡度，并压反舵制止无人机转弯，使无人机纵轴与着陆标志线平行，当侧滑角与偏流角相适应时，无人机即对正跑道中心线下滑。下滑中，由于各高度上的风向、风速可能不一致，应经常检查下滑方向，及时改变修正量，始终对正跑道中心线下滑。在用侧滑修正时，下降率增大，目测容易低，应适当加油门修正。消除侧滑后，应适当收小油门，防止目测高。着陆时，应根据侧风影响的大小，在拉平中或即将接地时改平坡度，并适当地回舵，使无人机以两点姿势平稳接地。接地后，应及时向侧风反方向压舵，保持好滑跑方向。

二是用侧滑与改变航向相结合的方法修正。修正侧风较大时，往往用此方法修正。采用该方法修正时，退出第四转弯的时机应根据风向适当提前或延迟（左转航线飞行时，跑道右侧风提前，跑道左侧风延迟），以便退出第四转弯后，机头朝向侧风方向的跑道边附近，形成一个航向修正角进行下滑。然后，向侧风方向适当压杆并压反舵，制止无人机转弯，形成一个侧滑角。当航向角和侧滑角与偏流角适应时，无人机即沿着跑道中心线的延长线下滑。若无人机还有偏离跑道中心线的现象，应适当增减侧滑角或航向角，直到无人机不再偏离跑道中心线为止。无人机即将接地时，将坡度改平。接地后，及时向侧风的反方向适当压舵，使无人机纵轴与跑道平行，保持好滑跑方向。

2. 大逆风起落航线飞行

大逆风起落航线的飞行操纵比较复杂，应当在不同飞行阶段及时采取相应的操作方法确保飞行正常安全。

第三转弯时机应适当提前，以便第四转弯点距离降落点比正常略近一些。第三转弯后，适当延迟下滑时机，进入第四转弯的高度应比正常风速时略高。

第四转弯后，地速减小，下滑角增大，下滑点应适当前移，并及时加大油门，保持相应的速度下滑。大逆风飞行时，目测容易低。当速度小时，要适当多加些油门；速度稍大时，收油门量不宜过多。

下滑速度较大，舵面效用较强。这时要认真看好地面，开始拉平的时机应比正常稍晚，拉杆动作应柔和，防止拉平时高度大于0.5米（即拉平高）。

拉平后，速度减小较快，平飘距离缩短。因此，收完油门的时机不要提前，收油门动作更应柔和均匀，以免平飘中无人机下沉过快。

平飘前段，速度较大，无人机下沉较慢，拉杆的动作应柔和，防止拉飘速度减小到一定程度时无人机下沉较快，应根据无人机接近地面的速度快慢，及时适量地拉杆。

平飘中，如果气流不稳，无人机可能产生突然飘起、突然下沉、突然偏转等现象。此时，必须审时度势，沉着地进行修正。

着陆后，速度减小快，刹车不要太早。

3. 顺风起落航线飞行

顺风起落航线飞行与侧风、逆风起落航线飞行的情况大不一样，飞行中各个阶段的操纵方法明显不相同，甚至相反。

进入第三转弯的时机应适当延迟，转弯的角度应适当减小，使第四转弯点距着陆点的距离适当远一些。进入第四转弯的高度应比正常稍低，因此，油门下滑和进入时机应适当提前。

第四转弯后，地速增大，下滑角减小。这时，下滑点应适当后移，下滑速度比正常小一些。调整下滑速度时，加油门量应注意不要多，收油门的时机应适当提前。

下滑速度较小，舵面效用较弱，在拉平过程中，拉杆动作应及时、适量，防止结束拉平时的高度低于0.5米（即拉平低）。

地速较大，平飘距离较长，在平飘过程中，应特别注意判断无人机下沉速度的快慢，柔和地及时拉杆，防止拉飘和跳跃。

着陆滑跑过程中，应及时刹车，以免滑跑距离过长；应注意避开机场边的障碍物，免得与障碍物相撞。

五、着陆

无人机着陆，指的是无人机从一定高度（一般为10米）下滑，并降落于地面直至滑跑停止的运动过程。无人机着陆分为四个阶段：下滑、拉平、平飘接地和着陆滑跑。

（一）着陆的一般操纵方法

一般情况下的无人机着陆的操纵方法是：无人机下滑至高度 10 米（应凭目测判断，根据无人机翼展估测），保持好下滑角，判断无人机的高度和接近地面的速度快慢，以便及时地进行拉平。姿态遥控下的拉平是将升降速度控制为 0。

下滑至高度 3 米，开始拉平。根据无人机离地的高度、下沉的快慢和无人机状态，相应地柔和拉杆（姿态遥控为回杆再拉杆），使无人机随着高度的降低逐渐减小俯角和下降率；在 0.5 米高度上转入平飘。

无人机转入平飘（不下沉也不飘起）后应稳住杆，判明离地高度。根据无人机下沉的快慢、仰角的大小和即时的高度，相应地继续柔和拉杆。

平飘前段速度较大，下沉较慢，拉杆量应小一些。平飘后段速度较慢，下沉较快，拉杆量应适当增大。同时，随着无人机的下沉，相应地增大仰角，在 0.2 米的高度上，拉成正常两点姿势。

平飘过程中，仍注意检查与保持好飞行方向，并使无人机不带坡度和产生侧滑。

无人机在 0.2 米的高度上成两点接地姿势后，应随着无人机的下沉继续柔和地拉杆，保持住两点姿势，使主轮轻轻接地（此时无人机速度控制在 80～90 千米/时，接地的瞬间，由于地面对主轮的反作用力和摩擦力对无人机重心形成下俯力矩，因此必须稳住杆，以保持接地时两点姿势不变。无人机进入两点滑跑后，仍应稳住杆，控制方向舵保持滑跑方向，同时起降操作手报接地信息。随着速度的减小，机头自然下俯，待前轮接地后，将升降舵推过中立位置。

着陆滑跑后段，不仅要继续稳住方向舵，还应做微量修正，以保证无人机沿中心线滑行，在速度小于 40 千米/时后刹车。

（二）着落中的地面观察、油门把控、飞机拉平

着陆是无人机起落航线飞行中的最重要一环。要做好着陆，就应当正确地观察地面关系，掌握好收油门动作，准确地把无人机拉平。

1. 正确地观察地面关系

正确地观察地面关系是做好着陆的基础。着陆时，无人机高度、速度、状态、下降率等随时都在变化，只有正确地观察地面关系，才能判明这些变化的情况，相应地操纵杆舵，做好着陆。

观察地面关系，为的是判断高度、下沉情况、飞行状态和运动的方向，同时了解速度和目测的情况，以便准确地操纵飞机着陆。但着陆的各个阶段的注意力应各有侧重，并兼顾其他。下滑至高度 10 米时，着重判断无人机离地的高度和接近地面的快慢，确定开始拉平的时机。拉平过程中，着重注意高度的降低和下降率的减小是否适应。平飘

时，着重注意无人机离地的高度和下沉情况，后段还要适当注意无人机俯仰姿态。如果拉平前飞行方向与跑道有交叉，则应在判断开始拉平时机的同时，还要修正好方向，以便既不延误开始拉平的时机，又能修正好方向的偏差，从而做好着陆。

初学飞行的，每次着陆都要按照规定的要求观察地面关系，切忌乱变，只有这样，才能形成正确反射。要深刻理解观察地面关系的意义，熟练掌握判断方法。起降操作手站姿要端正，将外部控制盒放于腰部高度，不要抱于胸前。

2. 掌握好收油门的动作

着陆收油门动作的基本要领是：适时、柔和而均匀。掌握好收油门的这些动作要领是做好着陆的重要条件，这既是为了准确地做好目测，也是为了逐渐降低飞行速度，配合拉平动作使无人机以正常的速度和状态转为平飘。收油门过早、过粗，速度降低快，使拉平时的速度小，无人机下沉快，容易拉平低或者进入平飘时仰角较大；反之，容易拉平高、拉飘或者平飘仰角较小。这些动作均不利于正常着陆。

实践证明，收油门必须注意做到以下三点：

（1）在目测正常的情况下，收油门时机早一些比较主动，可以慢慢地收，也可停一停再收。收晚了势必造成动作粗而影响着陆动作。

（2）收油门的过程拉长一些为好，因为拉长了可以使动作柔和、速度小而均匀，有利于无人机着陆。

（3）收完油门的时机要准确，保证无人机以正常速度和正常状态转为平飘。目测正常时，通常是在结束拉平时收完油门。

3. 准确地把飞机拉平

着陆的关键动作是准确地把飞机拉平，只要掌握了拉平动作，整个着陆就比较容易学会了，而且这对保证飞行安全也极为重要。

无人机开始拉平的时机和拉杆（姿态遥控为回杆再拉杆）动作的快慢与分量，直接影响正常拉平轨迹和无人机转入平飘的高度。开始拉平的时机是根据当时无人机俯角的大小和下降的快慢而定。无人机以正常的下滑角下滑时，下滑至 3 米高度时应开始拉平，使无人机随着高度的降低逐渐减小下滑角，在 0.5 米的高度上平飘。如果拉平前无人机的俯角大、下降快，开始拉平的时机应稍早一些；反之，开始拉平的时机应稍晚一些。

在拉平的过程中，拉杆的快慢和分量，必须与当时无人机的离地高度、下降快慢和飞行状态相适应。下降快，拉杆亦应快一些；反之，则慢一些。如果高度高于 0.5 米较多，无人机就要转入平飘，即应暂停拉杆；反之，即将接近 0.5 米高度，无人机下降仍较快，则应适当多拉一点，其目的都是使无人机下降至 0.5 米高度时转为平飘。总而言之，必须按照实际情况，主动地、有预见性地、机动灵活地去操纵无人机，才能做好着陆。

（三）着陆偏差的修正方法

在无人机着陆操控的过程中，错误、偏差是难免的。鉴于此，了解产生偏差的原因，熟练地掌握着陆偏差的修正方法，则显得尤为重要，它是关系到着陆安全的大事。

1. 着陆偏差产生的主要原因

长期的无人机着陆情况分析研究表明，产生着陆偏差的原因是多方面的。一是精神过分紧张，对着陆存有顾虑，因而注意力分配不当，操纵动作犹豫不适量。二是着陆条件不好。例如，目测高容易拉平高；目测低、速度小容易拉平低或跳跃；油门没有收完、速度大容易拉平高或拉飘；下滑方向不好，易分散察看地面的精力，造成着陆偏差。三是转移视线看地面的时机、角度、距离不固定或不正确。四是机械拉杆、粗猛拉杆等其他原因造成着陆偏差。

2. 着陆偏差的修正方法

一旦出现着陆偏差，必须看好地面，判明离地高度、下沉快慢、无人机状态，遵守操纵规则，沉着果断地修正。各种着陆偏差修正的具体方法，因情而异。

拉平低的修正方法：拉平低指的是无人机结束拉平时的高度低于 0.5 米。拉平过程中一旦发现有拉平低的趋势时，应适当地增大拉杆量，使无人机在 0.5 米高度转入平飘。如果拉杆动作较快、量较大，无人机在刚转入平飘时则有向上飘起的风险，应注意防止。

虽然拉平低，但高度在 0.3 米以上时，可按正常方法着陆。如果高度在 0.3 米以下，应特别注意准确地判断高度和无人机下沉情况，随机应变。当无人机有下沉趋势时，在不使无人机飘起的情况下，及时适量地拉杆增大仰角，使无人机以正常两点姿势接地。如果无人机下沉较快，以较小的两点姿势接地时，应注意稍拉住杆，保持住两点姿势，防止前轮撞地。但也要防止接地时拉杆过量而跳跃。

如结束拉杆过低而速度较大时，应适当地多拉一点杆，避免三点接地。如果已经三点接地，应及时稳住杆，避免无人机跳起。

拉平高的修正方法：拉平高指的是无人机结束拉平时高度大于 0.5 米。拉平过程中一旦发现有拉高的趋势，应迅速停止拉杆或减小拉杆量，让无人机下沉。然后，根据无人机离地的高度、下沉的快慢和俯仰状态，柔和、均匀地拉杆，使无人机在 0.5 米高度上转为平飘。

如果无人机在拉平高时随即下沉，应当稳住杆，待无人机下沉到 0.5 米时，再柔和拉杆，做正常着陆；如果无人机不下沉，应当稍松杆，且注意收完油门，待到无人机缓慢下沉到 0.5 米时再做正常着陆。

如果拉平高度在 3 米以上，又未能及时修正，应当进行复飞。

拉飘的修正方法：拉飘指的是在拉平或平飘过程中，无人机向上飘起的现象。一旦

一个抬头力矩，使无人机抬头，经过短时间的上下摇摆，也可使无人机恢复到原来的飞行状态。

无人机的重心位置对纵向稳定性也有较大的影响。重心靠后的无人机，其纵向稳定性要比重心靠前的差。其原因是重心与焦点距离小，攻角改变时产生的附加力矩减小。对于重心靠后的无人机，当无人机受扰动而增大攻角时，机翼产生的附加升力使机头上仰，攻角进一步增大，形成不稳定力矩。这时主要靠水平尾翼的附加升力使机头下俯，攻角减小，保证无人机的纵向稳定性。

（二）方向稳定性

无人机的方向稳定性是指无人机绕立轴的稳定性。无人机的方向稳定力矩是在侧滑中产生的。所谓侧滑，是指无人机的对称面与相对气流方向不一致的飞行。它是一种既向前又向侧方的运动。无人机带有侧滑时，空气从无人机侧方吹来。这时，相对气流方向与无人机对称面之间的夹角称为“侧滑角”，也称“偏航角”。对无人机方向稳定性影响最大的是垂直尾翼，另外，无人机机身的侧面迎风面积也起相当大的作用，其他如机翼的后掠角、发动机短舱等也有一定的影响。当无人机稳定飞行时，不存在偏航角，处于平衡状态。如果有一阵风突然吹来，使机头向右偏（此时，相对气流从左前方吹来，称为左侧滑），便有了偏航角。阵风消除后，由于惯性作用，无人机仍然保持原来的方向，向前冲一段距离。这时相对风吹到偏斜的垂直尾翼上，产生一个向右的附加力。这个力便绕无人机重心产生一个向左的恢复力矩，使机头向左偏转。经过一阵短时间的摇摆，消除偏航角，无人机恢复到原来的平衡飞行状态。同样，当无人机出现右侧滑时，就形成使无人机向右偏转的方向稳定力矩。可见，只要有侧滑，无人机就会产生方向稳定力矩，而方向稳定力矩总是要使无人机消除偏航角。

（三）侧向稳定性

无人机的侧向稳定性是指无人机绕纵轴的稳定性。处于稳定飞行状态的无人机，如果有一个小的外力干扰，使机翼一边高一边低，则无人机绕纵轴发生倾侧。当外力消失后，无人机靠自身产生一个恢复力矩，而不靠驾驶员的帮助，自动恢复到原来的飞行状态，这时这架无人机就是侧向稳定的；否则就是侧向不稳定。保证无人机侧向稳定性的因素主要有机翼的上反角和后掠角。先来看上反角的侧向稳定作用。当无人机稳定飞行时，如果有一阵风吹到无人机左翼上，使左翼抬起，右翼下沉，无人机绕纵轴发生倾侧，这时无人机的升力也随着倾侧。而升力原来是同无人机重力同处于一条直线上而且彼此相等的。升力倾侧后与重力构成一个合力，使无人机沿着合力的方向向右下方滑过去，这种飞行动作就是“侧滑”。

无人机侧滑后，相对气流从与侧滑相反的方向吹来。吹到机翼上以后，由于机翼上反角的作用，相对风速与下沉的那只机翼（这里是右翼）之间所形成的攻角，要大于上扬的那只机翼的攻角。因此，前者产生的升力也大于后者的升力。这两个升力之差，对无人机重心产生了一个恢复力矩，经过短时间的左右倾侧摇摆，就会使无人机恢复到原来的飞行状态。上反角越大，无人机的侧向稳定性就越好；相反，下反角则起侧向不稳定的作用。现代无人机机翼的上反角为7°～－10°。负上反角就是下反角。

机翼的后掠角能够起到侧向稳定作用。一架后掠角机翼（无上反角）的无人机原来处于稳定飞行状态，当阵风从下向上吹到左机翼上时，破坏了稳定飞行，无人机左机翼上扬，右机翼下沉，机翼侧倾，升力也随着侧倾而与无人机重力构成合力。无人机便沿着合力所指的方向发生侧滑。阵风消失后，无人机沿侧滑方向飞行。这时沿侧滑方向吹来的相对气流，吹到两边机翼上，由于后掠角而产生不同的效果。作用到两边机翼上的相对风速虽然相同，但由于后掠角的存在，作用到前面的机翼（这里是右翼）上的垂直分速，大于作用到落后的那只机翼上的垂直分速。而这两个分速是产生升力的有效速度。另外两个平行于机翼前缘的分速对于产生升力不起什么作用，可不加考虑。既然作用到前面的机翼上的垂直分速大于作用到落后的机翼上的垂直分速，所以下沉的那只机翼上的升力要大于上扬的机翼上的升力。二者之差构成恢复力矩，它正好使机翼向原来的位置转过去。这样经过短暂时间的摇摆，无人机最后便恢复到原来的稳定飞行状态。机翼的后掠角越大，恢复力矩也越大，侧向稳定的作用也就越强。如果后掠角太大，就可能导致侧向过分稳定，因而采用下反角就有必要了。

保证无人机的侧向稳定作用，除了机翼上反角和后掠角两项重要因素外，还有机翼和机身的相对位置。上单翼起侧向稳定作用，而下单翼则起侧向不稳定的作用。此外，无人机的展弦比和垂直尾翼对侧向稳定性也有一定的影响。无人机的侧向稳定性和方向稳定性，是紧密联系并互为影响的，二者合起来称为无人机的“横侧稳定”。二者必须适当地配合，过分稳定和过分不稳定都对飞行不利。同时，二者配合得不好，如方向稳定性远远地超过侧向稳定性，或者相反，都会使得横侧稳定性不好，甚至使无人机陷入不利的飞行状态。

二、无人机的操纵性

无人机的操纵性是指无人机在驾驶员操纵的情况下，改变其飞行姿态的特性。无人机在空中的操纵是通过三个操纵面——升降舵、方向舵和副翼来进行的。转动这三个操纵面，在气流的作用下，就会对无人机产生操纵力矩，使其绕横轴、立轴和纵轴转动，从而改变无人机的飞行姿态。

（一）无人机的纵向操纵

无人机的纵向操纵是指控制无人机绕横轴的俯仰运动。它是通过向前或向后推拉驾驶杆，使升降舵向下或向上偏转来实现的。现代无人机升降舵的偏转角度在正15°到负

30°之间（升降舵向下偏转时的角度规定为正值）。大型运输机的偏转角要小一些，一般在正 15°到负 20°之间。

（二）无人机的方向操纵

无人机的方向操纵是指无人机绕立轴的偏航运动。驾驶员通过操纵方向舵来进行无人机的方向操纵。无人机方向舵一般可以向左或向右偏转 30°。

（三）无人机的侧向操纵

无人机的侧向操纵是指无人机绕纵轴的滚转运动。驾驶员通过向左或向右操纵驾驶杆（盘）来进行无人机的侧向操纵。无人机的侧向操纵与纵向或方向操纵有一点不同，即副翼有两片，并且转动方向是相反的，一片副翼向上偏转，另一片副翼则向下偏转。由此产生的附加力，对无人机重心产生一个滚转力矩，便可使无人机绕纵轴倾侧。当无人机处于平衡飞行状态时，作用在无人机上的外力和外力矩都是互相平衡的。如果驾驶员要使无人机向左倾侧，可把驾驶杆向左摆动，这时右边的副翼与相对气流之间的夹角（攻角）增大，所以右机翼上的升力也增大；而向上偏转的左副翼与相对气流之间的夹角（攻角）减小，所以左机翼上的升力也减小。于是，两个升力之差，对无人机重心构成了一个滚转力矩，使无人机向左倾侧。如果驾驶员向左摆动驾驶杆，就会产生相反的结果，使无人机向右倾侧。现代无人机的副翼向上偏转为 20°到 25°（规定为负值），向下偏转为 10°到 15°（规定为正值）。

（四）荷兰滚的操纵

如果垂尾面积太小，且机翼上反角较大，就会发生荷兰滚和侧向震荡。无人机如果受到侧风的干扰，就会有侧滑趋势。上反角做出的响应，使无人机滚转来阻止侧滑，抬高了“朝向侧滑一边”的机翼。然而，如果垂尾过小，则机身会有侧面对着气流的趋势。因此，最初的小侧滑转化为偏航，使侧滑加大，同时伴随着滚转，直到机翼几乎被滚转到垂直位置。此后，上反角使机翼朝相反方向滚转，机身试图转向新的侧滑方向，于是无人机陷入剧烈的从一侧到另一侧的滚转加偏航的耦合振荡，垂尾以一定弧度猛烈摆动。解决方法是增大垂尾面积或者减少上反角，或两者同时进行。具有足够垂尾效率的无人机在偏航时进入侧滑，被称为风标稳定性。对于稳定的无人机来说，上反角对侧滑机翼的抬升作用就不是很显著了。无人机受侧风干扰时会适度地向风向侧滑，并伴随轻微滚转。因此侧向振荡稳定的必要条件是大垂尾、小上反角。

但是，上述操纵的结果，可能会导致与荷兰滚相反的不稳定，即尾旋不稳定，必须对此保持警惕。如果垂尾面积相对上反角过大，就会发生此类情况。开始的小侧滑产生较强的风标偏航，上反角很小，产生很小或者是根本不产生阻止滚转的力，偏航的内侧机翼空速减小使机翼下沉。采用方向舵控制使飞行器偏航时，会产生类似的影响。对于尾旋不稳定的飞行器，由偏航所导致的机翼下沉足以加剧侧滑。而后垂尾尝试使飞行器产生风标运动，机翼再次下沉，继续侧滑，由于倾斜角增大，飞行器进入尾旋旋转。随着倾斜角增大，相对地面的偏航在低头方向上加剧，尾旋滚转在空速增加时变为尾旋俯冲，倾斜角接近垂直，机翼上的惯性载荷成倍增加，以至于即使飞行器还没有撞地，机翼或尾翼也可能已被破坏。

这里需要说明的是松杆和握杆的稳定性。松杆稳定性是无人机设计的技巧，即使没有驾驶员时，无人机至少在短时间内也可自行飞行，这样可以使电量消耗最小。而一般而言，无人机操纵面通常是固定的，即通过伺服舵机、操纵连杆或操纵线将其限定在某些位置上。这类似于有人机的握杆，其操纵面能动，但只是对操纵指令做出反应而已。

（五）无人旋翼机的飞行操纵

1. 旋翼机的类别和直升机飞行的特点

旋翼机可分为两类。一类是需要滑跑起飞的，这种比较简单，大多数旋翼机属于这一类。另一类是可垂直起飞的，其起飞方法有三种：第一种是带动力驱动它的旋翼；第二种是用预转旋翼并使其达到正常飞行转速的一定倍数，然后突然脱开离合器，同时使旋翼桨叶变距而得到较大的升力跳跃起飞；第三种则是由旋翼翼尖小火箭驱动旋翼旋转而提供升力来实现垂直起飞，这种垂直起飞的过程，一般是由自动程序控制来完成的。

直升机飞行的特点是，能垂直起降，对起降场地要求较低；能在空中悬停，即使直升机的发动机空中停止时，驾驶员也可通过操纵旋翼使其自转，仍可产生一定升力，减缓下降趋势；可以沿任意方向飞行，但飞行速度较低，航程相对来说也较短。

2. 直升机旋翼的工作原理

直升机旋翼绕旋翼转轴（图 4-10）旋转时，每个叶片的工作类同于一个机翼。旋翼的截面形状是一个翼型，翼型弦线与垂直于桨毂旋转轴平面之间的夹角称为桨叶的安装角，有时简称安装角或桨距。各片桨叶的桨距的平均值称为旋翼的总距。驾驶员通过直升机的操纵系统可以改变旋翼的总距和各片桨叶的桨距，根据不同的飞行状态，总距的变化范围为 $2^\circ \sim 14^\circ$。

气流与翼弦之间的夹角即为该剖面的迎角。显然，沿半径方向每段叶片上产生的空气动力在桨轴方向上的分量将提供悬停时需要的升力，在旋转平面上的分量产生的阻力将由发动机所提供的功率来克服。旋翼旋转时将产生一个反作用力矩，使直升机机身向旋翼旋转的反方向旋转。前面提到过，为了克服飞行力矩，产生了多种不同的结构形式，如单桨式、共轴式、横列式、纵列式、多桨式等。对于最常见的单桨式，需要靠尾桨旋转产生的拉力来平衡反作用力矩，维持机头的方向。使用脚蹬来调节尾桨的桨距，使尾桨拉力变大或变小，从而改变平衡力矩的大小，实现直升机机头转向（转弯）操纵。

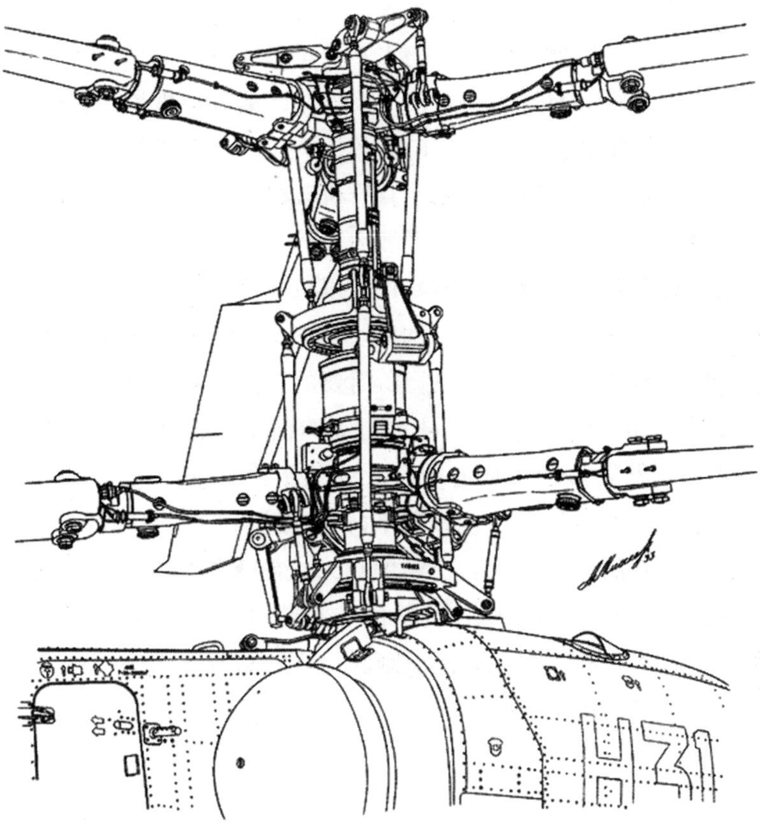

图 4-10 旋翼轴

3. 直升无人机旋翼的操纵

直升无人机的飞行控制与其他无人机的飞行控制不同，直升机的飞行控制是通过直升机旋翼的倾斜实现的。直升机的控制可分为垂直控制、方向控制、横向控制和纵向控制等，而控制的方式都是通过旋翼实现的，具体来说就是通过旋翼桨毂朝相应的方向倾斜，从而产生并不断提升该方向上的升力水平分量以达到控制飞行方向的目的。

直升机体放在地面时，旋翼受其本身重力作用而下垂。发动机启动后，旋翼开始旋转，桨叶向上抬，直观地看，形成一个倒立的锥体，称为旋翼锥体，同时在桨叶上产生向上的升力。随着旋翼转速的增加，升力逐渐增大。当升力超过重力时，直升机即铅垂上升；若升力与重力平衡，则悬停于空中；若升力小于重力，则向下降落。

旋转旋翼桨叶所产生的拉力和需要克服阻力产生的阻力力矩的大小，不仅取决于旋翼的转速，而且取决于桨叶的桨距。从原理上讲，调节转速和桨距都可以调节拉力的大小。但是旋翼转速取决于发动机（通常用的是涡轮轴发动机或活塞式发动机）主轴转速；而发动机转速有一个最有利的值，在这个转速附近工作时，发动机效率高，寿命长。因此，拉力的改变主要靠调节桨叶桨距来实现。但是，桨距变化将引起阻力力矩变化，所以，在调节桨距的同时还要调节发动机油门，保持转速尽量靠近最有利转速工作。

直升机的平飞依靠升力倾斜所产生的水平分量来实现。例如，欲向前飞，需将驾驶杆向前推，经过操纵系统，自动倾斜器使旋翼各桨叶的桨距做周期性变化，从而改变旋翼的拉力方向，使旋翼锥体前倾，产生向前的拉力，将直升机拉向前方。

直升机的方向是靠尾桨控制的。欲使直升机改变方向，则需踩脚蹬，改变尾桨的桨距，使尾桨拉力变大或变小，从而改变平衡力矩的大小，实现机头指向的操纵。通过与操纵系统的连接，旋翼叶片的桨距调节变化可以按两种方式进行。第一种方式是各叶片同时增大或减小桨距（简称总距操纵，驾驶员通过总距操纵杆来操纵控制），从而产生直升机起飞、悬停、垂直上升或下降飞行所需要的拉力。第二种方式是周期性调节各个叶片的桨距（简称周期性桨距操纵）。比如打算向前飞，就将驾驶杆向前推，推动旋转斜盘（也称自动斜倾器）倾斜，使各个叶片的桨距做周期变化。每个叶片转到前进方向时，它的桨距减小，产生的拉力也跟着下降，该桨叶向上挥舞的高度也减小；反之，当叶片转到后方时，它的桨距增大，产生的拉力也跟着增加，向上挥舞的高度也增大。结果，各个叶片梢（叶端）运动轨迹构成的叶端轨迹平面或旋翼锥体，将向飞行前进方向倾斜，旋翼产生的总拉力也跟着向前倾斜，旋翼总拉力的一个分量就成为向前飞行的拉力，使无人机能够向前飞行。

第五章

无人机的应用

无人机的应用是以无人机作为空中作业平台来实现其在各方面用途的运行活动，与传统的航空、航天遥感平台相比较，无人机具有六大优势。一是获取数据成本低。无人机的运行成本大大低于卫星和载人飞机，其对场地、购置和人员的技术要求也比载人飞机低得多，且日常维护简单，因此数据的获取成本大大降低。二是数据精度高。由于无人机飞行高度低，可获取的影像拥有较高的图像分辨率。高分辨率航片影像，可使得在较小空间尺度上观察地表的细节变化、进行大比例尺制图以及监测人为活动对环境的影响成为现实。三是安全作业保障能力强。无人机采用自主和地面遥控作业方式，可进入高危地区开展工作，规避了飞行人员和地面人员的安全风险。四是具备快速应急响应能力。无人机体积小、质量轻、操作方便、易于转场，起飞和降落受场地限制较小，在操场、公路、公园均可起降，能在短时间内迅速升空，实现数据的快速获取。五是能够云下获取数据。无人机可在云下飞行，弥补了卫星光学遥感受云层遮挡时无法获取影像的缺陷，能在多云的天气条件下开展工作。六是可实现大区域、长航时及定点定区域监测。在设定航点飞行完毕后，可实时上传新航点，保证系统连续不间断地工作，免去降落后再次输入区域监测航点的操作。

正是因为无人机在相关行业、部门中的应用具有多方面的独特优势，所以近年来，无人机已在军事领域以外的航空拍摄、农业植保、环境监测监察、公共安全保护等众多民用领域逐渐得到推广运用。未来，随着社会经济和科学技术的不断发展，无人机的应用范围会越来越广泛，无人机行业的前景无限美好。

第一节　无人机应用的范围

无人机问世近百年来，随着相关技术的不断发展，其应用范围不断拓展。从军用、民用到警用，从武器装备、经济建设到公共安全，无人机的应用领域日趋扩大，政府、工商业、农林业以及广大民众都已成为无人机的用户。社会各界与日俱增的需求，引领着无人机行业的蓬勃发展。

一、无人机在军队中的应用

军用无人机作战是影响战争进程的重要力量，其建设发展大致经历了靶机、无人侦察机、一次性攻击无人机、察打一体无人机和无人作战部队等六个阶段，可完成情报侦察、中继通信、电子对抗、防空、制空、精确打击等多种任务，已经成为影响作战进程的重要力量。

军队中的无人机应用，主要集中在空中侦察、定点清除、反恐探察、察打一体、AI无人机集群、无人机部（分）队等六个方面。

（一）空中侦察

最早的无人机在军事上是作为射击训练的靶机，后来才用于空中侦察敌情和情报。20世纪60年代，我国就击落过美国数架隶属于战略空军司令部的“火蜂”式无人侦察机，自此，我国也开始了无人机的研制。现在进入我军服役的新型无人侦察机WZ-5型、CH-1型，安装有全球定位系统和惯性导航系统，携带光学、电视、红外摄像机等设备。隐形无人侦察机是最新产品。先进的国外无人侦察机有美国的全球鹰无人侦察机（图5-1），以色列的搜索者无人侦察机（图5-2），英国的不死鸟无人侦察机（图5-3），法德合作的月神（LUNA）近程无人侦察机等。

图5-1　全球鹰无人机

图5-2　搜索者无人机

图5-3　不死鸟无人机

（二）定点清除

无人机具有安全实用、价廉物美、无人员伤亡风险等优势，深受军界的欢迎。近年来，无人机用于“定点清除”敌方重要人物的军事行动已屡见不鲜，人们将其称为“无人机战争”。2015 年以来，英美在打击极端组织以及其他军事行动中，越来越多地使用无人机袭击目标人物（即“定点清除”）。2020 年 1 月 3 日，美军“定点清除”伊朗伊斯兰革命卫队下属的“圣城旅”指挥官苏莱曼尼就是一个典型的例子，由此引发美伊紧张局势骤然升级，差点发生两国战争。

（三）反恐探察

一个时期以来，各种恐怖组织严重危害世界和平。据此，各国已经达成统一认识，共同采取行动打击恐怖分子。

对于反恐部队来说，最令人头疼的就是城市巷战，陌生的街道、环伺的建筑物内的“冷枪”随时可能夺人性命。为此，无人机已成为反恐武器装备。美国国防高级研究计划局正在开发“轻量快速自主”（FLA）无人机，可对建筑物内的楼梯、走廊及障碍物进行全方位搜索。这种智能自主无人机只有昆虫般大小，在不依赖 GPS 的协助以及与外界人工操控、通信设备联系的情况下，能够以 20 米/秒的飞行速度通过洞口并在复杂的室内自由穿梭，为反恐行动提供侦察。md4 系列工业级四旋翼无人机系统，作为我国武警部队的标准侦察无人机装备，已经列装到两个国家级武警反恐部队及全国所有武警省总队和机动师。

（四）察打一体

无人机的崛起不仅改变了现代战争的形态，也开辟了全新的军事竞争领域。在地缘冲突频发的今天，无人机的应用范围从小型侦察到“蜂群”攻击，甚至延伸至水下、太空等复杂领域，展现出无与伦比的战术优势。

近年来，无人机在世界各国的军事行动中表现出色，尤其是在俄乌冲突等热点地区。以“卡古”和“弹簧刀”为代表的中小型无人机，凭借其灵活、低成本的优势，成为战场上的“多面手”。在俄乌战场上，无人机不仅是侦察工具，更是一把“精准手术刀”。例如，乌克兰军队利用无人机实时侦察俄方阵地，然后引导火炮或导弹进行精确打击。这种方式不仅大幅提升了作战效率，还降低了误伤风险。

更令人震撼的是“蜂群”无人机系统的出现。“蜂群”无人机系统即通过多架无人机协同作战，形成密集的攻击梯队，“蜂群”战术让敌方防御体系难以招架。例如，一架无人机负责吸引敌方火力，其他无人机则从不同方向发起突袭，这种战术极大地提高了攻击的成功率。随着技术的进步，无人机的战术应用范围也在不断拓展。特别是人工智能的引入，让无人机在自主决策和任务执行方面的能力得到了质的提升。以“弹簧刀”巡飞弹为例，它不仅可以执行侦察任务，还能在发现敌方目标后自主发动攻击。这种“察打一体”的能力，使其成为战场上不可或缺的多面手。

而在水下领域，美国、俄罗斯等国也在积极推进无人潜航器的研发，如美国的“虎鲸”超大无人潜航器，能够执行侦察、反潜甚至攻击任务，进一步拓展了无人机的应用场景。

（五）AI 无人机集群

AI 技术与无人机的结合，堪称天作之合，为现代战争带来了全新的作战模式和强大的战斗力。

从原理上讲，AI 技术赋予了无人机“智慧的大脑”。通过深度学习算法，无人机能够对大量的战场数据进行快速分析和处理，从而实现自主决策。它们可以根据实时的战场态势，如敌方的防空部署、地形地貌等因素，自主规划出最佳的飞行路线和作战策略。

在协同作战方面，AI 无人机集群更是展现出了无与伦比的优势。每架无人机都像是一个紧密协作的团队成员，它们之间通过先进的数据链进行实时通信和信息共享。在执行任务时，无人机集群能够实现高度的协同。例如，在侦察任务中，不同的无人机可以分别负责不同区域的搜索，然后将收集到的情报汇总，形成全面的战场态势图；在攻击任务中，它们可以根据目标的特点和防御情况，合理分配攻击力量，有的负责吸引敌方火力，有的则负责实施精确打击，从而大大提高作战效率。

在侦察与监视方面，AI 无人机集群堪称“战场上的千里眼”。它们能够凭借先进的传感器和 AI 图像识别技术，对目标区域进行全方位、多角度的侦察。在一次 72 架次 AI 无人机实战表演中，部分无人机承担了侦察任务。它们在目标区域上空盘旋，利用高清摄像头和热成像仪等设备，将地面的军事设施、兵力部署等信息清晰地捕捉下来，并通过高速数据链实时传输回指挥中心。这些无人机就像一群不知疲倦的侦察兵，能够在短时间内获取大量的情报，为作战决策提供坚实的数据支持。与传统的侦察手段相比，AI 无人机集群具有更高的效率和更低的风险。传统的有人侦察机需要飞行员驾驶，存在被敌方击落的风险，而且侦察范围和时间也受到限制。而 AI 无人机集群可以在不危及人员生命的情况下，长时间、大范围地执行侦察任务，大大提高了情报获取的准确性和及时性。

在干扰与压制方面，AI 无人机集群则是“敌方电子设备的噩梦”。一些装备了电子战设备的无人机，能够对敌方的雷达、通信系统等进行干扰和压制。在实战中，它们可以通过发射强大的电磁信号，使敌方的雷达屏幕上出现雪花，无法正常探测目标；或者干扰敌方的通信频道，让其指挥系统陷入混乱。通过这种方式，AI 无人机集群能够有效地削弱敌方的战斗力，为己方的作战行动创造有利条件。在一场模拟对抗中，AI 无人机集群对敌方的防空雷达进行了干扰，使得敌方的防空系统在关键时刻失去了作用，为己方的攻击机群开辟了一条安全的通道。

在攻击与打击方面，AI 无人机集群更是“精确打击的利刃”。它们可以携带各种精确制导武器，如空地导弹、炸弹等，对敌方的重要目标进行精确打击。在一次实战表演中，部分无人机成功地对预定目标实施了攻击。它们根据侦察无人机提供的情报，精准地锁定目标，然后迅速发射武器，对目标进行了毁灭性的打击。由于 AI 无人机集群具备自主决策和协同作战的能力，所以它们能够在复杂的战场环境中，灵活地调整攻击策略，避开敌方的防空火力，提高攻击的成功率。而且，众多架无人机同时攻击，可以形成饱和攻击态势，让敌方的防空系统无法应对。

在防御方面，AI 无人机集群也给传统的防空系统带来了前所未有的挑战。AI 无人机集群可以通过灵活的机动和智能的协同，避开防空系统的探测范围，或者通过饱和攻击的方式，使防空系统的防御能力达到极限，从而突破其防线。

在功能方面，AI 无人机集群也将不断升级。未来的无人机将具备更强的自主学习能力，能够在瞬息万变的战场环境中，快速适应新情况，作出更加精准的决策。它们可能会配备更先进的武器系统和传感器，实现对目标的超远距离侦察和精确打击。同时，无人机之间的协同能力也将进一步提升，它们能够实现更加紧密的配合，形成高度智能化的作战整体。

AI 无人机集群的应用场景也将得到极大的拓展。除了传统的军事作战领域，它还将在国土防御、反恐维稳、海上巡逻等多个领域发挥重要作用。在国土防御中，AI 无人机集群可以部署在边境地区，对周边环境进行实时监测，及时发现和应对潜在的威胁；在反恐维稳行动中，无人机可以利用其灵活机动的特点，深入危险区域，对恐怖分子进行侦察和打击，减少人员伤亡；在海上巡逻方面，无人机可以长时间在海上巡航，对海域进行监控，维护国家的海洋权益。

（六）无人机部（分）队

无人机作战优势明显。首先，无人机可在避免己方人员伤亡的前提下胜任不同类型的作战任务，可以以最小的损失应对军事冲突。其次，与有人作战飞机相比，无人机采购成本较低、生产补充迅速、维护保障简单，能以最小的代价弥补装备的不足。随着无人机技术的快速发展，无人机部队独立成军成为一种必然趋势。因为，无人机部队的作战优势更大，其高度的灵活性和战术多样性，可以让其更高效地执行复杂任务，同时减少对传统作战力量的依赖。有鉴于此，近年来诸多国家加快了军用无人机的研发和生产，并且争先恐后地在军队中开始组建无人机部（分）队。

现代作战中，无人机作战的不足也是显而易见的，主要表现为以下三个方面。抗干扰能力有待提升。在复杂电磁环境中，无人机的通信、导航和控制系统极易遭受敌方电子干扰。一旦受到干扰，无人机可能出现失联、偏离航线甚至被敌方劫持等严重后果。例如，在高强度电子对抗演练中，部分无人机因受到强电磁脉冲干扰，瞬间失去控制，径直坠落，这体现了其在面对复杂电磁攻击时的脆性，严重影响其作战效能与任务执行成功率，成为制约无人机在复杂电磁环境下作战效能发挥的关键短板。二是续航能力存在瓶颈。目前多数无人机受限于电池技术或燃油携带量，续航时间相对较短。长时间的作战任务往往需要频繁更换或补充能源，这不仅限制了其作战范围，还可能在关键时刻影响作战进程。像一些执行远程侦察任务的无人机，因续航不足无法持续监控目标区域，导致情报获取出现中断，严重束缚了无人机远程作战与持续作战能力的提升，难以满足现代及未来战争对无人机长时间、大范围作战任务的需求。三是载荷能力有限。无人机的尺寸和结构决定了其不能像有人机那样携带大量重型武器或大型侦察设备，这在一定程度上制约了其打击威力和情报收集的全面性与精度。例如，在对坚固目标进行打击时，无人机所携带的小型弹药可能无法对目标造成实质性破坏。如某型攻击无人机最大载弹量仅为几百千克，在面对大型地下掩体等坚固目标时，难以实施有效摧毁，限制了无人机在高强度对抗作战场景下的作战效能发挥。

二、无人机在安保业中的应用

安保业指的是公安机关和保安服务企业。安保业是维护社会秩序、保障公共安全的行业，任务艰巨，责任重大，无人机的应用使之如虎添翼。

我国警用无人机最早出现在20世90年代中期，武汉市公安局购置了第一台警用无人机，开创了警用无人机发展的先河。随后，广东、深圳、上海、北京等地也都陆续建立了警用航空队，并将无人机投入作业。经过约20年的发展，我国警用无人机建设实现了从无到有、从无序到有序的跨越。

公安机关把无人机用于公共领域的安保工作，较多的是用在案件的侦查方面，充分发挥无人机侦查技术的作用。无人机侦查技术所特有的空域监控视角广、低空成像清晰以及地空联动通信便捷的特性，不仅使公安机关能在短时间内全面获取案发事件现场的第一手资料，提高了公安机关快速响应、指挥决策的能力，也在一定程度上实现了侦查工作由被动发现到主动追踪、由广度信息群到轨迹信息链的变革。

无人机侦查技术分为无人机本体技术和无人机整体信息交互系统两部分。从无人机本身来说，目前普遍用于侦查工作中的警用无人机，主要分为固定翼无人机、多旋翼无人机、倾转翼无人机和垂直起降固定翼无人机等。上述无人机因具备了隐蔽性强、体积小、抗电磁干扰性强、动态定点追踪能力强、全方位监控视角等特点，对公安工作从二维平面被动监控转化为三维立体自主追踪具有重要意义。而从无人机整体信息交互系统上来看，无人机侦查是一个完整的系统，主要由警用无人机、公安信息系统、无人机传输信息数据链、人工操控四个主体部分构成。目前，在无人机数据链层面，我国形成了无人机上行链路、下行链路两层级数据链交互，构建了遥控指令的发送和接收，以及遥测数据与公安信息系统的发送、接收两套系统，并且融入信息化的指挥决策系统，构筑了集动态数据信息要素、实时可视化信息要素、智能扫描分析等为一体的指挥决策平台。

无人机在公安机关勤务中，凭借其经济性、实用性、智能化等优势，有效地弥补了现阶段我国存在警力及其配备不足、警用装备技术含量不高、多警种协同作战能力不强等诸多缺憾，大力提升了警察在维护社会稳定、保障公共安全等方面的职能作用。从目前无人机在公安机关的实际应用情况来看，主要集中在防暴处突、刑事案件侦查、道路交通管理、大型活动保卫、毒品原植物排查、犯罪可疑人抓捕等六个方面。

（一）防暴处突

警方在处理突发事件、灾难性暴力事件的时候，安防无人机利用其承载的高灵敏度照相机、多角度大范围摄像头，可以进行不间断的画面拍摄，获取影像资料，采集现场数据，迅速将现场的视、音频信息传送到指挥中心(图5-4)，跟踪事件的发展态势，供指挥者进行判断和决策，并且能够进行特定物品，如催泪瓦斯的投掷，使不法分子暂时失去战斗力，从而控制事件发展态势。这是一般监控设备无法比拟的，具有不可替代的作用，进一步提高了公安民警的响应、决策、评估效率。媒介失灵时，无人机可利用机载物质投放系统播撒传单，向现场群众传递信息，告知事实真相，避免引发骚乱，引导群众配合政府的施救行动，或投放驱散装备，驱散集聚的人群，避免踩踏事故发生，保护公共安全。突发事件具有不确定性，如果在处理过程中不能使用正常的宣传工具与群众进行沟通，可通过无人机搭载扩音设备在现场进行空中喊话，传达政府领导的讲话，表达警方意图，传达正确的舆论导向，防止暴力突发事件扩大蔓延。

图5-4 灾害事故现场无人机的应用

总的来说，安防无人机在防暴处突领域主要用于防暴行动、空中监视、目标搜录、目标跟踪、警备监视、会场安保监视等。

（二）刑事案件侦查

旋翼无人机用于刑事案件侦查，其主要用途有三个方面：一是犯罪现场摄影，包括现场勘察、照相制图、现场概貌拍摄；二是野外犯罪现场快速排查可疑人、可疑物；三是盗抢机动车案件的侦查。

1. 犯罪现场照相制图

犯罪现场勘查时，传统的做法是由刑侦技术人员对原始犯罪现场进行固定照相，绘制现场地形图，对犯罪现场四周的可疑地点进行勘查等。但若犯罪现场的空间范围大，这些工作就很麻烦，会消耗现场勘查人员很多的时间以及精力，也不利于现场勘查人员集中精力对犯罪主现场进行细致的勘查。而旋翼无人机在大范围犯罪现场的快速搜索以及绘制现场地形图等方面，与人力搜索相比有着较大的优势。无人机搭载的专用模块的多元性和便捷性，让现场勘查人员能够根据现场的具体情况，为无人机选择与现场方位照相、现场中心照相、现场全貌照相等相应的模块，使现场勘查工作的效率和质量得到大幅提高。因为人工绘制的平面现场图，不能在高科技设备上把现场的具体情况最直观地展现在刑事侦查人员面前，而若用无人机拍照再配合相应的 3D 绘图软件，现场勘查人员就能用计算机，快速地把现场方位、中心概貌图制作出来，直观易懂。

2. 犯罪现场概貌拍摄

对犯罪现场周围的概貌进行拍摄，是犯罪现场勘查中一项重要的工作。拍好了犯罪现场概貌的照片，有助于现场勘查人员了解犯罪现场四周的地形，以及其与现场内部的种种关系，从而推测出罪犯进出现场的路径及关联现场的位置。但是，在城市或山区的犯罪现场，由于地形复杂，人力勘查受环境影响较大，以致视线不开阔，拍摄的照片效果不理想。有些现场概貌拍摄时，勘查人员需要到某些较为危险的位置才能够完成任务，存在人身安全风险。而体积小、机动性好、悬停性好的旋翼无人机，在空中360°全方位地观察现场实际情况，能在最短的时间内完成对地形复杂且面积较大的犯罪现场的概貌的全景拍照。这是由于无人机拥有较大的载荷，能够搭载多种性能强大的摄影设备。

特定现场概貌照相，对于查明事实真相还会起到特别重要的作用。如对爆炸现场进行勘查，目的是要寻找爆炸原点，判断爆炸物品名称，进而以此为据排查作案人或者查明爆炸事故的真相。然而，爆炸现场有着危险系数大、涉及范围广、不确定性因素多等特点，又有出现二次爆炸的可能，会对现场勘查人员的生命安全构成严重威胁。在传统的爆炸现场勘查中，往往都是依靠拆弹专家来确保现场安全和开辟通道，然后现场勘查人员才能够进入爆炸现场勘查。这种方式不仅时效比不高，而且由于爆炸现场被破坏的程度严重，爆炸物组件的细碎程度高，易与现场原有物体碎块混淆，传统的现场照相技术对爆炸现场的反映力度又不足，所以难以对现场物证进行辨识照相。此时，如果利用红外相机对爆炸现场进行概貌照相，就能够较快地寻找到现场中的爆炸物碎片以及炸点的具体位置。

3. 对野外现场进行快速排查

野外现场往往面积大，地形复杂，交通不便，导致现场勘查的工作量和难度增大。

而利用旋翼无人机的机动性能，可以实现对野外现场的大范围快速排查，并且效果会更好。例如，利用大型无人机载荷大的优点，搭载高灵敏度的金属探测仪在大范围内进行现场搜索，能够帮助勘查人员在灌木丛、芦苇丛、草丛中搜寻到金属作案工具。这是因为大功率金属探测仪，能够对地表5米左右内的硬币大小的目标进行探测。净重2.1千克的探测仪，配合500克的大功率电池，能够工作10分钟左右，其发射的频率为550±2kHz的探测波，能够有效穿透灌木丛以及较浅的土壤。

又如，对疑似埋尸现场进行搜寻，传统的现场勘查方法需要组织大量的人手对疑似现场进行细致的地毯式搜索，费力又费时，效果不确定。正常情况下，尸体腐败过程中因蛋白质的大量分解会产生较高的热量，形成一个热能的异常点，若是利用无人机搭载热成像摄像头进行搜寻，能够清楚地发现疑似现场中的热能异常点，有针对性地进行搜查，省力又省时，且精准性高。

4. 盗抢汽车案件侦查

结伙盗窃、抢劫汽车的案件，一般都具有跨区域、连续性、收销赃一体化等特点，又因为赃物汽车在途中行驶的不可隐蔽性，为利用无人机追踪寻迹侦查破案带来了契机。

从警方使用无人机侦查手段的实践经验来看，它通过对线索指向的重点可疑地区进行空中巡逻、跟踪，展开隐蔽侦察、建模定位、嫌疑标注、引导查缉等工作。实施无人机侦查，首先是调阅道路视频监控、信息资料，寻找到赃车可能到达的区域；接着在可疑地放飞无人机，进行空中侦察，隐蔽地拍摄有关图片；然后结合属地实际情况，在地图上研制、筛选可疑点位；最后刑警跟进调查，便可人赃俱获。这样由点到面，顺藤摸瓜，能够把作案团伙的盗车人、销赃人、收赃人、改装赃车人一网打尽。2019年11月，在四川省公安厅刑侦局的统一指挥下，成都市公安局在先期利用无人机成功实施侦查的基础上和各方配合下，一次性集中行动就追缴汽车37辆，成效显著。在这场战役中，成都警务航空总队共计投入无人机飞行39架次13小时，拍摄面积630万平方米，建立了30余座可疑区域房屋3D模型，筛查出可疑点位43个，打击处理犯罪嫌疑人16名，累计挽回损失价值约565万元。

（三）交通秩序管理

我国有14亿多人口，占全球人口的五分之一。我国机动车辆与日俱增，已经数以亿计。人多车多带来的问题也多。一是交通繁忙，违章行车者时有所见，导致人伤车损的交通事故频频发生；二是大中城市的汽车停放车位紧缺，乱停乱放的违章现象普遍存在；三是道路建设速度跟不上车辆增长的需求，任重道远。有鉴于此，利用无人机改善道路交通管理，推动智慧交通建设势在必行。如今，公安机关城市交警部门运用无人机技术构建起“空地一体”的智慧交管体系，推动城市交通治理实现从二维平面向三维空间的战略性升级。通过部署具备A1智能识别、交通宣传喊话等功能的警用无人机，依赖街面巡查的传统勤务模式正被重塑为“人机协同、精准靶向”的科技治理模式。以苏州工业园区为例，公安已在关键区位部署11处智能化无人机场，交警铁骑也装备了单兵无人机，通过可视化远程指控平台实现无人机智能调度与云端作业，依托AI视觉分析算法对交通流量、设施状态、突发警情进行智能识别，同步生成结构化巡查数据回传智能交通平台，为园区交通态势研判与应急处置提供“高空数据”支撑。这种“智能巡检+动态感知”模式，实现了对重点区域的零盲区全时域智能守护。具体而言，“空中天眼”的功能体现在以下几个方面：

一是立体巡查，打造“零盲区”的“空中哨兵”。针对交管“盲区”治理难题，依托无人机移动感知技术，对未覆盖传统公共视频的交通节点实施“动态可视”。

二是事故处置，开启空地联动的快速处理模式。对于剐蹭、追尾等轻微交通事故，无人机可快速飞抵上空航拍取证、喊话撤离，协同路面警力进行快速取证、快速处置、快速定责，减少“小事故大拥堵”现象的发生。

三是拥堵点诊断，助力科学设计治理。对于瓶颈节点，利用无人机连续拍摄、采集流量数据，结合AI算法生成流量热力图，分析车流轨迹，挖掘交通流时空运行特征，精准定位“堵因”，为交通优化策略的实施“出谋划策”。

四是应急指挥，构建智慧决策的中枢神经。在举办大型活动期间，无人机可在进散场阶段采集活动区域周边道路交通的运行情况，实时反馈给智能交通平台，实现“空中观测+远程信控”协同配合，保障交通安全。

此外，无人机在交通秩序管理中还具有流量统计、优化交通管理功能。渠化路口指依据城市道路设计指南，根据路口流量和基本特征，对车辆、行人的合理分离、导流等进行设计。渠化路口是提高道路通行能力的重要措施，也是提高交通安全水平的重要手段。因此，科学合理地设计与车流方向和交通流量相适应的路口渠化方案至关重要。

传统的路口渠化方案设计所需要的交通流量和车流方向等数据，都靠人工收集，费时费力，精确度一般。现在，无人机可以对主要路口和重要路段的数据进行全方位高空视频采集，并长期保存，以供大数据分析使用，从而便于交警部门根据长期流量情况做出调整，如重新设定路口信号灯配时，提高通行效率。见图5-5、图5-6。

图 5-5 无人机在路口渠化方案设计中的应用

图 5-6 无人机在重要路段数据采集中的应用

（四）大型活动安全保卫

大型活动中，特别是室外的大型活动，无人机的用途是多方面的。无人机可进行空中监控，让警方实时掌握现场动态，合理调配警力，防止踩踏等事故发生。无人机搭载空中喊话器，对地面喊话，进行疏导指挥，并在出现异常情况时及时发布警示性的通告。无人机挂载探照灯，对局部区域进行不断照明，防止因灯光暗淡造成恐慌而发生拥堵和踩踏事件。夜晚，无人机搭载热成像相机，可对人群密集度做出直观的判断，实时进行疏散分流，并对可能发生的踩踏事件、火灾隐情提前预警。

（五）排查毒品原植物

毒品原植物指的是果实能够用于制造毒品的植物。社会现实中的毒品原植物就是罂粟，罂粟籽、壳可以制成鸦片、吗啡，故罂粟又名鸦片、大烟。所以，我国禁止私自种植罂粟，只有经过批准的少数科研单位允许种植。但由于罂粟花很美，罂粟籽可制高档保健品，罂粟壳可作调料，故有少数人在家前屋后或农田里少量种植罂粟，以作自用。然而，有些目无法纪者为了营利，非法种植罂粟。警方将这种不法行为称为非法种植毒品原植物，予以查禁取缔。数量少的当即铲除，1500 株以上的依法予以治安处罚，直至追究刑事责任。

在传统的毒品原植物查禁行动中，需要警力深入辖区内的田间地头、房前屋后、荒山野地、废弃工厂等重点区域进行查看，不仅耗时耗力，而且难免留有死角，排查不彻底。如果在这些重点区域上空放飞无人机拍照（图 5-7），发现有种植罂粟可疑照片的，上门核查，不仅确保全覆盖，而且提高了工作效率，节省了时间。

图 5-7 无人机在禁毒行动中的应用

（六）抓捕作案在逃人员

对于犯罪作案在逃人员的追捕，没有具体逃跑方向和范围的，公安机关往往全国发布信息，网上追逃。在知道作案人员隐藏于某一比较大的区域时，尤其是在城市高楼耸立或野外地理环境复杂或在夜间采取行动的情况下，投入无人机抓捕有明显优势。无人机作为空中视角，结合地面设备，可大幅度提升搜捕工作效率。在地形复杂区域行动，首先是通过无人机拍摄现场全景图，警察结合案情在地图上初步获取线路、地形和重点部位等信息，并对重点地形地貌、线路及需要重点搜索的部位进行必要的标注。然后通过地图分析、地形研判和案情分析，尽可能地缩小搜索范围，合理划分搜索网络和分配飞行任务，规划搜索航线，做好无人机飞行及搜索的行动方案，以提高搜索效率。白天放飞的无人机，搭载普通的可见光变焦照相机；晚上放飞的无人机，搭载热成像红外相机，警察可通过监察地面热成像来追踪犯罪嫌疑人位置，有的放矢地实施抓捕。

株洲市天元区罗某砍伤人后驾车逃跑，去向不明。警方将其列为网上逃犯，但迟迟没有归案。三个多月后，警方在以罗某家为中心的天空放飞无人机高空侦察，发现罗某驾驶的那辆车停在家中院子里（图 5-8）。警方随即出击，将其抓获。

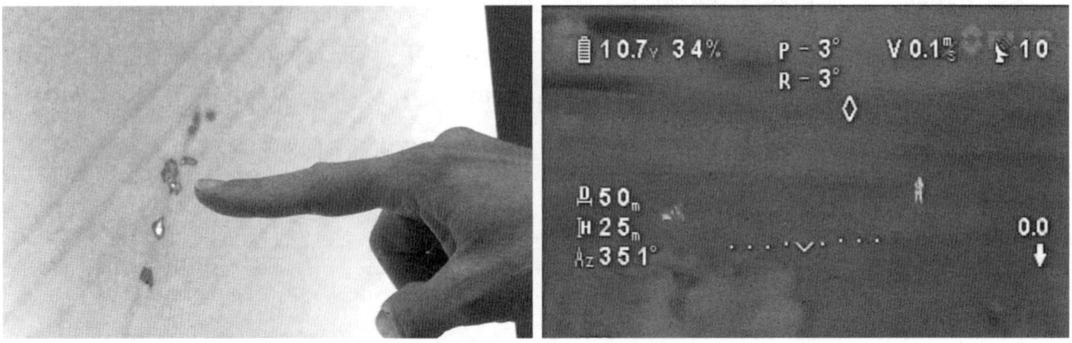

图 5-8 无人机确定案犯车辆停放位置

近年来，无人机在我国的保安服务行业中的应用，也已经取得零的突破，主要用在大型活动的安保工作之中。

三、无人机在建筑施工中的应用

建筑施工中的无人机应用，主要是在建筑的设计、质量的监管、土石方的算量和考古勘探、代替人员施工等几个方面，以保障建筑物的安全，促进建设法律法规的有效执行。

（一）建筑工程设计

3D 扫描能为建筑建模提供便利。建设项目确立后，使用无人机能够快速获取建设地点航拍素材，不受场地限制，可控性强，能避免障碍物干扰，影像清晰度高，误差小。建筑师可以把这些高清影像处理成网状文件，创建出真实场景的虚拟概念，完成 3D 建模。然后，将设计建筑物的 3D 模型放入虚拟建设地点中，以便于精确计算和调整，从而获得最佳施工方案。在施工过程中，无人机还可以用于实时监测及数据反馈，从而保证施工全程精确进行。

（二）建筑质量现场管理

依托无人机图像获取技术、图像处理技术等当前较为成熟的技术，可以将无人机应用于建筑施工现场管理工作中（图 5-9）。建筑施工质量现场监管中，最大的难点在于地基基础工程质量的监管。因为基坑太深，监理人员不便进入，难以全面观察到基坑内施工过程中的施工工艺状况，施工质量难以保障。无人机则能为监理人员排忧解难。

图 5-9　建筑施工现场的无人机应用

大型建筑工地使用无人机，可以代替施工监理人员观察到基坑实时的施工情况，既可以节约人力，又保障了人身的安全和施工的质量。施工时，无人机可以全方位地观察基坑以及周围地面的情况，一旦发现异常，就反馈信息，及时防控风险。如遇塌方等突发事件，施工人员如果直接下去现场检查，可能遭遇二次塌方带来的安全隐患。此时，可使用无人机替代人去塌方现场进行观察，排查隐患。另外，主体工程的模板安装稍有偏差，模板就会拼装不整齐，导致混凝土浇筑质量不高，存在安全隐患；板上边缘有造型的部位，放线员放线困难，定位观察不准；混凝土浇筑结束后，会经常在诸如柱子的外边缘等处出现难以观察到的微小裂痕；等等。这些关乎建筑质量的问题，无人机都能分辨出来。

（三）建筑土石方的算量

建筑工程中不规则、大面积土石方的算量，目前主要依靠全站仪、盘煤仪、GPS 等工具。如今，三维激光扫描仪和无人机空中测量可以取而代之。投入一台精度较高的无人机进行测区像控点布设时，一般在测区四角、中心位置各布设一个，并在其他位置布设两个检核点即可。进行土石方测区航拍时，在保障安全的前提下实施正射摄影或倾斜摄影。无人机飞行高度越低，像素分辨率越高，相应的精度也就更高。PhotoScan、Pix4D、ContextCapture 等专业的处理软件，将无人机拍摄的照片进行拼接处理，利用检核点进行精度检核。利用倾斜摄影测量实景三维建模技术，可将正射、倾斜影像相结合进行平差计算，自动构建三维模型和纹理映射，最终生成逼真的三维场景。大面积、不规则的土石方测量中，无人机的运用既简便又省人力。

（四）考古勘探、古建筑修复

无人机用来收集考古现场的形状、大小、位置、特性及相互关系，预估地表遗存，能够为考古调查、发掘及研究工作提供重要的遗存线索，修正史料记载、人工勘查记录等工作中的错误和偏差，从更广的视角审视遗址的全貌，有助于深度认知遗存时空分布规律，提高遗址管理和监测能力。

（五）代替人员施工

用无人机来代替人去施工已成现实，目前国内最常用的是电力拉线。以前电力拉线，需要人工将电线先在一座铁塔上固定，再从另一座铁塔上拉过去。现在改用无人机，不需要人工攀爬铁塔，大大地节省了人力，同时避免了人身安全风险。无人机建桥，也会应用到未来的实际施工中。瑞士苏黎世飞行器工厂已能使用两架无人机搭建一座绳桥。从视频中可以看到，无人机把绳绕在脚手架横竖两根杆的交叉处，并牵着绳子穿梭在脚手架之间，编织了一张网，即绳桥。

必须注意的是，在施工现场环境复杂、人员较多的时候，无人机的操纵必须小心谨慎，避免发生意外。高空作业时，必须远离现场工作人员，防止人身伤亡事故发生。施工中使用的无人机，每次起飞前必须检查电量是否充足，运行时间长、用电量大的工程，应当中途及时降落充电。大雾大雨大风环境下，禁止使用无人机施工。

随着无人机技术的不断成熟，民用无人机的效费比逐渐升高，承载能力也逐步增强，满足更多任务的功能机将应用于工程建设行业的各个角落。结合 3S 系统（GIS、

GPS、RS）进行精准定位，未来的摩天大楼或许能够依靠无人机抬升预制件模块来构建，这种方式将节省更多资金、劳动力和时间；在施工现场，无人机除了能检视高空吊装作业、施工进度、建材准备情况等外，在未来或许能依靠智能决策系统规划建材运输和施工路线，及时调运材料，降低公众交通干扰，保证施工进度。此外，结合配备的遥控机械手，无人机还可能实现对工厂管线的简单维修。民用无人机在工程行业的广泛使用，对无人机的研发、制造、维修、运作、训练提出了新的要求，同时也将推动光电系统数据链、地面站、机械手等技术服务向前发展。

四、无人机在农业中的应用

应用于农业的无人机，通常称为植保无人机。植保无人机是指用于喷洒农药，喷洒用于作物养料、土壤处理、作物生命繁殖、虫害控制的任何其他物质或从事直接影响农业、园艺或森林保护喷洒任务的民用无人机。现在农业植保无人机主要集中运用在植保、施肥、播种、监督农作物长势、诊断农作物营养、病虫灾害预警、产量预估、农田信息遥感等领域，未来发展前景广阔，因为我国近 20 亿亩的耕地中，当下使用无人机作业的为数不多。随着科技的不断发展和新型高科技智能产品的不断上市，植保无人机会越来越受到社会的认可和广大农民的青睐。其中，多旋翼无人机是农业植保无人机的主流机型，它的地形适应性好，适用于我国现有农地中小面积的丘陵、山区、坡地等复杂地形的喷雾作业，由于采用远程操纵飞机，避免了人工长时间接触农药而产生的中毒和身体内有毒物质超标等对人体造成的危害。农用无人机作业期间无废气排放，符合国家节能环保和绿色有机农业发展要求，既环保又安全，还可以大大节省农药和水资源。

另外，植保无人机还有其他诸多优势：操纵方便，智能化，自动驾驶，可以遥控操作和飞控导航自主作业，只需在喷洒作业前采集农田里农作物的地块信息，提前规划好航线，导入地面站控制系统中，在地面站上对无人机下达飞行指令，无人机就可以载着药物自主喷洒作业。喷洒任务完成后，自动飞回起飞点。无人机自主作业，可以不受地形限制，只要在植保无人机的飞行高度内，均可在田间地头起飞，对农作物实施作业，无需专用起飞机场。

植保无人机采用高性能无刷电机，功率大，振幅小，噪声小，可靠性高，远距离遥控，让农业生产变得更安全放心。而且，植保无人机可以空中悬停；作业不受海拔限制，在西藏、新疆等高海拔地域，植保无人机起飞调校短，效率高。无人机在农业生产中的应用越来越广泛，能给农业发展带来强大的推动力，促进农业现代化发展，有助于更好地进行现代化农业技术改造。

（一）喷洒农药

将无人机技术运用于田间（图 5-10），可以更好地提高生产效率，减少各种农事活动对作物的干扰。当前，无人机在播种、施肥等方面都得到了极大的应用，尤其是在喷洒药剂方面的作用非常明显。随着越来越多的农村年轻劳动力外出到城市务工，农村劳动人数急剧下降，大部分都由留守的中老年人进行农业生产。在此过程中，受人员知识或喷洒质量等因素的影响，有些农民在喷洒农药时往往受到农药危害。将无人机技术与喷洒农药相结合，利用无人机作为飞行平台，搭载药箱、喷洒设备或者监测设备对农田进行喷药，喷洒效果明显高于人工喷洒，而且对人体没有伤害。

植保无人机主要由无人机平台和药械、机载系统、地面站系统及辅助设备三部分组成，通过地面遥控或 GPS 飞控来实现喷洒农药作业。无人机的质量非常小且性能优越，可以灵活调整飞行路线、飞行速度、喷洒高度，尤其在地形复杂的山区，通过地面遥控或导航飞控，实现喷洒药剂、种子、粉剂等作业。无人机雾化充分采用高浓度农药和机载高效喷洒雾化技术，利用无人机旋翼产生的强大下行气流，将药液直接作用于农作物的各个层面，有助于增加雾流对作物的穿透性，使得喷洒农药沉积量和覆盖率都优于常规人工撒药，有利于更好地提高农药喷洒均匀度，减少农药飘失度，避免农药浪费和污染环境。同时，远距离操控施药能够大大提高农药喷洒的安全性。植保无人机飞行速度快，容量大，效率高而成本低，一架次无人机可携带 10 ~ 40 斤药液，一天能完成 500 ~ 1000 亩施药，可代替 40 ~ 90 名工人。

图 5-10　无人机在农田中的应用

（二）监督作物长势

无人机搭载光谱传感器，应用于田间，可以更好地获得农作物的高光谱信息，并以此为依据来构建当地的光伏指标，从而反映出农作物的生长态势。在无人机上搭载高清数码相机监测小麦育种状况，能够反映当前小麦的生长状况。

农业生产损失中，有 10% 是病虫害导致的，病虫害常常从小范围开始，然后逐步暴发。在无人机上搭载视频装置，通过无人机巡查，可以对农作物病虫害进行实时监控，及时发现问题，以便进行病虫害的防治，保障农业生产稳定发展。特别是在紧急应对大面积暴发病虫害的时候，无人机更是首选工具（图5-11）。它巡查灾区速度快，发现灾情准确，航空喷雾治理效率高、收效快。

图5-11 无人机在应对农田的病虫害

（三）服务于农业保险

我国自然灾害发生概率较高，农作物常常因此受害减产，影响农民的收入。近年来，农业保险逐渐成为农民防灾抗害的一种有效手段。但是，定损理赔难的问题一直困扰着人们，阻碍了农业保险业的发展。现在情况变了，利用集成高清数码相机、光谱分析仪、热红外传感器等装置的无人机在农田上飞行，便能准确地测算出投保地块的种植面积，所采集数据可用来评估农作物风险情况、保险费率，并能为受灾农田定损。

（四）预估农作物产量

使用无人机遥感技术，可以凭借其空间分辨率以及机动灵活的特点来获取农作物光谱信息，以便更好地对产量进行预测。例如，可以使用八旋翼无人机搭载多光谱相机获得农作物光谱信息，通过计算多种常用的光谱指数来对产量进行预估。

（五）诊断农作物营养状况

在农作物生长过程中，氮元素非常重要，它能更好地提高农作物的光合能力，同时也可以提高农作物产量。对于大部分土壤而言，当季的氮含量根本不足以满足农作物生长需求，因而需要通过人工手段增加氮元素。为此，可以利用无人机的遥感分辨率特点，对田地中的氮元素营养状况进行精细化剖析，实现氮肥的精准管理。

五、无人机在林业中的应用

目前，无人机主要用于林业的治安管理、面积测量、森林管理等几个方面。

（一）助力林区治安管理

长期以来，林区治安巡逻由林业警察或步行或驾车进行。林区环境复杂，道路崎岖，巡逻工作十分辛苦，林业警察很难在短时间内巡查较大的范围，巡逻的频率受到限制，难以更好地保障林区的安全，无法满足林区治安管理工作的需求。林业警察使用无人机在复杂的林区环境中执行巡逻任务（图 5-12），由无人机地面站操控软件指引无人机按飞行路线进行巡逻，效率比人力巡逻高得多，不仅能够发现危害林区安全的活动，而且通过对无人机拍摄的照片的分析、研究，能够发现潜在的安全问题，在第一时间派出侦查人员前往对应区域展开具体侦查，排解安全风险，及时消除安全危害。因为热成像相机能通过感测细微的温差，呈现肉眼无法觉察的信息，即使在完全无光的黑夜或者烟雾遮挡的区域，也能让目标清晰呈现。

图 5-12　无人机在林区执行巡逻任务

目前，我国用于森林防火的监测系统尚不健全，传统有人机在低空飞行的管制较为严格，且能耗较大，不具备夜航和在浓烟或浓雾环境中飞行的能力。因此，破坏性强的森林火灾，初起时不易被发现。而无人机搭载热成像相机，能及时发现起火点，快速到达事故区域，回传第一手资料。另外，无人机视野广阔，在重大火灾扑救中，能够迅速获取着火面积、蔓延趋势等灭火关键信息，提高灭火效率。即使在火灾上空，热成像相机也能穿透浓烟寻找到火源，为火灾现场提供准确的灭火方位。

（二）用于林地面积测量

传统的使用手持式 GPS 测量仪测量林地面积的方式方法，存在一些不足之处。例如，地面的 GPS 信号受到环境、地理位置等因素的影响，导致 GPS 测量仪搜索到的可用卫星信号不多，从而影响测量的精度；再如，对于地形复杂、山路陡峭的林区来说，用手持式 GPS 测量仪开展测量工作有可能给测量人员带来身体伤害，存在安全风险。

使用无人机在空中测量林地面积，不仅人身安全无忧，而且能有效地解决 GPS 卫星信号不佳的问题。无人机在空中拍摄每张照片时，都能搜索到 GPS 的所有位置的信息，可在后期进行的图像处理以及面积测量中把测量的精确率提高到 98% 以上。这种可视化的测量方式，还能带来执法办案的公正性，避免因测量范围引起争议。

（三）实现森林的三维网格化管理

传统的地形图的精度和分辨率都不高，只能根据地形图中的标注来分辨森林、河流、村庄等信息，不直观。通过无人机拍摄的照片建立森林资源实景模型库，能清晰地分辨出地形地貌、森林植被分布、野生动植物的分布区域等信息。然后开发相关软件，将实景模型库进行网格化管理，能快捷地找到某片森林位置，让我们坐在计算机前就能看到整个森林的实景。

六、无人机在环境保护中的应用

在我国工业化、城镇化建设高速发展的新时期，生态环境压力越来越大，环境保护任务也日趋繁重。而环境基础数据资料的获取，是做好环境保护工作的前提。随着环境保护工作要求的不断提高，环境基础数据资料的精确性、可靠性和时效性也迫切需要提高。实践证明，传统的依靠人力取得环境基础资料的方式方法，已无法满足新时期环保工作的实际需要，无人机用于环境保护工作势在必行，且已取得初步成效。

传统的环境监测，通常采用人工、点监测的方式来估算整个区域的环境质量情况，具有一定的局限性和片面性，且成本高、速度慢，存在人身安全风险。

无人机搭载相关的设备，如多光谱成像仪、气体采集设备等，用在目标区域执行环境监测、环境监察、生态保护、环境治理、建设项目环评等任务，能够有效地获取水质、河道、海岸、空气等相关的环境基础数据，实时提供污染环境的物质和源头及污染现状，为环境执法、环境保护提供精准、高效、实时服务。

从 2013 年 11 月起，环保部门开始使用无人机航拍对钢铁、焦化、电力等重点企业排污、脱硫设施运行等情况进行直接检查。2014 年以来，多省份用无人机进行大气污染防治执法检查，以实现更到位的监管。2017 年，环保部门组织 10 个督查组在京津冀及周边地区开展大气污染防治专项执法督查，安排无人机对重点地区进行飞行检查。近年来，更多的地区投入越来越多的无人机用于环境保护工作之中。

（一）服务于环境监测

无人机用于水环境监测，借助系统搭载的多光谱成像仪生成的多光谱图像，能够直观辨别污染源、污染口、可见漂浮物等，并从宏观上观察污染源分布、排放状况以及项目建设情况，为环境监察提供决策依据。同时，通过无人机监测平台对排污口污染状况的监测，也可以实时快速跟踪突发环境污染事件，捕捉到违法污染源并及时取证，为环境监察执法工作提供及时、高效的技术服务。此外，无人机搭载其他专用设备，还可以用于水域的环境监测和污染治理工作。一是水体取样。应用无人机取水系统（图 5-13），通过高度自动化的操作，能获取 0～5000 米范围内精确点位和水下深度的水体样本，可以大大降低原有的取样成本，同时也完全规避了作业人员可能面临的任何安全风险。二是水体分析。应用无人机水体分析设备，可以对水体进行实时分析，水质监测探头深入水中 1 ~2 米，可准确监测水质的实际情况，排除空间或水面可能存在的干扰。三是水域植被分析。应用无人机搭载的多光谱相机等设备，可以获得水域的多层光谱图像，并基于此对水域的植被类型和分布进行分析判断。相较于水域植被分析的传统手段，极大地提高了工作效率和准确率。

图 5-13　无人机取水系统应用示意图

空气监测方面，利用无人机飞行系统搭载气体采集设备，对目标区域的高空垂直断面大气污染情况进行采集分析，满足对大气数据检测装置微型化、高精度、高实时性的要求。因为自动监测平台不能监测污染因子，而搭载的气体采样设备，能将大气样品在空中采集后送回实验室监测分析，其结果能直观、全面地演示空域环境状况，对污染物影响程度和范围进行监测和预警。特别是雾霾的污染，无人机可从航拍影像、空气检测等多角度助力，帮助人们发现雾霾形成的根源，寻求科学的解决方案。

利用无人机进行长期的大气污染跟踪监测，获取 PM 2.5 等大气污染浓度的三维分布数据，能够为雾霾预报、防治提供更精确的数据资料。目前，对大气污染的监测主要集中在地面，高空污染监测比较少，以致我们很难清楚地掌握雾霾的生成和扩散规律。

（二）服务于环境应急突发事件处置

无人机在环境应急突发事件中，能够克服交通不便、情况危险等不利因素，快速赶到污染事故所在空域，立体地查看事故现场、污染物排放情况和周围环境敏感点的分布情况。无人机搭载的影像平台，可实时传递这些影像信息，监控突发事件进展，能使环保部门对整个事件的情况了解得更加全面、对事件的反应更加迅速、相关人员之间的协调更加充分、决策更加有据、处置更加有效。无人机的使用，还可以大大降低环境应急工作人员的工作难度，他们的人身安全也可以得到有效的保障。

（三）服务于生态保护

自然保护区和饮用水源保护区等需要特殊保护的区域生态环境保护，一直以来是各级环保部门工作的重点之一，而自然保护区和饮用水源保护区大多有着面积较大、位置偏远、交通不便的特点，其生态保护工作很难做到全面细致。采用无人机于每年同一时间获取需要特殊保护区域的遥感影像，通过对逐年影像的分析比对或植被覆盖度的计算比对，可以清楚地了解到该区域内植物生态环境的动态演变情况。无人机生成高分辨率的影像，甚至还可以辨识出该区域内不同植被类型的相互替代状况，这对区域内的植物生态研究也会起到参考作用。

区域内植物生态环境的动态演变，是自然因素和人为活动的双重结果，如果自然因素不变而区域内或区域附近有强度较大的人为活动，无人机拍摄的逐年影像，也可为研究人为活动对植物生态的影响提供依据。当自然保护区和饮用水源保护区遭到非法侵占时，无人机能够及时发现，影像也可作为生态保护执法的依据。

（四）服务于建设项目环评

建设项目中的环境保护管理工作的难度较大。在环保验收工作中，往往发现部分建设项目特别是生态类建设项目的地理位置、建设范围、规模与环境影响评价审批的变化较大；部分建设单位未按照环评审批要求开展项目建设，非法侵占了自然保护区、饮用水源保护区等需要特殊保护的区域，对生态环境造成了破坏；部分建设单位未按照环评要求进行生态恢复与建设，或者生态恢复面积与环评批复要求差距较大。此类项目建设变更，对生态环境破坏大、影响周期长，但因无准确的基础数据底图，难以准确甄别，环评审批、环境监理、环保验收多无据可查，给防范和后续处理工作增加了很大的难度，环境管理依据存在缺失。而无人机在建设项目环评工作中的应用，完全可以弥补这些缺陷。

此外，无人机在环境保护中还有一些其他方面的用途。无人机技术可根据需求提供简便、快捷和经济高效的图像或视频数据，从自然保护区建模、河道侵蚀，到野生动物保护、物种识别、雾霾治理等方方面面，都有无人机发挥作用的地方。

对于重点区域的河道，使用无人机进行定时的高清摄影，可对水域面积及周围生态环境、排放情况、偷挖盗采等违法行为进行监测，更好地保护河道的生态安全。在海岸线管理工作中，可应用无人机实现对海岸线景观的不间断监测，再通过计算机实现精准的体积计算。在治理雾霾的行动中，携带气象探测设备的柔翼无人机在空中喷洒催化剂，与无人机喷洒农药的工作原理一样，可以在一定区域内消除雾霾。在野生动物保护方面，由于无人机不易被动物察觉，所以可以在不干扰动物作息的情况下对其实施监测，以获取保护效果、迁徙路径、栖息地管理及洪水估测（尤其是沿海地区）等重要信息，提供动植物健康情况及数量等数据，并且能在人类难以到达的地方检测到新物种。

七、无人机在城市管理中的应用

一个时期以来，城市管理中存在两大痛点，影响着市容市貌和城市安全。一是居民或单位在建筑楼层平台或阳台上擅自搭建违章物，当事人紧闭大门或阻止城管人员入内察看取证，难以及时处置；二是街巷路边设摊，非法从事经营活动，城管人员前往查处，溜之大吉处罚难。城市居民群众对此反响大，影响了城管部门的形象。

无人机内置高清视频存储系统用于“空中城管”，对目标区域开展全方位、立体式、无隙缝巡查和定点监控，具有时效性强、机动性好、巡察范围广等优势。无人机将在空中拍摄到的多角度取证画面，实时定位回传到无人机管控平台或指挥中心，进行录像或抓拍，快速根据实景建立三维模型，误差非常小，为城管执法工作提供全面、及时、准确的一手图像资料，有效地提高了对市容环境违规行为的发现率、处理率。技术先进的无人机管理平台，使违建物无所遁形，城管人员不仅可以实时观察到无人机的视频，还可以通过手机 APP 观看无人机拍摄的实时画面，让无人机飞行取证更加简单方便。

“空中城管”无人机在目标区域巡查时，一旦发现地面违规设摊的人和正在实施违章建筑的人，可通过管控平台远程喊话教育，予以管控制止（图 5-14）。把无人机空中巡查拍摄的高清图像存档，对不同时段拍摄的同一处建筑物高清图像进行比对，制作出变化清单，可以从中发现擅自搭建的违章建筑物，并以此为据依法予以处置。

图 5-14　无人机充当“空中城管”示意图

八、无人机在物流中的应用

无人机用于物流谓之无人机快递，又称无人驾驶飞行器快递。无人机快递是指快递公司使用无人机来运送小型包裹，由内置导航系统预先设置目的地和路线，无人机便会自动到达，为客户提供快速物流服务。

无人机快递的优势是不受地貌地形和道路交通状况的影响，能为地处偏远或者行动不便而急需购物的，或者尚无机动车行驶道路的地区客户服务，有助于减少机动车运送货物次数，更加环保，且能缓解交通拥堵状况。近年来，无人机快递已成为行业热点。民航局数据显示，2018 年，顺丰、京东在无人机物流配送应用试点地区累计飞行 4 万余架次，1.5 万小时，近 40 万千米，运输、配送货物 24.6 万件，重 944.6 吨。

深圳顺丰控股（集团）股份有限公司旗下的江西丰羽顺途科技有限公司，2018 年 3 月获得民航华东地区管理局颁发的国内首张无人机航空运营（试点）许可证，允许在民航局批准的试点区域内使用无人机开展物流配送。从实践情况来看，该公司使用的快递无人机是自行研发的四轴多旋翼机型和倾转旋翼机型，飞行高度 100 米以下，最大有效载重为 5.25 千克，误差 2 米以内，运费与其他快递相当。京东集团公司旗下的西安京东天鸿科技有限公司，2018 年 11 月获得民航西北地区管理局颁发的全球首个省域范围从事末端物流无人机物流配送运营许可证。

无人机快递操作简单方便，只需将收件人的地址录入无人机内置的导航系统，然后装上配送货物，即可起飞前往目的地。网上购物的无人机快递，客户只要使用手机 APP 选择商品并点击购买，供货仓库工人便为商品装袋并挂上悬停在空中的无人机，开始运送货物（图 5-15）。

图 5-15　物流中的无人机应用

目前，美、英、德、日、冰岛、以色列、卢旺达、坦桑尼亚等国的无人机物流已形成一定规模，而且可以快速精准入户，免去快递人员搜寻用户具体地址所花费的时间。但我国无人机快递尚未实现完全的商业化、民用化，其主要的制约因素是安全保障。大的方面讲有国家安全、公共安全、个人安全；小的方面安全，包括天气因素影响出现飞行事故和技术故障，以及地面人为干扰等。

2018 年召开的中国无人机物流应用研讨会认为，物流领域由劳动密集型产业向技术密集型产业转变过程中，高新技术应用是转型升级的必要条件。会上分享了华为技术有限公司 X Labs 如何通过蜂窝网络为无人机物流行业提供服务。这项技术首先要满足无人机运行覆盖高度300米、最大飞行速度160千米/时。顺丰公司也已行动，正在与欧洲合作，开展物流专用新机型设计，对飞行控制和导航核心算法、航电系统、动力系统、避障系统和精准定位系统等项目进行开发，自主研发物流领域专用无人机，其有效载重达40吨。无人机可搭载物资投递设备，包括集成探杆、线轮、物品仓、软梯等，执行物资横向运输、线路牵引、传单和物资投递等，进而在核心技术研发和应用方面达到无人机行业的先进水平。

九、无人机在电力行业的应用

无人机应用于电力行业，能满足该行业任务空间范围广、地域环境复杂、气候变化异常大的需要。目前，无人机在电力行业主要用于空中巡检和处置线路异物及紧急事故等三个方面。

（一）电力巡检

无人机电力巡检是指使用无人机携带摄像头、红外传感器等设备，检查高压输电线是否有接触不良、漏油、过热等问题，或者存在大型机械施工等外力破坏隐患。与传统的人工电力巡检方式相比较，使用无人机电力巡检避免了电力巡检工人的艰苦辛劳、有安全风险、效率低下等问题，实现了电子化、信息化、智能化，大大提高了电力巡检的工作效率、应急抢险水平和供电可靠性。

无人机电力巡检的操作方法是，在无人机上装配高清晰度的数码摄像机和照相机及导航定位系统，根据规划的航线路径对电网进行自主巡航，实时传送拍摄的影像和视频，巡线员同步核查电网线路。无人机巡检的最大好处是不受恶劣气候和错综复杂的地形地貌环境的限制，有利于加大重点区域的电力线路检巡力度，增加大负荷运行下的设备检测次数，以确保输电通道安全。

无人机巡航不仅有效地降低了电力部门的整体巡检成本，而且在拍摄过程中，如果发现重大危急缺陷，能及时为运行单位提供信息，可以避免线路事故，挽回高额的停电费用损失。

（二）处理线路异物

搭载防水、电力巡检排障等专用设备的无人机，在巡检过程中发现电力线路被风筝、编织袋、塑料袋、树枝等异物缠绕的时候，能够快速利用搭载设备予以清除，保障线路正常运行。如果人工排除这些发生在野外的安全隐患，则速度慢、费用大，且有人员安全风险。假如长时间不排除缠绕在电线上的这些异物，就有可能形成线路断损的重大事故，后果难以想象。

另外，无人机在巡查中，如果发现在供电线路附近出现违章建筑，则会自动拍摄图像回传电力部门的监察平台或指挥中心，为及时处置提供信息（图5-16）。

图 5-16 无人机用于电力巡检示意图

（三）协助处理紧急电力事故

电力设施设备（如电塔、电线）在遭受人为或自然因素的损害时，巡检无人机能够通过内置加载高清拍摄设备航拍测绘，快速、准确地向地面工作站控制指挥人员传送受灾程度、定损评估等信息，电力部门据此立即布置相关单位开展抢修维护事宜，能够为事故抢修赢得宝贵时间。

无人机在电力行业的应用潜力很大。全国现有 52 万千米的高压输电线，按年巡 30 次计算，每年总巡长约 1560 万千米，一机一小时巡 20 千米，单机飞 150 小时计算，需要 5200 架，以每架 20 万元计算，电力巡航无人机拥有 10. 4 亿元市场规模。

未来，随着人工智能、云计算、大数据、物联网、移动互联网等新一代信息技术的不断迭代递进、融合创新，无人机遥感技术将得到质的飞跃，同时也驱动电力行业迈入一个全新的智能化时代。不久，无人机电力巡检将全面实现智能化。一是飞行平台智能化。无人机与 5G 通信紧密结合，逐步实现无人机由网联化、实时化向智能化发展。二是巡检智能化。攻克无人机智能控制等系列技术瓶颈，研发部署网络化“固定/移动”无人机智慧机场，实现全天候、无人自主智能化巡检。三是数据分析智能化。引入人工智能技术，不断优化模型，实现巡检数据快速、准确的智能化分析。四是设备状态评价及趋势预测智能化。通过物联网、大数据、云计算深度融合，实现多维数据全融合，状态监测全覆盖，数据流和业务流的集成耦合。五是构建无人机电力巡检智能化运维体系和智能化管控平台。未来，综合应用新一代信息技术的优势来实现两个智能化，必将有效提升精益化管理水平，开创电力巡检新局面。

十、无人机在石化行业的应用

无人机在石化勘探、管理等方面的推广应用，解决了以往存在的“粗、慢、贵、难”等问题。这是由于无人机可以不受石化管道铺设环境的限制，到达人们无法前往的地方进行管道巡检，避免了人员进入现场工作带来的生命财产安全隐患。与人工管道巡检相比较，无人机巡查的工作强度小，作业成本低，寻找问题快速准确。而且，无人机操作简单，高度自动化、智能化，大大提高了工作效率。

（一）线路勘查

测绘无人机、巡检无人机对开采地、管道铺设地和管道沿线地貌勘查后，能够快速绘制勘探区域的热地图，采集地表地形的基础数据，模拟预设路由，进行专业分析，评估应用情况。

（二）突发事故处置

石油和石化行业采用的高温高压、易燃易爆等具有危险性的特种设施设备较多，容易发生一些扑救难度很大的火灾、爆炸等生产事故。无人机不怕高温、不怕烟雾，能够进入火场搜寻着火点，观察并查找火势蔓延趋势，以及石油、天然气的泄漏点，将人身伤亡和财产损失降到最低。

另外，管道巡检无人机也能用于监测石油勘探对周边环境和动植物的影响，从而在防护管道安全的同时，起到保护环境、保护生态的作用。

（三）管道巡检

无人机通过搭载相机和摄像机，对石油化工园区的附属设备损坏、腐蚀情况以及石油化工管道进行清查，全面掌握相关管道和设备的运行情况，及时发现并回传安全隐患点的有关信息。

我国石油管道长度有 10 万多千米，相当多的管道铺设在人烟稀少甚至无人区内，这给人工巡检管道带来很大困难。无人机搭载光电吊舱、气体探测吊舱、红外吊舱等装备，进入这些人们难以到达的沙漠、森林、高山等地形复杂区域，对石油管道进行巡检，定期对容易发生冰灾、火灾、地震、滑坡的地段进行勘查，能够在第一时间发现异常现象，包括管道铺设地貌的变化、管道的损坏破裂、汽油泄漏及盗采现象、管道附属设施的破坏、管道周围第三方施工以及地质灾害隐患等，从而为把安全隐患消灭在萌芽状态提供信息。

十一、无人机在水利管理中的应用

无人机应用于水利管理工作，不仅可以更加系统地了解我国水文地质变化情况，还能在抗洪抢险和地质灾害中发挥重要作用，为水利管理工作现代化建设提供良好的支持。在科学技术发展水平进一步提高的社会背景下，无人机在实际应用过程中表现出影像传输速度快、能够深入高危地区作业、机动灵活等特点，在低空采集方面具有独特优势，能为低空卫星遥感数据和航空卫星遥感数据提供有效的补充。

（一）水质、水文监测

目前，我国水质监测主要依靠人工取水采样监测和无人船监测。人工监测投入成本高，耗费时间长，工作效率低。水质监测船的缺陷是，水面严重污染或有大量漂浮物时，船体会受到阻碍和污染。利用无人机进行水质抽样监测，有助于水质监测的高效化和精确化，提高水质监测的信息化水平。

多旋翼无人机具有良好的稳定性和操控性，定位准确，起降灵活，安全性高。可以搭载盛水容器和抽水装置，根据匹配的位置信息点，飞行到湖（河）中央上空，在水面以上两米左右进行取水样送检，能够快速、及时地发现湖（河）水质量状况。

无人机在目标区域的航拍和巡航，能在第一时间获取水利资源调查信息，掌握地面水资源用地信息以及水利资源调查成果。地面工作站根据实时航拍监控的数据，可以清晰地分析水文数据的实时动态。

搭载流速流量计设备的无人机，可以进行水体流速的测量。当无人机飞到水面上空时，将携带的流速流量计投放到水面以下 3 米左右处，便能进行水流速度测量，其数据均存储在流量流速计中。几分钟后，待数据测量稳定时，令无人机飞回，地面人员便可查看到存储的水体流速（图 5-17）。

图 5-17　无人机对水体流速测量示意图

此外，在无人机上搭载声呐探测设备，可快速到达指定位置，扫描水下地貌，更好地了解水下地形和结构的相对位置情况，最大水深可达 100 米，最大宽度可达 300 米。

（二）水域环境和水土保持监测

无人机搭载高清相机、热成像相机、变焦相机等设备，在河道、湖泊、水库等水域进行高空高速巡查，对水域环境实施动态监测，能够查明范围内水域的变化情况。然后，利用这些水域基础数据，建立水域调查、水域统计及其他管理制度，逐步实现水域管理的信息化，满足社会经济发展和水域管理的需要。

水域环境动态监测的结果，为水利管理提供了依据：一是可以发现水域的违章建筑，即影响航运、水利安全的占用河道、湖面的各种违建物。二是可以发现各种污水偷排点，以及污染程度、分布状况。三是可以发现违法吸砂船、捕盗船等。从而为依法治水、排除水道安全隐患和污水治理、环境保护提供服务。

水土保持是水利工程的安全要素之一。水土保持的天敌是水土流失，水土流失对水利的危害众所皆知。于是，进行水土保持监测和普查，便成为水利部门一项十分艰巨而重要的基础性工作。无人机遥感系统能够帮助我们完成对水土流失的成因、强度、影响范围及其防治成效等的实时动态监测任务。

水土保持监测的具体内容主要包括：区域地形地貌、自然植被、气候条件等，以及工程项目挖填取弃土量、建设项目水土流失对周边及下游环境造成的影响等。土壤侵蚀因素及其定量的数据获得特别难，因为土壤侵蚀原因及过程较为复杂，受到多种自然环境及人为因素影响。传统的水土保持监测的土办法费时费力又欠准确，现在用上无人机，大大地缩短了巡检周期，有效地提高了水文信息的实时性、准确性。根据不同土壤侵蚀类型和影响因子的不同，参考土壤侵蚀房产因子指标，结合遥感技术及常规方法，在 GIS（地理信息系统）中存取、表达和计算，以完成土壤侵蚀定量的计算。

实践证明，利用无人机获取的遥感图像，对水土流失情况、现状及发生特点和趋势进行科学分析，及时制定针对性改善策略，可以加快水土流失治理，确保水利工程的实际效用。

（三）助力抗击涉水自然灾害

无人机作为空间数据获取的重要手段，具有影像实时传输、高危地区探测、低成本、高分辨率、机动灵活等特点，是卫星遥感的有力补充，也是对地面常规水利信息监测、突发灾害应急处理的重要补充手段。

在抗击水涝干旱灾害中，无人机搭载有关设备，能够完成水情监测、河道走向、水库监测、洪灾区域检查等任务，还能查看到水毁桥梁、淹没区域等情况，有力提高抗灾效果，减少灾情危害。

无人机用于抗灾中的具体作用是多方面的。一是水域建模。无人机航拍获取的高清图像，通过启飞应用的 GIS，可以生成水域及周边的高精度的三维影像模型。二是淹没推演。无人机应用的 GIS，可以基于真实的地面三维场景对洪水的淹没进行推演分析，从而做到提前推演、排除隐患和制订应对方案，为防洪工作提供重要的技术保障。三是空间测量。无人机应用的 GIS，可以基于三维立体模型进行长度、面积、体积、挖方、填方等各种维度的丈量测算，能够极大地降低水利工程规划中的成本，并极大地提高效率。另外，三维建模可以存储水域内各个时期乃至不同时间点的三维地理数据，通过这些数据的对比，可以为水利研究和规划工作提供重要的基础数据。四是预测气象、防汛抗洪。无人机搭载气象测量传感器等设备，收集气象数据，结合实时回传水库、上游河道、周边环境的高清图像，可以有效地支撑对降雨量和降雨时空分布的准确预测以及对洪峰模拟的精确计算等，提前预报山洪、泥石流等自然灾害，在日常防汛抗洪中发挥重要作用。

（四）水利遥感测绘

现有的普通航空摄影缺乏机动灵活性，而且难以获取云下图像；卫星遥感由于时效性不强，分辨率较低，无法满足水利工程等需要重复测绘或监测的工作要求。以无人机作为遥感飞行平台，搭载数据遥感设备，利用遥感数据处理系统作为技术支撑，融入3S技术，可以实时对地面水域进行观测及进行数据的快速处理。采用无人机技术的测绘遥感系统，具有快速获取高分辨率图像及快速处理的能力，在前期检校及测试后，都可以根据任务的需要获取较大比例尺的航空影像资料，完成数字线划图、数字高程模型、数字正射影像图的绘制，为水利工程建设提供重要的信息。

此外，利用无人机遥感图像技术，根据水利工程区域内不同时间段的监测图像进行假彩色合成，能够分析该时间段内水域的淹没范围，分析水流移动方向和移动速度，为决策者提供有效信息；利用红外波段的水体辐射率同其他地物辐射率相比存在较大差异的特点，针对目前水域选择合适的红外波段，确定水体的阈值。将红外波段辐射过后阈值在该范围内的定义为水体，高出阈值的定义为非水体。根据该原理，可以计算水利工程区域内的水位值及水位覆盖面积，便于为工程提供科学参考依据。

十二、无人机在应急救援中的应用

应急救援一般是指针对突发性且有破坏力的紧急事件所采取的预防、预备、响应和恢复的活动与计划，其目的是控制紧急事件发生与扩大，以减少损失，迅速恢复正常秩序。应急救援的对象是突发性和后果与影响严重的公共安全事故、灾害及事件，如火灾、水灾、爆炸、地震、山体滑坡、特定区域的人员失踪（迷路）等。应急救援的基本任务是，立即组织营救受害人员，组织撤离或者采取其他措施，保护危险、危害区域的其他人员；迅速控制事态，并对造成的危险、危害进行预监测、检测，测定事故的危害区域、危害性质及危害程度；消除危害后果，做好现场恢复；查明事故原因，评估危害程度（图5-18）。

无人机体积小，操作灵活，起飞便捷，无须跑道，几分钟即可，执行任务不受烟雾和自然条件的限制，在应急救援行动中能够发挥其独特的作用，能提高应急救援行动的成功率和有效性。

（一）无人机在应急救援中的使用方法

无人机用于应急救援，首先要根据实情制订实施方案，明确无人机执行任务的区域、范围、任务、目的和无人机起飞、飞行的时间及架次。工作任务重、无人机数量多、时间长的行动，应建立无人机应急指挥调度中心，借助于自动化调度平台统一指挥调度，确保工作有序高效。其次，选好用好监控摄像装备以及有关救援的设备、物资。不同的监控摄像装备有着不同的作用，常规光学摄像云台提供稳定可变焦高清、可见光数据图像，红外光云台提供热成像数据图像，对地激光雷达提供对地面高解析图、三维模型数据，气体探测器提供区域内各种有害气体实时监测数据，多光谱相机提供原油泄漏、农作物病虫害等监测数据。

未来，5G 通信技术的广泛投入使用，能够提供更高的宽带、更低的延时和更广的信号覆盖范围，为未来无人机带来更可靠的高速数据链路。5G 数据链路应用于应急救援中，将会以飞行器分散配置、指挥调度集中管理的方式出现，在城市各个地区配置飞行器固定站、无人机移动指挥车、单兵移动无人机，对整个城市进行无人机飞行区域覆盖，实现紧急情况下的无人机快速部署，实时监视，及时救援。

图 5-18　无人机营救落水者示意图

（二）无人机在应急救援中的作用

通过无人机搭载相应的监控设备回传的数据，监控系统云平台将数据汇总后，由大数据计算实时绘制出监控区域内的高分辨率实景图像，并叠加至三维地形数据，真实、准确地还原出监控环境数据。监控系统云平台还可以通过即时还原的数据，结合气象、水文等数据，进行现场事件态势分析，并给出处理建议供指挥员决策分析，为合理分配救援力量、确定救援重点区域、选择安全救援路线以及灾后重建选址等，提供有价值的参考。此外，无人机可实时全方位监测受灾地区的情况，以防引发次生灾害。

无人机应用于应急救援行动，可以避免现场救援人员面临的各种安全风险，并在第一时间能将现场视频、图片等数据采集保存，实时传输到灾情处置指挥中心，帮助指挥人员迅速制订方案，指挥地面团队实施救援。

5G 无人机搭载光电吊舱，配合 5G 实时回传，能够全天候 24 小时监控灾区现场灾情，及时回传画面。即使在漆黑的夜晚，也能依靠红外吊舱，清晰地发现灾情，及时回传画面。

在灾区通信中断之际，无人机搭载专用设备飞抵灾区，能够恢复信息沟通，为应急救援提供信息保障。

无人机用于灾难救援中的具体作用多多，比如：为不幸溺水者运输救生圈；替代救援者进入一些危险区域来寻找幸存者；前往地震后的或具有大量放射性元素的区域，代替人去完成一些危险的事情；将食物、药品和其他急用物资及时地送往交通不便的偏远灾区，将救援物资直接送达有需要的人手中；无人机在灾区的实时监控，能全面提供灾情，发现并定位火灾的火源点、泄漏的有毒气体或者石油，以及农作物病虫害状况；等等。

（三）无人机应急救援中的具体运用

1. 火灾扑救

无人机投入火灾扑救中，进行火情侦察的作用重大。因为火灾随时可能发生变化，消防人员需要根据不断变化的火灾大小和蔓延情况，评估是否需要增援，了解是否有人员被困，适用什么样的特种装备，以及寻找、定位水源。小型无人机操作简单、携带方便，起飞准备可在半分钟内完成，起飞后能够马上扫描附近几千米内的情况，对侦察火情和定位水源能起到关键性作用。

一台消防车存储的水量为 3 吨左右，5 分钟内就会耗尽，只够扑灭小型火灾。所以，消防员需要在现场寻找水源补给。城市消防水源一般来自消防栓，而在郊区或农村，需要寻找附近的池塘或者河流。此时，无人机在空中“一目了然”。找到水源后，供水车辆在水源补给处抽水，再用水管接至消防车，然后开始灭火。

灭火结束后，消防部门需要复盘，对灭火救援行动进行评价总结，以积累经验，提升指挥水平和实战能力。使用无人机 PC 地面站专业版获得的灾后正射影像，能够为消防部门复盘现场起火点、蔓延方向、过火面积以及首批救援力量、增援力量、高喷车与水车的布置等信息。使用 DJI PC 地面站专业版和“精灵”等小型无人机对火灾现场进行二维建图，能清晰反映火场环境、火源位置、水炮架设位置等关键信息，满足复盘需要。

在使用无人机之前，侦察火情需要依靠消防人员以血肉之躯深入火场，风险非常高，还未必能全面了解火情。一旦用上无人机，就能在保障安全的情况下全部满足这些需要，但要根据火灾不同情况，选准、用好无人机及其有关装备。

可见光无人机的应用，局限于视野良好的日间环境，在浓烟、建筑物遮挡或夜间时，消防人员需热成像相机辅助现场侦察与指挥。热成像相机将热辐射转化为可视图像，能直接反映观测区域的温度差异。在重大火灾中，火源隐藏在建筑、存储罐、管道之间，并被烟雾遮挡。现场使用无人机携带热成像相机则不受这些影响，能洞察秋毫，直接定位火源。这一特性使其成为理想的消防侦察与指挥工具。

使用无人机扑救发生在城市内高层建筑中的重大火灾，能够解决传统救援方式面临的灭火装备无法覆盖的问题。释放搭载灭火设备、器具的灭火无人机升空，向高层起火点发射灭火弹能够直接灭火。现代高层写字楼的钢化玻璃外墙，内部起火之后，人员无法打掉玻璃获得逃生机会。此时，派出破窗无人机，对起火楼的玻璃进行定点破除，能为内部人员逃生提供通道。

2. **抗震救援**

地震发生后，往往道路交通和对外通信中断，有些灾民被困在灾区里出不来，甚至有些灾民被埋在建筑物内或者深陷下去的泥土里等待救助，处境十分危急。无人机通过航拍，可以及时提供灾区实时实景实情，为抗震救灾指挥部全面部署救援行动提供帮助。与此同时，无人机能在一定范围内快速提供救援物资及设备的投放，迅速解决区域内被困人员对食品、饮水、衣服等的紧急需求（图 5-19）。在无人机无法降落的区域，可通过悬停定点伞降或低空快速抛投的方式投放物资。特别是在人员受伤需要紧急救治时，无人机可快速解决急救包、药品的投递以及除颤设备等物资的投放，抢在救援队伍来到之前先对区域内的危急人员施救。携带生命探测设备的无人机，还可以对救援人员无法快速到达的区域进行生命探测，快速定位，为后来救援者定点施救服务。

图 5-19　无人机投放救援物资

3. **抗洪救灾**

在应对洪涝灾害行动中，无人机搭载有关专业设备，通过水域建模、淹没推演等手段，能够生成水域及周边的高精度三维影像模型，完成水情和水库监测、河道走向、洪灾区域检查等任务，还能看清水毁桥梁、淹没区域等情形，为抗洪救灾指挥部门及时制订方案、采取有力措施抗洪救灾提供信息支撑，大大提高抗洪效果，减少灾情危害。

对于有些来不及疏散而被困于洪水之中的人员，传统的救助方法是抗洪救灾人员乘坐小艇或涉水前往施救，速度慢且有人身安全风险。放飞载有抛投系统的无人机抵达灾区上空，可将救生衣、救生绳等救生器具空投给水中被困者，保障救援行动快速、安全、可靠。

4. **深山老林中救援**

野外深山老林等地形地貌复杂地区，发生人员失踪、迷路等紧急救援事件时，放飞无人机至深山老林上空，通过5G网络大带宽、低延时、广连接的优势，实现大范围区域密集地搜索寻查的无人机拍摄视频画面的实时回传，再利用部署于天翼云的AI分析能力，智能判断画面中的建筑物特征、周围环境、交通工具、位置信息等情况，能够确定目标所在地，为地面搜救人员提供可靠线索，缩小他们的搜索范围，在最短时间内实现紧急救援目的。这就有效地解决了传统的深山老林中人工搜救耗时长、风险大等问题，极大地提高搜救工作的效率。

5. **抗击疫情灾害**

2020年，新冠疫情暴发。为了及时有效地控制疫情蔓延，党中央、国务院做出统一部署，高度重视。在此战“疫”中，无人机行业和公安机关积极响应，纷纷投入无人机助力，在宣传预防疫情传播知识、抗击疫情禁令和运输投放急救药品、小件医疗设备，以及消杀病毒、疏导交通等方面，发挥了应有的作用，取得了积极成效。

无人机搭载专用设备，在居民小区和市区空旷街头等特定区域低空飞行，通过扩音器宣传防疫知识；发现违反规定聚集室外的人群和路上行人没有戴口罩的，便在空中喊话，或驱散，或提醒人们戴口罩，防止疾病交叉感染；植保无人机把农药换成消毒液，放飞在目标区域上空喷洒消毒，安全又高效，每小时消毒面积逾万平方米；无人机搭载“抗疫城市空中运输通道”，及时运送急救药品和小型医疗器具，保障医院供给；在疫情防控重要关口——城市高速、高架道路的入口处（疫情检测点），无人机悬挂申报检测的二维码，悬停在此上空喊话，告诉进城车辆司机扫码登记并摇下车窗接受体温检测，使车辆运行速度可以提升2倍以上，大大缓解了交通拥堵。

十三、无人机在测绘业中的应用

测绘早已有之，从甲骨文记录的人文地理缩影，到康熙年间的《皇舆全览图》中便可以看出，康熙当年曾组织传教士进行大规模的全国性测绘。这场测绘工作从康熙四十七年（1708）开始，耗时十余年，利用了天文观测、星象三角测量等方式，最终完成了科学水平空前的《皇舆全览图》，在中国地图发展史上具有划时代的意义。

新中国成立后，测绘业得到大发展。无人机测绘则是近几年逐渐发展起来的。当下全国已有30多个省级测绘单位装备了无人机测绘遥感系统。遥感无人机的应用，使其成为与航天遥感测绘、地面测绘相辅相成的技术手段。

与传统测绘模式相比较，无人机测绘具有测量范围广、地形测量效率高、测绘成本低等三大优势。因为无人机监测时，可以对测绘区域内一些盲区的地质环境进行准确的监测，保证了测绘工作的真实性与可靠性。同时，无人机监测可以将测绘的数据信息，通过三维模型的方式呈现出来，提高了测绘数据的直观性，为关联工程的设计和建设提供准确、真实的数据。

在地形测量方面，无人机的工作效率远远高于传统测量，特别是在自然灾害发生时期的地质地形测量方面，无人机的快速高效更是传统测量方式无法比拟的，它可利用网络快速地将测量数据信息反馈给灾害应急救援指挥部门，相关人员便能根据反馈的信息，及时制订救灾方案，保障人民群众生命财产安全。对于工程项目而言，无人机测绘能够节省很多人力成本，测量设备的损耗也能得到一定控制，可以实现项目前期测绘投资的最小化和工作质量的最大化。

不同类型的无人机有着不尽相同的性能，因而不同的测绘工程环境适用的无人机类型也不同。从实践情况来看，不同类型无人机的性能和测绘区域的地形、水文以及施工现场的环境，是选用合适无人机测绘的依据。多旋翼无人直升机具有空中悬停的功能，适用于悬停状态下的图片拍摄。固定翼无人机在使用中是将电池作为动力能源的，其电动机的隐蔽性好、声音较小，适用于装载有高清摄像头的航空摄像测绘工程。伞翼无人机是超轻小型无人机，具有飞行高度低、速度慢以及体积小等特点，主要适用于低空飞行的测绘工程。无人直升机无须发射系统，就能完成垂直起降与自由悬停等操作，能够按照测绘工程飞行剖面的航路，为测绘工作的开展提供技术与设备支持，主要适用于场地范围小、有悬停作业任务的测绘工程。

从目前情况来看，无人机在测绘业中的应用，主要集中在海岸线地形测量、城市规划测量、矿山测量和土地开发、环境整治、国土资源管理以及重大灾难应对等几个方面（图 5-20）。

图 5-20　无人机测绘作业示意图

（一）海岸线地形测量

我国的海洋资源非常丰富，海岸线也非常长。通过对海岸线的测绘，可以保障我国的国土资源安全。同时，在水产养殖与海洋资源开发时，海岸线的测量工作可以起到非常重要的作用。海岸线测量工作的特殊性在于，很多地区是人根本无法到达的，无人机测量技术则可以在这些地方发挥作用，凭借其飞行的稳定性进行海岸线的基本信息测量。

为了保障无人机测绘工作的真实性与安全性，测量之前，需要做好像点的布设工作，给无人机的测量提供可以参考的坐标点或者是等高线。这样，不仅可以提高无人机测量工作的准确性，而且其工作的安全性也得到了有力的保障。

（二）城市规划测量

在城市规划时，需要全面掌握城市的人文地质状况，即需要基础地理信息和产品。这些，4D 无人机测绘可以获取。

4D 产品包括数字正射影像图（DOM）、数字高程模型（DEM）、数字栅格地图（DRG）、数字划线地图（DLG）。

通过在无人机上搭载预检校或普通的数码相机，按照航线拍摄场景，获取存在重叠的多幅影像，利用专业的摄影测量工作站，即可生产满足精度指标要求的多类比例尺地理信息产品，以便于工作人员直观、有效地观察城市地质信息，从而科学地编制长远的城市发展规划方案。

（三）矿山测量

为了保障矿山开采的质量与安全，在矿山开发之前必须要做好测绘工作。但是，由于矿山地区地质环境的特殊性，传统的工作人员携带设备进行勘查的模式根本行不通。一方面，设备无法全部运输到矿区；另一方面，在矿山测绘时，险峻的山区地势容易给工作人员造成安全风险。

无人机在对矿区地质地貌进行勘测时，将无人机遥感技术与超高清摄像设备结合，可以快速进行测绘摄像，工作人员无须进入复杂的矿区，通过计算机系统对测绘的图像与坐标信息进行分析，可以有效地保障测绘数据的准确性。

（四）土地开发、环境整治、国土资源管理中的无人机测绘

现实情况表明，将无人驾驶飞行器、遥感技术、通信技术和 GPS 技术等结合起来应用于地理信息测绘测量方面，具有智能化、自动化和专业化等特点。目前，该技术已在国土资源测绘领域得到广泛应用，并已经成为世界各国的研究重点，是未来遥感技术发展的主要方向。

无人机技术可以实时更新、修改和升级地质环境测量信息及地理空间测量信息等，为政府和企业提供最新的地理信息，为环境整治、土地开发和国土资源管理等方面的工作提供信息保障。

经济和文化的繁荣发展，使得传统的遥感技术已经无法满足人们日益增长的需求，不少古建筑、城乡地貌等发生了巨大的变化，车站、机场、港口和市政工程等建设都需要更加详尽的资料。所以，运用无人机技术获取更详尽的测绘测量资料前景广阔。

十四、无人机在城镇街景和影视拍摄中的应用

利用无人机搭载高清摄像机，在无线遥控的情况下，根据拍摄需求，在遥控操纵下拍摄城市集镇街景和电影电视剧的场景，这一做法已经得到推广使用。因为无人机携带摄像机航拍影像，具有高清晰、大比例尺、小面积、高现视性的优点，特别适合获取带状地区（如公路、铁路、河流、水库、海岸线等）的航拍影像。而且无人机为航拍摄影提供了操作方便、易于转场的遥感平台，起飞降落多，场地限制较小，在操场、公路或其他较开阔的地面均可起降，其稳定性、安全性好，转场非常容易。

人们尤其看好的是无人机实现了高清实时传输，其距离长达 5000 米，标清传输距离长达 1 万米；无人机灵活机动，低至一米，高至四五千米，可以随心所欲地实现追车、升起和拉低、左右旋转等动作，甚至能够贴着马肚子拍摄，极大地降低了拍摄成本。无人机拍摄的街景图片，不仅有一种鸟瞰世界的视角，还带有些许艺术气息。在云遮雾罩的地区，无人机航拍街景和影视剧中场景，可以弥补遥感卫星的不足之处。

多用途、多功能的影像系统，是获取遥感信息的重要手段。遥感航拍使用的摄影、摄像器材，主要是经过改装的 120 照相机，拍摄黑白、彩色的负片及反转片。也可以使用小型数字摄像机或视频无线传播技术，进行彩色摄制。低噪低能、高效机动、影像清晰和轻型化、小型化、智能化，更是无人机航拍的突出特点。

无人机能进行实时指挥飞行，不仅可以进行航空拍照、摄像、摄影，还能进行影像直播，通过无线图像传输信号 +5G 网络，将无人机航拍的实时图像传递给电视、手机、计算机等终端用户，实时观看航拍画面。

无人机的另一个用途就是媒体播报。早前，只有大型新闻单位才能负担得起使用直升机录制航拍视频，如今，即使是当地报社或小型媒体单位，也能利用低廉高效的无人机，快速获取新闻播报所需的航拍素材。相对于有人直升机而言，无人机能够进入更紧凑、离地面更低的地方。而对于面对面访谈等简单录制工作，盘旋于附近的摄制无人机则完成得更加出色。

十五、无人机在演讲中的应用

消费级无人机设备的厂商臻迪推出的名为 PowerEgg X 的无人机，通过多变的组合模式来延伸应用场景，从而解决了无人机应用频率过低的问题，使得无人机应用于演讲中成为现实。从实操环节可以看出，PowerEgg X 各种模式之间的切换非常简单，搭配腕带模组后，PowerEgg X 就变身手持云台相机，给人的感觉就是一台蛋形外观的数码相机。在此模式下，可以通过三脚架或者其他工具将其固定在一个位置，PowerEgg X 就变身为一台自寻影 AI 相机。因为 PowerEgg X 拥有跟随、锁定、FPV 三种云台模式，在选

择跟踪目标后，PowerEgg X 的镜头会始终跟随着所选定的目标，并且会将它一直放在中心位置。这样在拍摄演讲或者讲话的时候，就不需要再安排一个人拍摄，只需要设置好 PowerEgg X，一个人就能够轻松搞定。这是由于 PowerEgg X 拥有 SyncVoice 专利修声技术，可以通过点击 APP 内的录音按钮，实现手机或者无线耳机设备收声，再自动传到 PowerEgg X 内部进行合成，拍摄出来的视频直接带声音，无须后期配音合成。这个功能非常适合拍摄 Vlog（视频网络日志）。

十六、无人机在表演艺术中的应用

近年来，无人机编队表演的飞行时有所见（图 5-21）。在春节联欢晚会、国庆等大型节庆活动期间和企业大型商贸活动中，我们都可以看到数以百计甚至数以千计的无人机在空中编队表演，那些美丽灯光组成的图案，令人惊叹！

图 5-21　无人机表演灯光秀

无人机编队表演，早先用的是零度多比无人机，价格 7 万多元，比较贵，使用也有不便，地上必须铺设一个 10 米 ×10 米或者 20 米 ×20 米的二维码。无人驾驶的飞行器就是靠这个二维码来进行定位编队飞行的。空中停留的时间也短，只有 5 分钟。

现在的客户要求越来越高，不仅要操作简单，飞行时间长，而且空中表演内容要丰富多彩。有的需要无人机的灯光，而不仅仅是舞步；有的还需要色温很低，可以控制灯光，如 3200K 的那种蓝；也有的想定制舞步、定制灯光，甚至要求飞行过程中可以控制无人机喷烟。价格当然越便宜越好。

高巨创新科技开发有限公司的无人机编队表演可以实现这些功能，而且价格比零度多比无人机便宜一半，飞行时间长达 13 分钟，也不需要地上铺二维码，只需要四个基站就可以了，方便得很，深受市场的欢迎。

无人机编队表演灯光秀的吉尼斯世界纪录保持者，是 2025 年 6 月 17 日在重庆组织的“魅力重庆”无人机灯光秀，共有 11787 架无人机参与。早在 2018 年 2 月，广州智能公司曾在西安放飞 1347 架无人机表演灯光秀。

十七、无人机在互联网推送中的应用

Facebook 买下 Titan Aerospace 太阳能无人机公司时，便迎来了无人机在互联网推送中的应用。Facebook 首席执行官扎克伯格计划利用旗下 Aquila 无人机，向偏远地区推送互联网，Aquila 无人机现已取得首次成功试飞。无人机互联网推送一旦成功应用，无线互联网传播就成为现实。

扎克伯格表示："我们的最终目标是组建一支 Aquila 无人机舰队，悬浮在 60000 英尺（1 英尺≈0.3 米）的高空，彼此通过激光器联通——这项计划以前从未被实现。"

近年来，新技术利用 4G 蜂窝网络操控无人机，进一步扩大了无人机的应用范围。据无人系统技术网站 2018 年 7 月 30 日报道，加拿大全球无人机技术公司宣布，其研发工程与制造部已成功利用 4G 蜂窝网络试飞一架无人机，其中，4G 网络主要用于无人机指挥控制和飞行数据遥测反馈。此次测试飞行采用公司内部研发的多旋翼无人机平台进行了多次起降，并执行了自主飞行计划。

利用 4G 蜂窝网络操控无人机，旨在为地面操作人员和驾驶员提供更强大的指挥控制和数据链路遥测连接。现有蜂窝网络提供的实时控制链路和数据传输能力，将大大提高无人机运行的整体效果。该技术使作战中心的驾驶员可以在全球任何覆盖蜂窝网络的地方或无线电通信受阻的城市环境，控制无人机的发射、飞行和着陆。

在现有蜂窝网络的支持下，控制无人机飞行对于全球商业无人机应用来说是巨大进步。目前，无人机利用无线电直接与驾驶员地面站连接。而利用蜂窝网络作为高带宽数据链路将扩大许多应用的范围，如无人机监视、搜救和应急响应，该技术打开了一系列新型无人机应用的大门。

十八、无人机在低空经济中的应用

低空经济指基于低空飞行设施及技术服务等产业，通过高效物流、智能交通、旅游观光等方式，推动区域经济发展的新型经济形态。低空通常指地面以上、1 千米以下的空域。这部分空域的无人机应用，包括物流配送、空中交通、应急救援、农业植保、观光旅游等。无人机与低空经济的结合，正在成为推动经济和社会发展的重要力量。在低空经济中，无人机占据核心地位。

低空经济的核心载体无人机，具有灵活性、低成本、智能化和环保性等优势，正在重塑传统行业的运作模式。

首先，物流配送。早年，亚马逊就在美国部分地区使用 Prime Air 无人机送货。而在中国，深圳的无人机送外卖项目也展示了低空经济在城市服务中的潜力。无人机用于低空物流，具有方便快捷、智能精准、绿色安全等特征，是传统物流的有益补充。2024

年，深圳新增航线 94 条，载货飞行 70 万架次。丰翼在深圳开通 431 条物流航线，最远的物流横跨龙岗—宝安两地，达 40 千米。

其次，公共服务。一方面，在灾难救援中，无人机可以快速投送救援物资，为受灾群众提供及时的帮助。另一方面，货运无人机在城市管理中作用显现，广泛应用于城市安防、电力巡检、国土测绘等多个场景，大幅提升了城市管理的效率和安全性。

再次，文旅消费。低空经济为旅游业提供了全新的体验和视角，空中观光、无人机表演活动等项目逐渐兴起，游客可以乘坐无人机或轻型飞行器鸟瞰城市景观和自然风光等，别有一番风味在心头。2024 年 9 月 26 日，深圳 1097 架无人机升空表演各种艺术形象。国庆期间，深圳无人机表演曝光量达 7.5 亿次，表演所在地人流量 246.2 万人次，实现营收 2.03 亿元。

最后，交通运输。无人机用于交通货物运输，速度快，不绕路，能够抵达车船运输不到的地方，工作效率更高，而且相比普通飞机运输成本降低 50% 左右。

2024 年 9 月 25 日，天幕空卡杭州智能科技有限公司联合航空浙江省实验室全新研制成功的全球首款吨级超级混动货运无人机，最大起飞重量是 1800 千克，最大有效载荷达 630 千克，巡航速度 160 千米/时，最大航程 1800 千米。

2024 年 9 月 27 日，联合飞机集团研制的全球首款 60 吨级倾转旋翼飞行器正式总装下线。该机命名为“镧影 R6000”，它集合了直升机垂直起降与固定翼飞机高速巡航的优势，无需机场跑道，飞速可达 550 千米/时，飞行最大航程达 4000 千米，最大载重 2 吨，最大升限 7620 米，将成为跨省域交通出行物流运输的利器。“镧影 R6000” 分为载物型和载人型两款机型，载人型灵活配置 4～10 人乘坐，将以前所未有的便捷性引领智能立体交通时代。

载人无人机用作短途交通工具，在低空经济中发展快速。可以用于载人无人机的通用机场、小型机场逐渐增多，这给载人无人机带来了广阔市场。载人无人机的技术开发也不断取得新成效，从搭载 1 人到 5 人，成为“空中汽车”，又称“飞行汽车”。

2023 年 9 月 30 日，清华大学车辆学院主体研制出的面向城市交通的智能载人飞行汽车在西安试飞成功，实现了空中飞行、地面行驶、陆空切换飞行与地面无人驾驶等功能，突破了大载重下飞行汽车远距离运输的难题。2024 年 12 月 18 日，广汽集团新产品发布会上推出了一款飞行汽车 GOVY Airjet，最大飞行速度达 250 千米/时，续航 200 千米，未来搭载广汽自研的全固态电池，有望实现超 400 千米航程目标。

2024 年 8 月 1 日，峰飞航空盛世龙 eVTOL 电动垂直起降航空器完成跨长江首飞，从位于南京浦口区的南京市无人机基地起飞，飞越长江并沿江盘旋巡航后返回基地，航程 25 千米，往返飞行时长 10 分钟。

未来实现无人机与低空经济的深度融合，需要以下关键技术的支持：一是自主飞行与人工智能。开发先进的飞行控制算法，实现无人机的自主起降、避障和路径规划。二是通信与导航。5G 通信和高精度导航技术的融合，确保无人机与地面站的实时数据传输和精准定位。三是能源与动力。高能量密度电池和氢燃料电池等技术的开发，能够提升无人机的续航能力。四是空域管理的完善。完善无人机交通管理系统（UTM），实现低空空域的智能化管理，确保飞行安全。

十九、无人机在影视业中的应用

在影视业中应用的无人机为 FPV，这种为电影拍摄而制作的 FPV 无人机，与普通无人机的主要区别之一，在于这款无人机的名称：FPV，即第一人称视角（First Person View）。

（一）FPV 无人机的优势

FPV 无人机能够从其机载摄像头向显示器提供实时视频传送——通常以操作者佩戴的护目镜的形式，使得操作者能够看到无人机所拍摄内容的正面视角，就好像他们坐在无人机内部亲眼看着一样。这种身临其境的体验，提供了一种飞行感，可以使操作者更精确地控制和导航无人机。

FPV 无人机主要用于运动拍摄，它们通常比专业型无人机小得多，如 Freefly Alta 8 或 Alta X，可用在 Movi-Pro 或 DJI-Ronin 的方向架上，携带重载电影摄影机。FPV 更小的框架和更轻的重量，使它们更加敏捷和快速，能够适应小缝隙，所有这些都具有巨大的吸引力。

目前，FPV 无人机仍属于小众设备，它们通常是由操作员定制的，也有一些开箱即用的产品。

（二）FPV 无人机的外观配置

FPV 无人机的外观配置主要是框架、摄像机、电池，见图 5-21。

图 5-21　**FPV 无人机**

框架是相机所在的部分，由支撑相机和电池的机身及支撑飞行的电机的臂组成 。框架通常由碳纤维制成，这种轻质材料经久耐用。上图中用于 FPV 无人机设置的框架是 Shendrones 的 Hevi 框架，是同轴八轴飞行器，载有四个双电机，每个电机可以转动两个转子。

一个 FPV 摄像头将连同一个发射器一起连接到无人机的前部，该发射器使用来自 FPV 摄像头的天线，将传输的视频信号发送至操作员佩戴的护目镜。上图中的这款 FPV 相机为了尽可能轻便，仅用于监控和传输目的，以便操作员可以看到飞行的位置，不用于录音。对于实际的视频录制，则需要一台尽可能轻便的电影级摄像机。

FPV 无人机的锂聚合物电池将绑在钻机底部。想要无人机飞的时间越长，电池就必须越大。因此，使用者总会在轻重量、高机动性与大重量、机动性差、飞行时间更长的无人机之间进行选择。一块 4500mA · H 的电池可能支持无人机飞三到五分钟，具体取决于无人机的飞行速度。

在内部或外部高速拍摄航拍镜头，无限接近演员和物体，使电影制作人能够获得高度动态的镜头而无需使用视觉效果，这一切都归功于 FPV 无人机和小型数字电影摄影机。

（三）FPV 无人机的局限性

一是重量。为了尽可能轻便，FPV 无人机通常不能使用更大的电影镜头、遮光盒或使用 4 ×4 英寸或 4 ×56 英寸滤镜来控制曝光或创建滤镜效果。这意味着当拍摄白天的外景时，大部分曝光控制将会遇到困难。FPV 无人机无法承受太大的重量，也无法为摄影机提供动力，这也意味着需要使用带有深度光圈的广角镜头。因此，用浅景深近距离拍摄物体是不可能的。除此以外，操作员要频繁地更换电池，这使得 FPV 无人机无法长时间拍摄。

二是灵活性不够。与直升机上的遥控头或使用万向系统的大型无人机不同，FPV 无人机上的摄像机不能由操作员摇摄、倾斜或滚动。相反，飞行员是摄像师，需要将无人机的前部精确定位在他们想要拍摄的位置。

三是操作风险。FPV 无人机的很多拍摄动作都非常快，因此不仅对演员，对摄像机来说也是危险的。

二十、无人机在灭火救援中的应用

应用于灭火救援中的无人机谓之消防无人机。它是随着社会经济的高速发展应运而生的。改革开放以来，特别是进入 21 世纪以来，我国社会经济发展进入快车道，城市高楼林立，人口密集，消防难度增大；石油化工厂高度集聚，存在着巨大的安全隐患，传统的消防灭火救援工作面临巨大挑战。2023 年 11 月国务院发布的《“十四五”国家应急体系规划》指出，针对重大险情，加强太阳能长航时和高原型大载荷无人机、机器人以及轻量化、智能化、高机动性装备的研发及使用，加大 5G、高通量卫星、船载和机载通信、无人机通信等先进技术应急通信装备的配备和应用力度。无人机作为救援装备的先进补充力量，拥有灵活、高效、精准等特性，在灾情评估分析、隐患巡查与监控、现场救援、医疗物资保障等作业中，凸显其得天独厚的优势，为科学救援、高效消防保驾护航。具体而言，消防无人机灭火的核心优势体现在以下几个方面。

一是高效性与快速响应。消防无人机可突破地形限制，直接飞抵火场核心区域，缩短灭火响应时间。以重庆某高层建筑火灾为例，无人机在接警后3分钟内抵达现场，比传统云梯车快15分钟以上。搭载的热成像镜头可穿透浓烟，10秒内完成火源定位，灭火效率提升60%。

二是高危环境下的作业安全性。在2023年河南化工厂爆炸事故中，消防无人机携带30千克干粉灭火弹深入核心爆炸区，成功阻断二甲苯储罐连锁燃烧，避免了28名消防员进入辐射超标区域。统计显示，无人机应用使高危火场人员伤亡率下降43%。

三是多任务协同作战能力。美国将无人机用于灭火救援的时间较早。2022年，加州山火救援中，由6架无人机组成的编队实现立体灭火：3架重型无人机建立空中水带（每小时输水12吨），2架中型机进行余火清理，1架侦察机实时传输1024×1024像素红外图像，形成侦查—压制—清理作战闭环，72小时控制过火面积达12平方千米。

四是智能化精准灭火。深圳研发的“火眼”系统无人机搭载AI识别模块，在2021年某商业综合体火灾中，准确识别出19个隐蔽火点中的3处电气火灾，自动切换灭火剂类型，将复燃率从传统方式的35%降至8%。

2024年，全球低空经济市场规模已突破2万亿元，而在中国，2024年低空经济市场规模已达4807亿元，预计到2035年有望突破3.5万亿元。这一巨大的市场潜力吸引了众多企业和投资者的关注，推动无人机技术的不断创新和应用场景的持续拓展。

二十一、无人机在体育运动中的应用

把无人机用于体育运动成为一个竞赛项目，叫无人机竞速赛。该竞赛起源于2014年的澳大利亚。2022年，无人机竞速赛首次进入世界运动会，成为世运会竞赛新项目，被称为“空中F1”。2025年第12届世运会在中国成都举办，来自全球20个国家和地区的31名顶尖“飞手”展开了为期三天的“空中F1”对决。无人机竞速赛分为资格赛、淘汰赛和决赛三个阶段。

无人机运动近几年在我国发展迅速，其科技性、竞技性和趣味性，吸引着越来越多的青少年参与这项活动。

第二节 无人机应用的流程

无人机应用的流程，指的是使用无人机完成特定任务的过程中，从领受任务开始到完成任务结束的工作程序。无人机应用的流程包括飞行前的准备、飞行任务执行、飞行结束后的维护与总结三个阶段。每个阶段中，都有若干具体工作要做，严格、认真地执行无人机应用流程，对飞行安全、任务完成至关重要。

一、飞行前的准备

飞行前的准备，包括明确飞行任务、选择无人机机型并掌握其性能、制订飞行计划、飞行环境和无人机及其相关设备安全检查等五项工作。

（一）组织力量，明确任务

飞行前，首先要确定参加飞行活动的人员、设备；明确飞行任务内容，完成人员的职责任务分工；完成无人机等设备的安装、调试；提前查询任务执行期间的气象条件，预测无人机在执行任务中可能遇到的安全风险。

（二）选择无人机机型并掌握其性能

如前所说，无人机的机型多种多样。不同机型的无人机，其性能各有长短，各自适应不同的飞行任务需要。鉴于此，无人机机型的选择，应当在对完成任务中的无人机飞行过程以及地形环境进行详细研究的基础上，根据任务的不同情况来确定，选用其性能与飞行任务相匹配的无人机。此后，必须了解并掌握选用的无人机系统的关键性能，特别是飞行相关性能，包括无人机着陆性能、无人机速度范围、无人机速度限制、无人机高度限制、无人机动力性能等。如果是固定翼的，要了解巡航速度下油料和电源的续航时间，收放起落架对该机型飞行的影响，节风门位置等。

（三）制订飞行计划

飞行计划是指飞行执行人员为完成飞行任务，达到飞行活动目的而制订的行动方案。其主要内容包括飞行活动投入的航空器、操控人员和航路、航线、空域、起降场地、飞行时间的安排。（详见《无人驾驶航空器飞行管理暂行条例》第三十八条“无人机飞行计划”内容）

无人机飞行计划，必须根据不同任务来制订，确保切实可行。飞行计划的基本元素，包括操作人员及所属单位的信息，无人机的型号、编号、识别码等信息，无人机起飞降落点坐标，飞行任务类型，执飞日期，运行时间，飞行气象条件等信息。包括应急预案在内的无人机飞行计划制订后，应在飞行前一日 15 时前，向所在地飞行管制部门（战区空军航管部门）报批，即“空域申请”。空域申请需要提供的材料是：任务来源文件资料；使用空域时间；使用空域机型、架数、操控人员信息；使用空域水平、垂直范围；巡线时是否航拍；进出空域方法及通信方式。

国家无人机在飞行安全高度以下执行反恐维稳、抢险救灾等飞行任务的，可适当简化飞行计划审批流程。微型无人机在禁止飞行空域外飞行，无须申请飞行计划。轻型植保无人机在相应适飞空域飞行，无须申请飞行计划，但需向综合监管平台实时报送动态信息。

（四）安全检查

飞行前的安全检查内容，包括飞行环境安全检查和使用无人机及其相关设备的安全检查。

1. 飞行环境安全检查

飞行前，首先要做的就是观察飞行环境，确保周边没有影响飞行安全的障碍物，如电线、电塔等；同时应当去确认飞行地区是否处于禁飞区、限飞区，不要违反当地法律、法规；此外，飞行区域应当避开建筑物和人群，以免造成危险、危害。

2. 无人机机身检查

飞行前的机身检查，有助于及时发现机身的损坏，及时排除隐患，保证飞行安全。机身检查内容包括：机身是否有裂纹；螺丝钉或紧固件有无松动或损坏；螺旋桨和电机有无损坏、变形以及安装是否正确，部件衔接是否紧固，各键位是否复位；电池安装是否牢固。

3. 无人机控制系统检查、校准

这是飞行前检查中最复杂的一个环节。目前，多数无人机都配有直观、简洁的APP，便于检查。控制系统检查、校准主要是查看无人机电池电量和遥控器电池电量是否充足，磁罗盘是否正常，GPS 卫星数是否满足安全飞行要求，云台系统是否正常。其中，磁罗盘如果有异常现象，则需更换起飞地点或对磁罗盘进行校准。

4. 工作现场检查

工作现场检查就是检查现场环境是否符合飞行要求，检查设备组装与天线架设是否正确。现场的设备应放在不易被踩踏和碰撞的位置，摆放整齐、有序。检查中，必须记录飞行地点、任务性质、飞行日期、检查人员。

5. 地面站检查

通过对地面站的安全检查，确保监控主机无损伤、放置稳固；各类线缆无损伤、无折痕，不相互缠绕；接插件无水、霜、尘、锈，针、孔正常接触，无变形。

6. 设计数据和任务设备检查

检查地面站地图与航线调用、规划是否正确。任务设备检查是检查吊舱外观是否完好，吊舱光学设备保护外罩无损伤、划痕；双目模块、双目主控外观应完好，无划痕、损伤等异常情况；镜头表面应洁净、无污染。

7. 通电和试车检查

通电检查是接上电自检，检查电量、电压信息，信号干扰、遥控响应有无异常，检查数据传输链路、飞控通道是否正常；检查校准各种传感器参数；检查吊舱的姿态控制与图像数据切换功能；检查矢量旋翼的倾转功能。

试车检查是在开车状态下，检查飞控传感器、舵面响应、电机响应、转速等是否正常。

（五）飞行器等设备检查

飞行器等设备的检查，包括飞行器检查、控制站检查、通信链路检查。

飞行器检查是投入使用的无人机性能良好、适宜起飞的基本保障措施。飞行器检查的内容，包括飞行器外观及对称性检查、飞行器称重及重心检查、舵面结构及链路检查、起飞降落装置检查、螺旋桨正反方向坚固件检查。

控制站检查的内容包括控制站电源检查、天线的连接检查、控制软件检查、卫星定位系统检查、规划航线及航点检查。

通信链路检查的内容有链路拉距和场强检查、飞行摇杆舵面和节风门反馈检查、外部控制盒舵面检查。

飞行前的安全检查是一个彻底的、系统的、全面的检查。通过检查以确保无人机适航，处于安全运行状态。在此基础上进行试飞检查。

试飞检查，即在适宜场地放飞无人机到达垂直距离地面 4 米左右、离人半径 5 米以外的地方，以检查并判断飞行、操作是否正常。只有在判断无人机性能良好、试飞无异常状态的情况下，才可以开始实施这次无人机应用运行活动。

无人机飞行前的各项准备工作过程中的各种信息，必须全部记录在册。

二、飞行任务执行

飞行任务执行是指无人机在完成飞行前的各项准备工作之后的起飞—飞行—降落过程。无人机在安全适航状态下执行飞行任务，关键是按照规范动作启动无人机起飞和降落，空中飞行严格遵守《无人机飞行手册》的要求执行，用好导航定位，控制好无人机的稳定性，确保安全飞行。飞行任务具体执行的相关内容，本书第四章“无人机操控的基础知识”中已做详细介绍，在此不再赘述。

三、飞行后的维护总结

飞行结束后，要进行一次有关飞行情况的检查，检查内容包括飞行器外观检查（燃油动力飞行器需要称重检查)，各系统电量检查，下载飞行参数并检查。

同时，飞行人员需要复盘飞行执行过程，填写飞行日记或记录本。

第三节　无人机应用的安全措施

无人机应用的安全措施就是保障无人机应用中的安全，不发生无人机损毁或对公共安全构成威胁事件。总体而言，无人机应用的安全，有赖于无人机性能良好无故障，飞行人员具备安全意识，懂得无人机应用的安全知识，严格进行无人机飞行前的安全检查，规范无人机应用的操作行为和防范安全风险等。具体来说，无人机应用的安全措施主要有以下几点。

一、选择适宜的场地和气候环境飞行

飞行场地和飞行环境直接关系到无人机应用的安全。适宜无人机飞行的场地，是周围无高大建筑物的开阔地域，无人机起降无障碍。不在机场附近、特殊机构和部队驻地(包括演习区域)、军事基地周边、政治中心区域以及电视塔、变电站等禁止飞行的地方放飞无人机。不在人流密集地区和室内放飞无人机，以免失控造成严重后果。适宜无人机飞行的气候环境，是风速在五级及以下、无雪、无雾的好天气。因为，大量使用钢筋的建筑物会影响无人机上的指南针工作，而且会遮挡 GPS 信号，导致飞行器定位效果差甚至无法定位。恶劣的天气则会影响无人机正常飞行，特别是雷暴、积冰、能见度低、山地气流、低空风切变等异常天气状况下，应当尽量避免飞行。

雷暴是由对流旺盛的积雨云引起的伴有电闪雷鸣的局地风暴，它能产生对无人机危害很大的闪电雷击和冰雹袭击、风切变、湍流，使飞机颠簸、性能降低。强降雨时，强降雨会使无人机气动性能变差，甚至发动机熄火。

积冰是指飞行器表面或者某些部位聚集冰层的现象。无人机升力面积冰，会使翼状变形，破坏空气绕过翼面的平滑流动，使升力明显减小，失速加快，临界迎角减小。同时会使无人机的重量、阻力、油耗增加。发动机积冰会造成发动机的推力降低，严重时会造成发动机损坏或熄灭。空速管和静压孔积冰，会使空速表、气压高度表等重要驾驶仪表失真，甚至完全失效，导致自动系统提供错误信息，使飞行人员失去判断飞行状态的依据。天线积冰，会使无线电通信中断联络。

在出现降雨、雾霾、沙尘暴等天气状况时，大气透明度降低，能见度较差。对于超视距飞行的任务，在能见度低时，无人机传回的图像模糊，飞行人员无法从图像获取任务需要的数据，也不能清楚地了解无人机状态。对于视距内飞行的任务，飞行人员要通

过目视飞机来完成操作，低能见度的环境会使飞行人员视线模糊，可能导致操作失当。

山地对风的影响，一方面是山体本身的障碍影响，使气流被迫改变运动方向，一般山顶跟峡谷风口的风较大。另一方面，山体还会因为热力影响形成山谷风。所以，在山地飞行特别难，一定要在安全高度以上飞行。飞过山后，不应立即下降高度，以免坠入滚轴湍流。在山谷飞行时，靠近迎风坡飞行，飞出山口也不要过早地转弯，以免误入立轴湍流中。

风向和风速在空中水平或垂直距离上的变化，叫风切变。发生在500米以下的风切变叫作低空风切变，会严重影响航空器的起降。如果飞行人员判断失误或处置不当，会产生严重的后果。

从天气背景来看，在强对流天气、锋面天气、辐射逆温型的低空急流天气下，容易产生风切变。从地域来看，山地高差大、水域面积大、建筑物高大，容易产生风切变，而且强度也很大。

无人机在着陆的过程中不断减速，突然的风切变可能让飞机进入失速状态，造成飞行姿态不可控。飞行人员应随时观察飞行环境，在可能产生风切变时不要飞行。

旋翼无人机在降落时，会时不时地上弹，这是地面效应造成的，主要原因有两点：一是经过旋翼往下的气流，被地面反弹后往上推动无人机，对无人机产生了向上的力；二是降落时的气流较大，造成气压计产生测量误差，飞控则是根据气压计的数据实时调节机身位置的。遇到地面效应时，飞行人员应保持冷静，在稳住无人机后，果断地收油门降落。

二、从业人员必须具备的相关岗位职业技能要求

无人机技术的快速发展，特别是低空经济的政策落地，催生了无人机行业的多层次职业需求。当今无人机职业分类、技能要求、发展路径及行业趋势大体情况如下。

（一）无人机职业分类

根据国家最新发布的职业分类，无人机职业目前有三个：无人机群飞行规划员、无人机驾驶员、无人机装调检修工。这些新工种，须通过政府人力资源和社会保障部门职业技能培训考试持证上岗。其职业技能要求如下。

1. 无人机群飞行规划员

无人机群飞行规划员是2025年5月8日人力资源和社会保障部发布公示拟增加的新职业。

（1）职业定义：从事无人机群飞行路线规划、飞行计划与飞行任务制订以及飞行现场管理工作的人员。

（2）主要工作内容：

① 根据任务要求，设计并编写无人机运行程序（如飞行脚本），制订飞行计划和操作规范。

② 评估风险，并制订备选飞行路径、紧急着陆点等应对策略。

③ 根据任务需求、环境态势、气象条件、无人机特性（如数量、载荷）等因素，对无人机群进行合理的任务分配，规划安全、高效的飞行路径。

④ 操控地面站系统，管理无人机群，发送解锁、起飞、悬停、返航等飞行指令。

⑤ 操控地面站系统，实时监控机群及飞行器的位置、高度、速度、加速度、朝向、电量等飞行状态，发现并上报、处理异常情况。

⑥ 收集、分析和整理无人机群飞行数据，填写飞行报告。

（3）职业技能要求：

① 具备多学科知识融合能力，掌握空气动力学、协同控制算法、路径规划理论（如 RRT 算法）及任务分配逻辑，能设计高效集群飞行策略。

② 熟练操作飞行监控系统与数据处理平台，具备实时解析传感器数据、环境变量（气象/障碍物）及机群状态（电量/定位）的软硬件操作能力。

③ 精通通信协议与网络拓扑优化，掌握强化学习、群体智能等算法参数调优技术，可针对避障逻辑、集群编队间距等核心参数进行动态调整。

④ 熟悉空域管理法规（含临时禁飞区识别）、适航标准及安全操作流程，能完成飞行风险评估与合规性验证。

⑤ 具备快速决策与异常处置能力，掌握通信中断、定位失效、设备故障等突发场景的应急方案设计与模拟推演方法。

⑥ 掌握多目标优化建模（如时间成本、能源消耗、任务优先级平衡）与仿真验证技术，具备应用 MATLAB/Python 等工具实现复杂约束求解的能力。

⑦ 了解主流无人机平台的性能边界与载荷特性，能依据任务需求匹配机型组合并制定冗余备份方案。

⑧ 持有民航局认证的无人机驾驶员执照，具备基础机械维修与故障诊断技能。

2. 无人机驾驶员

无人机驾驶员为 2019 年人力资源和社会保障部发布的首批新职业，根据 2021 年发布的国家职业技能标准，分为植保、安防、航拍、巡检、物流五个职业方向。各职业方向均包含五级/初级工、四级/中级工、三级/高级工、二级/技师、一级/高级技师五个等级。

（1）职业定义：无人机驾驶员是指通过远程控制设备，驾驶无人机完成既定飞行任务的人员。

（2）主要工作内容：

① 安装、调试无人机电机、动力设备、桨叶及相应任务设备等。

② 根据任务规划航线。

③ 根据飞行环境和气象条件校对飞行参数。

④ 操控无人机完成既定飞行任务。

⑤ 整理并分析采集数据。

⑥ 评价飞行结果和工作效果。

⑦ 检查、维护、整理无人机及任务设备。

（3）职业技能要求：

① 掌握无人机系统组成与操作原理。

② 具备航线规划及地面站软件操作能力。

③ 精通目视与仪表飞行操作。

④ 熟悉气象、空管法规及安全规范。

⑤ 具备飞行前检查、维护及故障处理能力。

⑥ 掌握航拍、测绘等专业设备应用。

⑦ 能执行应急处置与特情操作。

⑧ 完成飞行数据分析及报告撰写。

⑨ 持有效驾驶员执照。

3. 无人机装调检修工

无人机装调检修工是人力资源和社会保障部与市场监管总局、国家统计局联合向社会发布的新职业。

（1）职业定义：使用设备、工装、工具和调试软件，对无人机进行配件选型、装配、调试、检修与维护的人员。

（2）主要工作内容：

① 根据无人机的产品性能等相关要求，对无人机进行配件选型、制作及测试。

② 按照装配图等相关要求，使用专用工具进行无人机的整机装配。

③ 使用相关调试软件和工具，进行无人机系统和功能模块的联调与测试。

④ 使用专用检测仪器及软件进行无人机各系统检测、故障分析和诊断。

⑤ 使用相关工具，根据故障诊断结果进行无人机维修。

⑥ 使用专用检测工具和软件对修复后的无人机进行性能测试。

⑦ 根据维护保养手册，对无人机各功能模块进行维护保养。

⑧ 编制无人机设备装配、测试、检修维修等报告。

（3）职业技能要求：

① 掌握无人机系统构造原理，熟悉多旋翼、固定翼等机型结构，精通动力系统、飞控系统、导航系统及通信模块工作原理。具备空气动力学、电子电路、机械原理等基础知识，熟悉 GB 42590 等无人机相关标准及民用航空法规。

② 熟练使用万用表、示波器、专用检测软件等工具，能快速定位信号中断、动力异常、导航偏移等故障。具备飞行日志分析能力，通过传感器数据预判电机磨损、电池老化等隐患。

③ 掌握精密部件拆装技术，能完成电机更换、螺旋桨动平衡调试、IMU（惯性测量单元）校准等高精度作业。精通锂电池维护，包括充放电循环管理、电芯寿命评估及热失控应急处理。具备飞控参数调试、固件升级及航线规划软件操作能力。

④ 严格执行适航检查流程，熟悉复杂电磁环境与极端气象作业要求。掌握失控返航、紧急迫降等应急预案，能按 CAAC（中国民用航空局）标准执行维修后试飞验证。

⑤ 持有 AOPA 或 UTC 检修资质认证，具备质量溯源意识与工单归档能力。保持技术敏感度，跟踪新型复合材料、视觉避障等前沿技术。注重团队协作，能向飞手明确传达维修方案及保养建议。

从事无人机职业者，谋求新发展的方向是在本行业垂直领域中深耕。

一是技能复合化。例如植保飞手需掌握农药配比，电力巡检飞手需学习电网知识，物流飞手需熟悉供应链管理。

二是技术升级。参与无人机软硬件开发，需掌握人工智能、控制算法等研发与测试，从中型无人机转向大型机（如物流载重机型），或学习编程与数据分析技能，向“无人机＋AI”复合人才升级转型，或参与行业相关国际国内标准制定。

三是转型销售与渠道管理。积累客户资源后转向设备销售或服务推广（如植保飞手转销售）。

四是运维与培训教育。负责设备维护或者取得教员证后从事教学，需兼具实操经验与教学能力。

三、认真做好日常维护和飞行前的各项安全检查

为了保障无人机应用中的安全，消除各种不安全的隐患，必须认真做好无人机的日常维护和飞行前的安全检查工作，确保无人机处于性能良好无故障的适航状态。飞行前的安全检查，包括无人机的安全检查和地面设备的安全检查。

无人机的安全检查是对飞机机体的检查，通过检查确保无人机性能处于良好状态；部件的连接牢固，螺旋桨和电机的安装正确、牢靠；正旋桨和反旋桨的位置正确；布线安全，各键位复位，遥控器、电池及所有部件的供电量充足；明确遥控器的操控模式（美国手、日本手、中国手）和信号连接情况及无线位置。

地面设备检查，指的是查看地面通信、地面站操作系统工作是否正常。通过安全检查，确定无人机是否适航，是否处于安全运行状态。

平时，按规定做好无人机的日常维护工作，是无人机始终处于适航状态的基本保障，也是减少、避免飞行前无人机安全检查出现问题的前置条件。

不同类型的无人机维护要求有区别。无人机每飞行20小时或者更短时间，就需要进行与某种类型无人机相对应的一次预防性维护；至少每50小时，必须进行一次全面的维护。需要强调的是，无人机的维护往往受运行的类型、时间、气候条件、保管设施、机龄、结构的影响，维护工作间隔时间应该因情而异。

民用无人机系统的检查，至少一年一次。检查工作必须由获得认证的持有检查授权的人员来执行，或者由无人机制造商检查，或者由认证、评估合格的维修站执行。一旦发现无人机的故障，应当立即送供应商维修部门去维修。常见的无人机故障，包括动力装置故障、起降架故障、导航系统故障、舵面故障、电气系统故障、控制站操作系统和显示系统故障、上下行通信链路故障、任务设备故障等。

四、规范无人机应用中的操控行为

驾驶无人机者，必须掌握无人机应用的安全知识，依法合规飞行，遵守操作规则，规范操作行为，并坚持做到以下几点。

1. 不误开电源

正式起飞前不打开电源，无人机降落后第一时间关闭电源。无论打开电源时还是关闭电源时，都不能触碰遥控器。

2. 不经试飞成功不正式飞行

试飞就是在开阔的地方将无人机放飞到垂直距离4米左右、离人半径5米外的地方进行检查试飞，以判断操作运行是否正常。

3. 不超高飞行

即在试飞检查正常和GPS信号良好的情况下，于安全高度内飞行。

4. 不在视距外飞行

飞行过程中，始终保持无人机在视距范围内飞行；切勿将无人机操作至障碍物后方，否则有可能失控。

5. 不让无人机在飞行中失控

时刻保持对无人机的控制，特别是在无人机保持一定速度时，双手不要离开遥控器。

6. 不在空中内八或外八掰杆

内八或外八掰杆的设置，是为了在紧急情况下停止电机，避免更大损失。如果无人机在空中无异常状况时内八或外八掰杆，会使飞行器失去动力而直接掉落下来，对他人的人身财产安全造成威胁，导致严重后果。

7. 不做镜头向前快速倒飞动作

图像无法显示无人机后方的障碍物，如果在视线没有注意到或者视线范围外的无人机后方有障碍物时，镜头向前快速倒飞，很可能会导致撞击炸机。

8. 不在触发返航键后乱打杆

很多新手不了解无人机的返航逻辑，不知道在触发返航键后短按返航键会取消返航，不知道返航的强制上升阶段等，以致在不小心触发了返航键后乱打杆，使飞行器没有达到返航高度就返航，从而发生撞击事故。

9. 不在距离不充足的情况下刹车

在无人机高速飞行时，前方有障碍物，松开摇杆后，无人机会进入刹车过程。如果刹车距离不够，会导致无人机撞击障碍物。

关于无人机应用中的规范操纵行为，无人机制造商编写的《无人机飞行手册》中都有明确规定，包括操作程序和限制、应急程序、性能限制、重量和配平、载荷清单、系统描述、运行保养和维护、安全提示等，无人机飞行人员在作业中必须严格遵照执行。

五、利用技术设备避免撞机风险

无人机飞行中的空中撞机事件一旦发生，不仅毁坏无人机及其载荷，而且可能造成公共安全危害。因此，必须事前采取防范措施，避免灾害发生。避免无人机飞行中的安全风险，依靠的是无人机感知探测技术设备和飞行人的遥控技术水平。无人机感知探测技术，是避免无人机空中撞机事故发生的技术防范手段。如果无人机上配备了感知探测设备，在自主飞行的应用中，就能实现自主防撞。

根据感知探测方式，飞行器感知探测技术有合作型和非合作型之分。应答机、TCAS（空中防撞系统）以及 ADS-B 能够获取目标无人机（装载同类设备的无人机）的直接、精确、全面的状态信息，此为合作型感知探测设备。而雷达、视觉、EO/IR（光电/红外）等非合作型传感器，能够感知探测视场范围内的所有物体，包括装备应答机、TCAS 或 ADS-B 设备的无人机，以及地势、鸟类等非合作型目标。

在这些感知探测设备中，ADS-B 具有信息全面、更新快、精准度高等优势，能够实现与 ATC（空中交通管制）服务和地面操控员的交互，有助于无人机更为灵活可靠地实施感知避让，保障其空中飞行安全。而 ADS-B 系统又分为 ADS-B OUT 及 IN 系统，我们可以将 OUT 设备理解为 ADS-B 报文发送设备，IN 设备则理解为报文接收设备。通过 ADS-B 报文，可以准确获取飞行器呼号（或航班号）、地址码、经纬度、巡航速度、爬升下降状态、气压高度等飞行状态信息。

（一）感知探测设备的功能

ADS-B 系统的功能主要是监视、防撞、辅助飞行、态势感知。

1. 监视

监视包括地面监视与空中监视。地面站监视系统接收视距范围内的飞行器及场面内车辆发送的 ADS-B 数据链，经过数据解码处理后，获取实时的飞行器位置信息，包括航班号、地址码、经纬度、巡航速度、气压高度等，显示在场面监视软件界面中，提供给相关管制人员。ADS-B 机载接收设备能够接收视距范围内所有飞行器的信息，显示在机载显示器上，提供给飞行人员。

2. 防撞

ADS-B 机载设备的刷新频率为 1 秒钟 1 次，二次雷达设备的刷新频率为 5 秒钟 1 次，相比于二次雷达监视技术，ADS-B 机载设备的监视性能有显著的提升，空域中装配有 ADS-B 制式的机载设备，能够快速地感知附近空域的交通态势，有效降低发生飞行冲突、危险接近的概率。

3. 辅助飞行

无论飞行器处于起飞、降落的低空域，还是在机场无雷达覆盖的区域，只要飞机装配 ADS-B 制式的机载应答设备，能够周期性地广播发送自身的位置信息，地面指挥平台就能够对飞行器实施精准的、全方位的指挥监控。

4. 态势感知

自主飞行包括自主避险与自主选择最优航迹两个方面。装配 ADS-B 机载设备的飞行器，通过数据链的传输，能够感知周围飞行器的位置、速度、高度等信息，并在本机的机载显示系统中呈现。当两架航空器飞行冲突时，机载设备报警提示，飞行人员可以根据实际情况自主躲避障碍。装配 ADS-B 制式的机载显示器系统，同样能够呈现周围空域的交通态势、地形地貌、天气情况等信息，飞行人员可以自主选择最为安全、效率最高的飞行航迹，有效提高空域资源的利用率。

（二）安全飞行的冲突解脱

从技术层面上来说，无人机安全飞行的冲突解脱是在冲突探测的基础之上进行的，即通过 ADS-B 制式的冲突探测模型计算之后，判断出无人机之间是否存在潜在的冲突。当探测到无人机将要发生冲突时，在满足约束条件的基础上，对无人机的飞行线路进行重新规划，实现对危险的规避。在飞行中，如何使无人机对即将发生的冲突进行解脱，是无人机飞行安全的一项关键技术。

冲突探测是飞机防撞的关键。冲突探测是指已知当前无人机的飞行状态，结合无人机的性能、飞行计划、监视设备性能等信息，判断无人机是否会与其他无人机相撞或小于最小间隔。冲突探测可以及时地发现可能存在的冲突，使地面站监视部门遥控采取措施避免冲突，让飞机始终处于安全范围。

冲突探测包括目标检测、跟踪、威胁评估（威胁判定、威胁排序与分级）、规避决策与路径规划、规避机动等过程。实现空间环境感知的第一步是目标检测，即对空间环境进行障碍检测，获取空中可能存在的碰撞威胁的动态或静态目标。接着，通过有效的估计、跟踪算法实现飞行空间目标的飞行状态估计，包括位置、速度等。然后，进行威胁评估，即根据目标的运动状态和空间分离规则，对碰撞进行威胁程度的计算；存在多个碰撞威胁目标时，对目标进行基于威胁程度的等级划分和先后排序。再根据威胁评估结果，判定给出飞行管理决策，即以计算得到的最小分离点（Closest Point of Approach，简称 CPA）、碰撞时间（Time To Collision，简称 TTC）等计算规避路径。最后通过机动输出执行规避决策和规避路径跟踪，保障无人机空中飞行安全。

六、妥善处置飞行中的突发情况

飞行中的突发情况应在飞行前做出预判，并确定不同突发情况应当采取的应急处置方法。为处置应急程序部分中的不同类型的紧急和危机情况，应制定简洁的、可操作的应急检查单，以描述建议的操作和控速。

1. 软件突然闪退

飞行时，手机上的图像传输软件会突然闪退，这对于第一次遇到的新手而言，难免心慌。此时，最保险的方式是先启动遥控器上的一键返航，然后重新打开 APP 即可。

2. 悬停不稳、迷失航向

无人机悬停不稳，可能是卫星信号较差，或指南针干扰导致，应该控制无人机飞离，再选择地点悬停观察。如不能恢复平稳，就应返回飞手所在位置降落检查。

无人机在飞手视线内迷失航向，可以根据观察调转机头找回航向。如果无人机在视距以外看不见的空域，可以参考监视地图，根据遥控器与无人机的绿色连线调整机头方向。或者使用返航锁定功能，控制无人机进入返航方向，并以此为基准找回机头航向。

3. 图像传输中断

飞行过程中，突然图像传输画面没了，可能与干扰和飞行距离有关，不过并不会影响遥控器的正常操控。此时，只需用操控摇杆将无人机拉回来即可，最便捷的方式就是采用一键返航。当无人机回到相应距离内，图像传输将会自动连接上。

4. 图像传输信号不佳

如果飞行器处于遥控范围之内出现此情况，往往是无人机的天线方向不对，指向了无人机飞行方向；或者是无人机与人员之间有建筑物、山体遮挡。这时应调整天线方向，或将无人机远离山体、建筑物。

5. GPS 信息变弱

一般来说，GPS 信息变弱的原因是无人机的四周有高层建筑物或山体遮挡，以致搜索到的卫星数量减少。只要此时将无人机远离这些物体，信息即可恢复。

6. 磁罗盘受到干扰

无人机在接近含铁磁性的物质时，磁罗盘性能会被干扰而失常。此刻，必须尽快远离该区域，否则会发生意外事故。

7. **手机突然来电话**

手机突然来电话或关机是常见情况。此时，图像传输会中断，遥控器依然可以控制无人机。建议此时不要操作无人机，应当使无人机悬停，并且尽快恢复图像传输。若无法及时恢复图像传输，在 GPS 信号良好且返航点位置准确的情况下，可以使用一键返航功能。

8. **指南针干扰**

飞行中，APP 上出现指南针干扰提示时，建议切换到姿态模式，尽快控制飞行器降落或返航。在无干扰的地方，重新校准指南针后再飞行。

9. **高压线路包围**

现实中的高压线、电线无处不在，而在操纵人员的监视器中很难发现这些细长的线绳，一旦发现误入线阵，必须立即使无人机悬停，原地垂直跃升至脱离高压线路高度。

10. **突遇大风大雨等恶劣天气**

无人机在空中突遇大风或紊乱气流时，无法保持悬停姿态和飞行轨迹，此时，应马上降低高度，降低航行速度，尽快寻找适宜备降的场地降落。在温差很大的火灾、温泉、火山爆发、极寒等环境中飞行拍摄，相机镜头极易因凝结水雾而失去成像能力，此时，应该飞离造成温差的冷热源，悬停，等待水雾消失后返航。

在变幻莫测的复杂气象条件下飞行，要做好防雷击、防冰雹、防降雨的思想准备。如果突然遇到极端天气，应采取迅速返航、紧急降落或飞离雨区等措施。

11. **飞行器失控**

无人机在空中飞行时可能会突然失控，此时无人机不受遥控器的控制，在空中乱飞。遇到这种情况，务必保持冷静。如果无人机处于 GPS 模式下失控，可尝试切换姿态模式夺回控制权。如果姿态模式也不起作用，炸机或许无法避免了，可在无人机触地前掰杆关桨，避免电机仍在转动而造成二次伤害。

第六章 无人机应用的专业技术

无人机应用的专业技术是无人机技术的重要组成部分。无人机技术是无人机研发、生产、维护、应用等技术的总和。无人机应用的专业技术，包括无人机飞行技术和无人机维护、维修技能等内容。无人机飞行技术就是无人机操纵人员必须掌握的各项技能。这些技能有遥控器的参数设置与调试、无人机起飞前的调试、航线规划、无人机飞行操作、操控自驾仪软件等。本章主要介绍无人机应用于航拍、植保、测绘、安防等领域的有关知识。

第一节 无人机航空摄影技术

无人机航空摄影简称航拍，有 160 多年历史。它是以无人驾驶飞机作为空中平台，以机载遥感设备如高分辨率 CCD（电荷耦合器件）数码相机、轻型光学相机、红外扫描仪、激光扫描仪、磁测仪等获取信息，用计算机对图像信息进行处理，并按照一定精度要求制作成图像的活动（图 6-1）。无人机航空摄影在设计和最优化组合方面，具有高清晰、大比例、小面积、高现势性等特点，可进行大范围、多角度拍摄，适合获取公路、铁路、河流、水库、海岸线等带状地区的影像。航拍是集成高空拍摄遥控、遥测技术、视频影像微波传输和计算机影像信息处理的新型应用技术。

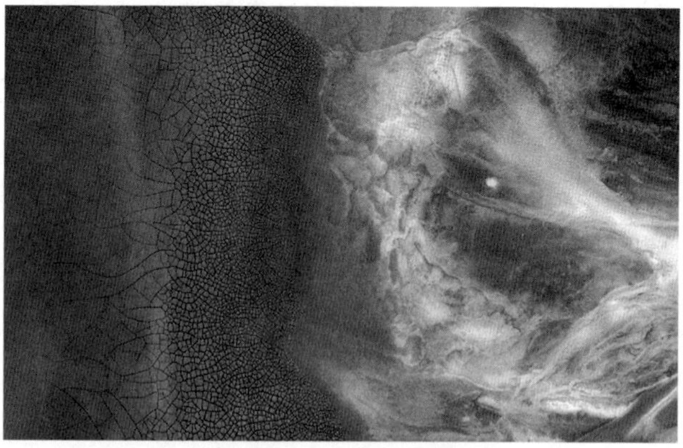

图 6-1 无人机航拍图

无人机航拍摄影技术可广泛应用于国家生态环境保护、矿产资源勘探、海洋环境监测、土地利用调查、水资源开发、农作物长势监测与估产、农业作业、自然灾害监测与评估、城市规划和市政管理、森林病虫害防护与监测、公共安全、国防事业、数字地球以及广告摄影等领域，有着广阔的市场需求。

一、无人机航空摄影的应用领域

无人机低空摄影技术作为一种空间数据获取的重要手段，具有续航时间相对长、影像实时存储传输成本低、高分辨率、机动灵活等优点。当下，无人机航拍摄影应用较为多的领域主要是影视、城市宣传、大型赛事、测绘作业、工程监测、野外救援、新闻报道、警察执法等。

（一）影视拍摄

航拍在影视业的应用包括电影航拍、广告航拍、电视和综艺节目航拍、纪录片航拍等（图6-2）。无人机航拍摄影较之于以往动辄数十万元花费的直升机航拍成本大大降低，而且航拍创作自由度大，给观众带来独特的“上帝视角”的艺术享受，使之成为影视拍摄的标配。

图6-2　无人机在影视业的应用

（二）城市宣传片航拍

城市的建筑物都有属于当地的独特设计风格，具有鲜明的区域文化与艺术特色。通过航拍，观赏者可从日常所不能看到的视角来感受城市规划的人文魅力，为城市的轮廓赞叹。在对外宣传和推广时，航拍的空中俯瞰图能够更全面、真实地反映城市及其所在的企业规模与实力，更好地展示自己的优势。

（三）赛事直播

航空摄影具有不受地面交通限制、视角广、响应快等特点，适合于大型活动的直播，能从多角度补充传统地面拍摄的不足，观众能够看清活动现场的每一个地方，减少视觉障碍，令人有身临其境之感。

（四）测绘作业

多旋翼无人机用于地形测绘，是遥感领域的新型技术，其以机载相机获取地形信息，用测绘作业航拍软件对图像信息进行处理，按照一定精度要求制作成图像（图6-3）。无人机测绘成本低、工期短、省人力、易转场，能很好地适应复杂的野外环境，可广泛用于城市规划、市政管理、海洋环境监测、矿产资源勘探等领域，有着广泛的市场需求。

图6-3　无人机测绘作业示意图

（五）工程监测

大型施工现场点多线长，安全管理任务繁重。对于复杂的施工现场，安全质量管控盲区较多，人工监测不仅需要花费一定的人力和财力，而且难以多频率全覆盖。多旋翼无人机用于大型工程现场监测，可以实现高效率的快速巡航，将现场图像及时回传至管理人员的移动设备端，协助施工项目的安全管理。

（六）野外搜救

多旋翼无人机通过搭载热成像相机，可突破光线和环境的限制，即使在黑夜、浓烟或树林中，也可以辨识搜索目标，提升搜救效率。如消防部门灭火中启用无人机，能够为在安全区域指挥灭火的指挥人员直观地展示火灾现场的情况，清晰地观测到火势蔓延路径，准确地评估可能出现危险的建筑区域，为其做出正确的现场决策提供信息。

（七）新闻报道

新闻报道需要在新闻事件发生的第一时间抵达现场，尤其是在战争、自然灾害、重大事故或者疫情等重大事件发生时，然而，由于种种原因，新闻记者难以如愿。无人机却能无所畏惧地出现在人员无法到达的第一现场，帮助记者拿到独家新闻。

（八）警察执法

多旋翼无人机协助执法，已在警用领域大展身手（图 6-4）。如今，公安机关已将无人机应用于犯罪现场拍摄、作案人员抓捕、道路交通管理、大型活动安保、毒品原植物铲除等执法活动之中。例如，在搜捕行动中，无人机作为空中视角，与地面设备相配合拍摄犯罪现场全景图，结合案情在地图上初步掌握线路、地形和重点部位等信息，并对重点的地形地貌、线路及需要搜索的部位进行必要的标注。通过地图分析、地形研判和对案情的分析，尽可能地缩小搜索范围，合理划分网络和分配飞行任务，规划搜索航线，做好飞行及搜索的安全预案，提高搜索的安全保障及效率。

图 6-4　协助警察执法中的无人机

二、无人机航空摄影的应用程序

为保障无人机航空摄影活动有条不紊地进行，提高工作质量和效率，在行动中必须遵循无人机航拍摄影的应用程序：从准备器材、观察环境、选择起点开始，到航线规划、起草脚本，再到启动无人机实施航拍摄影。

（一）准备器材

准备器材就是选用合适的无人机和机载器材并对之进行安全检查。无人机检查的内容，包括外壳是否有裂纹、零件是否松动、螺旋桨磨损程度等，保证不会有影响安全和影响稳定飞行的损坏。如果启用时间较长或飞行场地改变的，还必须进行固件版本升级和指南针校准。另外还要检查存储卡是否已经正确插入，遥控器、移动设备和无人机等所有设备的电池是否充满了电。当一切准备就绪后，飞行器状态提示栏会变为绿色，并显示可安全飞行。当然，无人机搭载的照相器材是否完好，也必须认真检查。

（二）观察环境

毫无疑问，摄影设备的质量直接关系到航拍摄影的质量。但是，更重要的不是相机，而是相机背后的航拍摄影者。航拍摄影前，需要操控手仔细观察，从宏观到微观，精心思考如何从拍摄范围内所看见的景物中挑选出符合要求的、有趣的、与众不同的情景事物，如何识别出图案、线条、色彩和影调，以及如何利用这些特征产生美好的效果，此为视觉化的过程。尤其要注意发现景物中包含的更有力度的视觉元素和信息——形态、纹理、色彩、人们所处的环境等，把它们组合成一幅真正有力度的航空摄影画面，派上最合适的用途。

航拍飞行切忌：事前不对拍摄环境进行观察构思，任凭无人机一路狂拍，过后再剪辑、配图，凑合着用。

（三）选择起飞点

为了确保飞行安全，航空摄影师需要有宽阔的观察视野，能够保持多旋翼无人机在视距范围内飞行，而且要确保遥控信号和图像传输信号不被障碍物遮挡。因此，起飞点的合理选择很重要。合适起飞点的基本条件是：水平且视野开阔的地方，即空旷且近处没有任何障碍物；避开行人，尤其是人群聚集地，以免产生人身安全隐患；避开细小的电线、风筝线、树枝以及透明的玻璃、水面等，因为对于细小和透明的障碍物，即使是有视觉避障系统的飞行器，也难以进行检测识别；避开动物，如果飞行器侵入鸟类的领空范围，可能会遭到鸟群攻击，而且飞行器发出的超声波也有可能引起其他动物的不安；避开高压线、信号塔、金属物（高大建筑和停车场是金属物密集地）等，它们可能会干扰无人机信号的正常工作。

（四）航线规划

航线规划是视频航拍活动重要的组成部分，航线规划得好，不仅可以避免无人机及其搭载设备在飞行中安全事故的发生，而且能使航空摄影师获得航空摄影的乐趣。航线规划首先是起飞无人机对航路区域进行全景勘测，确认这条航线是否安全，包括飞行空间的大小合适与否以及有无视觉死角。在对航拍飞行路线进行设计时，必须注意的是：防止航拍摄影中的无人机飞到遮挡 GPS 信号的位置；避开可能对信号产生干扰的物体，如高压线和信号塔等；通过观测航线上存在的物体，预判画面效果的好坏。据此，确定无人机航拍摄影的飞行路线（图 6-5）。

图 6-5 无人机航空摄影中的路线规划

（五）起草拍摄脚本

航拍不是盲目任性地随意拍摄，不能等到飞机升空之后再思考怎么拍、拍什么，而要事先做好航拍计划，写好拍摄脚本。

通常在拍摄工作开始之前，通过实地环境观察，根据航拍需要表达的意图和达到的效果来构思整部视频的风格、需要的素材以及素材之间衔接、搭配的方式方法等。把它们一一记录下来，用文字、手绘图片或者照片的形式在纸上描绘出来，设计成表格形式即拍摄脚本。一般而言，航拍脚本包括航拍的地点、内容、镜头说明、草图、镜头时长等基本内容，飞行线路、镜头手法等要在“镜头说明”里做出描述。

三、无人机航拍图像的处理

无人机航拍图像处理就是图像编辑，它涉及图像格式的选用、基本图像的编辑以及图像编辑软件的使用，做好这三件事，也就完成了航拍图像处理工作。

（一）图像格式选用

图像格式，即图像文件存放的格式。不同的图像格式有着不同的优劣，拍摄者可选择使用。当前在无人机相机中，最常见的为 JPEG 和 RAW 两种格式。

JPEG（联合图像专家组）是一种压缩文件格式，使用方便，各种读图软件皆可打开，且文件比 RAW（原始数据文件）体量小。使用连拍功能如延时摄影或体育摄影时，适合使用 JPEG 格式，能够在存储卡中保存更多的图像，存储照片所需的时间也更短。这样可以提升连拍速度及最大连拍数量，适宜网上传播，应用非常广泛。不过，压缩对图像质量有影响，其所保留的细节要少一些，图像的压缩程度越大，质量也就越差。

常用的未经压缩的数字负片图片格式，是一种用于数码相机“原始数据文件”的公共存档格式。RAW 的原意就是“未经加工”，即图像感应器将捕捉到的光源信号转化为数字信号的原始数据，也就是相机对于光线的原始记录。RAW 格式记录了数码相机传感器的原始信息，同时记录了相机拍摄所产生的一些元数据（metadata），如感光度的设置、快门速度、光圈值、白平衡等，可为图像的后期调整提供更大的空间。但是，RAW 格式的图像需要使用专业的图形图像软件进行浏览查看。而且，RAW 没有标准格式，数据项目和具体的保存方法由各厂商自己决定。不同厂商的产品，存在 RAW 格式的标准不统一的问题。

DNG（数字负片）格式其实也是一种 RAW 格式，它是美国 Adobe 公司发布的旨在统一 RAW 文件标准的格式，试图解决不同型号相机的原始数据文件之间缺乏开放式标准的问题。目前，DNG 格式尚在普及过程中，很多厂商都推出了支持 DNG 格式的数码相机，无人机厂商也不例外。

（二）基本图像编辑

基本图像编辑工作的主要内容是校正色调、增加清晰度和锐化，以及调节鲜艳度和饱和度。

1. 校正色调

校正色调，就是平衡航拍图片的亮度，这个亮度是由阴影、中间色调（中性灰）和高光三个方面决定的。

阴影是画面曝光度较低的部分，调节阴影可以恢复隐藏的暗部细节。在 RAW 格式下，可恢复的细节较多，而在 JPEG 格式下，可恢复的细节就少。对阴影细节的过度调节，容易产生噪点。

高光是画面曝光度较高的部分。调节高光可以恢复画面中过白的部分，还原隐藏的亮部细节。一般调整高光的方法是，向左滑动滑块，减弱过亮部分。假如原片影像过曝，即亮部细节本来就没有记录下来，调整高光也是无效的。

曝光度的调整应用于整个画面中的中性灰（中间色调）部分，调整曝光度对白色的影响更大，对纯黑色的影响较小。而调整对比度，即使黑的更黑，白的更白，深色的更深，浅色的更浅。

对高光和阴影的调整会减小对比度，这就需要在调整高光和阴影之后再调整对比度，使画面更真实自然一些。调整对比度时，还可以通过对“白色色阶”和“黑色色阶”分别调整来实现，可以做到更灵活的控制，如增强暗部的对比度，减弱亮部的对比度。

2. 增加清晰度与锐化

清晰度的增加方法是，寻找亮度差和色彩差的边缘，以边缘为中心，进行大幅度的对比度改变。

增加锐化是在亮度差和色彩差的边缘增加两道黑白线，以此来增加边缘的对比度，从而创造更大的反差。增加锐化会比增加清晰度更加精细。

3. 调节鲜艳度与饱和度

调节鲜艳度主要调节的是画面中色度不高的部分，画面中本身色彩饱和的部分会受到一定的保护，也就是调节时变化不大，同时会保护色彩溢出，效果较自然。

调节饱和度是将所有色度等比例增减，在增加饱和度的同时，画面中本身饱和的部分有可能变成一片纯色，细节溢出。

（三）图像编辑软件使用

PhotoShop 是由 Adobe 公司开发的专业的图像编辑处理软件，即人们常说的 PS 软件，PS 软件的专长在于对已有的图像进行编辑加工处理，以及运用一些特殊的效果。使用 PS 软件中众多的编修与绘图工具，可以有效地进行图像编辑工作。

PS 在平面设计领域应用广泛，而摄影师则主要利用其进行图像编辑、合成、调色等操作。图像编辑可以对图像做各种变换，如放大、缩小、旋转、裁切、变形、复制等，还可以利用各种工具进行修补、抠像、除斑等。

调色的应用，可方便快捷地对图像的颜色进行色阶、色相、对比度、亮度、曲线等调整，以纠正色偏问题或达到特定创作意图。调色可直接在“图像”菜单进行，其调整后的效果直接体现在面前图层上。图层操作是 PS 最基本的概念。通常摄影师所做的调色处理会在不同图层进行，这样方便对每一调整步骤进行细微的修改，变化也会更多。

PS 也提供大量滤镜，综合利用该软件的滤镜插件和通道等工具，可以达到很多有创意的图像后期处理效果。

视频编辑首先要掌握视频编辑的基础知识，懂得常用的视频格式。同时，要明确基本视频编辑的主要流程，按部就班地进行基本视频的编辑工作。

1. 视频格式

在视频剪辑时，需要使用不同格式的视频素材，并选择编辑好的视频作品输出的视频格式。由于采用的视频编码技术不同，视频格式也就种类繁多并各有特点。

常用的视频格式有三种：一是 AVI，英文全称为 Audio Video Interleaved，AVI 音频、视频交错，是微软公司推出的一种视频格式。AVI 允许音视频同步播放，图像质量好，但文件存储空间较为庞大。二是 MOV，即 QuickTime 影片格式，它是 Apple 公司开发的一种视频格式，采用了有损压缩方式的 MOV 格式文件，存储空间较 AVI 格式要小一些。三是 MPEG，英文全称为 Moving Picture Experts Group，即动态图像专家组，是 ISO（International for Standardization Organization，国际标准化组织）与 IEC（International Electrotechnical Commission，国际电工委员会）成立的专门针对运动图像和语音压缩制定国际标准的组织。通常说的 MPEG 格式指的是该组织制定的一系列用于音频视频信息的压缩编码标准。常见的是用于 DVD 视频文件压缩的 MPEG-2，以及广泛用于音、视频存储的 MPEG-4，即 MP4。MP4 具有压缩效率高、合成音视频对象方便等特点，得到广泛应用。

2. 基本视频编辑

视频编辑的基本步骤依次为导入、剪辑、转场、配音乐、字幕、输出。

（1）导入。在视频编辑之前，需要将航拍视频和其他视频素材存储在一个大容量硬盘里，方法是在视频剪辑软件中新建一个视频项目，命名存储，然后就可以导入视频素材。由于视频格式多样，如果所使用的剪辑软件不支持某些视频格式，还需要使用其他软件对视频进行转码。必须注意尽量不要直接用手机里的预览视频编辑，因为图像质量较差。

（2）剪辑。根据剧（脚）本或编辑的意图，从视频库中依次将所需要的视频素材拖入时间轴，使用剪裁工具剪掉素材中不需要的部分，将不同视频片段连接起来，就是基本的剪辑。拖入时间轴的素材包括音频、视频两部分。对于航拍素材而言，音频文件往往是不需要的，可以先解除音、视频链接，将音频部分删除。

（3）转场。经过剪辑后的两个视频片段之间的切换方式叫作转场。常用的转场是直接从一个画面切至另一个画面，即“硬转场”。硬转场的画面衔接自然，节奏流畅。如果两个画面之间的时间或者场景转换较大，可以在中间添加转场效果，即“软转场”。软转场主要用于弥补画面衔接的不足，以尽可能简单为好，特别是初学者，尽量不要使用过于花哨的转场效果。

（4）配音乐。剪辑完成后，可以选择适当的航拍背景音乐。音乐的选择要与影片的内容协调，画面的切换也要与音乐节奏相配合，这样编辑出来的影片才会让观众觉得自然、舒服。如果有必要，也可以添加与画面配套的音效。解说的音频，可以在最后添加。

（5）字幕。很多视频剪辑软件都有预设的字幕效果，可以加以利用，包括片头在内的字幕效果，也尽量以简单为好。字体和位置的选择，以尽可能不影响观众的画面观看为标准。

（6）输出。根据影片用途，选择合适的视频输出格式，命名存储。通常，一部影片可以制作分别用于在线和离线播放的两个文件版本。

第二节　无人机植保技术

植保无人机是指用于农林植物保护作业的无人驾驶飞机，它由飞行平台与喷洒系统组成（图 6-6）。应用在农业领域的无人驾驶植保机，谓之“农业植保无人机”，简称为“植保机”。植保机通过地面人员遥控或飞控自主来实现植保作业，完成农药喷雾作业、叶面肥喷雾作业、促进授粉作业以及播种、农业灾害预警、农田信息遥感等任务。

图 6-6 植保无人机之一

一、农业植保无人机分类

植保无人机分类的依据有两种，一是按照飞行平台分类，二是按照动力来源分类。此外，多旋翼植保机还可以按照旋翼数量、气动布局进行分类。

（一）依照飞行平台分类

依照飞行平台分类，植保机可分为直升机植保机、多旋翼植保机两类。它们的区别在于直升机植保机的前进、后退、上升、下降，主要依靠调整主桨的倾斜角度来实现，而转向则是通过调整尾部的尾桨实现。其优势是具有统一且稳定的下压风场，穿透性更强，具有良好的植保效果。其缺陷主要是结构复杂、操作难度大，飞手培训周期长，在田间作业时一旦发生事故损失较大，需要较长的维修周期和更多的配件投入。

多旋翼植保机是近几年发展起来的新型植保机，具有操作简单、结构简单、价格相对较低等优势。但因飞行平台特性，多旋翼植保机载重量、续航参数等性能相对较低，且因多个旋翼形成多个互相干扰的风场，其植保效果稍逊于直升机植保机。

（二）依照动力来源分类

农业植保无人机的动力来源因发动机类型不同而有区别，可分为油动机与电动机两类。目前市场上，我国多旋翼植保机以电动为主，但是也出现了一些油动产品。在此，我们就植保无人机中的油动直升机植保机、电动直升机植保机、电动多旋翼植保机、油动多旋翼植保机分别进行介绍。

1. 油动直升机植保机

初级阶段的直升机植保机产品（图 6-7），一直以油动航模领域的发动机为动力，具备续航时间长、载重量较大的优点。但存在着调试困难、寿命较短（300 小时左右）的缺点，大大地增加了产品维护以及植保机作业的成本。

图6-7 油动直升机植保机之一

2. 电动直升机植保机

电动直升机植保机是在改进油动直升机基础上而产生的新型直升机，其采用无刷电机与锂电池作为动力，使电机使用寿命大大延长，效率大大提高，但其续航时间以及载重性能也都稍有下降。另外，存在培训周期较长、摔机成本较大、维修周期较长等问题。

3. 电动多旋翼植保机

电动多旋翼植保机的主要优点是操作简单、性能可靠，学员一般10天左右就可以基本学会该产品的使用方法进行作业。多旋翼植保机购机成本、摔机成本、维护成本都低于直升机植保机，但是载重量与续航时间存在不足，电池更换较频繁。

4. 油动多旋翼植保机

油动多旋翼植保机是近两年才发展起来的新型机，尚未在市场得到大规模应用，性能期待全面评价。

（三）多旋翼植保机分类

多旋翼植保机分类方法也有两种，一是按照旋翼数量多少分类，二是按照气动布局分类。

1. 根据旋翼数量分类

多旋翼植保机按照旋翼数量的不同，可分为四旋翼植保机、六旋翼植保机、八旋翼植保机三种。

（1）四旋翼植保机。四旋翼植保机结构简单、飞行效率高，任何一个电机发生停转或螺旋桨断裂，都将导致植保机坠毁。

（2）六旋翼植保机。六旋翼植保机是在四旋翼植保机的基础之上，增加旋翼数量设计而成，当其中一臂失去动力时，依然能保持机身的平衡与稳定。显然，其稳定性高于四旋翼植保机。但是，随着旋翼数量的增加，在同样的机身重量下，单个旋翼所形成的风场面积减小，这就提高了多旋翼植保机风场的复杂程度。

（3）八旋翼植保机。八旋翼植保机（图6-8）根据设备性能的不同，最多的可实现两臂（以不相邻为前提）同时动力缺失而依然能够稳定悬停，进一步提升了植保机的稳定性。特别是动力冗余性的设计，将多旋翼植保机的安全性提高到一个新的台阶。当然，其单个旋翼风场面积进一步的减少，又增加了风场的复杂性负面效果。

图6-8 八旋翼植保机之一

从目前市场上的情况来看，还存在更多乃至16旋翼数量的植保机类型，这里不一一赘述。

2. 根据气动布局分类

多旋翼植保机按照气动布局的差异，又可分为X形气动多旋翼植保机、十字形气动多旋翼植保机。

（1）X形气动多旋翼植保机。X形气动布局的原理是，在无人机前进方向的等分角度放置相反方向电机，以抵消电机转动时产生的反扭力。X形结构是目前多旋翼植保机最常见的布局，大疆创新的MG-1/15系列、极飞科技的P20系列都属于X形结构。它的两个臂同时朝前，从外形来看恰好是一个“X”的形状。

（2）十字形气动多旋翼植保机。十字形多旋翼气动结构是最早出现的多旋翼无人机气动布局之一，因其气动布局简单，只需要改变轴向上电机的转速即可改变无人机姿态，从而实现基础飞行，因此便于简化飞控算法的开发。但其构造导致无人机前行航拍时，正前方螺旋桨会进入画面而造成不便。随着飞控系统的不断进化，十字形逐渐被X形取而代之。

二、多旋翼植保机性能优势

多旋翼植保机已经广泛应用在农作物植保领域，不仅能喷洒农药、施肥、授粉，还能进行低空飞行，准确清晰地采集农田信息，服务于实现精准发展农业。因此，多旋翼植保机进行植保作业具有诸多优势。

（一）培训周期短

多旋翼无人机操纵简单、起降方便，不需要专门的起降场地，这是其能够迅速扩大应用领域的内在原因。目前兴起的智能多旋翼植保机（图6-9），甚至已经具备自动作业的能力，这就使得多旋翼植保机操作员具有培训周期短、花费成本低、素质要求不高的优势。

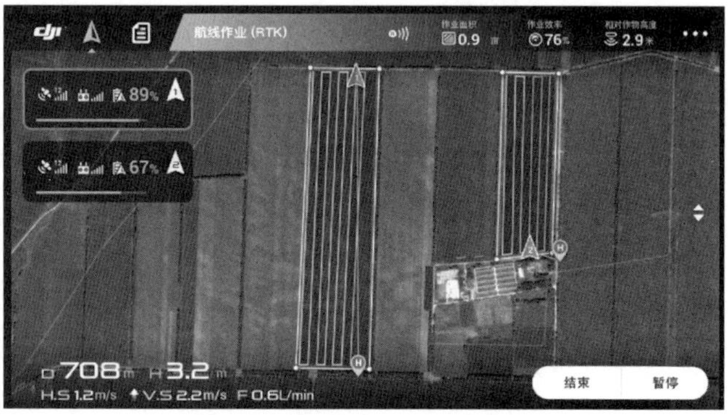

图6-9　智能多旋翼植保机操作界面

（二）高效作业

多旋翼植保机的作业效率，是人工作业的50倍以上。而且，由于引入了航线规划系统，可以避免重喷、漏喷带来的作业效果下降等问题。如今，在农村土地流转逐渐加速的前提下，耕地越来越集中，强壮劳动力越来越少，传统洒药方式已成为高效农业的阻碍。及时播种、收割、抗旱等农活姑且不说，如果成千上万亩农作物突发大面积虫害，人力喷洒农药根本无法快速消杀遏制，唯有使用植保机才能够有效应对。

（三）良好的作业效果

多旋翼植保机作业时，具有强大的下行气流，能将药雾快速直达作物，并且下行冲力可对作物进行摇动，促进药雾更好地抵达作物叶子的背面及其根茎部。现在，越来越多技术性能高的多旋翼植保机可以进行作业航线自行规划，完全能够有效地避免复喷与漏喷，确保作业质量。

（四）操作安全

我国每年因人工喷药而导致农药中毒的人数高达10万左右，其中死亡者占一定比例。这是传统的农药喷洒人员自我保护意识不强，处于下风位作业，甚至使用的喷雾器“跑冒漏滴”，置作业人员于药雾环境当中所致。使用多旋翼植保机作业，操控人员远离作业区域，完全能够保证人身安全。见图6-10。

图 6-10 无人机在喷洒农药

（五）环保

无人机用于飞防植保，属于高浓度低容量作业，其工作方式具有节水、省药的优势，有效地减少了农药残留及土壤农药污染等问题。特别是规模化的喷洒方式，有利于政府对农作物质量的控制。

第三节 无人机测绘技术

无人机测绘又称无人机航测。无人机航测是传统航空摄影测量手段的有力补充，具有机动灵活、高效快速、精准明确、作业成本低、适用范围广、生产周期短等特点，在小区域和飞行困难地域上高分辨率影像快速获取方面，具有明显优势。随着无人机与数码相机技术的发展，基于无人机平台的数字摄影技术已显示出其独特优势，无人机与航空摄影测量相结合，使得“无人机数字低空遥感”成为航空遥感领域的一个崭新发展方向。

这是由于航空遥感平台及传感器的限制，使得普通的航空摄影测量手段在获取小面积、大比例尺数据方面存在成本高、性价比低等问题。而具有低成本和机动灵活等诸多优点的低空无人机遥感能在小区域内快速获取高质量遥感影像，是国家航空遥感监测体系的重要补充，是航空遥感的未来发展方向。在当今卫星遥感和普通航空遥感蓬勃发展的形势下，轻小型低空遥感是粗、中、细分辨率互补的立体监测体系中不可缺少的重要技术手段。

无人机航测技术体现了无人机与测绘的紧密结合，同时也提供了更高效的测绘方式。实验证明，无人机航测技术完全可以达到 1∶1000 这一国家航空摄影测量规范的要求。

一、无人机测绘的特点

无人机测绘的特点具有正反两面，它既有突出的优势，又有明显的不足，今后的发展方向是扬长避短，不断加以技术改进。

（一）无人机测绘的优势

低空无人机遥感系统的特点是多方面的，主要体现在快速测绘反应能力、突出的时效性和性价比、监控区域受限小、专业的机地系统、综合应用对比、地表数据快速获取和建模能力等方面。具体来说，无人机测绘（图6-11）有下列五大优势。

图6-11　测绘作业中的无人机

1. 航空摄影价廉物美

无人机可以超低空飞行，能在云下飞行拍摄，弥补了卫星光学遥感和普通航空摄影经常受云层遮挡而获取不到影像的缺陷。由于低空接近目标，故能以比卫星遥感和普通航空摄影低得多的代价得到更高分辨率的影像。

2. 助力构建三维模型

无人机测绘能实现适应地形和地物的导航与摄像控制，从而得到多角度、多建筑面的地面景物影像，用以支持构建城市三维景观模型（图6-12），而不局限于卫星遥感与普通航空摄影的正射影像常规产品。

图6-12　无人机测绘图

3. 使用成本低

无人机体形小，耗费低，对操作员的培养周期相对较短。系统的保养和维修简便，同时不用租赁起飞和停放场地，也无须机场起降，灵活机动，适应性强，容易成为用户自主拥有的设备，同时也规避了驾驶员人身安全的风险。

4. 技术水平和精度高

相比野外实测，无人机测绘周期短、效率高、成本低，对于面积较小的大比例尺（10 ~ 100 平方千米）地形测量任务，其受天气和空域管理的限制较多，成本高；而采用全野外数据采集方法成图，作业量大，成本也高。将无人机遥感系统进行工程化、实用化开发，则可以利用其机动、快速、经济等优势，在阴天、轻雾天也能获取合格的彩色影像，从而将大量的野外工作转入内业，既能减轻劳动强度，又能提高作业的技术水平和精度。

5. 满足多种测绘需求

根据监测目标的需求，系统搭载全色波段、单波段、多波段等不同的相机或者传感器，可以实现多角度拍摄，具有快速数据处理能力、应用分析功能以及快速融合处理其他数据的能力，从而拓展了测绘功能，满足多种测绘需求。

（二）无人机测绘的缺陷

在实际应用中，我们也发现无人机测绘存在诸多的缺陷。概括起来说，主要有下列三个方面。

1. 速度慢，抗风、抗气流能力差

在大风、气流紊乱的环境中飞行，无人机易偏离飞行线路，难以保持平稳的飞行姿态，受天气影响较大。

2. 应变能力不强，不能应对意外事件

当有强信号干扰时，易造成接收机与地面工作站失去联系。机械部分也有出现故障的可能，一旦出现舵机失灵现象，对无人机以及机载设备将会是致命的。

3. 航时短

在大范围测绘工作中，无人机的航时较短，可能需要进行多个架次的飞行，这对影像获取的完整性和准确性也有一定的影响。

二、无人机测绘的应用领域

无人机测绘的应用领域广泛，现阶段主要适用于基础测绘、土地资源调查监测、土地利用动态监测、数字城市建设和应急救灾测绘数据获取等方面。随着无人机和数码相机技术的不断发展，无人机测绘应用前景广阔。这里重点介绍无人机测绘在抢险救灾、航空摄影测量和三维建模等领域的应用。

（一）森林火警监控及重大灾难的抢险

在四川汶川地震和青海玉树地震中，中国科学院遥感与数字地球研究所和地理科学与资源研究所的首批科研人员使用无人机，在道路交通设施毁坏严重、天气条件恶劣的情况下，带回了大量的灾区现场数据资料，为抢救生命、保障财产安全起到了重要作用。无人机系统还可以用来探测、确认、定位和监视森林火灾。在没有火灾的时候，可以用无人机来监测植被情况，估算含氢量和火灾风险指数；在火灾过后，可以用于评价灾害的影响。无人机在灾害天气或者受污染的环境中执行高危险性的任务时，具有无可比拟的优势。

（二）航空摄影测量

无人驾驶飞行器摄影测量系统属于特殊的航空测绘平台，其技术含量高，涉及领域多，组成比较复杂（图 6-13）。加工材料、动力装置、执行机构、姿态传感器、航向和高度传感器、导航定位设备、通信装置以及遥感传感器，均需要精心选择和研制开发。无人机摄影测量系统以获取高分辨率空间数据为应用目标，通过 3S 技术在系统中的集成应用，达到实时对地观测和空间数据快速处理的目标。无人机航空摄影测量系统具有诸多优势，正逐渐成为航空摄影测量系统的有益补充，是空间数据获取的重要工具之一。

图 6-13　无人机航空摄影测量系统

（三）倾斜影像建立三维模型

利用无人机多角度航拍带有倾斜角度的影像，通过专业的建模处理软件，可全自动生成模型。利用三维数据处理软件高效加载海量倾斜模型数据，流畅的三维体验满足了旅游、景区等行业的应用；轻松实现单体化操作与表达，为房产、国土、城管、智慧城市等行业应用提供了基础平台；实用的压平操作，模拟建筑物拆除，满足规划行业应用；高度、长度、面积、角度、坡度等的测量，应用于水利、能源开采等管理系统；基于 GPS 的三维空间分析功能，结合倾斜摄影模型的高精度，分析出供决策者参考的准确数值指标；在三维场景中，能看到房屋侧面的紧急出口，倾斜模型上任意点之间可以进行准确计算，如计算通视距离、设计制高点和狙击方案等事发地周围的详细信息。这些，在应急行动中关乎人员及财产的安全，有时甚至能对行动的结果起到决定性作用。

三、无人机测绘原理及系统

近几年来，随着我国信息化建设的加快和科学技术的不断进步，无人机测绘研究得到了快速推进和发展，生产制造和实际应用能力有了长足的进步。现阶段，国家测绘地理信息局、各省测绘地理信息局、其他有实力测绘单位，基本上都装备了无人机测绘设备，使得无人机低空测绘在国家地理信息、基础测绘、城市规划、应急抢险、重点工程项目等方面发挥着越来越大的作用。

无人机测绘遥感系统是高分辨率及高精度遥感影像获取和处理的崭新技术。它以无人驾驶飞行器为飞行平台，挂载数码相机、数码摄录机等数字遥感设备进行拍摄和记录，通过遥感数据处理技术进行影像的同步传输，以实现对地理信息的实时调查与监测。无人机遥感系统以获取高分辨率遥感数据为应用目标，通过3S技术在系统中的集成应用，达到实时对地观测和遥感数据快速处理的目标。要使其成为理想的遥感平台，选用的遥感传感器应具备数字化、体积小、重量轻、精度高、存储量大和性能优异等特点。遥感传感器的控制系统，要能够根据预先设定的航空摄影点、摄影比例尺、重叠度等参数以及飞行控制系统实时提供的飞行高度、飞行速度等数据，自动计算并自动控制遥感传感器的工作，使获取的遥感数据在精度、比例尺、重叠度等方面满足遥感的技术要求。见图6-14。

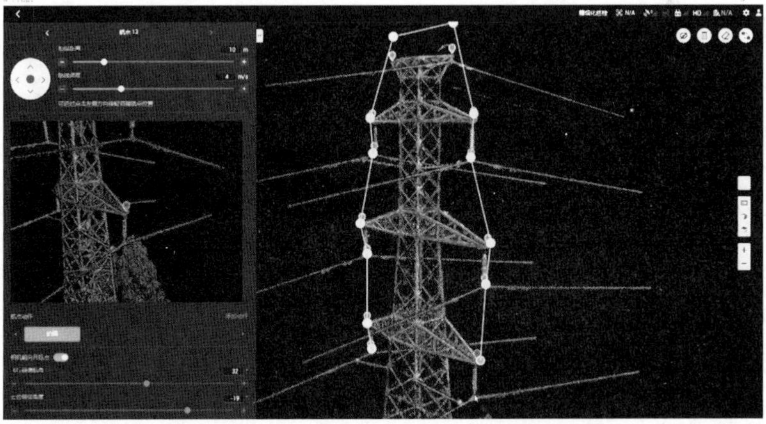

图6-14 无人机在航测中获取的遥感数据图

对于抗风能力弱、飞行稳定性差的无人机，应给遥感设备加装三轴稳定平台，以保证获取稳定的、清晰的高质量影像。遥感传感器的位置数据和姿态数据最好能够实时记录并存储，以便用于遥感数据的处理，提高工作效率。无人机低空摄影测量系统所采用的无人机是按照国际上的通用标准设计的，且其研制的目的主要是作为遥感平台。在进行航空立体成像时，飞机携带相机沿飞行线（或条带）获取垂直航空相片。由于实际应用中多选用航空相片的立体像对，因而成功的飞行，航向重叠应为55% ~65%，至少50%，一般为60%，旁向重叠大致为30%。相片重叠意味着在相隔一定距离的不同位置拍摄同一目标。存在视差可以构成立体像对，并可进一步获得立体模型。然后，通过专业的数字测图软件可以制作各种高精度的地形图。

四、外业工作

（一）基础训练飞行（以DJI S100+为例）

1. 飞行条件及环境要求

（1）使用之前，首先接受飞行培训或训练（如使用模拟器进行飞行练习、专业人士指导等）。

（2）恶劣天气下如大风（风速4级及以上）、雨雾天，切勿使用。

（3）选择地形开阔、周围无高大建筑物的空间作为飞行场地。

（4）飞行时，远离障碍物、人群、高压线、树木的遮挡和水面等。

（5）避免遥控器与其他无线设备互相影响或干扰，如周围无基站或发射塔。飞行前应当作以下各项的检查：

① 各零件是否完好，是否有部件老化或损坏。

② 电机安装方向是否正确。

③ 桨的安装方向是否正确。

④ 飞行器类型选择是否恰当。

⑤ IMU及GPS-Compass Pro安装的方向是否正确。

⑥ 遥控器的通道映射及摇杆方向是否正确。

⑦ 指南针是否已正确校准。

⑧ ESC通道是否插错或未插牢固。

⑨ IMU或GPS-Compass Pro是否粘牢。

如果相机与云台连接失败，云台LED指示灯快闪红灯；相机与云台连接成功，云台LED指示灯绿灯常亮。

2. 通电检查

（1）控制模式灯。遥控器、飞控系统上电，拨动控制模式开关，观察LED指示灯。

（2）GPS信号指示灯。控制模式灯亮之后，有闪灯指示GPS信号状态，待到LED指示灯只有一闪红灯或者不闪红灯时才可起飞。

3. A2飞控启动电机方式

直接推动油门摇杆无法启动或停止电机。内八或者外八解锁即可起飞。

姿态 1/姿态 2/GPS 模式下电机意外停转的三种情况是：

（1）在电机启动后 3 秒内没有推油门摇杆至 10% 以上。

（2）油门摇杆在 10% 以下，并且成功着陆 3 秒后。

（3）飞行器倾斜角度超过 70°，并且油门摇杆在 10% 以下。

4. 初步飞行测试

（1）等待 GPS 信号。将飞行器放置到空旷场地，飞行器距离操作人员及其他人员 3 米以上。等待飞控系统搜索到多于 6 颗 GPS 卫星时，LED 指示灯的红灯常亮或者不闪灯。

（2）系统预热。冬季及气温较低的天气，应等待系统运行 2～3 分钟后，再进行下一步起飞操作。因为气温过低会造成电池性能下降，有可能带来飞行器供电不足问题。

（3）起飞飞行器。启动电机后横滚、俯仰和偏航杆立刻回中，同时推动油门摇杆离开最低位置，起飞飞行器。起飞时，应注意地面横风的影响，风速过大时应停止起飞操作；否则，会造成飞行器倾倒触地，造成起飞事故。

第一次启动电机推油门摇杆时，飞控系统便自动记录当前飞行位置。起飞时，LED 指示灯常亮。

（4）在距离返航点 8 米内，可根据 6 闪紫灯确定返航点位置。只有在 GPS 指示灯信号较好、无红灯闪烁时，才出现此灯。

（5）在飞行过程中，用摇杆适当调整飞行器的运动状态。

（6）悬停。在 GPS 模式下，当达到希望的高度后，保持油门、横滚、俯仰、尾舵摇杆处于中位，飞行器即可处于悬停状态。

（7）降落。飞行器降落时，要控制下降的速度，最好是缓慢地下降，防止飞行器落地速度过快而撞机，损坏飞行器。

飞行过程中，可能出现的问题主要是三种异常闪灯情况：一是低电压报警，LED 指示灯为黄灯快闪或者红灯快闪。二是指南针异常，黄绿灯持续闪烁，应重新校准指南针。三是 IMU 错误，绿灯快闪 4 次。此刻应参考保护功能设置的做法进行设置，以提高飞行安全性。

（二）倾斜影像采集方式

图像精度越高，三维效果越好。无人机飞得越低，相片分辨率越高，电荷耦合元件幅面越大，获取的三维效果越好。无人机动起来后，切记定点转动相机，要像拍摄全景图一样拍摄单独一组图像，一定要移动无人机拍摄多组图像。相片之间的重叠度要适当扩大，70% 是基本要求，80%～85% 最佳，90% 以上反而会降低图像的利用率。

倾斜摄影测量有两种基本拍摄方法，分别是环绕飞行和折线飞行。绝大多数的场景，均可由这两种拍摄方法灵活组合而完成拍摄。

1. 环绕飞行采集影像

环绕飞行，就是绕着要建模的物体进行环形飞行，并让相机对准被建模的物体进行拍摄。这种方法特别适合拍摄单标建筑或者标志物，其三维重建效果好，同时所需的图像也很少，非常经济实用。如果建筑物比较高大，还可以采取多层环拍，保证楼顶和楼底都能被高精度的图像覆盖。

2. **折线飞行采集影像**

顾名思义，折线飞行就是让无人机走“之”字形的路径，扫描整个要拍摄的区域（图6-15）。这种方法比较适合拍摄大面积的场景。拍摄过程中，除了让相机垂直于地面拍摄图像，还需要让相机倾斜至与垂直方向成30°~40°，并在东南西北四个方向上拍摄倾斜图像。

图6-15　无人机折线飞行采集的影像图

上述两种基本飞行模型，各有其优缺点，在实际使用中，必须因物因情而异，灵活巧妙应用，既可单独用，也可一起用，以达到更佳的效果。例如，使用折线飞行拍摄覆盖大面积的场景后，再使用环绕飞行，重点拍摄主要建筑。

五、业务流程

无人机测绘服务的业务流程有八项，简单介绍如下：

（1）区域确定，由客户提供服务区域矩形四角的坐标。

（2）现场勘查，内容包括飞行区域、起降场地，以了解空中管制信息。

（3）航线规划，目的是确定飞行线路、作业高度、飞行架次。

（4）任务载荷设定，载荷包括搭载的影像、视频、监控设备及胶片。

（5）签订合同，合同内容必须明确预付款、作业约定、验收标准。

（6）执行飞行，即飞行器运输、飞行作业、安全保障。

（7）确认效果，主要是成片数量、航空摄影范围、图像质量。

（8）后期制作，包括纠偏、拼图、配准、剪辑、输出等。

第四节　无人机巡检技术

无人机巡检就是通过装配有高清数码摄像机和照相机以及GPS定位系统的无人机航拍测绘系统，沿电网、油气管道进行定位自主巡航，实时传送拍摄影像，监控人员则在计算机上同步收看与操控，及时发现安全隐患，迅速采取相应措施予以解决，保障无人机巡检目标的安全。

无人机巡检作业过程可分两步进行。一是长距离线路普查（图6-16），主要是利用红外、紫外和可见光遥感设备检查线路有无异常点。二是短距离线路详查，利用飞行器在异常点上空采集多个角度的倾斜摄影图像，以便管理部门做出决策。

图6-16　无人机长线路巡检普查

无人机巡检的机型，有固定翼无人机、多旋翼无人机等。其中，固定翼无人机主要进行常规巡检，如检测管道周围有无施工或地质灾害；而多旋翼无人机常用于应急性巡检，如突发性事故等。一般来说，无人机巡检可每隔100千米距离设定一个截点，搭载适应各种任务的专用设备的无人机，不分昼夜地在截点之间来往巡检，拍摄巡检目标的图像信息，实时回传并保存相关信息，为险情及时处置和后期维修、整改提供证据。

从目前情况来看，无人机巡检集中应用于电力行业和石油化工业。

一、无人机电力巡检

2004年，国家电网和南方电网开始推进无人机巡线应用，并发布了一些指导规划和技术规程。特别是自2013年10月国家电网公司举行小型多旋翼无人机巡检系统招标以来，多旋翼无人机开始进入电力巡检领域，逐渐成为巡检人员视觉和动作的延伸，并成为电力巡检中一件得心应手的工具。截至2019年年底，我国无人机电力巡检覆盖率大约已达到60%，这意味着每100千米的电力线路巡检，有60千米是由无人机完成的。南方电网的多旋翼无人机保有量已超过7000架。

（一）无人机电力巡检的优势

无人机具备高空、远距离、快速、自行作业的能力，可以穿越高山、河流对输电线路进行快速巡检，对架空线的铁塔、支架、导线、绝缘子、防震锤、耐张线夹、悬垂线夹等进行全光谱的快速摄像和故障监测，为电网管理和维护提供数据支持。无人机作业可以大大提高输电线维护与检修的速度和效率，使许多工作能在完全带电的环境下迅速完成。无人机作业还能使作业范围迅速扩大，而且不为污泥和雪地所困扰。因此，无人机巡检无疑是一种安全、快速、高效、前景广阔的巡检方式。

无人机电力巡检与人工巡检相比，具有飞行控制精度高、操作简单、起降方便、使用耗能少、效率高等特点。传统的人工电力巡检，条件艰苦，效率低下，一线的电力巡查工有人身安全危险。无人机实现了电子化、信息化、智能化巡检，提高了电力线路巡检的工作效率、应急抢险水平和供电可靠率。

此外，无人机巡检无人员伤亡，易操作、强机动，能在恶劣环境中作业。而且，可以高效地完成大范围的常规巡检，及时发现安全隐患，实时回传至相关管理部门，从而提前规避和降低潜在风险。

具体来说，电力巡检的优势主要体现在速度快，效率和准确性高，易部署、环境适应性强，使用和维护成本低等四个方面。

1. 速度快

采用无人机进行常规输电线路巡检，可降低劳动强度，提高速度和效率，使许多工作能在完全带电的情况下快速完成，确保用电安全。有数据表明，无人机巡线的速度是人工的40倍。

2. 准确性高

普通手持式红外测温仪要求严苛，受制于高度、背景光等因素，进行高空测温会有10℃以上的误差，且温度数据分辨率过低，无法精确定位发热点，极有可能造成抢修方案的误判。无人机空中近距离红外测温，克服了地面测温的短板，实现全视角360°精准巡检。

3. 易部署，环境适应性强

无人直升机可在野外场地垂直起飞和降落，不需要专门的机场和跑道，因此能在山区或特高压线路区等人工难以巡视的地方紧急部署，弥补了线路维护人员不具备有利交通条件的缺陷。见图6-17。

图 6-17　野外垂直起降执行巡检任务的无人机

4. 使用和维护费用低

一次投入后，每次巡检费用很少。例如强风天气，常有如塑料薄膜、编织带、广告条幅之类的轻质物品被吹刮到输电线上，带来危害，轻则引起线路放电跳闸，重则绝缘子掉串或断线。用电高峰期遇到这些问题更麻烦，高压线路往往无法停电处理。在此情况下，无人机作业清除线路飘挂物则是最好的选择。2015 年，广州供电局无人机作业时间达 45 万分钟，细查线路故障 620 处。同时，在线路不停电的情况下，无人机清除飘挂物 108 次，改变了线路停电、人工摘除的传统作业方式，有效加强了输电线路的可靠性。据统计，过去摘除一次飘挂物需要 4 个检修工人工作 2 小时左右，无人机一两分钟即可完成任务。

（二）无人机电力巡检的缺陷及解决方案

1. 无人机人工操作巡检

现有电力巡检无人机的工作模式以人工操作巡检、人工整理数据为主，这种巡检作业模式和数据整理模式面临的挑战主要有三大环节。一是需要占用大量人力，包含前期无人机驾驶培训和现场无人机巡检操作。二是数据不闭环，即无人机所采集的数据不能实时地同步到数据处理单元。三是信息不连续，即处理数据得到的信息，无法及时传回到生产系统以指导生产。

为了解决以上问题，行业专家针对性地提出了三种解决思路。一是无人机采用自动巡检，以解决数据采集阶段人工占用量大的问题。二是引入智能识别技术，在前端（无人机）或后端（服务器）对数据进行处理，进而获取关键信息。三是引入无人机作业管理平台，实现无人机整个作业过程信息闭环。这三种思路，一旦成为现实，便能进一步提升无人机巡检系统自动化、数据处理自动化、信息反馈自动化，从而实现电力运维全面自动化。

2. 无人机巡检航线规划方式

现阶段的无人机自动巡检，主要采用航线飞行模式，辅助以过程闭环，保证巡检精度。无人机巡检航线规划，主要有示教规划和离线规划两种。无人机飞行的示教规划，简而言之，就是通过编程告诉无人机要执行的步骤，譬如大疆无人机经纬 M200 系列等，配合大疆 Pilot 软件，使用航点规划功能，在地图上进行位置打点规划航线，无人机就可以按照航线规划的路径进行飞行作业。离线规划基于离线编程，通过软件在计算机里重建整个工作场景的三维虚拟环境，然后软件可以根据任务需求完成自定动作，同时配合软件操作者的一些操作，自动生成机器人的运动轨迹，即控制指令，在软件中仿真和调整轨迹，最后生成控制代码传输给无人机。这两种规划方式各有优劣，随着实际应用的不断扩大，无人机巡检流程自动化会更加智能化。

3. 无人机巡检中的外力影响排除及运维安全

无人机的日常巡检过程中，重点是能迅速发现线路、杆塔等设备的细节问题，但现场作业时，常常发生外力对无人机巡检精度产生消极影响的情况，这些外力包括大风、强光、信号干扰。因此，在巡检过程中引入图像识别技术，无人机便能准确识别拍摄器件，并自动修正拍摄角度，调整相机参数，从而提升系统精准性。见图 6-18。

图 6-18　引入图像识别技术的巡检无人机

常见无人机电力巡检的应用，是利用无人机搭载的高性能计算平台，实时分析拍摄图片，实时处理轻量级的问题，并通过网络上报至生成系统。例如大疆的高性能计算平台妙算 Manifold 2，即可搭配经纬 M200 V2 系列使用，实现定制化的智能识别分析。此外，也可利用平台级的计算能力，对图像数据进行精细深度分析，进一步发现细节缺陷，保证运维安全。

4. 无人机巡检中的现场采集数据管理

无人机电力巡检作业流程中的重要一环，是如何有效管理现场采集的所有数据，并将数据提炼成有效的信息。但是，数据不等同于信息，数据可能是海量或者大尺寸的，而信息一定是凝练、可概括的。在当前的技术条件下，大尺寸的数据样本通过无线链路实时传输尚不成熟。因此，针对飞行任务、数据积累、资源管理、集成融合等方面，组建一套无人机综合数据管理平台，是能够有效保证输电线路及其设备安全的一项基础工作。为此，通过飞行任务管理，实现信息流末端到前端的贯通；通过数据积累功能，把飞行日志数据存储于平台，一边进行统计分析，一边查询跟踪等；通过资源管理，实现飞机与组织架构、人员之间的对应关系，对不同角色权限清楚划分；通过集成融合，使用无人机作业，并与现有信息系统结合，将系统数据上传到上一级平台，发挥网络协同效应。例如，大疆推出的无人机综合在线管理平台大疆司空，就可以发挥实时传输、数据管理、团队设置、航线规划等功能，为信息自动化反馈以及多编队飞机的同时管控提供有力支撑。类似的平台，未来有望成为无人机电力运维的“中央机库”（图 6-19）。

图 6-19　无人机电力运维的“中央机库”示意图

5. 未来无人机自动航线飞行

未来的无人机电力巡检是实现无人机电力运维全面自动化，即无人机自动航线飞行。无人机自动航线飞行，能节省大量的人力，使得巡检人员从大量体力劳动中解放出来，投入到更高阶段的数据分析处理中去。运维班组的作业模式和人员结构也可因此得到优化，可以提高电网的可靠性。无人机搭载高性能计算平台，进行轻量级图片识别处理，可以有效地提高现场作业时发现问题的效率，实时处理，并将问题分析输出，上传至后台。而在线管理平台的加入，则可全面地提升无人机电力运维的自动化水平。无人机综合数据处理平台及自动化精细巡检的结合，也是一种环保、快捷的巡检作业方式，有效地推进了电力环保、绿色巡检的进程。

目前，业内已经有比较成熟的无人机机型用于输电线路、杆塔自动化巡检，比如大疆的 Phantom 4RTK、经纬 M600 系列、经纬 M200 V2 系列等。随着电力事业单位和类似大疆等企业的不断深耕投入，随着巡检流程自动化、数据处理自动化、信息反馈自动化的不断发展，有望近年实现电力运维的全流程自动化。

（三）无人机输电巡线系统

无人机电力巡检采用的技术是无人机输电巡线系统（图 6-20）。无人机输电巡线系统是一个复杂的集航空、输电、电力、气象、遥测遥感、通信、地理信息、图像识别、信息处理为一体的集成系统，涉及飞行控制技术、机体稳定控制技术、数据链通信技术、现代导航技术、机载遥测遥感技术、快速对焦摄像技术以及故障诊断技术等多个高尖技术领域。

图 6-20　无人机输电巡线系统示意图

U-Care 无人机输电巡线系统主要由四部分组成：一是低空、低速、长航行距离、长航行时间的先进无人机平台系统；二是包括红外、可见光至紫外的全谱段的实时遥感系统；三是微型气象数据采集平台；四是陀螺稳定平台。

二、无人机管道巡检

随着能源产业的发展，油气管道的安全维护和日常巡检工作压力越来越大。为了提升巡检效率，降低巡检成本，管道巡检无人机正在迅速发展，并获得广泛应用。

（一）无人机管道巡检是大势所趋

据统计，2018 年全国除台湾地区外已建成油气管道 15 万千米，覆盖全国 31 个省、自治区、直辖市。到“十三五”末将超过 16 万千米。油气输配管网长期埋在地下，会受到管线自身长期或超期服役而导致本体强度等力学性能下降、管道自身的内外壁腐蚀、自然和地质灾害损毁、打孔盗油、第三方人为破坏等各种不确定性因素的影响，对系统安全运行带来潜在的巨大危害。一旦发生泄漏或爆炸事故，将严重威胁人民群众生命财产安全。2013 年 11 月 22 日青岛输油管道爆炸，死 62 人，伤 136 人，经济损失 7.5 亿元，令人痛心不已。

当前，管道保护以人工巡检为主，受制于人为和地理区域等因素的影响较大。一方面，复杂地理环境下的管线人力无法到达，存在巡检死角，导致一些安全隐患不能及时发现而带来严重后果。另一方面，由于长输管道线路长，人工巡检投入人力大，巡检效率低，安防效果差，崇山峻岭中的人工巡检人员安全风险高。还有许多埋设于险要地段的管道，由于环境限制、交通不便，一旦出现自然地质灾害或者其他破坏事故，人员无法及时赶赴现场，耽误了最佳的抢险时机，造成重大经济损失和社会影响。

实践证明，常规人工巡检已无法满足安全要求，需要更科学的管理办法和技术手段。而无人机具备高空、远距离、快速、自行作业的能力，可以穿越高山、河流对输气线路进行快速巡检，对管道周边环境进行巡检，查看管道是否遭到破坏，对架空油管等进行全光谱的快速摄像和故障监测。基于无人机输油巡检采集数据的专业分析，可以为油网管理和维护提供数据支持。在陕甘宁地区的西气东输工程中，无人机遥感技术已应用于管道巡检，弥补了传统人工巡检的种种不足，通过对获取的影像进行处理，能够快速定位管道位置，以及通过视频拍摄为管道的安全保护提供服务。

（二）无人机管道巡检的目的

《油气输送管道完整性管理规范》（GB 32167）指出，危害管道安全的外部因素主要包括机械损伤和自然与地质灾害两大类，而无人机日常巡护能够有效地防控这两大损害的发生。

机械损伤的防控，主要是针对管道两侧 100 米范围内第三方各类作业行为的监管，这些行为包括对土地平整、修路、挖塘、清淤、建房、烧荒、钻孔、爆破及第三方施工设备（如铲车、推土机、打夯机）占压管道等行为进行识别，并进行有效管理，防止外力对管道的损害。管道周边机械损伤防控巡护作业，应根据不同时期、不同季节、不同情况进行灵活机动的安排。可以每天巡检一次，巡检时间要不断优化；或者每天多次巡检，以减少巡检空白。同时，启动光纤预警系统，辅助无人机巡检。

自然与地质灾害的防控，主要是识别出地质灾害（如滑坡、山洪）迹象，做到提前预控，防止灾害进一步扩大。

（三）无人机管道巡检的方法

无人机管道巡检的方法，是通过搭载遥感系统设备的无人机对管道沿线周边环境巡检和管道日常巡检的方式，及时发现管道存在的安全隐患并发出警告，为管道管理和维护部门提供准确信息，助力管道安全保护工作。见图 6-21。

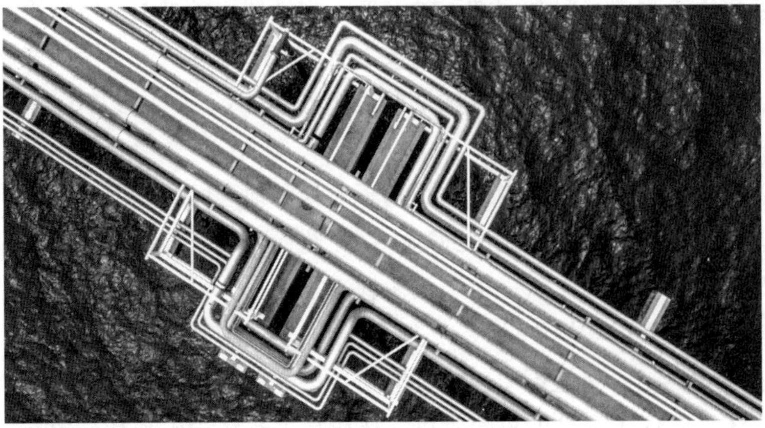

图 6-21　无人机管道巡检示意图

1. 管道周边环境巡检

管道周边环境巡检，是指利用无人机搭载高清摄像机拍摄管道左右 200 米范围内的地形地貌、社会环境情况，形成影像资料，并在影像资料中标注出管道位置，帮助管道运营企业了解管道周边环境变化情况。同时，建立影像资料供查阅索引，将影像资料保存在移动硬盘等存储介质中，便于后期使用及周边环境变化时对比。

无人机搭载可见光和红外吊舱，在指定目标上空悬停详查，获取管道周围土壤环境、天气、管理温度等信息，可以锁定和跟踪地面目标探查细节，及时发现、制止破坏管线和盗油行为，并做现场取证。

管道周边环境巡检，一般需要在周边环境出现明显变化时开展才有意义。因此，管道周边环境巡检频次不宜过高，借鉴《油气输送管道完整性管理规范》对高后果区识别时间间隔的要求，并结合公司管道地处人类活动频繁地区的特点，建议周边环境巡检以每年一次为宜。见图 6-22。

图 6-22　无人机巡检管道周边环境图

2. 管道日常巡检

管道日常巡检，是指利用无人机在管道上方巡逻，识别管道周边机械损伤和自然与地质灾害风险，及时制止威胁管道安全的施工行为，及时发现地形地貌变化，以便能够采取措施防止管道损坏。日常巡护所需识别的两种风险，存在本质区别。第三方施工具有临时性、偶发性，且大多施工周期短。而大多数自然与地质灾害的形成，往往经历从灾害应变产生、应变能累积、应变能释放到灾害平复的过程，历时时间相对较长。因此，可将识别管道周边机械损伤和自然与地质灾害风险的任务分解执行。

三、无人机巡检的未来

如今，无人机在电力巡检领域的应用尽管已经十分广泛，但是续航时间短与信号传输受阻两大问题仍有待解决。续航问题需要电池技术的突破，短期内难以解决；而想解决无线信号传输受阻的问题，就要摆脱对无线信号控制器的依赖。通过建立三维电网航线模型和完善数据库，无人机有望实现自动电力巡检，从而改变无线信号传输受阻的局面。目前，南方电网的无人机“自动驾驶”巡检，已经在夜间精细化自动巡检、大范围红外巡检等多个场景上有了实际应用，并计划用3年时间实现全网输电线路自动巡检全覆盖。另外，无人机电力巡检发展到现在，仍然处于“人巡为主，机巡为辅”的阶段，原因是无人机巡检目前还处于手动操控为主阶段，巡检工人在实际上岗前，需要经过一定的培训。随着电力运维要求的逐步提高，简化巡检过程、提高巡检效率成为无人机在巡检领域发展的重要课题，自动化、智能化无疑将是无人机巡检发展的重要方向。

第五节　无人机安防技术

无人机安防技术是指用于人民警察装备的安防无人机的应用技术。换而言之，无人机安防技术就是人民警察、保安服务组织在安全防范和安全保卫工作中，以无人机控制制高点，改变传统警务实战中缺少全局视角、目标定位不够精准、获取信息不够及时等弊端，更好地完成大型活动保卫巡查、歹徒搜捕、森林防火、禁种铲毒、安全防控、反恐处突等各项任务，提高工作效率，保障自身安全，避免和减少人员伤亡。

一、安防无人机的应用

安防无人机指的是用于以维护社会治安秩序、保障公共安全为目的安全防范领域的无人驾驶航空器。狭义上的安防无人机为警用安防无人机；广义上的安防无人机还包括民用安防无人机。警用安防无人机即人民警察使用的无人驾驶航空器，其所有权、使用权归属公安机关，用途是执行人民警察勤务。民用安防无人机是社会治安服务行业（如保安业）使用的无人驾驶航空器，用途限于维护保安服务区域（活动）的治安秩序，保障公共安全，其所有权和使用权归属无人机持有者。

从安防无人机使用的情况来看，有单兵无人机和专业无人机之分。单兵无人机以轻微型无人机为主，供一级警员装备，用作空中视角，以解决日常警务中的制高点控制，且有执法记录仪的功能。其特点是便捷、智能、操作简单、方便使用，具有拍摄、录像、数据实时回传等功能，是空中记录仪。

装备给警界专业人员使用的专业无人机，以轻小型无人机为主。专业无人机的特点是模块化设计，可搭载多款任务设备（如变速相机、红外相机、探照灯、地投箱等），大多具有防水、防尘、防摔的“三防”功能，一般能满足多样化实践应用。

二、大型活动中的安防无人机应用技术

面对人数众多、活动范围广的文化、体育、集会等大型活动，安保工作最大的难度在于指挥者对活动现场的全景动态难以及时掌握，安保人员难以保障迅速到达异常情况突发地点处置。对此，安防无人机却能帮助解决。

大型活动现场放飞无人机，可以通过空中监控及时掌握现场的全景动态，同步传输至指挥部（车），供指挥者实时了解现场各个方位的情况，以便决策，合理调取警力，防止拥堵、踩踏、纠纷、打架等治安事件发生。

在大型活动中使用的无人机，一般应搭载空中喊话器、热成像相机、探照灯，以便需要时使用。例如散场时，当发现众多人员堵集在一起，可用搭载在无人机上的空中喊话器，对地面拥堵人群喊话，或者发布通告，及时进行疏导指挥。夜间举行大型活动时，一方面可以在无人机上挂载探照灯，以便对灯光不明的局部区域不间断地进行照明，防止那些地方发生治安问题；另一方面可以搭载热成像相机，对人群密集度做出直观判断，实时予以疏通分流，并提前预警可能发生的踩踏事件、火灾隐情。

大型活动的情况比较复杂，必须事先认真安排无人机使用的数量、任务、分工，考虑如何在活动中充分发挥其应有的效率。这就需要在活动之前勘查现场，制订无人机执行任务行动方案。多架无人机同时在现场放飞运行时，应当明确每架机次升放时间及担任的职责、达到的目的，如有全面巡检掌控全场活动动态的，有定位观测察看局部区域动态的，有摄制固定位置三维实景图的，有制作空中全景图的，等等。

三、安防无人机的警方应用技术

随着安防无人机应用领域的不断拓展，公安机关在警务活动中使用安防无人机的范

围越来越广。从目前情况来看，安防无人机警方应用除了大型活动的安防工作外，还有大范围的火灾、交通管理、复杂环境中的搜捕行动和案件现场拍摄，以及毒品原植物排查工作等。这些内容本章第一节中已经有所阐述，在此只作简要概述。

（一）犯罪案件现场照相中的无人机应用

犯罪作案现场勘查是侦破案件的第一要素，目的是获取罪犯在案发现场遗留的痕迹和实物等证据。犯罪案件现场拍照，是犯罪作案现场勘查中不可或缺的记录手段。一般而言，传统拍照按照由外到内、由大到小进行，照相的内容往往有现场方位照相、现场全貌照相、现场中心照相、现场细目照相等，各种照相的目的不尽相同。

现场方位照相反映的是整个犯罪现场及其周围环境情况，记录、固定现场位置及与周围环境的内在关系。现场方位照相的拍摄点，一般选择正对现场中心、距现场较远较高的地点，以扩大成像范围，提高现场方位照片的信息量。现场全貌照相记录的是现场面貌和现场内部各个部位之间的关系。现场中心照相记录犯罪现场中心部位和反映现场主要物体特点及其与邻近物体、痕迹之间的关系。现场细目照相记录和固定犯罪现场与案件中有关的痕迹、物品。这种现场照相中，现场方位照相拍摄点的正确选择比较难，刑侦技术人员常常需要花费大量的时间和人力去寻找。有时候，由于环境的制约，无法找到合适的拍摄位置，以致影响照相效果。

犯罪作案现场无人机照相的情况，不同于传统的现场照相。无人机操作简单，升降灵活，可在空中悬停，视野非常开阔，清晰度高，且能节省时间和人力，大大提高工作效率和工作质量。无人机在犯罪作案现场照相的方法分为两种：航空拍摄、空中全景拍摄。

犯罪作案现场的航空拍摄，最大优势是能够突破犯罪现场不利的种种客观环境的限制（如树木掩盖、建筑物遮挡等），拍摄到理想的犯罪作案现场照片，因为它能通过航拍技术——无人机回传画面调整角度，获得满意的现场方位照片，充分展现中心现场与周围道路、建筑物的关联。

犯罪作案现场的无人机空中全景拍摄，是一种通过多张照片拼接来展现全景效果的新兴摄影技术，它可以把二维平面图像转换成三维立体图像，并对输出的图像进行放大或缩小，操作十分方便。这种摄影技术几乎包含了传统现场照相中的现场方位照相、现场全貌照相、现场中心照相、现场细目照相的所有内容，它的360°全景照相技术，比现场方位照相更好地展现犯罪现场的整体位置。它的清晰度令人叹服，能够把土地颜色呈现出来，让人识别是翻过地的新土还是旧土。它的立体感甚至能让人仿佛身临其境。

空中全景图的拍摄，对于无人机的性能要求很高，一般的无人机往往受限于移动平台的计算性能和自动合成全景图的像素有限，难以胜任。如果使用其他系列无人机，可以通过 PTGui、Lightroom、PhotoShop 等软件，对拍摄的照片进行后期合成，输出更高像素的全景图。

（二）抓捕行动中的无人机应用

抓捕作案在逃的对象，最困难的是在城市高楼、群体间和光线暗淡的夜晚；犯罪作案的窝点查找，也最怕它位于地形复杂之处。而新型警用装备的安防无人机，在这些警务方面都具有十分明显的优势，工作效率极高，深受警方欢迎。

利用无人机协助抓捕隐藏在森林、山地等复杂环境中的作案在逃人员时，首先是通过无人机拍摄歹徒可能的藏身之地全景图，然后结合案情对地图进行综合分析，初步掌握歹徒进入可能藏匿区域的潜逃路线及周围地形地貌、可能隐身的小范围地区。在此基础上决定投入行动的无人机数量，合理划分搜索网格和分配飞行任务，规划搜索航线，做好飞行及搜索行动的安全方案（即评估风险、制定防范对策），确保搜捕行动安全、高效。需要注意的是，投入抓捕行动中的无人机搭载的相机昼夜有别：白天为普通可见光变焦相机，晚上为热成像红外相机。

（三）火灾现场中的无人机应用

扑救火灾，首先必须准确无误地了解火情，以便有的放矢、针锋相对地采取有效、有力的扑救措施，快速扑灭火灾，减少人员伤亡、财产损失。传统的火情侦察评估是消防人员冒险进入火场查看，人身安全风险非常大。无人机应用于灭火行动，不仅避免了消防人员伤亡，而且为快速、准确地评估火情、定位水源、扑灭火灾提供了保障。

用于火灾现场的无人机一般为小型机，操作简单，携带方便，半分钟内即可完成起飞准备。小型无人机起飞后，能够马上扫描附近几千米范围内的火灾情况。日间的火灾，现场视野良好，可见光无人机即可有效使用。夜间的火灾或者白天火场浓烟滚滚、有建筑物遮挡的，应用无人机搭载热成像相机进行火场侦查与灭火指挥。这种热成像相机能将热辐射转化为可见图像，直接反映现场的温差。

另外，灭火用上无人机，也大大地方便了对灭火救援行动进行评价总结，积累经验，提升指挥能力和指挥水平。其方法是扑灭火灾结束后，使用地面站专业版和“精灵”等小型无人机，对火灾现场进行二维建图（复盘）。这种建图能够清晰地反映火场环境、水源储量、水炮架设等关键信息，为灭火救援行动评价总结所用。

（四）交通管理中的无人机应用

交通管理中的无人机应用是把无人机用作“空中交警”，以维护正常的道路交通秩序。其主要的无人机技术应用，是通过放飞无人机抵达道路堵塞、大面积拥堵的现场，以及违章停车时有所见的路段，采用航拍技术获取目标的第一手信息资料，提供给公安机关指挥中心（服务部门），服务于快速处理交通事故、恢复道路畅通、查处违章取证等工作。

具体来说，就是使用无人机对重点路段、路口进行定期定点的高空数据采集，把采集到的视频及照片信息从三个方面进行数据整理分析，用于交通秩序管理工作。一是对交通拥堵的特征及成因进行分析，发现交通工程设计和交通组织设计中的问题，有针对性地提供解决方案。二是对道路交通改造等工程的实时效果进行前后对比，对改造后的效果进行科学评估。三是通过高空视频信息采集以及对车流量的分析，对路口信号灯配时调整的前后效果进行对比，用于验证信号匹配是否正常。

（五）排查毒品原植物中的无人机应用

在有种植罂粟可疑、可能的地区放飞无人机，低空搜寻毒品原植物，在空中进行全方位探查拍照。发现有种植罂粟可疑照片的，上门核查，判断是非，依法处置。

山东省德州地区一度种植罂粟成风，警方在罂粟开花季节采取集中整治行动，多次在有可能种植罂粟的农村地区放飞无人机进行空中侦察，将在 80 米高度拍摄的高清照片传至计算机上逐一分析，可疑照片再通过对无人机的起飞位置、拍摄角度的分析，找出农户具体位置，上门核查铲除。2017 年 5 月，该市就在集中行动中破获毒品原植物犯罪案件 230 起，抓获犯罪嫌疑人 230 名，铲除罂粟等毒品原植物 20000 多株。

第七章

无人机飞行训练

第一节　无人机飞行训练的目的及操控手法

无人机飞行训练就是无人机的飞行操纵训练。无人机的飞行操纵特指无人机飞行的控制操作，其内容包括航线的预订、修改、变更，飞行状态监控，指令引导控制，遥控飞行，辅助起降等。

无人机的飞行操纵训练不同于无人机的操纵。无人机的操纵是指无人机操作人员在地面通过无线电链路监督、控制无人机飞行的整个过程，包括起降操纵、飞行控制、任务设备（载荷）控制和数据链管理等。

一、无人机飞行训练的目的

无人机飞行训练是驾驶无人机的人事先必须做的功课和必须完成的作业，是合法、安全使用无人机的前提条件。因为无人机飞行训练能够传授无人机飞行操纵的技能，教会正确驾驶无人机的方法。如果未曾受训，自以为是，盲目自信地去违规使用无人机，必然会使无人机在飞行中发生故障，损害无人机，危及公共安全。

从经济社会的发展来看，无人机飞行训练为的是满足社会对民用无人机驾驶人才的需求。因为，随着民用无人机应用范围的不断扩大，无论是警界还是农业、工业等其他行业，驾驶无人机的人才缺乏问题越来越突出。从无人机应用的安全角度来看，无人机飞行训练的目的是避免无人机在飞行中发生故障，保障无人机飞行的安全和公私财产以及公共安全。

（一）避免无人机飞行故障

实践证明，无人机飞行故障的发生，主要因素涉及三个方面：人、机、环境。

统计无人机飞行中的故障数据发现，在开始研制阶段，机的因素为主要故障源，人、机、环境三者的比例为 6.7%：73.3%：20.0%，到了定型阶段，其故障原因人、机、环境三者比例变为 23.1%：44.6%：32.3%，人的比例显著上升。随着装备数量的增加，使用时间的增加，人的因素越来越突出，大量缺乏训练的新手进入无人机操纵岗位将为无人机安全飞行带来新的风险。

按照浴盆曲线理论，当系统趋于成熟稳定，进入“盆底”，此时人的因素就凸显出来，并渐渐成为制约无人机发挥出应有效能的短板。见图 7-1。

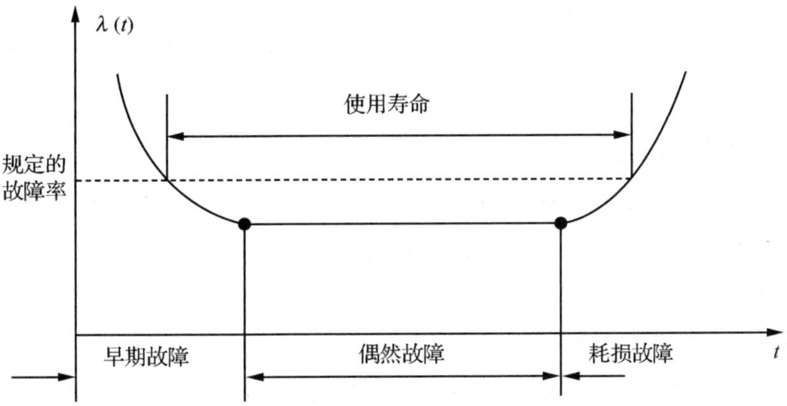

图 7-1 浴盆曲线理论示意图

（二）保障学员达到试飞员的要求

国际试飞员协会（SETP）对试飞员的要求有明确表述：客观、正确、诚信、能力，这四条也可以看作是对无人机飞行操作员的基本要求。其中对能力的要求有以下六个方面：

（1）正确理解试飞任务单。

（2）按任务单精准完成试飞任务。

（3）仔细总结每次飞行结果。

（4）在飞行中保持警觉，及时发现异常状况。

（5）在飞行过程中，及时正确地处置不正常现象。

（6）保持镇静，具备处置突发事件的能力。

二、无人机的操控方法

（一）遥控器的四个通道

无人机的人工操控主要是使用遥控器进行的。通过操控遥控器的至少四个通道，对无人机各个通道的变化指令进行相应的反应，从而达到操控无人机的目的。

遥控器最必要的四个通道分别是副翼、升降、油门、方向。

（1）副翼（Aileron，简写为 AIL），副翼舵在多旋翼无人机中的作用是控制无人机的左右平飞，在固定翼无人机中的作用是控制无人机的横滚机动。

（2）升降（Elevator，简写为 ELE），升降舵在多旋翼无人机中的作用是控制无人机的前后平飞，在固定翼无人机中的作用是控制无人机的俯仰动作。

（3）油门（Throttle，简写为 THR），油门舵在多旋翼无人机中的作用是控制无人机的油门转速，从而达到控制无人机飞行高度的目的；在固定翼无人机中的作用是控制无人机的发动机功率（推力），从而控制无人机的速度以及所产生的升力。

（4）方向（Rudder，简写为 RUD），方向舵在多旋翼无人机中的作用是控制无人机的飞行航向，也就是原地的旋转动作；在固定翼无人机中的作用同样是控制无人机的飞行航向。

（二）遥控器的操控手法

无人机的遥控器根据其操作手法的不同，可以简单分为三种：美国手、日本手和中国手。除了操作方式不同外，遥控器本身并没有什么本质区别。

1. 美国手

美国手，据称在航空模型刚刚兴起之时，只有一个通道可供控制，于是便把这个通道用来控制旋转方向，上升下降全凭电机开关与否。由于只有一个控制摇杆，自然多数人都选择用右手控制。后来，随着技术的发展，加入了油门通道的控制，这时便将油门通道分配到了左手的位置。由于这种模式形成最早，于是被称为“模式 1”，也由于这些玩家主要位于美国，因此称为“美国手”。

具体来说，美国手遥控器的左摇杆上下为油门舵，左右为方向舵；右摇杆的上下为升降舵，左右为副翼舵。一般美国手的操控方式都用于多旋翼无人机的操控。见图 7-2。

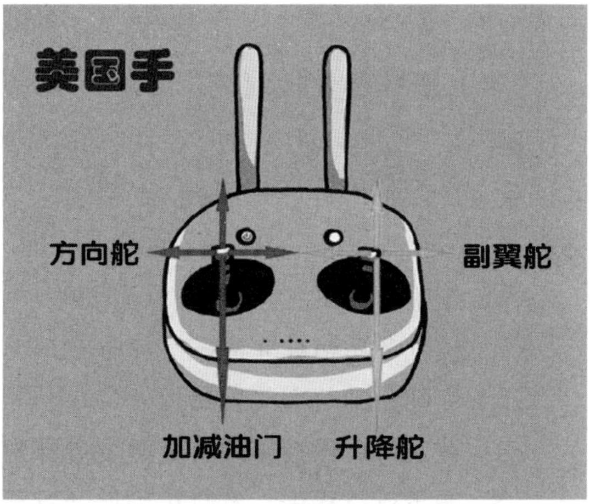

图 7-2　美国手操控方式

2. 日本手

日本手与美国手的区别其实并不大，仅在于将油门舵和升降舵进行了对调。这种模式也被称为“模式 2”，一般日本手的操控方式都用于固定翼无人机的操控。见图 7-3。

3. 中国手

中国手，也有人称作“反美国手”，因为其与“美国手”完全相反而得名。这种模式也被称为“模式 3”。中国手的操控方式目前来说极其少见，基本不使用中国手的操控方式进行无人机的操控。见图 7-4。

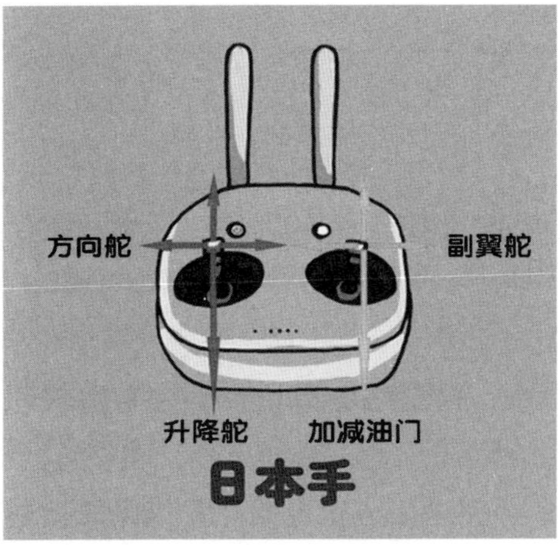

图 7-3 日本手操控方式

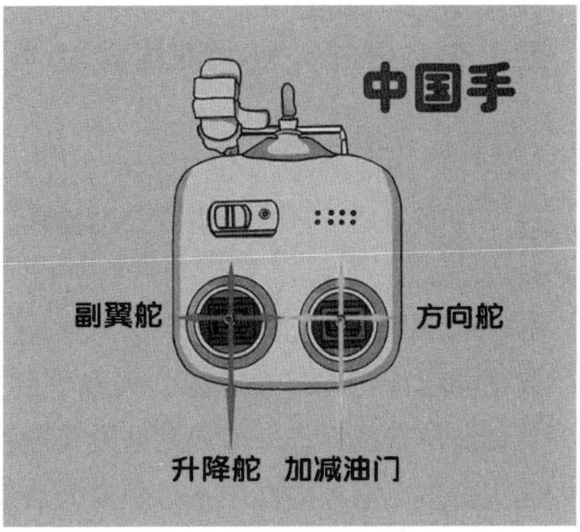

图 7-4 中国手操控方式

第二节 无人机飞行训练方法与训练内容

一、模拟器训练

无人机模拟器（图 7-5）主要训练各个通道（副翼、升降、油门、转向）的快速反应，常见的模拟器有 PhoenixRC、DJI GO 和 Realflight 7。其中 Realflight 7 较为复杂，可选择其中的训练模式。无人机是按照直升机的训练方式来训练飞行的，更有利于飞行过程中操作手感的养成及挑选适合的操控方式。一般而言，使用美国手来操控多旋翼无人机，使用日本手来操控固定翼航模类飞行器。

图 7-5 无人机模拟器

二、多旋翼无人机的训练方法

（一）起飞与降落训练

起飞与降落是飞行过程中首要的操作，十分重要。据统计，60%的飞行事故发生在起降阶段。

1. 起飞训练

起飞前检查：控制站电源、天线等的连接检查；控制站电源检查；控制站软件检查；卫星定位系统检查；预规划航线及航点检查。

起飞前接通电源的操作：必须先开启遥控器，再接通无人机电源。完成电源接通的操作后，远离无人机，解锁飞控，缓慢推动油门等待无人机起飞，在此过程中，推动油门一定要缓慢，以防止油门过大而无法控制飞行器。

在无人机起飞后，使无人机到达一定高度（一般离地面约1米后开始收油门），并调整油门大小，使无人机在一定高度徘徊。

2. 降落训练

降落时，同样需要注意操作顺序。先收油门，使飞行器缓慢接近地面。在离地面5～10厘米时，稍稍推动油门，降低下降速度；然后再次收油门，直至无人机触地。触地后不得推动油门，油门降到最低，锁定飞控。

相对于起飞来说，降落是一个更为复杂的过程，需要反复练习。

在起飞和降落的操作中，还需要注意保证无人机的稳定，切忌使飞行器的摆动幅度过大。否则，起飞和降落时有打坏螺旋桨的风险。

（二）升降与悬停训练

训练方法：飞行器由1米高度悬停开始，垂直上升至4米高度，转入悬停2秒后，转入垂直下降过程，在1米高度上停止下降并转入悬停。

训练难点：飞行器在上升和下降阶段由于受气流的影响，如果不操纵副翼和升降舵，只是单一地加减油门的话，这个上升和下降的轨迹就不会是垂直的，所以需要及时修正飞行器姿态，这时的打舵方向和舵量大小是保证垂直的关键。

（三）四位悬停训练

四位悬停指的是左侧位悬停、右侧位悬停、对头悬停、对尾悬停。见图7-6。

训练方法：飞行器在2米高度悬停2秒后，每悬停2秒后原地转90°（左右均可），直至完成对尾—右侧位—对头—左侧位悬停。

训练难点：旋转的过程中，由于螺旋桨的反扭矩的影响，在不操纵副翼和升降舵的时候会有偏航。而且由于操纵者所面对的飞行器的视角不同，故需要操纵者及时调整思维，做出正确的判断和及时的修正。

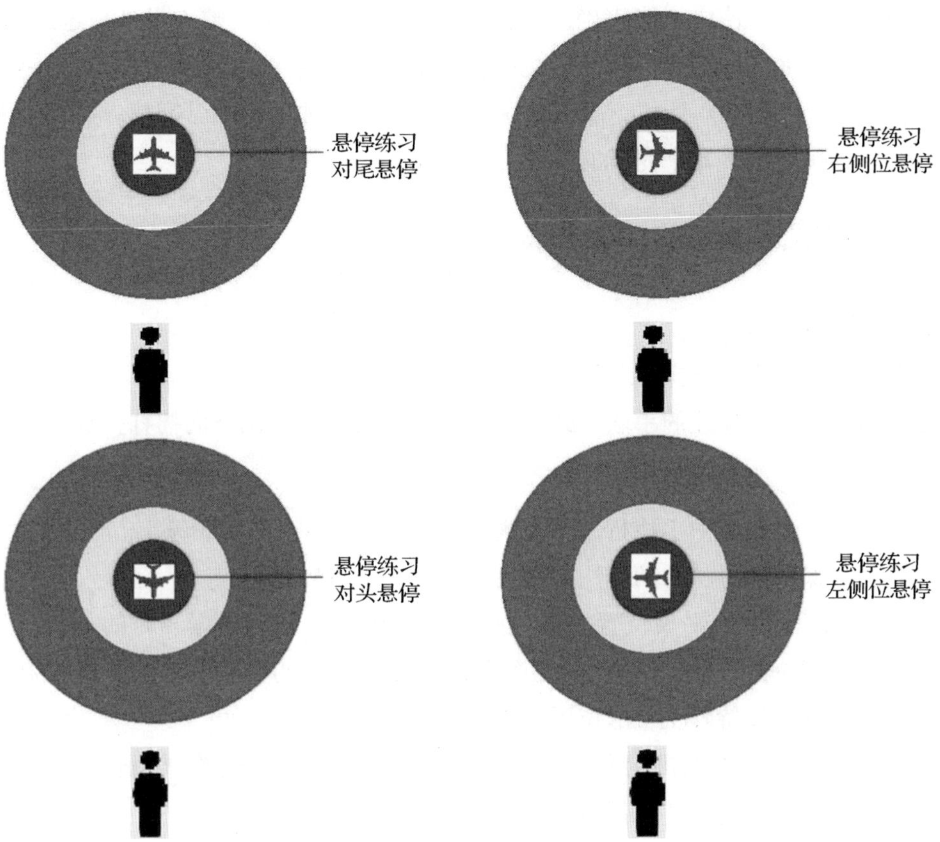

图 7-6　四位悬停练习

（四）自转训练

训练方法：飞行器在 2 米高度悬停，然后绕自身重心点纵轴旋转一周 360°（左右均可）。

训练难点：旋转的过程中，由于螺旋桨的反扭矩的影响，在不操纵副翼和升降舵的时候会有偏航。而且由于操纵者所面对的飞行器的视角不同，故需要操纵者及时调整思维，做出正确的判断和及时的修正。

（五）水平 8 字训练

训练方法：无人机升空后，使用方向舵进行转弯，不用或尽量少用副翼转弯，在水平方向上，从顺时针到逆时针完成一个 8 字航线。见图 7-7。

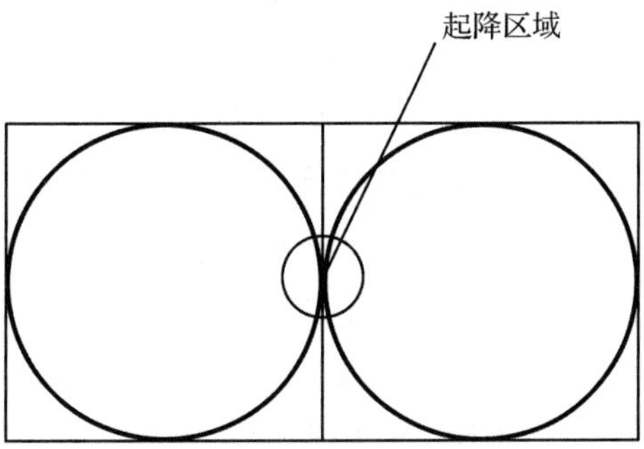

图 7-7　水平 8 字训练

训练难点：刚开始练习时，可能存在一个方向的转弯比较顺手，另一个方向不太敢转的情况，这样就会使飞行器进入侧滑状态，加重操纵者的紧张情绪，使之不能正确及时地反应，从而使动作失败。另外，进入转弯时，升降舵和副翼、油门的配合不熟练，也会使飞行器转弯时进入爬升状态或者转弯完成，飞行速度也会降低很多。所以，水平 8 字需要各舵面和油门相配合完成，各舵面和油门的配合合理性决定水平 8 字完成的准确度。

三、固定翼无人机的训练方法

（一）地面滑行

地面滑行主要由起降操作手执行。

姿态遥控和航面遥控的手法一致，主要通过左手左右控制方向摇杆操纵。

（二）爬升

爬升主要由飞行操作手执行。各高度爬升均保持节风门在 100% 上。

爬升时，保持飞行状态的方法与平飞基本相同，其特点是：

（1）根据地面站地平仪位置关系检查与保持俯仰状态。根据当时的飞行高度，将俯仰角保持到理论值（如 +2°），使用姿态遥控控制。如俯仰角高或低，应柔和地向前顶杆或向后带杆，保持好正常的位置关系。

（2）大型、小型无人机爬升时，油门较大，螺旋桨扭转气流作用较强，左偏力矩较大，必须适当扭右舵，才能保持好飞行方向。

（3）爬升中，如速度变小太多，应迅速减小俯仰角。

（4）长时间爬升，发动机温度容易高，要注意检查和调整。

（三）定高平飞

平飞主要由飞行操作手执行。各高度平飞均保持节风门在适当位置（如 45%）上。

平飞时，应根据界面上地平仪位置关系，判断无人机的俯仰状态和有无坡度；根据目标点方向，判断飞行方向；不断检查空速、高度和航向指示；同时观察发动机指示，了解发动机工作情况。

平飞时，作用在无人机上的各力和各力矩均应平衡。无人机的平衡经常受各种因素的影响而被破坏，使飞行状态发生变化。飞行中，应及时发现和不断修正偏差，才能保持好平飞。其主要方法是：

（1）根据地平仪位置关系，检查与保持俯仰状态。根据当时的飞行高度将俯仰角保持到理论值，使用姿态遥控控制。如俯仰角高或低，应柔和地向前顶杆或向后带杆，保持好正常的位置关系。

（2）根据无人机标志在地平仪天地线上是否有倾斜来判断无人机有无坡度。如有坡度，向影响无人机倾斜的反方向适当压杆修正。无人机无坡度时，注意检查航向变化。如变化较大，应向反方向轻轻扭舵杆，不使无人机产生侧滑。

（3）根据目标点方向与无人机轨迹方向，检查与保持飞行方向。如无人机轨迹方向偏离目标点，应检查无人机有无坡度和侧滑，并随即修正。如果轨迹方向偏离目标，应柔和地向偏转的反方向适当扭舵杆，当轨迹方向对正目标点时回正；如偏离目标过大，应协调地适当压杆扭舵，使无人机对正目标，然后改平坡度，保持好预定的方向。

（4）应用改变航向的方法，修正由于侧风影响造成的无人机偏离目标。

（四）下降

下降主要由飞行操作手执行。各高度下降均保持节风门在适当位置（如15%）上。

下降时，保持飞行状态的方法与平飞基本相同，其特点是：

（1）根据地平仪位置关系，检查与保持俯仰状态。根据当时的飞行高度，将俯仰角保持到理论值，使用姿态遥控控制。如俯仰角高或低，应柔和地向前顶杆或向后带杆，保持好正常的位置关系。

（2）大型、小型无人机下降时，由于收小油门后螺旋桨扭转气流减弱，无人机有右偏趋势，必须抵住左舵，以保持飞行方向。

（3）下降中，速度过大时，应适当增加带杆量，减小下滑角。

（五）平飞、爬升、下降三种飞行状态的变换

1. 爬升转平飞

注视地平仪，柔和地松杆，然后收油门至45%。当地平仪的位置关系接近平飞时，保持，使无人机稳定在平飞状态。

如果要在预定高度上将无人机转为平飞，应在上升至该高度前10～20米开始改平飞。

2. 平飞转下降

注视地平仪，稍顶杆，同时收油门至15%。当地平仪的位置关系接近下降时，保持，使无人机稳定在下降状态。

3. 下降转平飞

注视地平仪，柔和地加油门至45%，同时拉杆。当地平仪的位置关系接近平飞时，保持，使无人机稳定在平飞状态。

如果要在预定高度上将飞机转为平飞，应在下降至该高度前20～30米开始改平飞。

4. 平飞转爬升

注视地平仪，柔和地加油门至100%，同时稍拉杆转为爬升。当机头接近预定状态时，保持，使无人机稳定在爬升状态。

平飞、爬升、下降转换时易产生偏差的原因：

（1）没有及时检查地平仪位置关系，造成带坡度飞行。

（2）动作粗，操纵量大，造成飞行状态不稳定。

需要注意的是，平飞、爬升、下降三种飞行状态变换时，如果推杆、拉杆方向不正，则会干扰其他通道。

（六）转弯

转弯是改变飞行方向的基本动作。转弯时，起支配地位的主要是飞机的坡度。坡度形成，飞机即进入转弯；改平坡度，转弯即停止。在一定条件下的转弯中，坡度增大，机头会下俯，速度随即增大；坡度减小，则相反。因此，转弯的注意力主要应放在保持坡度上，这是做好转弯的关键。

多数无人机需要方向舵的参与进行协调转弯，可有效减小转弯半径并减少侧滑。个别需要执行对地正射任务的无人机，必须进行无坡度转弯，此时向转弯方向压方向舵，副翼反打，以保证坡度水平。

1. 平飞转弯的操纵方法

（1）转弯前，观察地图，选好退出转弯的检查方向，根据转弯坡度的大小，加油门至5%～10%，保持好平飞状态。

（2）注视地平仪，协调地向转弯方向压杆扭舵，使飞机形成10°（以此为例）的坡度，接近10°时，稳杆，保持好坡度，使飞机均匀稳定地转弯。

（3）转弯中，主要是保持好10°的坡度。如坡度大，应协调地适当回杆回舵；坡度小，则适当增加压杆扭舵量。

机头过高时，应向转弯一侧的斜前方适当推杆并稍扭舵；机头低时，则应适当增加向斜后方的拉杆量并稍回舵。

当转弯中同时出现两种以上偏差时，应首先修正坡度的偏差，接着修正其他转弯后段，注意检查目标方向，判断退出转弯的时机。

当无人机轨迹方向离目标方向10°～－15°时，注视地平仪，根据接近目标方向的快慢，逐渐回杆。

2. 爬升转弯和下降转弯的操纵方法

爬升转弯和下降转弯的操纵方法与平飞转弯基本相同，其不同点是：目视判断，操纵无人机沿预定方向降落在预定的地点（通常为跑道中心）。准确的目测是使无人机在预定着陆点前后一定范围内接地。没有达到这一范围内就接地的，叫目测低；超过这一范围才接地的，叫目测高。

无人机的目测与有人机相比有两大不同：第一，有人机是从飞机上观察着陆场，无人机是从着陆场观察飞机；第二，有人机驾驶员可自行观察仪表参考值，无人机起降操作手是通过地面站人员通告仪表参考值的。

着陆目测须重点决断着陆方向和三四转弯位置。水平能见度大于1000米，着陆目测由起降操作手决断，三转弯前无人机交与起降操作手控制；水平能见度小于1000米，着陆目测由飞行操作手决断，四转弯后无人机交与起降操作手控制。

3. 三转弯

第三转弯的时机、角度、高度，都会影响目测的准确性，因此必须认真地做好第三转弯。

（1）三转弯点安排到跑道外侧（即地面站的另一侧）。

（2）三转弯点高度控制为 100～150 米。

（3）转弯前，注意观察第三、第四转弯之间有无高大障碍物遮蔽视线或干扰通信。同时选择好第四转弯点，作为退出第三转弯的检查目标。

（4）判断进入三转弯时机时，应考虑第四边航线长短，考虑航线和着陆标志线交叉与飞机纵轴和着陆标志线交叉所造成的影响，并做必要的修正。

（5）三转弯中，应保持好飞行状态，适时检查空速、高度。转弯坡度为 20°，速度为 110 千米/时。

（6）退出转弯后，保持好平飞。平飞中应检查高度、速度；检查航迹是否对正预定的第四转弯点，该点距着陆点的距离是否适当；跑道上有无障碍物；观察无人机，判断下滑时机。

（7）当无人机与跑道延长线的夹角为 30°～250°时，收油门至合适位置，推杆下滑，保持 110 千米/时的速度。要特别注意高度，判断目测，控制好进入第四转弯的高度、位置，判断进入第四转弯的时机。

4. 四转弯

（1）当无人机与跑道延长线的夹角为 10°～150°时，进入四转弯。进入时的高度为 80～100 米，速度为 110 千米/时，坡度通常为 20°，最大不超过 30°。确定进入四转弯的时机，应考虑到第四转弯的角度。如转弯角度大于 90°，应适当提前；如果小于 70°，应适当延迟。

（2）转弯中，注意无人机接近跑道延长线的快慢和转弯剩余角（跑道延长线与无人机纵轴的夹角）的减小是否相适应。转弯中应保持好飞行状态，适时地检查速度、高度，发现偏差及时修正。

第四转弯进入正常时，当转弯剩余角为 30°～250°时，飞机应正好在跑道外侧边线上。如无人机接近跑道延长线较快，而转弯剩余角减小较慢时，表明进入已晚，应立即协调地增大坡度和转弯角速度；反之，则应适当减小坡度，调整转弯半径，以便退出转弯时能对正跑道。

（3）起降操作手做四转弯时，四转弯退出点位置为距着陆点 200 米，高度 30 米；飞行操作手做四转弯时，四转弯退出点位置为距着陆点 500 米，高度 60 米（以此为例）。

（4）退出第四转弯后，这时起降操作手在控制飞机，飞行操作手向起降操作手 2 秒 1 次间隔报空速。起降操作手稍推杆，控制住俯仰状态对准下滑点（下滑点位于距着陆点 50 米的跑道中线上）。油门收至 15%，速度保持在 120 千米/时。

当下滑正常时，应注意检查速度。如速度大，表明目测高，应适当收小油门；反之，则应适当加大油门修正。加、减油门时应及时用舵，使飞机不带坡度和侧滑，对正跑道下滑。

（5）下滑至 10 米高度，做好着陆准备：检查下滑速度，是否向预定的下滑点下滑，根据目测判断收怠速油门的时机；检查下滑方向，是否对正跑道；观察跑道上有无障碍物。

（六）着陆

无人机从一定高度（一般为 10 米，有人机为 25 米）下滑，并降落于地面直至滑跑停止的运动过程，叫着陆。着陆分为下滑、拉平、平飘接地和着陆滑跑四个阶段。

特别注意：姿态遥控下的拉平，并不是将姿态保持到 0°，而是将升降速度控制为 0。

1. 下滑阶段

（1）下滑至 10 米高度时，凭目测判断高度，根据无人机翼展估测，保持好下滑角，判断无人机的高度和接近地面的快慢，以便及时地开始拉平。

（2）下滑至 3 米高度时开始拉平，根据无人机离地的高度、下沉的快慢和飞机状态，相应地柔和拉杆（姿态遥控为回杆再拉杆），使飞机随着高度的降低，逐渐减小俯角，减小下降率，在 0.5 米高度上转入平飘。

2. 拉平阶段

无人机转入平飘时（不下沉也不飘起），应稳住杆，判明离地高度。根据无人机下沉的快慢、仰角的大小和当时的高度相应地继续柔和拉杆。

平飘前段，速度较大，下沉较慢，拉杆量应小一些。平飘后段，速度较小，下沉较快，拉杆量应适当增大，随着无人机的下沉相应地增大仰角，在 0.2 米的高度上，拉成正常两点姿势。

平飘过程中，仍应根据无人机与地面的相对运动，检查与保持好飞行方向，并使无人机不带坡度和产生侧滑。

3. 平飘接地阶段

飞机在 0.2 米的高度上成两点接地姿势后，应随着无人机的下沉，继续柔和地拉杆，保持住两点姿势，使主轮轻轻接地（主轮接地时无人机速度控制在 80 千米/小时，从拉平到主轮接地是一个空速逐渐从 110 千米/时减到 80 千米/时的过程）。接地的瞬间，由于地面对主轮的反作用力和摩擦力对飞机重心形成下俯力矩，因此必须稳住杆，才能保持接地时两点姿势不变。

4. 着陆滑跑阶段

无人机两点滑跑后，应稳住杆，保持两点姿势，控制方向舵保持滑跑方向。起降操作手报接地信息。随着速度的减小，机头自然下俯，待前轮接地后，将升降舵推过中立位置。

着陆滑跑后段，稳住方向舵并做微量修正，保证无人机沿中心线滑行，在速度小于40 千米/时后刹车。

第三节　无人机飞行训练效果检验

一、多旋翼训练效果检验

1. 模拟器训练

模拟器飞行无错舵现象。

2. 起飞与降落训练

起飞降落平稳，可以稳定降落在指定区域内。

3. 升降与悬停训练

上升、下降匀速，速率为 1 米/秒，悬停时间为 2 秒，飞行器不能超过直径 2 米的圆形区域，无明显的大幅修正动作。

4. 四位悬停训练

悬停旋转时高度不变，旋转过程中机体无偏航。停止时，角度正确，无提前或滞后现象，旋转速率为 90 度/秒，匀速，整个过程中无错舵现象发生。

5. 自转训练

悬停旋转时高度不变，旋转速率 90 度/秒，停止时无提前或滞后现象，过程中无错舵发生，不能超过直径 2 米的圆形区域，掉高不超过 0.5 米。

6. 水平 8 字训练

飞行匀速，左右转弯半径相等，高度保持不变。

二、固定翼训练效果检验

1. 模拟器训练

模拟器飞行无错舵现象。

2. 地面滑行

地面滑行平稳，加速平稳，无错舵现象。

3. 爬升

保持好俯仰状态，保持好飞行航向。

4. 定高平飞

保持好俯仰状态，保证飞行高度的稳定，保持好飞行航向。如有偏离，及时进行修正。

5. 下降

保持好俯仰状态，保持好飞行航向，控制好飞行速度。如有偏离，及时进行修正。

6. 平飞、爬升、下降三种飞行状态的变换

操控动作柔和，无错舵现象。保持无人机飞行平稳，及时修正无人机飞行中产生的偏差。

7. 转弯

操控动作柔和，无错舵现象，保持无人机飞行坡度，如在飞行中产生两种以上偏差，应首先修正坡度的偏差，再修正其他偏差。控制好转弯的时机、角度、高度，保持好无人机的飞行状态。

8. 着陆

（1）在下滑阶段，保持好下滑角，判断无人机的高度和速度，以便及时拉平。

（2）在拉平阶段，根据无人机下沉的快慢、仰角的大小和当时的高度相应地继续柔和拉杆。

（3）在平飘接地阶段，应根据无人机与地面的相对运动，检查与保持好飞行方向，并使无人机不带坡度和产生侧滑。

（4）在着陆滑跑阶段，应稳住杆保持两点姿势，控制方向舵保持滑跑方向。

随着速度的减小，机头自然下俯，待前轮接地后，将升降舵推过中立位置。

在滑跑后段，稳住方向舵并做微量修正，保证无人机沿中线滑行，在速度小于40千米/时后刹车。

第八章

反无人机系统

第一节　无人机滥用的威胁和危害

随着无人机技术的快速发展，无人机造成的各种威胁与日俱增。一个时期以来，无论是外国还是中国，无人机的“黑飞”“滥飞”事故频发，伤人毁物，甚至利用无人机进行违法犯罪活动，扰乱了正常的社会治安秩序，给公共安全和重要敏感目标的安全防护带来了威胁和危害。据统计，自 2015 年 8 月至 2016 年 9 月，仅在美国就发生了 726 起无人机事故。在中国，无人机坠落伤人、逼停航班和列车的事情也屡屡发生。

此外，不法分子利用无人机进行违法犯罪活动也时有发生。例如，英、美等国，不时发生犯罪集团利用无人机把毒品、手机、钢锯等投放到监狱里的事件；墨西哥贩毒集团组织非法越境时，使用无人机侦察；消防队在放飞无人机观察火情、寻找人员时，会突然遇到一些闯入飞行航线的“不速之客”。2017 年，中东有国家声称，在短短 12 个月内，已经发动了 200 多次使用装载了简易炸药的小型无人机对军事设施进行协同攻击的事件。2018 年 8 月 4 日，委内瑞拉总统在阅兵式上遇刺，士兵用步枪击落了三架携带 C4 炸药试图接近看台的无人机。低空无人机的威胁被提到一个前所未有的高度。

这类无人机的活动之所以难以掌控，一方面是因为相关立法还不健全，对这种新生事物的管理不到位；另一方面是因为对于无人机这样的“低空、慢速和小型（低慢小）目标”，在探测上也有很大难度。由于地面雷达杂波的影响，传统雷达很难识别这样的小目标。此外，由于无人机价格便宜，使用传统的防空武器进行击落是不切实际的，这种武器单次发射的成本可能高达数十万美元。即使是强大的防空系统，有时也无法摧毁简单的无人机。2016 年 7 月，从叙利亚飞往以色列领空的一架简单的俄制无人机，免于了两次爱国者导弹和一架以色列飞机上空对空导弹的攻击。在民用空域，无人机不需要携带发射机应答器，因此也无法通过现有的空中交通管制系统对其进行探测和跟踪。

当然，使用传统热武器摧毁无人机的新闻早已屡见不鲜。2019 年 6 月 20 日，美国全球鹰无人机就是被伊朗发射的两枚 Sayyad-2 型防空导弹所击落的。型号为 RQ-4A 的全球鹰无人机，由美国诺斯罗普·格鲁曼公司研发生产。该无人机飞行高度 60000 英尺，航程逾 12300 海里（1 海里≈1.85 千米），连续滞空时间超过 34 小时，是高空连续监视、情报和侦察信息的主要提供者，平均单机造价超 1.5 亿美元。然而，用防空导弹应对“全球鹰”这种高价值无人机目标固然无可厚非，但战略级无人机在战场军用无人机数量中占比很低，导弹反无人机存在成本问题。而除导弹外的传统的防空火力，无论是射击精度还是响应时间，都对使用日益普及的无人机力不从心。正是在这样的情况下，反无人机技术应运而生。

第二节　反无人机系统的技术

一个时期以来，世界各国都在加紧制定和推出反无人机战略，有力地推动了反无人机技术和装备的飞速发展，反无人机系统发展呈现出多样化、专业化、智能化和低成本化的特点。与传统的利用导弹和炮弹抵御无人机的方法不同，反无人机系统具有快速、灵活和效费比高的优势，而这些优势也成为各国争相发展反无人机系统的重要原因。同时，在军事、反恐、安保以及民用等领域，反无人机系统正发挥着越来越重要的作用，而这也会反过来促使反无人机系统的迅速发展。

无人机的广泛运用，也对各国的无人机反制能力提出了新的挑战。传统的防空系统在面对“蜂群”无人机时，往往显得力不从心。因此，如何构建一个高效、完善的反无人机体系，成为各务军事研究的重点。

一、反无人机系统的能力

反无人机系统（CUAS），是指利用技术手段对无人机进行监测、干扰、诱骗、控制、摧毁的一种装置。从反无人机技术角度来看，有效的 CUAS 必须具备四个要素，即反无人机系统必备四个方面的能力。

1. 独立检测在系统附近运行的无人机

CUAS 平台应具备与远程 ID 和 UTM（安全网关）系统连接的能力，以收集有关在受保护场所或设施附近飞行的无人机的信息。然而，CUAS 不应该依赖于远程 ID 和 UTM（安全网关）来检测附近的无人机，因为这些系统可能被恶意禁用（或者在没有它们的情况下构建自制的无人机）并且变得不可见。相反，CUAS 平台应该集成一系列传感器，包括雷达、电光和红外摄像机，以及声学传感器和频率扫描设备，能够检测无人机命令链路共有的信号并保持态势感知。

2. **找到并识别敌对无人机**

CUAS 平台应具备识别背景，可以迅速识别究竟是无威胁航班，还是潜在的敌对的无人机。为此，利用传感器系统应该能够精确定位敌对无人机的位置；通过跟踪命令链路信号确定其运营商的位置；通过远程 ID 或 UTM 系统获得的数据，或是识别其发出的信号类型或其他方式，识别构成直接威胁的无人机的类型。

3. **向无人机操作员发出通知或警告**

一般而言，CUAS 操作员有义务理解相关规则和限制，因此，在许多情况下，不遵守航班限制或其他适用法律的无人机，可被视为推定威胁，允许 CUAS 运营商免除通知要求。从长远来看，采用强大、实时、双向通信能力的 UTM，将在很大程度上解决通知问题。

4. **为 CUAS 操作员提供应对策略**

目前的对策技术大致分为两类：动力学和非动力学。动力学对策使用物理手段来捕获或摧毁无人机，如无人机捕获网枪和拦截无人机。非动力学对策具有多种技术，包括用于阻塞无人机控制链路或 GPS 信号的设备等。

二、反无人机技术及类型

（一）反无人机技术

反无人机技术是应对无人机潜在威胁的重要手段，其技术手段和应用场景不断拓展。当前国内外反无人机技术手段主要有：电子干扰与信号阻断、GPS 诱骗技术、激光武器技术、物理拦截技术、网络攻击技术、雷达与光电探测技术和 AI 与多路传感器融合技术等七大类。

1. **电子干扰与信号阻断**

电子干扰与信号阻断技术是通过发射特定频率的无线电波干扰无人机的通信链路或导航系统的一种技术，这类反无人机技术广泛应用于军事、民用和公共安全领域，如机场、核电站、政府大楼等关键基础设施的防护。

2. **GPS 诱骗技术**

GPS 诱骗技术的原理是发送虚假的 GPS 信号，误导无人机的导航系统，使其偏离预定航线或降落。此类反无人机技术适用于依赖 GPS 导航的无人机，可有效防止其接近敏感区域。

3. **激光武器技术**

激光武器技术是利用高能激光束直接摧毁或使无人机的关键部件失效的一种技术。该反无人机技术主要用于军事防御、机场周边、重要活动场所等。

2025 年 2 月 17 日，第十七届阿布扎比国际防务展上亮相的“寂静狩猎者”（Silent Hunter）激光防御系统成为全场焦点，吸引了各国军方人士和媒体的密集关注。“寂静狩猎者”是中国自主研发的低空激光防空系统，该系统集雷达搜索、光电捕获跟踪、激光拦截等功能于一体，多种侦测与拦截手段复合，具有高效紧凑、拦截概率高、效费比高等优点，具备随停作战能力，能实现快速反应，是当前拦截中低空无人机的有效手段，适用于政治、军事、经济要地防护和重大活动安保。而且根据用户需求，该系统可加装电子对抗单元，对无人机进行软杀伤，实现“百发百中拦截精度”。“寂静狩猎者”的核心组件包括火控雷达、激光光源、光束定向器等，可与其他防空系统协同构建“多层次、全方位”防御网络。

4. 物理拦截技术

通过发射捕捉网使无人机撞击或导弹用拦截等方式直接摧毁或捕获目标无人机的技术谓之物理拦截技术。其主要适用于低空、低速无人机的拦截。

5. 网络攻击技术

网络攻击技术是利用无人机软件中的漏洞控制无人机或干预其操作的技术。军事情报机构常用这类反无人机技术对高价值目标实施防御。

6. 雷达与光电探测技术

雷达与光电探测技术是通过雷达监测反射的无线电波或利用光电设备（如摄像头，红外传感器）进行视觉识别，实现对无人机的探测和跟踪的一种技术，其广泛应用于军事、民用和公共安全领域。

7. AI 与多传感器融合技术

AI 与多传感器融合技术是利用人工智能算法优化威胁检测识别和确认过程，结合雷达、光电、射频等多种传感器实现分层防御的一种技术。这种技术常应用于军事防御、边境监控、城市基础设施保护等方面。

（二）反无人机的类型

利用各种反无人机技术手段研制生产的反无人机类型，大体可分为监测控制类、直接摧毁类、干扰阻断类、诱骗攻击类四种类型。

1. 监测控制类

借助阻截无人机使用的传输代码控制无人机并引导其返航，同时避免无人机坠毁。

2. 直接摧毁类

主要是利用导弹、激光武器、微波武器、格斗型无人机以及常规火力等手段，直接摧毁无人机。此类反无人机系统，人们称为“无人机杀手”。如 2017 年，美国服务军方的 TXT 技术公司生产了一款价值 3 万美元的“杀手”武器，它可以像步枪或霰弹枪一样，瞄准天空中的飞行器，发射波束扇面达 30°，有效距离约 800 米，几乎“弹无虚发”。“无人机杀手”的原理就是通过切断飞行器与操控者之间的指令或操作链路的联系，使其坠毁。

3. **干扰阻断类**

通过向无人机发射定向大功率干扰射频，切断无人机与遥控平台之间的通信，迫使无人机自行降落或返航。

4. **诱骗攻击类**

即以诱导控制无人机卫星导航系统为关键，对防御范围内处于待机、起飞、巡航、悬停等各个阶段的多旋翼或固定翼无人机，进行全向防御或定向攻击，实现对无人机集群的杀伤或识别敌我精准攻击。

三、反无人机技术的应用领域

反无人机技术的应用领域主要集中在军事与国防、机场与航空、公共活动与人群控制、关键基础设施、边境防控、城市低空安全等六个方面。

1. **军事与国防**

反无人机技术用于军事与国防，其目的是保护军事基地舰队和人员免受无人机攻击，防止情报泄露。例如，意大利 ELT 集团推出的 KARMA 系统可有效拦截并分析敌方的无人机通信协议，应对蜂群攻击。

2. **机场与航空**

机场与航空运用反无人机技术手段是为了防止无人机干扰飞机降落，保障航空安全。可在机场周边部署反无人机雷达和激光拦截技术。

3. **公共活动与人群控制**

在体育赛事、演唱会、政治集会等大型活动中，为防止无人机用于非法侦察或投放危险物品，可采用此反无人机技术手段予以应对。

4. **关键基础设施**

为了保护发电厂、数据中心、政府大楼等重要场所免受无人机间谍活动干扰或破坏，可在这些关键基础设施周边部署反无人机技术手段。例如，申浩科技的反无人机防御系统常常应用于电力、电网和石油化工行业。

5. **边境防控**

我国边境地区一般都部署多维感知与立体拦截系统，实现边境区域的全天候监控，拦截非法越境无人机。

6. **城市低空安全**

城市人口集中，公共设施设备多，安全保卫工作十分重要，因而有条件的地方可构建城市级低空智联网，实现无人机飞行轨迹实时追踪与风险预警。

四、反无人机技术的优劣

（一）传统技术

传统应对“低慢小”无人机的手段，主要有低空防空火力打击、电磁干扰压制、高功率激光微波定向能攻击、黑客技术夺取遥控信号控制权、网枪和网炮捕获等。但是，随着无人机技术性能的不断提升，传统应对手段越发显示出差距与不足。

传统火力打击手段，在防御微小型无人机、无人机集群饱和攻击等威胁时，发现难、攻击难的问题非常突出。据俄罗斯媒体报道，部署在叙利亚赫梅明空军基地的铠甲S1防空系统作战效能低下，对无人机的拦截成功率只有19%，难以抵御无人机的集群进攻。

电磁干扰压制手段，除了因为大功率辐射原因导致不能适应城市核心区域的安保外，对特殊改装过的无人机也存在致命防御漏洞。一般来说，特殊改装后的无人机都具备较强的抗干扰能力，卫星接收天线能够对抗不少于三个方向的地面干扰信号源，可以不受干扰压制继续自动巡航。

激光和微波等定向能武器，是地面防空利器，反应灵敏、强力高效，但其对集群饱和攻击的防御效果十分有限。

黑客技术破解无人机遥控指令手段，以及网枪、网炮等网捕技术，则受无人机私自改写指令编码和无人机飞行速度、距离、高度等的限制，在实战中效果非常有限。

（二）低空区域反卫星导航技术

低空区域反卫星导航技术又称卫星导航诱骗反无人机技术，它由导航卫星信号仿真技术、导航卫星精密星历解码和推算技术、导航卫星信号时间同步技术、多通道辐射功率微调技术、PID（比例-积分-微分）控制轨迹跟随诱导技术等组成。低空区域反卫星导航技术，是通过模拟仿真生成频率相同、时间同步的导航卫星定位编码信号，将诱导信息注入无人机导航系统，间接获得飞行控制权，从而实现禁飞、驱离、航迹诱导等多种战术目标。卫星导航诱骗反无人机技术，是目前最具优势的反无人机技术，2012年开始预演，2014年突破关键技术难关，技术逐渐成熟，2017年第一代产品研制成功。该系统主要由卫星信号模拟器、星历接收机、功率配置器、诱导信号发射器以及相关控制软件等组成。其中，卫星信号模拟器是系统的硬件核心，由上位机数字仿真程序驱动，生成高精度仿真卫星导航信号；功率配置器是系统的主要能耗部分，根据工作模式和作用距离，为辐射单元提供精密可控的辐射功率；信号发射器是系统作战终端，由辐射天线单元（阵列）、天线转台等部件组成。

卫星导航诱骗反无人机技术的主要优势，体现在如下七个方面。

1. 制胜机理先进

区别于传统火力、定向能武器的“硬摧毁”和针对通信控制链路干扰压制的“软杀伤”等手段，低空区域反卫星导航技术通过模拟仿真导航卫星信号，直接作用于无人机的导航系统，以夺取飞行控制权为最终目的。

2. 通用性强，适用范围广

目前市场上无人机的型号和种类多种多样，每架无人机都有单独的通信协议，通信频率分布在 300MHz ~ 6GHz 之间。一种通信协议破解手段，只能作用于一种类型的无人机；窄带通信干扰信号，只能作用于某一特定频段，且对于处于无线电静默状态的无人机无能为力。但反卫星导航技术就可以无差别地作用于所有应用卫星导航技术的各类无人机，通用性非常强。

3. 反制策略灵活

夺取飞行控制权后，可以根据战术需求，设置禁飞防护策略，阻止无人机进入防护区域，或迫使对方防护区域内处于地面待机状态的无人机无法起飞；也可以设置航迹诱导策略，控制无人机沿诱导轨迹飞行，实施定点攻击或诱捕。

4. 具备反饱和隐蔽攻击能力

低空区域反卫星导航技术通过无线辐射将诱导信号覆盖到整个防护区域，能够对区域内所有依赖卫星导航信号飞行的无人机进行诱导控制，是防护无人机集群饱和攻击和微小型无人机隐蔽偷袭攻击的有效手段。

5. 具备多目标精确攻击和区别敌我攻击的能力

低空区域卫星导航诱骗无人机防御系统，集成探测、跟踪模块，可在不影响我方设备的情况下，对入侵无人机进行多目标攻击；可对敌我混编无人机进行区别攻击；可在不影响机场飞机正常起降的情况下，对扰航无人机进行攻击；在对敏感区域进行无人机防御不影响我方无人机巡航的情况下，区别攻击恶意无人机。低空区域卫星导航反无人机技术是敏感区域、机场等场所低空无人机防御的有效手段。

6. 具备高度行进间伴随无人机防御的能力

系统可匹配车辆、高铁等的运行速度，对行进路线沿线区域进行无人机防御，在行进过程中进行伴随防护。

7. 低辐射，对周围环境影响小

导航卫星信号辐射到地面后，平均功率为 -140 ~ -150 分贝毫瓦，低空区域卫星导航诱骗无人机防御技术模拟仿真的诱导信号辐射强度，仅需稍高于真实卫星信号功率，即可达成诱导目的。以半径 3000 米的防护区域为例，所需辐射诱导信号的功率仅为 100 毫瓦，是传统电磁干扰压制辐射功率的百分之一。

基于上述优势，卫星导航诱骗反无人机配合定制的天线阵列和功放模块，可以实现低空区域全向防御或定向攻击；实现对无人机集群面的杀伤或识别敌我精准攻击，是敏感区域低空无人机防御的颠覆性新技术手段，适用于要地安全防御、城市公共安全防护、敏感地区反恐以及机场无人机防护等任务，在作战应用中，具有多方面的功能。一是区域无人机拒止，即在防护区域内进行无人机净空，防护区域内的无人机不能起飞，外界无人机不能进入。这不仅对配置有电子围栏的合作方无人机适用，对恶意改装的无电子围栏配置的无人机同样可以进行禁飞和击落。二是无人机定向驱离、击落，即对防护区域内进入的无人机定向驱离或击落。三是综合防御，即实现无人机诱捕、拘束、定点诱导、多目标攻击、敌我识别攻击、驱离、禁飞、击落等。而且卫星导航诱骗反无人机技术能够移动伴随无人机防御，即车载该设备能实现运行路线沿线区域无人机净空、无人机驱离、无人机击落等。

五、反无人机技术的发展趋势

未来，无人机的使用范围会越来越广，反无人机技术随之会不断研发和创新，以保障民用无人机广泛使用之安全，更好地服务于社会经济发展和国防安全。

1. 智能化与自动化

随着社会进步和时代发展，会有越来越多的无人机系统配备先进的人工智能技术，能够自动检测、识别和跟踪无人机，并在必要时自动采取行动。

2. 多模态融合

无人机和反无人机的探测技术将融合量子雷达与传统雷达光电传感器的优势，干扰技术将结合 AI 预测与深度伪造信号。

3. 小型化与高性能

未来的反无人机系统将实现小型化，同时保持高性能。

4. 分级响应与全域协同

反无人机技术将更加注重分级响应与全域协同，提升整体防御效能。

5. 政策支持与法规完善

随着无人机技术的普及，政府将加强对无人机和反无人机技术的监管和管理，出台相关政策支持反无人机行业的发展。

综上所述，反无人机技术在军事、民用和公共安全领域具有广泛的应用前景，其技术手段和应用场景不断拓展，智能化和多模态融合是未来的发展趋势。

第三节 反无人机系统的现状

一、国外的反无人机系统

美、俄、英、法、德、日、以色列、意大利等国的反无人机系统的研发起步较早，技术水平位于领先地位，发展方向各有特色。

（一）美国

美国对于反无人机系统的研发不拘一格，高度重视多类型、多用途系统的研发。美国依靠技术优势，研发了各种类型的反无人机系统。早在2012年，美国就制定了反无人机战略，计划建立有效的防空体系，既能迅速应对敌方无人机的威胁，又不会误伤友军的飞机或导弹。美国的这一战略，旨在利用其技术优势，迅速抢占无人机领域的制高点。

2015年，美国联邦航空航天管理局（FAA）宣布国家无人机研究中心成立。这个研究中心以密西西比州立大学的无人机系统安全联盟（ASSURE）为首，联合美、加、英三国超过20所大学和100多个政府、行业伙伴机构开展商业无人机的研发，以及开展将无人机飞行纳入民航系统等研究。该中心的建立，在制定无人机相关政策、拓展无人机应用等方面，无疑会起到强大的助推作用。

FAA称，这个研究中心将在FAA正在进行的商业无人机规则制定过程中发挥关键作用。根据国际无人机系统协会（AUVSI）的数据，一旦完成无人机系统在国家民用航空系统的集成，十年内美国国内的无人机市场将创造超过10万个工作岗位，贡献超过820亿美元的价值。

在美国国会的支持下，研究中心将首先开展探测与防撞技术、低空作业安全、控制与通信、空管系统兼容性等与无人机作业、安全有关的课题。此外，ASSURE中的亚拉巴马州奥本大学宣布获得了FAA许可，开设美国第一所无人机飞行学校，并于2019年夏季开始授课。事实上，美国的反无人机能力一直处于国际领先水平。

2017年美国IXI技术公司生产的反无人机系统装置，最先被洛杉矶警署在当年的“玫瑰游行”中使用。之后，洛杉矶周边的每个大型公众活动，都有“无人机杀手”的影子。一旦发现某种无法击落的新型无人飞行器面世，该“杀手”程序就会被重写、添加新型号，操作手在几天内就可以下载升级后的最新程序，与手机下载APP无异。美国现有的各种各样的“无人机杀手”，可以击落上百种型号的遥控飞行器。2018年8

月8日，美国陆军宣布装备洛马公司研制的机载高能微波系统，其原理是通过聚焦辐射束，使固定翼或四轴无人机甚至导弹失灵。

波音公司研制了多款反无人机激光武器，较为典型的是反无人机激光炮。激光炮的发射器和万向架，可以使激光炮精确瞄准无人机的任何一部分，在发现无人机的几秒钟内，就可以击落低空低速飞行的无人机。2016年8月，波音公司发布了一款反无人机激光武器系统（LWS）。通过发射10千瓦的激光束，该系统可以立即摧毁35千米外的无人机。LWS可拆分成四部分，由两人运送，15分钟内就能在野外组装部署完毕。

与传统常规的动能或化学能武器不同，激光武器通过对目标施加能量（以光速或接近光速运动的光子或粒子）来破坏或摧毁目标。试验表明，激光武器精度高、成本低、发现即摧毁等优点，使此类反无人机系统备受青睐。

2015年10月，美国最大的非营利开发机构Battelle推出了一款非破坏性反无人机设备Drone Defender。该设备外形特别像步枪，前端装有一根白色的杆状天线，是首款可精准快速阻止可疑无人机靠近的、可移动的非破坏性反无人机专用设备。使用者只要将其瞄准目标无人机，同时扣下扳机，目标就会被“击落”。该设备有效打击范围为400米，仅对依靠GPS导航或实时遥控的无人机（如四轴和六轴飞行器）有效。

“无人机标识移动应用”（MAUI）是一款由诺斯罗普·格鲁曼公司开发的可以在安卓手机上运行的软件。该系统利用手机自带的麦克风，可以探测重量小于9千克、飞行高度低于360米、飞行速度不超过185千米/时的“低慢小”无人机。同时，利用现成的商用移动设备，MAUI系统软件能够在高噪声环境中探测识别视距范围之外的无人机。另外，诺格公司研发的射频拦截系统“基于已知电子战技术的无人机访问限制”（DRAKE），能够为美军应对“低慢小”无人机提供选择性的、非动能的电子攻击手段。DRAKE项目在执行反无人机和保护友军通信等方面已经展示了可行性。

黑睿技术公司成功地将人工智能技术用于反无人机系统中。UAVX是该公司研制的一种无人机探测、识别、跟踪系统。该系统利用人工神经网络对目标无人机进行自动分类，降低误警率。UAVX由一台探测距离为500米的小型监视雷达、一台36倍变焦的白光摄像机、一台15~100毫米连续变焦的红外摄像机，以及一台用于运行神经网络智能算法的移动计算机组成。该系统的工作流程为探测、收集情报、分类和警告。首先，小型监视雷达可对500米范围内的中型无人机进行探测，记录下数百个雷达反射的数据样本，同时系统会将数据样本与数据库中数千种常见无人机进行对比；探测到无人机后，远程视频跟踪器（由红外和日间摄像机组成）会指向无人机并精确跟踪；此时，系统会通过邮件发送警报，也可以与已有的视频或事故管理系统或安全系统集成。

美国洛克希德·马丁公司销售的防务产品占据世界防空市场较大份额，早在2015年便开始对无人机（机群）的反制措施进行相关研究。该公司成功研制的微波武器系统，可运用高能电磁脉冲对敌方无人机进行高压击穿，并且频谱覆盖范围广，对无人机的毁伤区域大，是应对无人机机群最有效的武器。2018 年 3 月，美国大型国防合约商雷神公司和美国空军研究实验室合作，签订 200 万美元的合同，用于测试和演示高功率微波反无人机技术。2019 年 6 月 20 日上午，科特兰空军基地空军研究实验室在与当地记者的现场演示中，展示了一款新型的高能微波武器系统“THOR”（图 8-1），它能在一瞬间使无人机失效，即无人机被电磁射线击中而螺旋桨失控坠毁。THOR 项目经理安珀·安德森表示，如果有更多的无人机在其广阔的照射范围内飞行，它们一样会瞬间坠落。该系统旨在保护军事基地免受多次无人机攻击，空军已将其确定为新兴“定向能量”或微波和激光防御系统的首要任务。

图 8-1　美国 THOR 反无人机系统

2019 年 1 月 31 日，美国陆军向美国国防解决方案公司 SRC 授予了 1.08 亿美元的合同，用于交付其反无人机技术——“Silent Archer”反无人机系统。SRC 宣布，该合同是针对“反向小型、慢速和低空飞行无人机的移动系统”的。根据五角大楼的说明，SRC 是合同的唯一竞标者，而且提供了额外的系统，如雷达和其他电子传感器，以识别、跟踪和击落（控制）小型敌方无人机。

（二）俄罗斯

俄罗斯正加速研制各种反无人机装备，以提升无人机领域的建设与发展水平，缩小与美国的差距。俄罗斯意识到，为了保持自己传统军事强国的地位，必将抓紧对反无人机系统的研制，以寻求与其军事大国地位相称的反无人机能力，进一步保持并巩固其军事威慑能力。因此，俄军制定了详细的无人机发展国家规划。

超高频微波炮是俄罗斯国有防务公司研发的一种微波武器，对无人机的有效摧毁范围为 10 千米，能 360°发射。该系统由监控系统、镜像天线、高功率相对论性发生器以及传输系统组成。此微波炮通过摧毁无人机的无线电电子设备，使其无法定位。同时，对无人机精密制导系统进行破坏，甚至对低空飞行器的电子设备进行干扰，并且攻击地面交通工具。

PY12M7 型机动式反无人机侦察指挥车是由俄罗斯“无线电工厂”公司研制的一种反无人机系统。该系统安装在 BRT-80 轮式装甲车（图 8-2）上，由通信、自动控制、电源、生命保障等分系统组成，可同时对 120 个空中目标进行跟踪，单车侦察距离 25 千米，最大联合侦察距离 200 千米，最大侦察高度 50 千米。主要用于指挥防空兵（雷达兵、高射炮兵、防空导弹兵）团级以下作战单位及航空兵战机，实施区域协同部署和中近距离反无人机作战。

图 8-2　BRT-80 装甲车

肩扛式反无人机装置 Skywall 100 是俄罗斯推出的一款专门用于反无人机的装备。该装备利用压缩气体驱动，通过发射网状捕捉器捕获非法入侵的无人机。操作人员肩扛 Skywall 100，瞄准目标无人机并发射捕捉导弹，从而捕获无人机。导弹内置降落伞和磁力装置，捕获无人机后能够让无人机立即丧失移动能力，并利用降落伞让无人机安全着地，确保后续反侦察作业的顺利进行。

（三）英国

英国特别注重研发无人机防御系统。英国政府在 2016 年公布的无人机系统战略中，将反无人机技术作为一个重要部分，并成立了代号为 COl4 的反无人机信息中心，专门研究政府重点关注的由无人机使用不当引起的恐怖活动、袭击事件、抗议活动、危险违禁品运输等问题。

2015 年 6 月，英国新研发了一种反无人机防御系统（AUDS）（图 8-3），该系统由一部光学干扰器、一个四频段抑制（屏蔽）系统和快速部署模块组成，能够防御 8 千米内的无人机，主要是小型固定翼和旋翼无人机。原理是首先用雷达和光学仪器准确定位无人机，然后通过发射定向大功率干扰射频，切断无人机和遥控设备之间的通信，迫使无人机降落。事实证明，AUDS 对群体攻击非常有效，已成功击败接近 2000 架次的无人机，并对包括固定翼和四轴飞机在内的60多种无人机进行了测试。尽管这与完全控制无人机还有较大的差距，但已经向前迈出了很大一步。同时，英国还在研究AUDS的诱控能力，目的是让系统操作人员能够控制目标无人机。

图8-3 反无人机防御系统（AUDS）

英国无人机防务公司在2016年9月公布了新型反无人机装备“无人机防御者”。该装备可固定或在移动中使用。系统利用“蒂奴皮”（Dynopis）E1000MP便携式干扰器干扰非法无人机，利用反无人机公司研制的“无人机追踪者”进行探测识别，并通过“蒂奴皮”E1000MP进行干扰或用Net Gun X1射网枪进行打击。“蒂奴皮”E1000MP便携式总输出功率超过100千瓦，共有五个频道，采用GPS中断和定向电子对抗干扰技术，诱使无人机离开保护区或自动着陆。

英国威能公司成立的“无人机观察和捕捉”项目，专门负责研制反无人机系统。该项目参考全息雷达技术，同时利用光电摄像机，能够探测和识别7千米范围内、27千克重量内的小型无人机。由该公司自主研制的全息雷达为静态相控阵雷达，能够对空域进行持续监视，探测并跟踪非法无人机。试验中，全息雷达成功探测到6.4千米处的一架四轴飞行器。

目前，英国的反无人机系统大部分用于恐怖袭击、安保以及社会安全等领域。随着反无人机系统功能的不断完善以及军事需求的不断增加，将会有更多的反无人机系统被用于军事等各领域。

（四）以色列

以色列依靠其强大的国防工业科技，积极开发反无人机干扰系统，不断推出先进的反无人机系统，以确保其国防和社会各领域的安全。以色列的反无人机系统一直处于世界领先水平。

2016 年 6 月 8 日，以色列航空工业公司（IAI）推出了一款名为“无人机卫士”（Drone Guard）的反无人机系统（图 8-4）。该系统集成了光电传感器、自适应 3D 雷达和专用电子攻击干扰系统，可对小型无人机进行探测、识别，也可以用光电传感器来识别目标。此外，还可单独使用“无人机卫士”的干扰系统来干扰无人机的飞行。自该系统推出以来，其在军事、安全等领域的应用范围不断扩展。

图 8-4　以色列的“无人机卫士”

无人机穹（Drone Dome）是一种由以色列拉法尔先进防御系统公司开发的无人机探测、跟踪和压制系统。该系统采用“端对端”的系统设计，可对空中实施有效防御，并且能够阻止恐怖分子的无人机在空中进行袭击、侦察等其他恐怖活动。无人机穹安装了 MEOS 光电传感器、RPS-42 战术空中监视雷达以及一个 C-Guard 宽频信号干扰器，能够在综合分析收集到的所有数据后，对目标无人机发出警告。在当前的反无人机系统中，普遍采用的技术方法是发射射频信号干扰无人机，阻止其与地面遥控装置之间的通信联络。而“无人机穹”则不然，它可以对全球导航卫星系统信号进行干扰，使无人机无法进行自省位置，以致在失去控制后不能返回到起飞地点。

以色列阿波罗盾公司开发出的一种新型反无人机系统“阿波罗盾”(Apollo Shield)，用以探测、识别和对抗无人机。该系统是最新的反无人机系统之一，主要由阿波罗赛博盒（Apollo Cyberbox）和阿波罗指挥中心（Apollo Command Center）两个子系统组成。阿波罗赛博盒通过声、光以及无线传感器探测无人机，并迫使非法无人机着陆；阿波罗指挥中心可安装于掌上电脑，供操作员对阿波罗赛博盒的各项功能进行控制。此系统还可与其他无人机探测装置进行集成，利用信号阻断器对无人机进行干扰，利用防护网物理捕获无人机。

（五）德国

近年来，德国受无人机干扰的事件越来越多，迫使德国政府抓紧开发反无人机系统，以保证其公共秩序和社会的安全。德国的工业基础强大，反无人机系统的研发不断取得新成果。安诺尼公司推出了新的无人机侦测系统。该系统可对无人机电磁发射的信号方向进行实时测量，侦测到非法入侵的无人机。当非法无人机进入侦测区域时，系统会立即发出警报并警告操作人员。系统的频率范围为 9KHz～20GHz，侦测范围取决于无人机或操控器的发射功率，等同于无人机和操控者之间的有效距离。该系统可在夜间、浓雾及恶劣天气下工作，可捕捉到隐藏在建筑物、工厂和树木间的无人机信号，允许全天候无间隔监控和记录。

德国 Dedrone GmbH 公司研制的无人机探测系统“无人机跟踪者”（Drone Tracker）（图 8-5），主要由光电/红外传感器、声波和超声波设备及摄像机组成。该系统本身和数据处理系统可用计算机或智能手机进行管理。系统通过自带设备，可以连接到建筑物的外墙或特殊站位上，对空域进行高效监视。当非法无人机侵入安全空域时，无人机位置会在数字地图上实时显示，视频证据会被自动保存。同时，警报会立即触发，安保人员可以立即采取行动。2016 年 8 月，“无人机跟踪者”2.0 版正式推出，新版本对无线网络传感器进行了升级，可以通过无线网信号探测无人机，不管这些无线网信号来自控制无人机的智能手机还是来自向地面人员传输视频信号的机载摄像机，甚至连发射装置的物理地址（MAC），都能够被新的传感器读出。

图 8-5　无人机探测系统“无人机跟踪者”

2016 年 3 月，迪尔防务公司发布了 HPEM（大功率电磁）反无人机系统。与其他反无人机系统使用无线信号或 GPS 欺骗手段不同，该系统利用电磁脉冲使小型无人机失去控制并迫使其中止任务，同时还能够自动触发失效保护功能。在公共活动和军事任务受小型无人机威胁越来越大的情况下，仅仅依靠基于干扰无线电信号和 GPS 干扰的反无人机系统，无法提供可靠的空域保护，HPEM 利用电磁脉冲直接对小型无人机的电子控制装置施加作用，造成任务中止。也就是说，在该系统电磁脉冲的影响下，不管使用自主控制还是无线电控制，小型无人机都会因触发失效保护功能变得不可操作。HPEM 反无人机系统可以对整个小型无人机群进行拦截，目前已在大型事件的安保工作中应用。

（六）法国

近几年，法国的恐怖事件频发，非法放飞无人机的问题越来越突出，迫使法国政府日益关注无人机行业发展，专门制订了名为“全球反无人系统技术和方法的分析与评估”的计划，其主要目的是帮助法国政府、警察和武装部队，对非法无人机进行探测、识别、分类和压制。法国泰利斯公司推出了一套多功能反无人机系统（图 8-6）。该系统由声像探测器、雷达、射频和视频定位器、定向仪、激光扫描装置等组成，可对无人机进行激光、GPS、电磁脉冲干扰，也可用高炮或狙击步枪对无人机进行摧毁，还可以用携带干扰设备的无人机对目标无人机进行拦截。目前，针对四轴旋翼无人机和其他小型无人机，该系统已成功地进行了技术试验。

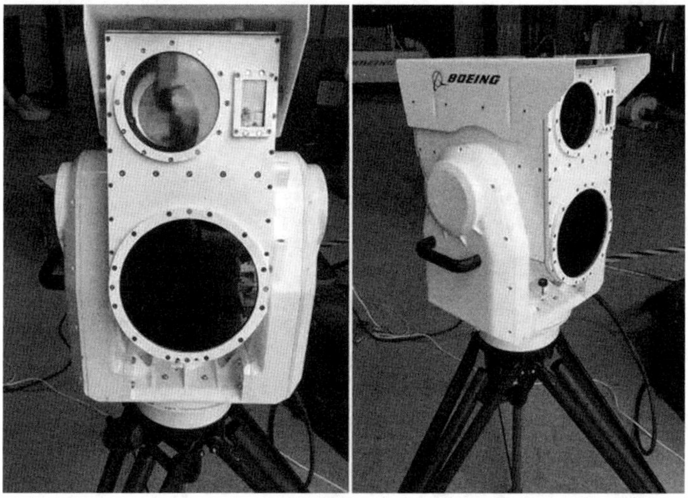

图 8-6　泰利斯多功能反无人机系统

法国马劳技术无人机公司提出利用无人机拦截无人机的方法，通过在 MP200 六旋翼无人机下方悬挂拦截网的方法来捕捉非法入侵的无人机。此方法要求地面无人机操控人员具备熟练的无人机操作技巧，因此，公司专门成立了培训学校，提升无人机操控人员的操作水平。在 2016 年 2 月的一次演示试验中，MP200 六旋翼无人机成功拦截了一架四轴旋翼无人机。

法国国内拥有较多的核电设施，法国政府一定会加大对反无人机研究的投入，开发各类反无人机系统，满足社会各方面的需要。

（七）意大利

意大利的无人机行业不发达，使用的范围也不很广，因此反无人机系统相对较少。反无人机系统品牌“猎鹰盾”，是一套由意大利芬梅卡尼卡集团 SelexES 公司研发的无人机防御系统。该系统与雷达、摄像头和麦克风相结合，可以对小型无人机进行探测、识别、跟踪和击落。“猎鹰盾”结合先进的情景识别雷达，采用 SelexES 公司的无源光电技术和电子监视传感器，具有威胁检测、识别和跟踪的能力。当检测到威胁后，“猎鹰盾”系统可以远程接管无人机并使其安全着落。同时，该系统还能跟踪射频信号源，进而定位无人机操控者。“猎鹰盾”系统还能对人口稠密的都市地区进行远程覆盖，将会被安装在如足球场、核电站等可能引起严重后果的区域。

（八）日本

日本的科技水平虽然一直走在世界前列，但其反无人机系统研发起步晚，产品市场不大。

日本的反无人机产品中，“麦克风”无人机探测器是个亮点。为了探测非法闯入重要建筑物上空的无人机，日本 ALsok 公司研发了一种新的无人驾驶探测器。该设备装有一个可以监听周围 150 米范围内任意方向声音的麦克风，可以辨识无人机的声音。每架无人机都有其独特的“音频指纹”，即螺旋桨的旋转声，当麦克风探测到建筑物上空的可疑无人机后，将探测到的音频与无人机音频数据库进行比对，不但能够确定无人机来自何处，还可以检测出无人机的类型。特别是针对对雷达隐形的无人机，这种办法简单而有效。

（九）韩国

目前，韩国在反无人机方面尚处于起步阶段。韩国先进科学技术研究院（KAIST）希望利用无人机中的陀螺仪与声波的共振现象，来研制反无人机设备。试验中，科研人员发现，当外部声波达到某一频率时，无人机上的陀螺仪会发生共振，扰乱无人机的平稳飞行，此时正常飞行的无人机会突然从高空坠落。同时研究人员还发现，当声音足够强（例如达到 140 分贝）时，利用声波可以击落 40 米外的无人机。该技术目前的难点为瞄准和跟踪，需要与跟踪雷达配合使用。短期内，此类武器尚不能成为反无人机的主要手段。

总之，国外的成熟技术主要掌握在欧美公司手中，它们已有能实现区域覆盖的“低慢小”目标防控系统。

二、国内的反无人机系统

相比较而言，国内的反无人机系统相对落后，还未具备全天候、复杂环境下的协同防控能力。

香港《南华早报》网站 2019 年 8 月 25 日发表的一篇报道中说，据军事分析人士称，中国正采取行动研发激光武器和反无人机系统，试图在无人机技术领域追赶美国，从而提高其情报和攻击能力。这包括保护本国无人机不易受激光武器和电子欺骗技术攻击的系统，此类电子欺骗技术会向无人机发送虚假信息。其中一套正在研发的是“沉默猎人”激光防空系统，这是一套机动式反无人机激光武器，据称最大射程能达到 4 千米，已于 2019 年 2 月在阿布扎比举行的一次防务展上进行了公开展示。研发这套中国反无人机系统的保利科技有限公司表示，该系统能在800米外穿透5层2毫米厚的钢板，或者在1000米外穿透5毫米厚的钢板。

现在国内从事反无人机行业的企业有十几家，相关设备生产企业超过140家，其中大部分企业的技术路线是对无人机实施干扰，阻断无人机与地面站之间的通信，迫使无人机自主降落或返回，少数企业研发包括激光器在内的摧毁型反无人机武器（图8-7）。目前，我国反无人机的研制生产单位主要集中在各大军工集团下属单位及少数高校。

图8-7 阻断式反无人机系统

根据工信部、国防科工局联合发布的关于推荐《民参军技术与产品推荐目录》信息的通知，反无人机系统被纳入民参军目录的重点领域，这意味着，反无人机产业已成为促进中国军民融合发展的主要方向之一。随着民参军的深入，民营企业将在反无人机产业中占据更大的市场份额，未来市场的竞争主要在传统军工企业与民参军企业之间展开。

一个时期以来，我国的一些科研单位，正在合力打造一种可以便捷部署的无人机拦截系统，它采用多种技术手段协同探测，并配备了复合拦截措施：在近距离对目标发射拦截网弹，靠近时会张开成一张数十平方米的大网捕获无人机；车载激光武器，可对出现在2000米以内的目标实施硬毁伤拦截；根据现场需要，也能破解无人机的链路信号，将其诱骗至安全区域再进行处置。

三、反无人机系统的未来

纵观世界，目前反无人机技术主要分为两大类：一类是电子干扰，通过干扰无人机的信号控制系统让其失去控制；另一类是物理毁伤，如使用激光武器直接摧毁敌方无人机。然而，这些方法在面对数量庞大的无人机集群时，往往显得力不从心。未来的反无人机技术将朝着综合化、智能化的方向发展。例如，通过部署多层次的反无人机系统，包括早期预警、电子干扰和物理打击，形成一个全方位的防御网络。与此同时，人工智能的引入也将让反无人机系统更加智能化，能够根据敌方无人机的动态实时调整防御策略。

（一）反无人机系统市场广阔

自从反无人机系统首次出现在市场上以来，该行业在大约五年时间内的扩张一直处于平庸地位。在 2015 年进行的一项市场调查中，桑迪亚国家实验室的研究人员确定仅有 10 个专用反无人机系统可供收购。此后，不到三年时间，市场上已统计到了 200 多个系统。

反无人机技术已经在某些应用中得到广泛应用。在战场上，迄今为止，反无人机系统常用于基地保护以及现有武器的升级补充，如反迫击炮系统和监视平台。人们对可用于保护地面部队的便携式系统和移动系统的兴趣也越来越大。在民用环境中，反无人机技术迄今主要用于机场的空域保护，保证大型活动期间的安全。未来的常见应用，可能包括敏感区域的空防、港口、海事安全以及作为私人财产为个人使用。

（二）反无人机系统面临的挑战

反无人机系统在性能、实用性方面面临的挑战，正如美国退伍军人、无人机专家布雷特·维利科维奇所说，无人机行业正在迅猛发展，以至于没有哪种武器能在任何情况下百分之百有效地对抗所有类型的无人机——技术就是跟不上，这是各地都要面临的一个挑战。他说："问题主要在于，当今无人机技术发展如此迅速，导致这些反无人机系统在测试时就几乎已经过时。"最好的方法是结合多种拦截技术的多管齐下战略。声学探测，即通过无人机的独特噪声来识别无人机，进而触发消除威胁的系统，是需要进行更多研究的一个领域。

的确如此，没有最好，只有更好。每个探测系统都有缺点，反无人机系统也不例外。由于消费级无人机很小，并且往往在低海拔地区飞行，因此很难用雷达探测到它们。光电探测系统可能会将无人机与鸟或飞机混淆；声学和射频探测系统依赖于已知无人机发出的声音库，可能对数据库未覆盖的无人机无能为力。由于无人机的市场增速很快，即使是经常更新的数据库，也永远不会覆盖 100% 的无人机，这就难以保障反无人机探测系统必须有的很低的虚警率（误报）与漏报概率。现实情况是，反无人机探测元件必须足够灵敏，以探测在使用区域内运行的所有无人机。但过于敏感的系统可能会产生大量误报，从而导致系统无法使用。不够灵敏的系统可能会产生漏报，从运营商的角度来看，这是不太理想的。

另外，反无人机系统使用的合法性和政策规定方面也面临挑战，其表现是反无人机系统缺乏标准和区分合法与非法无人机的能力，以及探测的有效性问题。

在合法使用无人机的操作环境中，反无人机系统可能需要能够区分合法和具有潜在威胁的无人机。例如，在一次大型体育赛事中，空域可能挤满了合法的空中摄影无人机，不会造成安全风险，一个有效的反无人机系统，必须能够区分这些无人机和一架恶意操作的无人机。目前，还没有商业上可用的反无人机系统能够区分这两类无人机。在军事领域，这也可能是一个问题，一个无法区分盟军和对手无人机的反无人机系统，可能意外击落盟军的无人机。

现在，设计和使用反无人机系统的国际标准缺位，这是一个重要问题。因为这意味着，在规格上看起来非常相似的系统，其性能和可靠性可能存在显著差异。缺乏标准也引发了对这些系统安全性的质疑，特别是在民用环境中，出故障的反无人机系统可能存在公共安全威胁，并非所有反无人机系统都像宣传的那样有效。

鉴于这项技术的需求仅在过去三年中出现，公司提供的许多产品尚未成熟，现在，大部分积极向美国政府销售的系统，其表现并不令人满意。在 2017 年 9 月发布的一份报告中，国家安全部系统评估和紧急响应验证项目，仅推荐 13 款反无人机产品给应急响应机构使用。甚至推荐的 13 款无人机，也不一定是完全有效的，因为该研究并没有进行反无人机系统的任何实地测试。为该技术制定强有力的通用标准，可能有助于这些问题的解决。

第九章

无人机的监督管理

第一节　无人机监督管理的主客体和功能

无人机的监督管理即无人机行业的监督管理，它是指国家和政府有关部门为了维护社会秩序，保障公共安全，依据国家有关法律、法规和部门规章，对无人机的生产、营销、使用等活动，实施许可、审批和监督管理的一种行政行为。

无人机的监督管理对象，包括无人机的生产企业、营销系统、培训机构和使用者。无人机使用者的监管，涉及无人机的拥有单位或个人，以及无人机系统、无人机驾驶员、机长、观察员、运营人等。

无人机的监督管理过程，就是该行业监管主体将监管行为和活动施加于无人机行业监管客体的过程，而监管主体和客体的特征，共同构成了无人机行业监督管理的特征。

一、无人机监督管理的主体

无人机监督管理的主体是多元化的，主要包括民航、海关、公安、交通运输、工业和信息化、市场监督管理、安全生产监督、城市管理、商务、气象等行政管理部门以及军队空管部门。无人机监督管理工作切实有效地开展，有赖于这些行政部门从全局观念出发，既按照分工履行各自职责，又相互支持，步伐一致，协同行动。

无人机监督管理的主体，是无人机行业监督管理行为和活动的组织实施者，它具有专属性、公益性和适应性的特征。所谓专属性，指的是无人机行业监督管理主体，是由《中华人民共和国民用航空法》（以下简称《民用航空法》）、中华人民共和国飞行基本规则》（以下简称《飞行基本规则》）和国务院、中央军委颁布的《无人驾驶航空器飞行管理暂行条例》《通用航空飞行管制条例》，以及交通运输部发布的《民用航空空中交通管理规则》等法律法规确定下来的，具有国家法律赋予的属性，这种专属性决定了无人机行业监督管理行为和活动具有法制性、权威性。所谓公益性，指的是无人机行业监督管理的目的是通过监管行为和活动，保护无人机的合法生产、经营、飞行，禁止、取缔非法活动和违法行为，有利于正常的社会治安秩序维护和公共安全的保障，推动和促进无人机行业健康有序发展，更好地服务于社会经济建设和社会大众消费，造福于广大人民群众。所谓适应性，指的是随着科学技术的不断发展，无人机技术正在发生日新月异的变化，无人机的类型越来越多，无人机的作用越来越大。作为“双刃剑”的无人机，在服务人类的同时，也给社会带来了安全风险。有鉴于此，无人机行业监督管理主体，必须深入研究，加强预测，立足早期准备，以期有效地应对当前和未来无人机行业的形势，更好地适应无人机行业监督管理工作的需求，为社会治安、公共安全、个人隐私保驾护航！

二、无人机监督管理的客体

无人机监督管理的客体，包括无人机生产、经营企业和培训机构以及拥有、使用无人机的单位和个体。纵观这些无人机监督管理客体，就一个行业而言，它具有公共性、动态性、可控性等特性。

无人机行业是个新兴行业，虽然问世不久，但它已成为整个社会行业大家族中不可或缺的一分子。无人机服务于社会和公众，在警界、民间尤其是军队，得到了广泛的应用，无人机的地位和作用显得越来越重要。无人机行业的这种公共性，决定了无人机监督管理工作的公共性，需要国家、地方政府、有关部门、相关行业、民间社会组织、广大人民群众共同参与，齐抓共管。

所谓动态性，指的是无人机行业作为一个整体，其内部各个要素既相互区别又相互联系，既相互制约又相互协调，经常性地不断运动、变化、发展着。这种无人机行业的动态性，不仅表现在行业人员的流动及其自身内在的变化上，而且表现在企业的技术、产品的发展之中，进而带来无人机质量的提升，适用范围、功能利用以及市场的拓展。无人机行业的动态性，增加了监督管理工作的难度，迫使无人机监管部门重视调查、研究，及时发现新情况，努力解决新问题，以适应监管工作的需要。

所谓可控性，指的是时下无人机行业监管存在一些不守规矩甚至违法的“乱飞”“黑飞”问题，公共安全受到一些威胁，面临若干风险。但从整个无人机行业的情况来看，基本面是好的，绝大多数无人机生产、销售企业和培训单位以及无人机拥有者、使用者均能遵纪守法。至于少数单位和个人的违法违规现象，乃是无人机行业发展中难免会出现的问题，面不广且程度并不严重，完全可以通过加强立法、严格执法来解决，可以控制其对公共安全、社会治安秩序造成的危害。

三、无人机监督管理的功能

无人机监督管理的功能，是指无人机行业监督管理作为开放系统，其整体对外所起的作用。无人机监督管理是国家行政管理活动中监督管理无人机行业的相关组织、单位及其人员的行政活动，其职权是由国家以法律、行政法规、规章的形式规范的，因此，无人机监督管理作用于人们的行为和社会关系，实质上是国家和人民意志在维护社会治安秩序和公共安全方面发挥的作用。由此可见，无人机行业监督管理功能是无人机监督管理本质的外在表现。

为了把社会成员的行为规范在社会现实所需要的秩序范围内，以保持社会及其各个生活领域的正常运转，国家必然凭借其权力，有意识地对社会成员的行为进行指导、制约或者制裁。无人机的监督管理正是体现国家意志，并由国家强制力保证实施的维护社会治安秩序的行政管理活动。它之所以能够对无人机行业的行为和社会关系起到控制作用，正是由于国家权力的运行和有国家强制力的后盾。可见，无人机监督管理的功能体现了国家权力运行过程，从社会经济基础来看，它对无人机监督管理的内容、形式和发展起着决定性的作用，而无人机监督管理对现实社会经济基础又具有反映、服务、调节的能动作用。可以说，社会经济基础的力量左右着无人机的监督管理工作，无人机监管功能则体现了社会经济基础的力量。

无人机监督管理的整体功能，是预防行业组织及其相关人员的违法犯罪活动，维护社会治安秩序，保障公共安全和公民生命财产安全。无人机监督管理的局部功能，是规范无人机行业的行为，提高无人机行业相关人员素质，保障无人机安全使用。具体而言，无人机监督管理主要具有规范功能和社会功能。

无人机监督管理是职能部门依据无人机行业监督管理的法律规范开展的预防违法犯罪、保障公共安全、维护社会治安秩序的一系列专门执法活动，在此过程中，它体现出来的是对无人机行业相关人员具有的指引、评价、预测、教育、强制等规范功能。

监督管理无人机行业的法律、法规、规章，规定了无人机行业及其相关人员的权利、义务，以及违规后应当承担的法律责任，无人机监督管理部门、组织通过宣传执行这些法律、法规、规章，来规范、调整无人机行业及其相关人员的行为，指引人们做出正确的选择，把自己的行为纳入法治轨道，防止出现违反法律规范的行为，以起到预防违法犯罪的作用，这就是无人机监督管理的指引功能。

对于现实中涉及无人机行业的任何行为，无人机监督管理部门均会对其是否合法和有效做出判断和衡量，并以此为标准和尺度进行处置，这就是无人机监督管理的评价功能。

无人机监督管理的法律、法规、规章是社会公认的行为准则，人们据此可以预先知道或者估计自己涉及无人机的行为将会产生什么样的后果，进而根据预知做出反应，规范自己的行动，减少行为的偶然性和盲目性，预防和避免有关无人机方面的不法行为的发生，此乃无人机监督管理的预测自己行为后果的功能。

通过无人机监督管理活动，表彰奖励遵纪守法先进分子，严格依法惩处各种违反无人机监管法律、法规的不法之徒，增强人们的法律意识和守法、护法的自觉性，这就是无人机监督管理的教育功能和强制功能。

无人机监督管理的本质，体现了统治阶级组织管理社会治安秩序、维护人民民主专政的意志；无人机监督管理的目的，是保护公共安全和公民的合法权益，保卫社会主义经济建设。无人机监督管理的本质和目的，充分地反映了它的社会功能。因为，我们在实施无人机监督管理过程中，一方面能够动员和组织广大人民群众增强安全防范意识，协助政府和公安机关监督管理无人机行业遵纪守法，预防、减少违法犯罪行为发生；另一方面，通过无人机监督管理法律法规的执行，能够及时发现和依法查处各种与无人机相关的违法犯罪人员及单位，消除安全隐患。这两者的结合，便能有效地维护无人机行业的基本治安秩序，保卫经济建设和社会发展，保障社会公共安全，保护公民的合法权益。如此，无人机监督管理的社会功能也就全面地显示出来了。

第二节　无人机监督管理的任务和内容

无人机监督管理的功能，决定了无人机行业监督管理的任务。无人机行业监督管理的任务，是无人机行业监督管理功能的具体体现，其目的是预防无人机行业及其相关人员的违法犯罪活动，保证经济社会的健康发展和人民群众生命财产的安全。

一、无人机监督管理的总任务

大凡行业监督管理，都具有预防违法犯罪活动，维护社会治安秩序的作用，无人机监督管理概莫能外。因为，通过无人机行业监督管理工作的开展，能够直接或者间接地预防、发现、控制和减少无人机行业及其相关人员的形形色色的违法犯罪活动，有效地维护社会治安秩序，这便是无人机行业监督管理对于防范和打击违法犯罪行为的重要意义。由此可见，无人机监督管理工作的基本任务是，依照无人机行业监督管理的法律、法规，运用行政手段，主要通过公开管理，预防、发现、控制违法犯罪活动，保护无人机行业和相关人员的合法权益，维护社会治安秩序和公共安全。一言以蔽之，无人机行业监督管理的总任务是预防违法犯罪。

对于无人机行业而言，预防违法犯罪的对象，除了无人机行业内的单位及其从业者，还包括拥有和使用无人机等的相关人员。

提高预防违法犯罪能力，是无人机行业监督管理职能部门及其工作人员的重要责任，也是切实履行职责、完成任务的基本保证。鉴于此，肩负着无人机行业监督管理职责的单位、部门的领导及其相关工作人员，必须忠于职守、钻研业务、组织培训，熟悉无人机行业监管的相关法律、法规、规章，增长识别涉及无人机行业的违法犯罪行为的才干，提升预防违法犯罪能力，增强与违法犯罪分子作斗争的本领，实现无人机行业监督管理绩效的最大化。

二、无人机监督管理的具体任务

无人机监督管理总任务的完成，有赖于无人机行业监督管理的各项具体任务的完成。无人机行业监管的具体任务主要有下列三项。

1. 规范无人机行业及其相关人员的行为，维护无人机行业的正常秩序

《民用航空法》《飞行基本规则》《通用航空飞行管制条例》《无人驾驶航空器飞行管理暂行条例》《民用无人机驾驶员管理规定》等与无人机相关的法律、法规、规章，规定了无人机行业及其相关人员在从事生产、销售、购买、使用无人机等方面的权利、义务，以及违反这些与无人机相关的法律规范应当承担的法律责任。无人机行业监督管理和有关部门正是通过宣传、执行这些与无人机相关的法律规范来调整无人机企业及其相关人员的行为，使他们懂得什么是政府容许的、合法的、支持的和奖励的，什么是禁止的、非法的、反对的和被打击惩处的，以此指引人们做出正确的选择，避免行为的盲目性，教育人们遵纪守法，把企业和个人行为纳入法治轨道，预防和避免违法犯罪行为的发生。当无人机行业及其相关人员的法治意识增强了，判断是非的能力提高了，各种行为趋向法律规范了，那么，无人机行业的生产、维修、营销、使用的正常秩序就有了保障。

2. 保护公民的合法权益，保护人民群众的人身和财产安全

公民的合法权益，是由我国宪法和法律做出规定并受其保护的。公民依法享有购买、使用无人机的权利，公民的人身安全和合法财产安全是不允许受到侵害的。所以公民在无人机升放运行活动中，不得损害他人的财产和身体安全。无人机监督管理工作的一项重要任务，就是依照包括无人机相关法律、法规在内的各种法律规范，规范无人机的买卖行为、安全使用，切实维护好公共秩序安全，保护好公民的人身、财产安全。鉴于此，无人机行业监管部门及其工作人员，必须忠于职守，确立全心全意为人民服务的思想，并付诸行动。

3. 严格规范办事，依法惩罚违法犯罪分子

从本质上来说，无人机监督管理是一种行政执法活动。一方面，它是保护无人机企业合法生产、维修、经营和公民依法享有购买、使用无人机的权益；另一方面，对于各种违反无人机相关法律、法规的行为，依法予以责令整改、警告、罚款、停飞、没收、收回飞行证照、治安拘留等各种行政处罚；构成犯罪的依法追究刑事责任。这种依法惩处涉及无人机的违法犯罪行为，充分体现了无人机行业监督管理的强制功能，它既是无人机行业监督管理之必要，也是加强无人机行业监督管理工作之必需。为此，熟悉无人机相关法律法规，秉公办事，就成了无人机监管单位、部门及其工作人员应有的素养和品德。

三、无人机监督管理的内容

总体而言，无人机监管的内容，指的是无人机行业监管的对象及其相关活动。无人机行业监管的对象，包括无人机行业的企事业单位，以及拥有、使用无人机的单位和个人。无人机行业监管对象的相关活动，包括无人机的生产、维修、销售、购买、使用及其培训。具体来说，无人机行业监管的内容，就是监督管理工作中的各个方面的具体事项。

（一）无人机监督管理的对象

无人机监督管理的对象，可以分为六大类：

（1）无人机的生产企业，包括无人机零部件供给单位。

（2）无人机的维修企业，包括无人机整机和零部件的维修单位。

（3）无人机的销售企业，包括批发商、零售商及其后期维护服务人员。

（4）无人机的购买者，包括购买消费级、企业级、军工级等各个级别无人机的单位及个人。

（5）无人机的使用者，包括租用、借用无人机的单位和个人。

（6）无人机操控员及培训机构，包括无人机企业独资或合资设立的培训组织。

（二）无人机监督管理对象的相关活动

无人机行业监管对象的相关活动，限于这些监管对象与无人机有着直接关联的行为及其结果。从无人机监管对象中的单位来说，企业应该合法持有生产许可证、经营许可证、维修许可证、营业执照，生产的产品应该符合质量标准的要求；销售产品来源合法，无假冒伪劣无人机；买卖公平，价格公道，兑现承诺的售后维护服务。

无人机的使用，是无人机行业监管的重点，除了消费级无人机在特定环境中可以自由运行外，其余的无人机，都必须依法及时申请，获准后方可按照批准事项放飞。发生无人机使用过程中的飞行事故，必须依法予以处理，包括对受害者的经济赔偿和对使用无人机者的行政处分乃至刑事责任的追究。无人机使用的监管包括无人机的购买，购买无人机，应当依法办理实名制登记等手续。无人机操控员必须依法通过考试，合法持有无人机驾驶执照。驾驶无人机期间，必须符合特定条件，除特定机型、特定环境外，均应随身携带无人机驾驶执照。无人机驾驶员的培训机构，应该依法持有办学许可证，依法依规进行无人机知识的培训，兑现培训的承诺，保证培训质量。

（三）无人机监督管理的具体内容

从大的方面来看，无人机监管的内容包括无人航空器的适航性管理、无人机运行管理和与运行有关的人员管理等三个方面。

无人航空器的适航性是指无人机在其规定的使用范围内，具有保证航行和安全的性质。适航性监管是指对无人机的设计、生产、运行等进行的管理。它既是一个过程管理，又是一个标准管理。目前，适航性管理的依据是无人机产业联盟标准，即《中国（深圳）无人机产业联盟标准》。国家标准尚在研制过程中。

无人机运行管理是指无人机系统交付使用后，空管及相关部门依法对其进行的管理。其目的在于规范无人机进行空域飞行时的做法和行为，对无人机操作人员的资格进行审核。运行管理的方式主要有：采用电子围栏以防止无人机闯入限制区域；采用无人机云平台对无人机的运行进行实时监控；采用登记的方式，管理无人机运营人。

与无人机运行有关人员的管理，主要是对拥有航空器的运营人、操控航空器的驾驶员与机长、协助操控航空器的观察员等对象依法实施监管。

无人机监管的具体内容比较繁琐复杂，它包括无人机制造商的监管，无人机销售（租赁）、购买行为的监管，民用无人机使用等相关活动监管的方方面面的具体事项。

1. 无人机制造商的监管

（1）适航管理

《民用航空法》规定，设计民用航空器及其发动机、螺旋桨和民用航空器上的设备，应当向国务院民用航空主管部门申请领取型号合格证书。经审查合格的，发给型号合格证书。生产、维修民用航空器及其发动机、螺旋桨和民用航空器上的设备，应当向国务院民用航空主管部门申请领取生产许可证书、维修许可证书。经审查合格的，发给相应的证书。

外国制造商生产的任何型号的民用航空器及其发动机、螺旋桨和民用航空器上的设备，首次进口中国的，该外国制造人应当向国务院民用航空主管部门申请领取型号认可证书。经审查合格的，发给型号认可证书。

出口民用航空器及其发动机、螺旋桨和民用航空器上的设备，制造商应当向国务院民用航空主管部门申请领取出口适航证书。经审查合格的，发给出口适航证书。

《无人驾驶航空器飞行管理暂行条例》规定，从事中型、大型民用无人驾驶航空器系统的设计、生产、进口、飞行和维修活动，应当依法向国务院民用航空主管部门申请取得适航许可。

（2）信息登记管理

中国民用航空局航空器适航审定司于 2017 年 5 月 16 日发布的《民用无人机驾驶航空器实名制登记管理规定》（以下简称“实名制登记管理规定”），要求无人机制造商必须首先在“无人机实名登记系统”中申请账户，并在该系统中填报制造商名称、注册地址、联系方式及其产品的名称、型号、最大起飞重量、空机重量等信息。制造商知道购买者姓名和移动电话等信息的，亦应填报。在产品外包装明显位置和产品说明书中，提醒拥有者在“无人机实名登记系统”中进行实名登记，警示不实名登记擅自飞行的危害。另外，随产品提供不干胶打印纸，供拥有者打印“无人机登记标志”。

（3）产品识别码管理

民用无人驾驶航空器系统生产者应当按照国务院工业和信息化主管部门的规定为其生产的无人驾驶航空器设置唯一产品识别码。微型、轻型、小型民用无人驾驶航空器系统的生产者，应当在无人驾驶航空器机体标注产品类型以及唯一产品识别码等信息，在产品外包装显著位置标明守法运行要求和风险警示。

2. 无人机销售（租赁）者、拥有者的监管

（1）国籍管理

《民用航空法》规定，除用于军事、海关、警察飞行任务外的航空器，应当进行中华人民共和国国籍登记，这些民用航空器，包括我国国家机构拥有的和依据我国法律设立的企业法人拥有的民用航空器，以及国务院民用航空主管部门准予登记的其他民用航空器。但是，如果企业法人的民用航空器，其企业法人注册资本中有外商出资的，其机构设置、人员组成和中方投资人的出资比例，应当符合行政法规的规定。如果自境外租赁的民用航空器，承租人符合上面的规定，该民用航空器的机组人员由承租人配备的，可以申请登记中华人民共和国国籍，但是必须先予注销该民用航空器原国籍登记，因为我国民用航空器不得具有双重国籍。

经中华人民共和国国务院民用航空主管部门依法进行国籍登记的民用航空器，具有中华人民共和国国籍，由国务院民用航空主管部门发给国籍登记证书。依法取得我国国籍的民用航空器，应当标明规定的国籍标志。

（2）实名制登记管理

《实名制登记管理规定》指出，自2017年6月1日起，在中华人民共和国境内最大起飞重量为250克及以上的民用无人机，拥有者必须依法实施实名制登记。

2017年8月31日后的民用无人机拥有者，如果未按照本管理规定实施实名登记和粘贴登记标志的，其行为将被视为违反法规的非法行为，其无人机的使用将受影响，监管部门将按照相关规定进行处罚。

民用无人机拥有者是指民用无人机的所有权人，包括个人，依据中华人民共和国法律设立的企业法人、事业法人、机关法人和其他组织。民用无人机拥有者的实名登记，首先是在“无人机实名登记系统”中申请账户，然后登记姓名，有效证件号码（如身份证号、护照号等），移动电话和电子邮箱，产品型号，产品序号，使用目的等信息。

单位民用无人机拥有者在“无人机实名登记系统”中登记的信息是单位名称、统一社会信用代码或者组织机构代码等，以及移动电话和电子邮箱、产品型号、产品序号、使用目的等。

民用无人机发生出售、转让、损毁、报废、丢失或者被盗等情况，民用无人机拥有者应及时通过“无人机实名登记系统”注销该无人机的信息。民用无人机的所有权发生转移后，变更后的所有人必须按照管理规定的要求，实名登记该民用无人机的信息。

民用无人机登记标志包括登记号和登记二维码。民用无人机拥有者在“无人机实名登记系统”中完成信息填报后，系统自动给出包含登记号和二维码的登记标志图片，并发送到登记的邮箱。

民用无人机登记号是为区分民用无人机而给出的编号，对于序号（S/N）不同的民用无人机，登记号不同。民用无人机登记号共有11位字符，分为两部分：前三位为字母UAS，后8位为阿拉伯数字，采用流水号形式，范围为00000001～99999999，如登记号UAS 00000003。民用无人机登记二维码包括无人机制造商、产品型号、产品名称、产品序号、登记时间、拥有者姓名或单位名称、联系方式等信息。

民用无人机拥有者在收到系统给出的包含登记号和二维码的登记标志图片后，将其打印为至少2厘米×2厘米的不干胶贴牌，采用耐久性方法粘于无人机不易损伤的地方，且始终清晰可辨，便于查看。每次无人机运行，必须确保登记标志附着其上。

（3）所有权变化管理

民用航空器所有权的取得、转让和消灭，应当向国务院民用航空主管部门登记；未经登记的，不得对抗第三人。民用航空器所有权的转让，应当签订书面合同。

设定民用航空器抵押权，由抵押权人和抵押人共同向国务院民用航空主管部门办理抵押登记；未经登记的，不得对抗第三人。民用航空器抵押权设定后，未经抵押权人同意，抵押人不得将被抵押民用航空器转让他人。

3. 无人机使用的监管

无人机使用监管之目的，是避免无人机的“黑飞”，保障飞行安全和公共安全。从理论上讲，避免无人机“黑飞”，必须满足三个条件：一是操作人员具有无人机驾驶执照。二是有获得审批的合法空域。三是申报飞行计划。因此，无人机使用的监管内容包括飞行管制、飞行许可、飞行安全管理、飞行场地管理以及无人机驾驶员管理。

（1）飞行管制

中华人民共和国境内的飞行管制，由中国人民解放军空军统一组织实施，各有关飞行管制部门按照各自的职责分工，提供空中交通管制服务。

飞行管制的基本任务是：监督航空器严格按照批准的计划飞行，维护飞行秩序，禁止未经批准的航空器擅自飞行；禁止未经批准的航空器飞入空中禁区、临时空中禁区或者飞出、飞入国（边）境；防止航空器与航空器、航空器与地面障碍物相撞；防止地面对空兵器或者对空装置误射航空器。

民用航空器应当按照空中交通管制单位指定的航路和飞行高度飞行；因故确需偏离

指定的航路或者改变飞行高度飞行的，应当取得空中交通管制单位的许可。驾驶员必须按照规定的飞行间隔飞行，需要改变时，应当经飞行管制部门许可。从事通用航空飞行活动的单位、个人，应当与有关飞行管制部门建立可靠的通信联络。在划设的临时飞行空域内从事通用航空飞行活动时，应当保持空地联络通畅。

（2）飞行许可

依法取得我国国籍的民用航空器，应当持有国务院民用航空主管部门颁发的适航证书，方可飞行。

使用除微型以外的民用无人驾驶航空器从事飞行活动的单位，应取得民用无人驾驶航空器运营合格证。使用最大起飞重量不超过150千克的农用无人驾驶航空器在农林牧区域上方的适飞域内从事农林牧渔作业飞行活动，无需取得运营合格证。

租用的外国民用航空器，应当经国务院民用航空主管部门对其原国籍登记国发给的适航证书审查认可或者另发适航证书，方可飞行。

① 飞行条件。民用无人驾驶航空器系统飞行活动，除满足以下全部条件的情况外，其余飞行均应通过地区管理局评审。

机场净空保护区以外飞行；民用无人驾驶航空器最大起飞重量小于或等于7千克；在视距内飞行，且天气条件不影响持续可见无人驾驶航空器；在昼间飞行；飞行速度不大于120千米/时；民用无人驾驶航空器符合适航管理相关要求；驾驶员符合相关资质要求；在飞行前，驾驶员完成对民用无人驾驶航空器系统的检查；不对飞行活动以外的其他方面造成影响，包括地面人员、设施、环境安全和社会治安等。

上述免于评审飞行的运营人，应确保其飞行活动持续符合以上条件。

② 飞行评估、评审。遥控站操纵的无人驾驶航空器是无人驾驶航空器的Ⅱ类，其飞行活动需要进行评估，前提是能够按要求设置电子围栏。而自主无人驾驶航空器系统不在评估范围内，是不允许驾驶员介入飞行管理的无人驾驶航空器。

遥控站操纵的无人驾驶航空器系统飞行活动需要评审时，由运营人会同空管单位提出使用空域，对空域内的运行安全进行评估并形成评估报告。地区管理局对评估报告进行审查或评审，出具结论意见。

民用无人驾驶航空器在空域内运行，应当符合国家和民航的有关规定，经评估满足空域运行安全的要求。评估应当至少包括以下内容：

——民用无人驾驶航空器系统情况，包括民用无人驾驶航空器系统基本情况、国籍登记、适航证件（特殊适航证、标准适航证和特许飞行证等）、无线电台及使用频率情况；

——驾驶员、观测员的基本信息和执照情况；

——民用无人驾驶航空器系统运营人基本信息；

——民用无人驾驶航空器的飞行性能，包括飞行速度、典型和最大爬升率、典型和最大下降率、典型及最大转弯率、其他有关性能数据（如风、结冰、降水限制）、航空器最大续航能力、起飞和着陆要求；

——民用无人驾驶航空器系统活动计划，包括飞行活动类型或目的、飞行规则（目视或仪表飞行）、操控方式（视距内或超视距、无线电视距内或超无线电视距等）、预定的飞行日期、起飞地点、降落地点、巡航速度、巡航高度、飞行路线和空域、飞行时间和次数；

——空管保障措施，包括使用空域范围和时间、管制程序、间隔要求、协调通报程序、应急预案等；

——民用无人驾驶航空器系统的通信、导航和监视设备的能力，包括民用无人驾驶航空器系统驾驶员与空管单位通信的设备和性能、民用无人驾驶航空器系统的指挥与控制链路及其性能参数和覆盖范围、驾驶员与观测员之间的通信设备和性能、民用无人驾驶航空器系统导航和监视设备及性能；

——民用无人驾驶航空器系统的感知与避让能力；

——民用无人驾驶航空器系统故障时的紧急程序，特别是与空管单位的通信故障、指挥与控制链路故障、驾驶员与观测员之间的通信故障等情况；

——遥控站的数量和位置，以及遥控站之间的移交程序；

——其他有关任务、噪声、安保、业载、保险等方面的情况；

——其他风险管控措施。

③ 通用航空飞行。从事通用航空飞行活动的单位、个人，必须按照《民用航空法》的规定取得从事通用航空活动的资格，并遵守国家有关法律、行政法规的规定。

通用航空，是指除军事、警务、海关缉私飞行和公共航空运输飞行以外的航空活动，包括从事工业、农业、林业、渔业、矿业、建筑业的作业飞行和医疗卫生、抢险救灾、气象探测、海洋监测、科学实验、遥感测绘、教育训练、文化体育、旅游观光等方面的飞行活动。

组织与实施通用航空飞行活动，必须按照有关规定履行报批手续，并向当地空中交通管理机构提出飞行申请。飞行申请的内容，包括任务性质、航空器型号、飞行范围、起止时间、飞行高度和飞行条件等。各航空单位应当按照批准的飞行计划组织实施。

航空器飞入相邻管制区前，飞行管制部门之间应当进行管制移交。管制移交应当按照程序管制或者雷达管制的有关规定实施。

在中华人民共和国领空飞行的航空器，必须标明明显的识别标志，禁止无识别标志的航空器飞行。无识别标志的航空器因特殊情况需要飞行的，必须经中国人民解放军空军批准。

从事通用航空飞行活动的单位、个人有下列情形之一的，必须在提出飞行计划申请时，提交有效的任务批准文件：

——飞出或者飞入我国领空的（公务飞行除外）；

——进入空中禁区或者国（边）界线至我方一侧10千米之间地带上空飞行的；

——在我国境内进行航空物探或者航空摄影活动的；

——超出领海（海岸）线飞行的；

——外国航空器或者外国人使用我国航空器在我国境内进行通用航空飞行活动的。

飞行人员飞行时，必须按照规定携带必备的资料、文书和证件。

飞行准备以及保障飞行的准备工作，必须在飞行开始前完成。在各项准备和天气情况符合飞行要求时，飞行方可开始。

从事飞行的民用航空器，必须携带下列文件：

——民用航空器国籍登记证书；

——民用航空器适航证书；

——机组人员相应的执照；

——民用航空器航行记录簿；

——装有无线电设备的民用航空器，其无线电台执照；

——载有旅客的民用航空器，其所载旅客姓名及其出发地点和目的地点的清单；

——载有货物的民用航空器，其所载货物的舱单和明细的申报单；

——根据飞行任务应当携带的其他文件。

民用航空器未按规定携带上面所列文件的，国务院民用航空主管部门或者其授权的地区民用航空管理机构，可以禁止该民用航空器起飞。

以营利为目的，使用民用无人机运送邮件或者货物的企业法人，应当依法持有国务院民用航空主管部门颁发的经营许可证，并依法办理工商登记。申领经营许可证和办理工商登记的条件是：

——有符合国家规定的适应保证飞行安全要求的民用航空器；

——有必需的依法取得执照的飞行人员；

——有不少于国务院规定的最低限额的注册资本；

——法律、行政法规规定的其他条件。

民用航空器的所有人或者承租人应当按照适航证书规定的使用范围使用民用航空器，做好民用航空器的维修保养工作，保证民用航空器处于适航状态。

（3）飞行安全管理

在中华人民共和国境内飞行的航空器，必须遵守统一的飞行规则。进行目视飞行的民用航空器，应当遵守目视飞行规则，并与其他航空器、地面障碍物体保持安全距离。进行仪表飞行的民用航空器，应当遵守仪表飞行规则。

组织与实施飞行，应当按照飞行预先准备、飞行直接准备、飞行实施和飞行讲评等阶段进行。飞行阶段的具体内容和要求，由各航空管理部门自行规定。

与飞行有关的所有单位、人员，负有保证飞行安全的责任，必须遵守有关规章制度，积极采取预防事故的措施，保证飞行安全。

从事通用航空飞行活动的单位、个人组织各类飞行活动，应当制定安全保障措施，严格按照批准的飞行计划组织实施，并按照要求报告飞行动态。

飞行人员、空中交通管制员、飞行指挥员和各类保障飞行的人员，对飞行中特殊情况的处置必须要有准备。飞行中的特殊情况，是指突然发生的危及飞行安全的情况。飞行人员应当及时察觉飞行中出现特殊情况的各种征兆，熟练掌握在各种特殊情况下的操作程序和紧急处置方法；空中交通管制员或者飞行指挥员，应当熟知在不同的飞行条件下特殊情况的指挥措施和组织援救遇险航空器的方法；各类保障飞行的人员在任何情况下都应恪尽职守，使各种保障设施经常处于良好状态，随时能为飞行人员、空中交通管制员、飞行指挥员正确处置特殊情况提供有利条件。

在临时飞行空域内进行通用航空飞行活动，通常由从事通用航空飞行活动的单位、个人负责组织实施，并对其安全负责。

（4）飞行场地管理

民用航空器在管制空域内进行飞行活动，应当取得空中交通管制单位的许可，而且飞行的航空器必须遵守统一的飞行规则。所有飞行必须预先提出申请，经批准后方可实施。获准飞出或者飞入中华人民共和国领空的航空器，实施飞出或者飞入中华人民共和国领空的飞行和各飞行管制区间的飞行，必须经中国人民解放军空军批准；飞行管制区内飞行管制分区间的飞行，经负责该管制区飞行管制的部门批准；飞行管制分区内的飞行，经负责该分区飞行管制的部门批准。

① 空中禁区、限制区。国家重要的政治、经济、军事目标上空，可以划设空中禁区、临时空中禁区。未按照国家有关规定经特别批准，任何航空器不得飞入空中禁区和临时空中禁区。

位于航路、航线附近的军事要地、兵器试验场上空和航空兵部队、飞行院校等航空单位的机场飞行空域，可以划设空中限制区。根据需要，还可以在其他地区上空划设临时空中限制区。

民用航空器除按照国家规定经特别批准外，不得飞入禁区；除遵守规定的限制条件外，不得飞入限制区。在规定时限内，未经飞行管制部门许可的航空器，不得飞入空中限制区或者临时空中限制区。

② 临时飞行空域。从事通用航空飞行活动的单位、个人使用机场飞行空域、航路、航线，应当按照国家有关规定向飞行管制部门提出申请，经批准后方可实施。

从事通用航空飞行活动的单位、个人，根据飞行活动要求，需要划设临时飞行空域的，应当在拟使用临时飞行空域 7 个工作日前向有关飞行管制部门提出划设临时飞行空域的申请。

申请划设临时飞行空域的内容：

——临时飞行空域的水平范围、高度；

——飞入和飞出临时飞行空域的方法；

——使用临时飞行空域的时间；

——飞行活动性质；

——其他有关事项。

批准划设临时飞行空域的权限：在机场区域内划设的，由负责该机场飞行管制的部门批准；超出机场区域在飞行管制区内划设的，由负责该分区飞行管制的部门批准；超出飞行管制分区在飞行管制区内划设的，由负责该管制区飞行管制的部门批准；在飞行管制区间划设的，由中国人民解放军空军批准。

负责批准该临时飞行空域的飞行管制部门，应当在拟使用临时飞行空域 3 个工作日前做出批准或者不予批准的决定，并通知申请人。

临时飞行空域的使用期限，应当根据通用航空飞行的性质和需要来确定，通常不得超过 12 个月。因飞行任务的要求，需要延长临时飞行空域使用期限的，应当报经批准该临时飞行空域的飞行管制部门同意。

通用航空飞行任务完成后，从事通用航空飞行活动的单位、个人，应当及时报告有关飞行管制部门，其申请划设的临时飞行空域即行撤销。

已划设的临时飞行空域，从事通用航空飞行活动的其他单位、个人因飞行需要，经批准划设临时飞行空域的飞行管制部门同意，也可以使用。

③ 飞行前的申请。从事通用航空飞行活动的单位、个人实施飞行前，应当在拟飞行前 1 日 12 时前，向空中交通管理机构提出飞行活动申请，按照批准权限，经批准后方可实施。

飞行计划申请应当包括下列内容：飞行单位；飞行任务性质；机长（飞行员）姓名、代号（呼号）和空勤组人数；航空器型别和架数；通信联络方法和二次雷达应答机代码；起飞、降落机场和备降场；预计飞行开始、结束时间；飞行气象条件；航线、飞行高度和飞行范围；其他特殊保障需求。

使用机场飞行空域、航路、航线进行通用航空飞行活动，其飞行计划申请由当地飞行管制部门批准，或者由当地飞行管制部门报经上级飞行管制部门批准。

使用临时飞行空域、临时航线进行通用航空飞行活动，其飞行计划申请按照下列规定的权限批准：在机场区域内的，由负责该机场飞行管制的部门批准；超出机场区域在飞行管制分区内的，由负责该分区飞行管制的部门批准；超出飞行管制分区在飞行管制区内的，由负责该区域飞行管制的部门批准；超出飞行管制区的，由中国人民解放军空军批准。

空中交通管理机构应当在拟飞行前 1 日 21 时前做出批准或者不予批准的决定，并通知申请人。

执行医疗救护、抢险救灾、反恐维稳等紧急任务的，可以提出临时飞行计划申请。临时飞行计划申请应当在计划起飞30分钟前提出；空中交通管理机构应当在起飞10分钟前做出批准或者不予批准的决定，并通知申请人。执行特别紧急任务的，使用单位可以随时提出飞行活动申请。

在划设的临时飞行空域内实施通用航空飞行活动的，可以在申请划设临时飞行空域时，一并提出15天以内的短期飞行计划申请，不再逐日申请；但是每日飞行开始前和结束后，应当及时报告飞行管制部门。

禁止在依法划定的民用机场范围内和按照国家规定的机场净空保护区域内放飞影响飞行安全的无人机。

从事通用航空飞行活动需要使用军用机场的，应当将使用军用机场的申请和飞行计划申请一并向有关部队司令机关提出，由有关部队司令机关做出批准或者不予批准的决定，并通知申请人。

民用无人驾驶航空器飞行，应当为其单独划设隔离空域，明确水平范围、垂直范围和使用时段。可在民航使用空域内临时为民用无人驾驶航空器划设隔离空域。隔离空域由空管单位会同运营人划设。

飞行密集区、人口稠密区、重点地区、繁忙机场周边空域，原则上不划设民用无人驾驶航空器飞行空域。除非按照国家规定的程序获得批准外，民用无人机不得飞越城市上空。

按照国家空中交通管理机构的规定，在固定空域内实施常态飞行活动，可以提出长期飞行活动申请，经批准后实施，并应当在拟飞前1日12时前将飞行计划报空中交通管理机构备案。无人驾驶航空器飞行活动申请的内容按照《无人驾驶航空器飞行管理暂行条例》第27条执行。

4. 无人机驾驶员管理

无论驾驶员是位于航空器的内部还是外部，无人机系统和驾驶员（操控员）必须符合民航法规和《无人驾驶航空器飞行管理暂行条例》在相应章节中的要求。无人机驾驶员和空中交通管制员、飞行指挥员（含飞行管制员，下同）应当按照国家有关规定，经过专门培训、考核，取得执照、证书后，方可持证照上岗工作。

（1）驾驶员的资质管理

为了按照民航组织的标准建立我国完善的民用无人机驾驶员监管体系，2018年8月31日，中国民用航空局飞行标准司在对原《民用无人机驾驶员管理规定（AC-61-FS-2016-20R1）》进行了二次修改后，下发了《民用无人机驾驶员管理规定（AC-61-FS-2018-20R2）》（以下简称《管理规定》），对无人机系统的驾驶员实施资质管理。无人机系统驾驶员的资质管理内容包括：

① 无机载驾驶人员的无人机系统。

② 有机载驾驶人员的航空器，但该航空器可同时由外部的无人机驾驶员实施完全飞行控制。

分布式操作的无人机系统或者集群，其操作者个人无须取得无人机驾驶员执照。分布式操作是指把无人机系统操作分解为多个业务，部署在多个站点或者终端进行协同操作的模式，不要求个人具备对无人机系统的完全操作能力。

（2）驾驶员的分类管理

因为无人机系统的类别较多，所适用空域远比有人驾驶航空器广阔，所以，对无人机系统驾驶员实施分类管理。对于在室内运行的无人机和Ⅰ、Ⅱ类无人机以及在人烟稀少、空旷的非人口稠密区进行试验的无人机，无须证照管理，其驾驶员自行负责。

① 自行备案管理。Ⅰ、Ⅱ类无人机如运行需要，驾驶员可在无人机云系统进行备案。备案内容应包括驾驶员真实身份信息、所使用的无人机型号，并通过在线法规测试。

② 中国民航局飞行标准部门管理。对于在隔离空域和融合空域运行的除Ⅰ、Ⅱ类以外的无人机，其驾驶员执照由中国民航局飞行标准部门实施管理，简称局方管理。管理内容包括：

操纵视距内运行无人机的驾驶员，应当持有按本规定颁发的具备相应类别、分类等级的视距内等级驾驶员执照，并且在行使相应权利时随身携带该执照。操纵超视距运行无人机的驾驶员，应当持有按本规定颁发的具备相应类别、分类等级的有效超视距等级的驾驶员执照，并且在行使相应权利时随身携带该执照。

按本规则颁发的相应类别、分类等级的具备教员等级的驾驶员执照持有人，行使教员权利应当随身携带该执照。未具备教员等级的驾驶员执照持有人不得从事下列活动：

向准备获取单飞资格的人员提供训练；签字推荐申请人获取驾驶员执照或增加等级所必需的实践考试；签字推荐申请人参加理论考试或实践考试未通过后的补考；签署申请人的飞行经历记录本；在飞行经历记录本上签字，授予申请人单飞权利。

担任操纵植保无人机系统并负责无人机系统运行和安全的驾驶员，应当持有按本规定颁发的具备Ⅴ分类等级的驾驶员执照，或经农业农村部等部门规定的由符合资质要求的植保无人机生产企业自主负责的植保无人机操作人员培训考核。

自 2018 年 9 月 1 日起，民航局授权行业协会颁发的现行有效的无人机驾驶员合格证自动转换为民航局颁发的无人机驾驶员电子执照，原合格证所载明的权利一并转移至该电子执照。原Ⅶ分类等级（超视距运行的Ⅰ、Ⅱ类无人机）合格证载明的权利转移至Ⅲ分类等级电子执照。

（3）执照和等级分类

① 对于完成训练并考试合格，符合本规定颁发民用无人机驾驶员执照和等级条件的人员，在其驾驶员执照上签注如下信息：驾驶员视距内、超视距、教员的等级。驾驶

的无人机类别。无人机的分类等级。无人机型别和职位（仅适用于Ⅺ、Ⅻ分类等级），职位包括机长、副驾驶。

② 无人机的等级分类见表 9-1。

表 9-1 无人机的等级分类

分类等级	空机重量/千克	起飞全重/千克
Ⅰ	0 < W≤0.25	
Ⅱ	0.25 < W≤4	1.5 < W≤7
Ⅲ	4 < W≤15	7 < W≤25
Ⅳ	15 < W≤116	25 < W≤150
Ⅴ	植保类无人机	
Ⅵ	116 < W≤5700	150 < W≤5700
Ⅶ	W > 5700	

注 （1）实际运行中，Ⅲ、Ⅳ、Ⅺ类分类有交叉时，按照较高要求的一类分类。（2）对于串、并列运行或者编队运行的无人机，按照总重量分类。（3）地方政府（例如当地公安部门）对于Ⅰ、Ⅱ类无人机重量界限低于本表规定的，以地方政府的具体要求为准。

（4）颁发无人机驾驶员执照与等级的条件

局方应为符合相应资格、航空知识、飞行技能和飞行经历要求的申请人颁发无人机驾驶员执照与等级。

（5）执照有效期及其更新

按本规定颁发的驾驶员执照有效期限为两年，且仅当执照持有人满足本规定和有关中国民用航空运行规章的相应训练与检查要求，并符合飞行安全记录要求时，方可行使其执照所赋予的相应权利。

执照持有人应在执照有效期期满前三个月内向局方申请重新颁发执照。申请人应出示在执照有效期满前 24 个日历月内，无人机云交换系统电子经历记录本上记录的 100 小时飞行经历时间证明。如不满足上述飞行经历时间要求，应通过执照中任一最高驾驶员等级对应的实践考试。

执照在有效期内因等级或备注发生变化重新颁发时，则执照有效期与最高驾驶员等级有效期保持一致。执照过期的申请人须重新通过不同等级相应的理论及实践考试，方可申请重新颁发执照及相关等级。

（6）教员等级更新及等级过期后的重新办理

教员等级在其颁发月份之后第 24 个日历月结束时期满。飞行教员可以在其教员等级期满前申请更新，但应当符合下列条件之一：

① 通过了相应教员等级的实践考试。对应Ⅲ、Ⅳ分类等级的教员等级的执照持有人，如果通过了任何一个Ⅲ、Ⅳ分类等级的教员等级的实践考试，则其所持有的有效的Ⅲ、Ⅳ分类等级的教员等级均视为更新。对应Ⅺ、Ⅻ分类等级的教员等级的执照持有

人，如果通过了Ⅺ、Ⅻ分类等级的教员等级中任何一项的实践考试，则其教员的所有等级均视为更新，其相应Ⅺ、Ⅻ分类等级熟练检查不在有效期内的除外。

② 飞行教员在其教员等级期满前 90 天内，通过相应教员等级的更新检查。对应Ⅲ、Ⅳ分类等级的教员等级的执照持有人，如果通过了Ⅺ、Ⅻ分类等级的教员等级的更新检查，则其所持有的有效的Ⅲ、Ⅳ分类等级的教员等级均视为更新。对应Ⅺ、Ⅻ分类等级的教员等级的执照持有人，如果通过了Ⅺ、Ⅻ分类等级的教员等级中任何一项的实践考试实践飞行科目，则其教员的所有等级均视为更新，其相应Ⅺ、Ⅻ分类等级熟练检查不在有效期内的除外。

按规定满足飞行经历时间要求且在有效期满前法定时间内进行更新的，教员等级有效期自实践考试之日起计算。

教员等级过期后的重新办理方法：飞行教员在其教员等级过期后，如果重新通过实践考试，局方可恢复其教员等级。当飞行教员的驾驶员执照上与教员等级相对应的等级失效时，其教员等级权利自动丧失，除非该驾驶员按本规定恢复其驾驶员执照上所有相应的等级，其中教员等级的恢复需按规定通过理论考试和实践考试。

（7）熟练检查

Ⅺ、Ⅻ分类等级驾驶员应对该分类等级下的每个签注的无人机类别、型别（如适用）等级接受熟练检查，该检查每 12 个月进行一次。检查由局方指定的人员实施。

（8）增加等级

在驾驶员执照上增加等级，申请人应当符合《管理规定》的相应条件。

超视距等级可以行使相同类别及分类等级的视距内等级执照持有人的所有权利。在驾驶员执照上增加超视距等级，而类别和分类等级不变的，申请人应当符合下列规定：

① 完成了相应执照类别和分类等级要求的超视距等级训练，符合《管理规定》附件 1 关于超视距等级的飞行经历要求；

② 由授权教员在申请人的飞行经历记录本或者训练记录上签字，证明其在相应的超视距等级的航空知识方面是合格的；

③ 由授权教员在申请人的飞行经历记录本或者训练记录上签字，证明其在相应的超视距等级的飞行技能方面是合格的；

④ 通过了相应的超视距等级要求的理论考试；

⑤ 通过了相应的超视距等级要求的实践考试。

在驾驶员执照上增加超视距等级的同时增加类别或分类等级的，申请人应当符合下列规定：

① 满足《管理规定》相关飞行经历和训练要求；

② 满足《管理规定》相应类别或分类等级的飞行经历和训练要求；

③ 通过了相应的超视距等级要求的理论考试；

④ 通过了相应的超视距等级要求的实践考试。

教员等级可以行使相同类别及分类等级的超视距等级持有人的所有权利。在驾驶员执照上增加教员等级，或在增加教员等级的同时增加类别或分类等级的申请人应当符合下列规定：

① 完成了相应执照类别和分类等级要求的教员等级训练，符合《管理规定》附件1关于教员等级的飞行经历要求；

② 由授权教员在申请人的飞行经历记录本或者训练记录上签字，证明其在相应的教员等级的航空知识方面是合格的；

③ 由授权教员在申请人的飞行经历记录本或者训练记录上签字，证明其在相应的教员等级的飞行技能和教学技能方面是合格的；

④ 通过了相应的教员等级要求的理论考试；

⑤ 通过了相应的教员等级要求的实践考试。

在驾驶员执照上增加类别等级，或在增加类别等级同时增加分类等级，申请人应当符合下列规定：

① 完成了相应驾驶员等级及其类别和分类等级要求的训练，符合《管理规定》的相应驾驶员等级及其类别和分类等级的航空经历要求；

② 由授权教员在申请人的飞行经历记录本和训练记录上签字，证明其在相应驾驶员等级及其类别和分类等级的航空知识方面是合格的；

③ 由授权教员在申请人的飞行经历记录本和训练记录上签字，证明其在相应驾驶员等级及其类别和分类等级的飞行技能方面是合格的；

④ 通过了相应驾驶员等级及其类别等级要求的理论考试；

⑤ 通过了相应驾驶员等级及其类别和分类等级要求的实践考试。

分类等级排列顺序由低到高依次为：Ⅲ、Ⅳ、Ⅺ、Ⅻ，高分类等级执照可行使低分类等级执照权利（不适用于Ⅴ分类等级）。在具备低分类等级的执照上增加高分类等级（不适用于Ⅴ分类等级），申请人应当符合下列规定：

① 完成了相应驾驶员等级及其类别和分类等级要求的训练，符合《管理规定》关于相应驾驶员等级及其类别和分类等级的航空经历要求，相同类别低分类等级无人机驾驶员增加分类等级须具有操纵所申请分类等级无人机的飞行训练时间至少10小时，其中包含不少于5小时授权教员提供的带飞训练。

② 由授权教员在申请人的飞行经历记录本和训练记录上签字，证明其在相应驾驶员等级及其类别和分类等级的航空知识方面是合格的。

③ 由授权教员在申请人的飞行经历记录本和训练记录上签字，证明其在相应驾驶员等级及其类别和分类等级的飞行技能方面是合格的。

④ 通过了相应驾驶员等级及其类别和分类等级要求的实践考试。

在驾驶员执照上增加V分类等级，申请人应当符合下列规定：

① 依据《轻小无人机运行规定（试行）》（AC-91-31），完成了由授权教员提供的驾驶员满足植保无人机要求的训练。

② 由授权教员在申请人的飞行经历记录本或者训练记录上签字，证明其在植保无人机运行相关航空知识方面是合格的。

③ 由授权教员在申请人的飞行经历记录本或者训练记录上签字，证明其在植保无人机运行相关飞行技能方面是合格的。

④ 由授权教员在申请人的飞行经历记录本和训练记录上签字，证明其已取得操纵相应类别V分类等级无人机至少10小时的实践飞行训练时间。

⑤ 通过了相应类别等级植保无人机运行相关的理论考试。

（9）执照和等级的申请与审批

① 符合《管理规定》相关条件的申请人，应当向局方提交申请执照或等级的申请，申请人对其申请材料实质内容的真实性负责，并按规定交纳相应的费用。

在递交申请时，申请人应当提交下述材料：

身份证明；学历证明（如要求）；相关无犯罪记录文件；理论考试合格的有效成绩单；原执照（如要求）；授权教员的资质证明；训练飞行活动的合法证明；飞行经历记录本；实践考试合格证明。

② 对于申请材料不齐全或者不符合格式要求的，局方在收到申请之后的5个工作日内一次性书面通知申请人需要补正的全部内容。逾期不通知即视为在收到申请书之日起即为受理。申请人按照局方的通知提交全部补正材料的，局方应当受理申请。局方不予受理申请，应当书面通知申请人。局方受理申请后，应当在20个工作日内对申请人的申请材料完成审查。在局方对申请材料的实质内容按照本规定进行核实时，申请人应当及时回答局方提出的问题。由于申请人不能及时回答问题所延误的时间不计入前述20个工作日的期限。对于申请材料及流程符合局方要求的，局方应于20个工作日内受理，并在受理后20个工作日内完成最终审查作出批准或不批准的最终决定。

③ 经局方批准，申请人可以取得相应的执照或等级。批准的无人机类别、分类等级或者其他备注由局方签注在申请人的执照上。

④ 由于飞行训练或者实践考试中所用无人机的特性，申请人不能完成规定的驾驶员操作动作，因此未能完全符合本规定相关飞行技能要求，但符合所申请执照或者等级的所有其他要求的，局方可以向其颁发签注有相应限制的执照或者等级。

（10）飞行经历记录

申请人应于申请考试前提供满足执照或等级所要求的飞行经历证明。截止至2018年12月31日，局方接受由申请人与授权教员自行填写的飞行经历信息。自2019年1月1日起，申请人训练经历数据应接入无人机云交换系统，以满足申请执照或等级对飞行经历中带飞时间及单飞时间的要求。飞行经历记录填写规范参考《管理规定》附件2《民用无人机驾驶员飞行经历记录填写规范》。

（11）考试一般程序

按本规定进行的各项考试，应当由局方指定人员主持，并在指定的时间和地点进行。

① 理论考试的通过成绩由局方确定，理论考试的实施程序参考《管理规定》附件3《民用无人机驾驶员理论考试一般规定》。

② 局方指定的考试员按照《管理规定》附件4《民用无人机驾驶员实践考试一般规定》的程序，依据《管理规定》附件5《民用无人机驾驶员实践考试标准》实施实践考试。

③ 局方依据《管理规定》附件6《民用无人机驾驶员实践考试委任代表管理办法》委任与管理实施实践考试的考试员。

④ 局方依据《管理规定》附件7《民用无人机驾驶员考试点管理办法》，对理论及实践考试的考试点实施评估和清单制管理。

执照持有人受到刑事处罚期间，不得行使所持执照赋予的权利。

5. 无人机安全飞行管理

依法取得空中交通管理机构许可的民用无人驾驶航空器，在低空区域进行飞行活动时，应当严格遵守《无人驾驶航空器飞行管理暂行条例》之规定。为了确保安全，必须坚持做到：符合规定条件的人，持证照、按要求在许可区域内运行，并采取必要的安全措施。

（1）持证照运行

从事民用航空活动的空勤人员、地面人员等航空人员，应当接受专门训练，经考核合格，取得国务院民用航空主管部门颁发的执照，方可担任其执照载明的工作。

驾驶人员和空中交通管制员在取得执照前，还应当接受国务院民用航空主管部门认可的体格检查单位的检查，并取得国务院民用航空主管部门颁发的体格检查合格证书。

空勤人员在执行飞行任务时，应当随身携带执照和体格检查合格证书，并接受国务院民用航空主管部门的查验。

（2）符合条件的人驾机执行任务

受到酒类饮料、麻醉剂或者其他药物的影响，损及工作能力的人员，不得执行驾驶无人机运行任务。

（3）民用无人驾驶航空器按规定要求在隔离空域内运行

① 民用无人驾驶航空器应当遵守规定的程序和安全要求；

② 民用无人驾驶航空器确保在所分配的隔离空域内飞行，并与水平边界保持5千米以上距离；

③ 防止民用无人驾驶航空器无意间从隔离空域脱离。

（4）必须采取的安全措施

为了防止民用无人驾驶航空器和其他航空器活动相互穿越隔离空域边界，提高民用无人驾驶航空器运行的安全性，需要采取下列安全措施。

① 驾驶员应当持续监视民用无人驾驶航空器飞行；

② 当驾驶员发现民用无人驾驶航空器脱离隔离空域时，应向相关空管单位通报；

③ 空管单位发现民用无人驾驶航空器脱离隔离空域时，应当防止与其他航空器发生冲突，通知运营人采取相关措施，并向相关管制单位通报；

④ 空管单位应当同时向民用无人驾驶航空器和隔离空域附近运行的其他航空器提供服务；

⑤ 在空管单位和民用无人驾驶航空器系统驾驶员之间应建立可靠的通信；

⑥ 空管单位应为民用无人驾驶航空器指挥与控制链路失效、民用无人驾驶航空器避让侵入的航空器等紧急事项设置相应的应急工作程序；

⑦ 民用无人驾驶航空器系统活动中使用无线电频率、无线电设备应当遵守国家无线电管理法规和规定，且不得对航空无线电频率造成有害干扰；

⑧ 未经批准，不得在民用无人驾驶航空器上发射语音广播通信信号；

⑨ 使用民用无人驾驶航空器系统应当遵守国家有关部门发布的无线电管制命令。

第三节　无人机监督管理的法律法规

我国无人机行业历经30多年的发展，取得了丰硕的成果。然而，在一个较长时期内，无人机法律法规建设滞后的问题较为突出，远远不能适应无人机行业迅速发展的需要，影响无人机监督管理工作的全面展开。因为，无人机法律法规能为无人机的广泛应用打下法律保障的基石，使得无人机的飞行、作业和监督管理有法可依，也能为无人机作业的有序发展提供法律保障。

为了顺应社会政治、经济发展的需要，特别是充分利用低空领域服务于交通运输、文化旅游、社会民生，近年来国家颁布施行了《无人驾驶航空器飞行管理暂行条例》《民用无人驾驶航空器系统安全要求》《强制性产品认证实施规则》等重要法规和规章，有力地推动了低空经济发展和无人机行业管理工作。

一、无人机法律法规的制定

我国无人机行业虽起步时间短，但发展速度之快，超出了人们的想象。然而，立法的实践经验说明，制定专门针对无人机的法律法规需要好几年时间，而现实生活中民用无人机无序飞行现象较多，以致航班延误、干扰通信、损毁财物、误伤人员等事件时有发生，损失惨重，迫切需要对无人机实施监督管理，以保障公共安全。鉴于此，我国这些年来就沿用原有的法律条款来规范无人机行业行为。同时，依据《民用航空法》《无人驾驶航空器飞行管理暂行条例》《飞行基本规则》《中国民用航空空中交通管理规则》《通用航空飞行管制条例》等相关法律法规，制定无人机监管的一些规章制度。这些规章制度，包括由国务院下设的国家市场监督管理总局、国家标准化管理委员会、国家认证认可监督委员会、中国民用航空局的相关部门，根据民用无人航空器的发展状况，制定的相关规则与办法，它们共同构筑了生产制造、适航审定、运行管理、人员管理、人员训练、证照管理等无人航空器的法制基础。

正因为如此，无人航空器法规与民航相关法规之间，既相互独立，又相互联系。相互联系是指无人机的相关规章来源于民航相关法规，同时无人机规章的制定又丰富了民用航空法规体系。相互独立是指各自的运用对象不同，针对的客体不同。全国人大发布的民用航空法是母法，无人驾驶航空器的相关法规都是依据民用航空法及其相关规则、条例等制定的，无人驾驶航空器的相关法规规则是子法。如《无人驾驶航空器飞行管理暂行条例》《民用无人驾驶航空器系统安全要求》《强制性产品认证实施规则》《民用无人驾驶航空器系统空中交通管理办法》（MD-TM-2016-004），就是依据《民用航空法》《飞行基本规则》《通用航空飞行管制条例》《中国民用航空空中交通管理规则》的规定，参考国际民航组织 10019 号文件《遥控驾驶航空器系统手册》的相关要求，空管办组织对《民用无人机空中交通管理办法》（MD-TM-2009-002）进行修订而成的。

为了规范民用无人驾驶航空器系统驾驶员训练机构的合格审定和管理工作，根据《民用航空法》《一般运行和飞行规则》《民用无人驾驶航空器系统驾驶员管理暂行规定》（AC-61-FS-2013-20）制定的《民用无人驾驶航空器系统驾驶员训练机构合格审定规则（暂行）》，由中国航空器拥有者及驾驶员协会无人机专家委员会会议通过，并于 2018 年 8 月修订更新发布《民用无人机驾驶员管理规定》（AC-61-FS-2018-20R2）。

无论是原有的相关法律法规，还是据此新制定的无人机规章制度，其作用都是规范无人机的适航性设计、生产、运行以及从业人员的训练、管理等。

二、无人机立法的三个阶段

纵观当下我国无人机行业立法的全过程，可以把它分为三个阶段：初始时期、形成时期和完善发展时期。

（一）初始时期

最初，我国民用无人机的管理是依照《民用航空法》《一般运行和飞行规则》《通用航空飞行管制条例》和《飞行基本规则》等对民用气球、无人驾驶航空器等物体进行的管理，见物不见人。后来，随着无人机应用范围的扩大和“黑飞”现象，尤其是影响民用有人驾驶航空器飞行及其他危及安全的行为不断增多，21 世纪初，规范无人机飞行的有关规定陆续出台，无人机管理立法渐渐步入正轨。

（二）形成时期

为促进无人机行业的健康有序发展，保障无人机的安全飞行，自 2009 年以来，中国民用航空局在规范无人机的购买、飞行、空域管理和人员培训、培训资格等方面，先后颁布了《民用无人机空中交通管理办法》《关于民用无人机管理有关问题的暂行规定》《民用无人机适航管理工作会议纪要》《民用无人驾驶航空器系统驾驶员管理暂行规定》《低空空域管理规定》《通用航空飞行任务审批与管理规定》《民用无人机驾驶员管理规定》《民用无人驾驶航空器系统空中交通管理办法》《民用无人驾驶航空系统驾驶员训练机构合格审定规则（暂行）》《民用无人驾驶航空器驾驶员管理暂行规定》《轻小无人机运行规定》等一系列规章制度，初步形成了无人机管理体系。

（三）完善发展时期

近十年来，尽管中国民用航空总局陆续实施了一系列规章、规则、规定，但其内容比较笼统，申请流程也不明确，缺乏可操作性，无人机的空管、空防法规缺失，漏洞较多，难以适应飞速发展的无人机空域管理现状的需要，以致很多无人机操作存在没有申请获准的空域任意放飞的现象，形势较为严峻，无人机飞行的安全和社会公共安全仍然得不到有力保障。

2019 年 11 月 19 日，中国民航局发布了《轻小型民用无人机飞行动态数据管理规定》，这是民航局为掌握民用无人机飞行活动，为民用无人机飞行提供空域、计划、安全评估等方面的服务，实现与相关监管部门协同管理的信息化系统，是民用无人机运行管理的窗口。从此，我国无人机行业立法进入完善发展时期。特别是随着低空领域的开放，低空经济的发展，针对无人驾驶航空器越来越多地介入日常的经营活动后可能会遇到的安全风险增多的情况，相关法规和规章如《无人驾驶航空器飞行管理暂行条例》《民用无人驾驶航空器系统安全要求》《强制性产品认证实施规则》等不断完善，以适应管理需要。我国民用无人机产业由此进入健康、快速的发展轨道。

民用无人机的法规完善发展，当前至少应该囊括三个方面的内容。一是明确民用无人机的法律属性，根据其型号进行划分，明确哪些民用无人机属于航空器，哪些属于一般动产。二是建立民用无人机的适航标准，明确其飞行的时间、空域、航线、高度等标准。三是建立民用无人机企业的准入条件和监管规则等一系列管理规范，通过对民用无人机企业的严格监管，规范民用无人机市场。

三、无人机法规、规定的类别

根据当前颁布的内容，我国无人机法规、规定主要分为运行规则类、人员类和训练类三大类。其中，人员类和训练类是保证民用无人机正常运行的前提。而训练机构的资格审定是重中之重。资格，指的是参加某种工作或活动所应具备的条件或身份。条件就是为获得某一特殊权利而必须具备的先决条件；身份是从事某种活动时间长短所形成的。

无人机属于特殊行业，《民用无人机驾驶员管理规定》中规范了无人机驾驶员的资格审定，规定了操作什么样的无人机必须要经过什么样的理论和专业培训，培训合格并取得合格证的人员，方能驾驶该级别的无人机。

我国民航局发布《关于民用无人驾驶航空器系统驾驶员资质管理有关问题的通知》，明确自2015年4月30日起，由中国航空器拥有者及驾驶员协会（简称“中国AOPA协会”）按照相关法律、法规及规范性文件，负责在视距内运行的空机重量大于7千克以及在隔离空域、超视距运行的无人机驾驶员的资格管理。民航局飞行标准司负责对中国航空器拥有者及驾驶员协会的管理工作进行监督和检查。目前，中国AOPA协会组织审定全国无人机驾驶员训练机构，并为无人机驾驶员颁发合格证。

培养无人机的驾驶员与机长的培训资质同样有着严格的要求，我国根据《民用航空法》《一般运行和飞行规则》《民用无人机驾驶员管理规定》（AC-61-FS-2018-20R2）制定了《民用无人驾驶航空器系统驾驶员训练机构合格审定规则（暂行）》，规范了民用无人驾驶航空器系统驾驶员训练机构的合格审定和管理工作，规定了颁发民用无人驾驶航空器系统驾驶员训练机构（以下简称“驾驶员训练机构”）临时合格证、驾驶员训练机构合格证和相关课程等级的持有人应当遵守的一般运行规则等方面的问题，从源头上进行把关，保证无人机各类人才的培训质量。

（一）运行规则类

运行规则类法规，主要规定了无人航空器在运行时需要遵守的规章、规定，重点是关于无人航空器运行的空域审批与管理。近年来颁布的这类规定与办法有《无人驾驶航空器管理暂行条例》（以下简称《暂行条例》）、《通用航空飞行管制条例》（以下简称《条例》）、《民用无人机空中交通管理办法》（以下简称《办法》）、《低空空域使用管理规定》（以下简称《使用规定》）、《通用航空飞行任务审批与管理规定》（以下简称《管理规定》）、《轻小无人机运行规定（试行）》（以下简称《运行规定》）《民用无人驾驶航空器系统空中交通管理办法》（以下简称《管理办法》）等。

《暂行条例》规定了操控无人驾驶航空器实施飞行活动应当遵守的十项行为规范。《条例》规定了从事民用航空飞行活动的行为规范，必须首先取得资格，其次必须接受飞行管制部门的管理，并且预先进行空域审批、飞行计划审批，获得飞行管制部门同意后方可运行，以及相关的罚则等内容。《使用规定》中规定了真高1000米以下区域内，无人航空器运行时的空域管理内容，包括：无人机飞行空域分类划设的依据、原则、权限报备；空域准入使用的条件、空域的类型、空域使用的时限、空域调整的权限、空域调整的时限及临时空域关闭的权限；飞行计划审批报备受理的内容、部门、审批程序、时限及飞行计划报备与实施；相关服务保障建设，人员培训，行业管理，违法违规飞行查处等内容。《管理规定》主要规定了无人机允许飞行的条件、飞行的范围、飞行任务申请的时间和内容，以及相关管理审批的机构等内容。《管理办法》对空域使用范围、运行安全评估管理、空中交通服务的空中隔离空域的划设及其安全评估，以及无线电的使用与管理等做了规定。《运行规定》就低空、慢速、微轻小型无人机运行的适用范围及分类等做出了规定，具体包括：无人机的分类、相关定义；民用无人机机长的职责和权限；民用无人机驾驶员资格要求；民用无人机使用说明书；禁止粗心或鲁莽的操作；摄入酒精和药物的限制；飞行前准备；限制区域；视距内运行；视距外运行；民用无人机运行的仪表、设备和标识要求；管理方式、无人机云提供商须具备的条件、植保无人机运行要求、无人飞艇运行要求，以及废止和生效等内容。

（二）人员类

人员，是指从事无人机运行的驾驶员、机长、运营人等相关人员。现已颁发实施的人员类的无人机管理规定有两部。一是《民用无人机驾驶员管理规定》（AC-61-FS-2018-20R2），用于民用无人机系统驾驶人员的资质管理，主要内容包括术语定义、执照和等级的要求、无人机系统驾驶员的自行管理以及局方管理的具体规定和要求。二是《民用无人机驾驶员合格审定规则（暂行）》（T/AOPA 0008-2019），本规则依据有关文件精神和相关法律、法规，负责管理视距内运行的空机重量大于7千克以及在隔离空域、超视距运行的无人机驾驶员的人员资质。这两个管理规定明确了无人机驾驶员管理机构AOPA在局方授权范围内对无人机驾驶员合格证申请、颁发、管理等工作内容，从而奠定了无人机驾驶员的正规化管理的基础。

另外，《暂行条例》中也有对无人驾驶航空器操控员申办执照条件的规定。

（三）训练类

为了提高训练机构的训练质量，规范无人机驾驶员训练秩序、训练标准而制定的《民用无人驾驶航空器系统驾驶员训练机构合格审定规则》，主要确定了规则的适用范围，合格审定和持续监督，颁发驾驶员训练机构临时合格证和合格证的条件及考试权，驾驶员训练机构训练规范和课程等级，申请、受理、审查和决定，合格证和训练规范的内容，合格证和考试权的有效期，合格证的展示，广告限制，业务办公室和运行基地，合格证和训练规范的更新，限制和行政措施，训练课程和课目，运行规则和罚则等相关内容。

第四节　无人机监督管理的手段

一、概述

（一）无人机监督管理手段的概念

无人机监督管理的手段，是指国家及有关部门为了履行对无人机行业监督管理的职责，实现无人机行业监督管理目标，达到维护社会经济秩序、保障公共安全目的，依法对无人机行业及无人机飞行活动实行监督管理的各种措施和方法。

无人机监督管理手段，是由监督管理客体的性质和监督管理活动的客观规律所决定的，是有关法律、法规、规章赋予无人机行业监督部门的监督管理职权的具体体现，是国家及有关部门实施监督管理、预防违法犯罪的重要保证。离开了无人机行业监督管理手段，或者使用监督管理手段不当，就无法完成无人机行业监督管理的任务。

（二）无人机监督管理手段的特征

无人机监督管理手段是公安机关治安管理手段的组成部分，具有权威性、强制性、预防性、多样性等特征。

无人机监督管理是国家及有关政府部门以法律、法规、规章的形式，赋予无人机行业监督管理职能部门的特殊权利。显而易见，依法采取的无人机行业监督管理手段的权威性是不言而喻的。这种权威性，在监督管理主体使用中，对于监督管理的客体来说，具有绝对服从和执行的强制性，容不得半点含糊和马虎。确定和行使无人机行业监督管理手段，其目的是预防违法犯罪行为发生，保障公共安全。即使在实施无人机行业监管工作的过程中，依法查处少数违法违规者，其结果也必然会减少、避免今后类似问题的发生，公共安全则有了更大的保障，这也是无人机行业监管的间接预防作用。从无人机行业监管的手段类型来看，既有行政手段又有法律手段，既有经济手段又有技术手段，既有处罚手段又有教育手段。这种种手段，体现了无人机行业监管手段的多样性。多种多样的监管手段，弥补了单一手段的缺陷，以保障无人机行业监管能够取得更好的社会效果。

二、无人机监督管理手段的类型

无人机监管的手段，因为区划标准的不同而类型各异，在此我们仅从无人机行业监管的主体能否主动实施这些监管手段的角度来区划，可以把无人机行业监管手段分为主动性手段、被动性手段及其他手段三个大类。

（一）主动性监督管理手段

主动性监管手段，指无人机行业监管主体，依据相关法律、法规、规章，主动地采取各种监管措施和方法。

主动性监管手段的具体实施，由监管主体根据无人机行业及其相关人员的具体情况，依据自己享有的监管权力而主动选用，无须监管客体的任何条件。这有利于发挥监管主体工作的主观能动性，也有利于机动地应对无人机行业及其相关人员的各种活动情况，能够更好地维护正常的社会秩序，保护公众合法权益。

主动性监管手段包括监督管理命令、监督管理教育、监督管理检查、监督管理调研、监督管理处分、处罚、强制等。

1. 监督管理命令

监督管理命令是治安行政处理决定的一种表现形式，指的是在监督管理过程中，监督管理主体根据监督管理实践的需要，依法以一定形式要求监督管理相对人为或者不为一种行为的意思表示。这种“意思表示”，是指行为人以法定的形式，将自己的内在意思表达于外部的行为。若无法定的形式，行为人便以合理可行的形式，将自己的内在意思表达出来。

监督管理命令的实质，是为监督管理相对人设定作为或不作为的义务。所谓作为的义务，就是要求监督管理相对人以积极的行动去实现监督管理行政命令的义务。所谓不作为的义务，就是要求监督管理相对人不得从事某种特定行为的义务。由此可见，监督管理命令是一种设定的义务的监督管理手段。既然作为一种设定义务的行为，那么，对于监督管理相对人来说，只能遵照执行；否则，即以治安行政处罚或治安行政强制的执行措施来惩戒与强制实现监督管理命令。

监督管理命令的具体内容，主要有以下三种：

一是限制。通过监督管理命令，把无人机行业活动或者某种无人机升放行为限定在一定的人员或者时空范围内，使其合法有效。例如，无人机的制造被限制在依法持有生产、维修、经营许可证照的企业内等。

二是禁止。通过监督管理命令，明确规定不准从事某种行为或者取消原批准许可的行为。换言之，禁止的行为就是不许可的行为、超出限制范围的行为，也就是一种绝对限制行为。例如，禁止未经批准的航空器擅自飞行；禁止未经批准的航空器飞入空中禁区、临时空中禁区或者飞出、飞入国（边）境；禁止在依法划定的民用机场范围内和按照国家规定的机场净空保护区域内放飞影响飞行安全的无人机。又如，除特别批准外，任何单位、组织和个人禁止在以下保护区域升放无人机：军用机场等净空保护区；政府机关、军事机关、军事设施、水电油气设施、危化品单位等重点部位；机场车站、港口码头、景点商圈等人员稠密区域；铁路电力线路导线两侧各500米内；大型活动、重要赛事、重大会议现场，以及政府临时公告的禁止飞行区域。

三是取缔。在法律限制或禁止的行为发生后采取相应措施予以制止或取消，使得监督管理对象丧失一定能力或者权利。

2. 监督管理教育

监督管理教育有广义和狭义之分。广义上的监督管理教育，指监督管理主体对无人机行业的单位和从业人员进行无人机相关法律、法规、规章和职业纪律、道德的宣传教育，以提高无人机行业员工及其相关人员的法治意识、道德纪律观念，使得他们遵纪守法，自觉地履行无人机生产、销售、使用的法定义务，预防和减少违法犯罪行为的发生。狭义上的监督管理教育，指监督管理主体凭借国家赋予的监督管理权，根据监督管理工作的需要，依法以说服、批评、责令等方式，要求监督管理相对人遵守监督管理法律法规，服从监督管理，履行无人机相关的法律义务，改正错误，停止违法行为。我们这里讲的监督管理教育，指的是狭义上的监督管理教育。

必须指出的是，无人机的监督管理主体是国务院民用航空主管部门及公安机关，因而无人机监督管理教育不同于一般的教育，具有一定的强制性。如果被教育者拒不接受教育，可依法采取监督管理的强制手段，或者给予监督管理处罚，使得被教育者履行法律性义务，改正错误，停止违法行为。有效地实施监督管理教育，对于消除矛盾、预防犯罪具有治本性的意义，能够起到化消极因素为积极因素的重要作用。

监督管理教育手段的主要形式，有责令改正、责令停止飞行、责令停止生产、责令停止维修、责令停止民用航空活动等。

责令改正，是监督管理主体在对无人机行业和无人机飞行活动实施监督检查时，要求违反相关法律规范的单位或个人予以改正所采取的措施。对拒不改正的，依法予以行政处罚。

对于无人机放飞活动中的轻微违规行为，主要采取的监督管理手段是依法予以批评教育，当场纠正其不当行为。对于拒不接受批评改正错误者，可以责令停止飞行。

3. 监督管理检查

监督管理检查，指监督管理主体为了实现监督管理目的，依法对监督管理相对人遵守无人机行业的法律规范、执行相关的监督管理决定，履行无人机行业的法定义务等情况进行监督、查看、了解而采取的措施。实践证明，监督管理检查是监督管理主体发现和纠正问题、堵塞漏洞、消除隐患，促使无人机行业健康发展的一种重要手段。

监督管理检查的方法和适用范围，是根据监督管理主体的不同目的来确定的。总体来讲，监督管理检查的主要方法有普遍检查、重点抽查、专项检查、综合检查、定期检查、突击检查、日常检查、临时检查等。

根据无人机监督管理法律、法规的规定，监督管理检查的适用范围是无人机行业的生产、销售、维修、培训单位及其无人机放飞活动。具体地说，监督管理检查的适用范围主要有：对无人机行业基本情况的检查；对无人机行业的生产单位遵纪守法、安全生产情况的检查；对无人机销售单位实名登记制执行情况的检查；对无人机的维修单位诚实守信、质量保证的检查；对无人机放飞情况的检查；对安全检查中发现隐患整改情况的检查；等等。实施监督管理检查时，必须2人（含2人）以上一起进行，公安机关检查时还应当出示执法身份证件，如实记录监督检查情况和处理意见，并由检查人员和被检查单位的有关负责人共同签字。如果被查单位负责人不在场或者拒绝签字，公安机关人员应当在检查记录上注明。

4. 监督管理调查

监督管理调查，指监督管理主体为了掌握和了解监督管理相对人的有关情况、获取专门信息、把握监督管理主动权而依法进行的专门考察、了解所采取的措施。通过监督管理调查，监督管理主体可以对一个时期、一定范围内，无人机行业及其监督管理工作的成功经验、存在问题及其原因和发展趋势有一个清晰的认识，以便做出比较科学的判断和预测，从而有的放矢地采取正确的对策和有效的措施，加强监督管理工作，推动和促进无人机行业的健康、有序发展，更加充分地发挥其在协助公安机关维护社会治安、保障公共安全等方面的作用。

监督管理调查的内容和对象，主要是无人机行业及其监督管理工作。无人机行业的调查包括行业状况调查、行业绩效调查、行业履行法定义务调查、行业内部违法犯罪情况调查等。监督管理工作的调查，包括各级民航主管部门监督管理组织、队伍、制度建设调查，监督管理工作业绩调查，执法情况调查，监督管理专项业务调查等。其中，监督管理专项业务调查，又可以具体分为行政许可审批调查、备案执行情况调查、监督检查情况调查等。

监督管理调查的方式方法多种多样，监督管理主体应当根据监督管理调查的不同目的和内容，选择不同的监督管理调查方式方法。归纳起来，监督管理调查的常用方式方法有全面调查、重点调查、典型调查、抽样调查、统计调查、专题调查、个案调查、现场调查、访问调查、问卷调查、跟踪调查、正面调查、侧面调查、公开调查、秘密调查等。无论采用什么调查方式方法，都应当在调查之前制订具体的调查方案。调查方案的内容，一般包括调查起止时间、调查工作负责人、参加调查人员、调查目的、调查内容、调查对象（范围）、调查方式方法等。特别重要的调查，还应当组织调查人员事先进行集中培训，并且为调查人员配备必要的交通工具、通信器材，以保障调查工作的顺利开展。调查结束后，必须对调查获取的信息进行综合分析研究，形成指导今后相关工作开展的有效对策和相应措施，写出调查报告。

5. 监督管理处罚

监督管理处罚，指无人机监督管理主体依照法定权限和程序，对违反无人机行业法律规范除适用治安管理处罚外的行为人，予以行政制裁的措施。在众多监督管理手段中，监督管理处罚是最为严厉的一种手段，是监督管理主体实施其他监督管理手段的后盾和保障。

监督管理处罚应当由负有监管职责的国家和地方民用航空主管部门实施，各级民航主管部门依法行使不同的监督管理处罚权。监督管理处罚的对象限于违反无人机相关法律规范、尚未构成犯罪的行为人。如果行为人的行为已经构成犯罪，则应依法追究刑事责任，而不能给予监督管理处罚。监督管理处罚的对象包括违反无人机相关法律规范的个人和单位。这里讲的“单位”，是指实施了法律、法规和规章规定的违反无人机相关法律规范的行为，应当负法律责任的公司、企业、事业单位和机关、团体。这些单位的特征是合法存在并具有一定的组织形式，能够独立承担法律责任。

监督管理处罚之目的，在于纠正行为人违反无人机相关法律规范的行为，使得行为人认识到自己的行为给社会或者他人带来的危害，以及因此要受到的相应的法律制裁，从而对行为人和周围群众起到教育警示作用。因此，依法享有监管处罚权的民航主管部门，必须贯彻教育与处罚相结合的原则，教育多数、处罚少数、区别对待，克服片面强调处罚、为处罚而处罚、“以罚代教”和片面强调说服教育、“以教代罚”、放纵违反无人机相关法律规范的行为。并且，应当始终坚持公开、公正、尊重和保障人权等办案原则，确保监督管理处罚正确有效地实施，获得理想的社会效果。

监督管理处罚的方式有警告，罚款，没收，暂扣、吊扣、吊销民航和质鉴等有关部门发放的许可证或执照。

（1）警告

警告，指监督管理主体依法对违反无人机行业法律规范情节轻微的行为人，以书面形式发出警诫，声明其有违法行为，通过对其名誉施加影响所给予的谴责和告诫。警告是监督管理处罚中最轻的一种处罚。对初次、偶尔违法，情节轻微，社会危害不大的违法者和本应给予罚款处罚但具有从轻处罚情节的行为人，给予警告处分。

（2）罚款

罚款，指监督管理主体依法强制违反无人机行业法律规范的行为人，在一定期限内向国家交纳一定数额货币的处罚。罚款通过对违法行为的行为人实施经济上的制裁，迫使其受到资产损失，从而达到惩戒教育行为人不可再犯之目的。

（3）没收

没收，指监督管理主体依法将违反无人机行业法律规范的行为人的违法所得收归国有的一种行政处罚。所谓违法财物，是指无人机行业监督管理职能部门在履行职责中查获的行为人实施国家有关法律、法规明确规定禁止的行为所得的非法利益。没收的违法所得（包括现金、金银、有价证券等）一律上缴国库。

（4）吊销许可证或执照

吊销许可证，指监督管理主体依法对违反无人机行业法律规范的单位、个人，取消其已获得的从事无人机生产、维修、经营或者飞行的资格和权利，收回其依法取得的生产、维修、经营许可证或飞行执照的一种监督管理处罚方法。

（5）暂扣、吊扣许可证或执照

暂扣、吊扣许可证或执照，指监督管理主体依法对违反无人机行业法律、法规的情节轻微的单位、个人，在一段时间内取消其已获得的从事无人机经营或者飞行资格和权利，收回依法发放的经营无人机的许可证书或飞行执照的一种处罚。暂扣、吊扣的许可证或执照在期限结束之后，依法予以发还。

6. 行政处分

行政处分是行政机关对所属公务员或者国家机关工作人员违法失职行为的惩戒措施。行政处分的适用主体是被处分人所在的行政机关或者上一级行政机关。行政处分的方式主要有警告、记过、记大过、降级、撤职、开除。行政处分是行政法律责任形式之一。行政处罚和国家赔偿是行政法律责任的另外两种形式。无人机行业监督管理中的行政处分，适用于违反无人机行业法律规范的国家机关工作人员以及国有企业、事业单位的负责人。例如，国家工作人员违反《中华人民共和国民用机场管理条例》规定，有下列情形之一的，由有关部门依法给予处分：不依照规定实施行政许可；不依法履行监督检查职责；不依法实施行政强制措施或者行政处罚；滥用职权、玩忽职守的其他行为；等等。

（二）被动性监督管理手段

被动性监督管理手段是相对于主动性监督管理手段而言的。被动性监督管理手段，是指监督管理主体在监督管理对象（公民、法人或者其他组织）提出申请后，依法对无人机的相关事项进行监督管理的各种方法和措施。监督管理对象提出申请，是监督管理对象在从事无人机相关事项之前必须履行的法定义务。也就是说，监督管理对象要求获得从事无人机生产、维修、经营、飞行、培训的许可，必须依照法定程序提出申请许可、备案申请。

需要指出的是，尽管监督管理主体的这类监管手段是为了响应监督管理对象提出的申请而采取的行动，但是，这种监督管理主体的行动，并不必然会让申请者如愿以偿，关键在于申请者是否完全符合其要求从事的无人机相关事项的法定条件和法定标准，包括其是否完全履行了法定义务。

被动性监督管理手段主要有无人机生产、维修、经营、飞行及其培训的许可、备案两种形式。

1. 许可

许可，也叫行政许可，指无人机监督管理主体根据公民、法人或者其他组织的申请，经依法审查，准予无人机行业及从业人员从事相关活动的行为。即无人机行业监督管理主体，根据无人机行业监督管理相对人的申请，依法赋予特定的符合法定条件的无人机行业监督管理相对人，从事法律一般禁止的无人机相关事项活动的权利和资格的一种无人机行业监督管理措施。可见，这种许可标志着无人机行业监督管理主体对一般禁止的解除。

无人机行业相关事项实行的许可制度，是关于无人机生产、维修、经营、飞行、培训许可证的申请、审查、颁发、使用、效力、撤销和废止等方面的法律制度。无人机行业实行行政许可制度，是我国行政许可法在无人机行业贯彻实施的具体体现。

无人机行业相关事项的许可，是具备特定形式的一种监督管理手段。一方面，无人机行业相关事项的许可，要求监督管理相对人以法定形式并遵循法定程序，向监督管理主体提出申请，即既要按格式文本递交申请书，还要提交能够证明其符合法定条件的相关材料（即附件）。另一方面，无人机行业相关事项的许可，要求监督管理主体在法定期限内，按照法定条件和法定程序，以法定形式作出许可或者不许可的决定，并且为许可的监督管理相对人颁发无人机行业相关事项的许可证。

无人机行业相关事项许可的法定程序：一是提出申请；二是受理申请；三是依法审核；四是作出决定。

（1）提出申请。无人机监督管理相对人要获得无人机相关事项许可的，必须依照无人机行业相关法律规范的规定，以书面形式将拟从事的具体的无人机相关的活动事项，向无人机行业监督管理的相关部门提出申请，递交材料，并对其申请材料内容的真实性负责。除了消费级无人机、在室内飞行外的其他所有无人机的飞行，必须预先提出申请。飞行计划、划设临时飞行空域的申请，还必须在法定期限内递交。

申请材料应当齐全且符合法定形式。执行特殊任务而从事适用航空飞行活动的单位、个人，在提出飞行计划申请时，必须提交有效的任务批准文件。

（2）受理申请。对于当事人依法提交的申请材料（包括申请书及其附件），接收的无人机行业监督管理部门，应当及时、认真地进行审阅。在条件许可的情况下，应当由接受申请材料的人当场审阅。申请材料存在可以当场更正的错误的，应当允许申请人当场更正。申请材料不齐全或者不符合法定形式的，应当当场或者在5日内，一次告知申请人需要补正的全部内容，逾期不告知的，自收到申请材料之日起即为受理。申请材料齐全、符合法定形式的，或者申请人按照要求提交全部补正申请材料的，应当受理许可申请，出具加盖受理单位的专用印章和注明日期的书面凭证。

（3）依法审核。无人机监督管理部门依法受理无人机行业相关事项许可申请后，应当根据法定条件和程序，指定专人对申请材料的真实性进行审查核实，即对申请材料所列的从事无人机相关活动的条件、能力、场（住）所、设备、工具等展开调查，确认是否属实。也就是说，审查核实申请人是否符合无人机行业相关法律规范的有关规定，是否符合无人机相关事项许可的实质性法定条件。在完成对申请材料审核的基础上，在受理申请的法定期限内予以办结，或者依法将初步审核意见和全部申请材料直接报送上级主管部门进行审查复核。

（4）作出决定。受理申请许可的单位（部门）应当在法定期限内，依法作出准予无人机生产、维修、经营、飞行、培训的许可或不予许可的书面决定，并予以公告。对于准予许可的，应当在法定期限内向申请人颁发加盖准予许可单位（部门）印章、明确准予许可事项的许可证。对于作出不予许可决定的，应当在发给申请人的书面通知中说明理由。

2. 备案

无人机监管备案，指无人机行业监督管理主体根据监督管理相对人的要求，依法赋予其在一定区域范围内享有从事飞行活动的权利的无人机行业监督管理措施。无人机行业监督管理备案，适用于已经批准无人机相关活动事项许可的航空飞行管制部门，是通用航空公司内部的监督管理。例如，《通用航空飞行管制条例》规定，依法批准划设临时飞行空域的飞行管制部门，应当将划设的临时飞行空域报上一级飞行管制部门备案，并通报有关单位。在无人机驾驶证照管理中规定，Ⅰ、Ⅱ类无人机如果需要运行，驾驶员可以在无人机系统进行备案。实施无人机系统驾驶员管理的行业协会条件中，有“已经在民航局备案”的规定。

（三）其他监督管理手段

无人机监督管理的手段，除了无人机行业监督管理主体可以主动采取的手段和必须要有无人机行业监督管理对象提出申请方可采取的手段，还有无人机行业监督管理的经济手段、技术手段及撤销措施等其他手段。

1. 经济手段

无人机监督管理的经济手段，指根据经济利益的原则，借助经济的杠杆作用，为调动无人机行业的单位及其从业人员工作的积极性，强化无人机行业监督管理所采取的一种手段。无人机行业监督管理的经济手段，是无人机相关事项中责、权、利三者结合的产物，有利于提高无人机行业单位的法律意识，增强无人机从业人员的工作责任，促进无人机行业健康发展。无人机行业监督管理的经济手段主要有表彰奖励和损害赔偿两种。

（1）表彰奖励，指无人机行业的监管部门，对在无人机相关事项的活动中有突出贡献的无人机从业单位和从业人员，按照国家有关规定给予政治荣誉、经济利益的一种无人机行业监督管理措施。

（2）损害赔偿，指无人机飞行中违反安全飞行法律规范，因飞行中的民用航空器或者从飞行中的民用航空器上落下的物质，造成地面（包括水面）人员伤亡或者财产损失而依法应当承担的经济赔偿责任，亦即地面、水面第三者受到损害的经济赔偿责任。这种赔偿责任，由民用航空器的经营人承担。该经营人是指损害发生时使用民用航空器的人。

2. 技术手段

技术手段是把现代科学技术应用于无人机行业监督管理的一种手段。目前，公安机关在无人机飞行监督管理中应用的技术手段，主要有电子围栏、云平台系统和反无人机系统。

（1）电子围栏

电子围栏是目前最先进的周界防盗报警系统，它由电子围栏主机和前端探测围栏组成。电子围栏主机产生和接收高压脉冲信号，并能在前端探测围栏处于触网、短路、断路状态时产生报警信号，且把入侵信号发送到安全报警中心；前端探测围栏是由杆及金属导线等构件组成的有形周界，通过控制键盘或软件，可实现多级联网。

电子围栏是一种主动入侵式防越围栏，对入侵企图做出反击，击退入侵者，延迟入侵时间，并且不威胁人的性命，能把入侵信号发送到安全部门的监控设备上，以保证管理人员及时了解情况。电子围栏的阻挡作用首先体现在威慑功能上，金属线上悬挂警示牌，一看到便让人产生心理压力，且触碰围栏时会有触电的感觉，足以令入侵者望而却步。其次，电子围栏本身又是有形的屏障，安装在适当的高度和角度很难攀越；如果强行突破，主机会发出报警信号。

电子围栏最初来自欧洲，1998 年后在我国得到迅速发展。电子围栏在无人机上的应用主要是采用预先植入限制区域的地理位置坐标，通过坐标对比，输出控制信号操控无人机不进入限制区域。规定中对无人机安装电子围栏的要求有两方面：一是Ⅲ、Ⅳ、Ⅵ和Ⅶ类无人机，应安装并使用电子围栏。二是对于在重点地区的机场净空区以下运行的Ⅱ类和Ⅴ类无人机，应安装并使用电子围栏。

（2）无人机云平台系统

无人机云平台系统对无人机的运行进行实时监控，采用登记的方式管理无人机运营人。无人机云平台系统（简称无人机云）是指轻小型民用无人机运行动态数据库系统，该系统用于向无人机用户提供航行、气象等服务，对民用无人机运行数据（包括运营信息、位置、高度和速度等）进行实时监测。接入系统的无人机能实现即时上传运行数据，无人机云系统对侵入电子围栏的无人机具有报警功能。截至 2019 年底，我国无人机云系统已达 11 家，其中最早获得批准的是优云（U-Cloud）无人机云平台。

U-Cloud 是目前我国无人机使用的云平台之一，旨在解决无人机“黑飞”普遍、申报飞行计划不畅、空中监管难的问题。该系统以云计算、大数据技术为依托，主要针对 7 千克（空机重量）至 150 千克（起飞全重）、飞行高度 150 米以下运行与作业的无人机。另外，7 千克以下，在视距外、人口稠密区、重点地区飞行的无人机也会被纳入监管范围。无人机飞行时所有动作变化，包括航迹、高度、速度、位置、航向等都会被实时纳入云数据库并存储。通过采集到的数据，系统会对升空的无人机进行监控和执法，并进行预警、安保工作等应用的开发。无人机接入此监管系统后，可实现飞行计划快速审批功能。

U-Cloud 云系统的特点：紧密结合中国民航最新政策法规；监管部门协同管理；可监管各类型民用无人机；无论在办公室还是在室外，可以随时通过计算机、手机管理和监视无人机；飞行计划快速报批，让用户赢得起飞时间；无人机飞行数据实时上报，结合禁飞区数据和电子围栏，对无人机飞行过程实施监视，自动告警；飞行数据云存储；国内最安全的无人机数据库；国内最权威的民用无人机驾驶员、禁飞区数据、障碍物、公共建筑物、人口稠密区等基础数据库；支持互联网 2G、3G、4G、ADS-B 北斗低空雷达等多种链路数据接入。

使用无人机云平台的要求：一是对于重点地区和机场净空区以下使用的Ⅱ类、Ⅴ类的民用无人机，应接入无人机云，或者仅将其地面操控设备位置信息接入无人机云，报告频率最少每分钟一次。二是对于Ⅲ、Ⅳ、Ⅵ和Ⅶ类的民用无人机应接入无人机云，在人口稠密区报告频率最少一秒一次，在非人口稠密区报告频率是最少 30 秒一次。三是对于Ⅳ类民用无人机，增加被动反馈系统。

对于投入运行的没有接入无人机云即“无人机运行动态数据库系统”的无人机管理方式，是在其运行前需要按照程序提前向空中交通管制部门提出申请，同时提供有效保证无人机运行安全的监视手段。

（3）反无人机系统

反无人机系统是指利用技术手段，对无人机进行监测、干扰、诱骗、控制、摧毁的一种装置。反无人机系统具有四个方面的能力：独立检测系统附近的无人机；找到并识别敌对无人机；向无人机操作员发出通知警告；为反无人机系统操作员提供应对策略。反无人机的技术手段主要有激光炮、信号干扰、信号欺骗、声波干扰、黑客技术、无线电控制以及反无人机无人机。当下反无人机系统可分为三类：监测控制类，直接摧毁类，干扰阻断类。反无人机系统是对付“黑飞”“滥飞”，保障公共安全的利器。一般情况下，对未经批准而起飞或升空的航空器，往往采取强迫其降落的安防措施。

3. 撤销措施

撤销措施，指从事通用航空飞行活动的单位、个人在经申请批准划设的临时飞行空域完成飞行任务后，应当及时报告有关飞行管制部门，其申请划设的临时飞行空域即行撤销。

第五节　违反无人机监督管理的法律责任

无人机监督管理是依法进行的一项国家行政管理工作，无人机行业的单位及其相关人员一旦违反无人机行业监管所依据的法律、法规、规章，必然受到追究和相应处罚，直至追究刑事责任。

一、违反《中华人民共和国民用航空法》的法律责任

（一）依照刑法有关规定追究刑事责任的犯罪行为

（1）隐匿携带枪支弹药、管制刀具、炸药、雷管或者其他危险品乘坐民用航空器，或者以非危险品品名托运危险品的行为。

（2）故意在使用中的民用航空器上放置危险品或者唆使他人放置危险品，足以毁坏该民用航空器，危及飞行安全的行为。

（3）从事航空飞行活动的航空人员玩忽职守，或者违反规章制度，导致发生重大飞行事故，造成严重后果的行为。

（二）依照治安管理处罚规定处罚的违法行为

违反《中华人民共和国民用航空法》规定，没有构成刑事犯罪，但是属于违法行为，应当给予治安管理处罚的，依照《中华人民共和国治安管理处罚法》的规定处罚。视情节轻重，分别给予警告、罚款、治安拘留处罚。

（三）由国务院民用航空主管部门酌情处罚的行为

（1）民用航空器无适航证书而飞行，或者租用的外国民用航空器未经国务院民用航空主管部门对其原国籍登记国发给的适航证书审查认可或者另发适航证书而飞行的行为，以及适航证书失效或者超过适航证书规定范围飞行的行为，责令停止飞行，没收违法所得，可以并处违法所得一倍以上五倍以下的罚款；没有违法所得的，处以 10 万元以上 100 万元以下的罚款。

（2）将未取得型号合格证书、型号认可证书的民用航空器及其发动机、螺旋桨或者民用航空器上的设备投入生产的，由国务院民用航空主管部门责令停止生产，没收违法所得，可以并处违法所得一倍以下的罚款；没有违法所得的，处以 5 万元以上 50 万元以下的罚款。

（3）未取得生产许可证书、维修许可证书而从事生产、维修活动的行为；未取得公共航空运输经营许可证或者通用航空经营许可证而从事公共航空运输或者从事经营性通用航空的，责令停止生产、维修或者经营活动。

（4）未按规定取得生产许可证书、维修许可证书的企业，因生产、维修的质量问题造成严重事故的，吊销其生产许可证书或者维修许可证书。

（5）未取得航空人员执照、体格检查合格证书而从事相应的民用航空活动的行为，责令停止民用航空活动，在国务院民用航空主管部门规定的限期内不得申领有关执照和证书，对其所在单位处以 20 万元以下的罚款。

（6）有下列违法情形之一的，对民用航空器的机长给予警告或者吊扣执照 1 个月至 6 个月的处罚，情节较重的，可以给予吊销执照的处罚：

① 未对民用航空器实施检查而起飞的；

② 民用航空器未按照空中交通管制单位指定的航路和飞行高度飞行，或者违反规定飞越城市上空的。

民用航空器未经空中交通管制单位许可进行飞行活动的，责令停止飞行，对该民用航空器所有人或者承租人处以 1 万元以上 10 万元以下的罚款；对该民用航空器的机长给予警告或者吊扣执照 1 个月至 6 个月的处罚；情节较重的，可以给予吊销执照的处罚。

民用航空器的机长或者机组其他人员有下列行为之一的，给予警告或者吊扣执照 1 个月至 6 个月的处罚；有第②项或者第③项所列行为的，可以给予吊销执照的处罚：

① 在执行飞行任务时，不按照规定携带执照和体格检查合格证书的；

② 民用航空器遇险时，违反规定离开民用航空器的；

③ 违反规定执行飞行任务的。

（7）通用航空企业违反《中华人民共和国民用航空法》规定，情节较重的，除依照本法规定处罚外，可以吊销其经营许可证。对被吊销经营许可证的，工商行政管理部门应吊销其营业执照。

（四）对地面第三者人身、财产损害的赔偿责任

根据《暂行条例》第 12 条规定，使用民用无人驾驶航空器从事经营性活动，以及使用小型、中型、大型民用无人驾驶航空器从事非经营性飞行活动，应当依法投保责任保险。

（1）因飞行中的民用航空器从飞行中的民用航空器上落下的物体，造成地面（包括水面）上的人身伤亡或者财产损害的，受害人有权获得赔偿；但是，所受损害并非造成损害的事故的直接后果，或者所受损害仅是民用航空器依照国家有关的空中交通规则在空中通过造成的，受害人无权要求赔偿。

（2）赔偿责任，由民用航空器的经营人承担。经营人，是指损害发生时使用民用航空器的人。民用航空器的使用权已经直接或者间接地授予他人，本人保留对该民用航空器的航行控制权的，本人仍被视为经营人。经营人的受雇人、代理人的受雇、代理过程中使用民用航空器，无论是否在其受雇、代理范围内行事，均视为经营人使用民用航空器。民用航空器登记的所有人应当被视为经营人，并承担经营人的责任；除非在判定其责任的诉讼中，所有人证明经营人是他人，并在法律程序许可的范围内采取适当措施使该人成为诉讼当事人之一。

（3）未经对民用航空器有航行控制权的人同意而使用民用航空器，对地面第三者造成损害的，有航行控制权的人除证明本人已经适当注意防止此种使用外，应当与该非法使用人承担连带责任。

（4）依照规定应当承担责任的人证明，损害是完全由于受害人或者其受雇人、代

理人的过错造成的，免除其赔偿责任；应当承担责任的人证明是部分由于受害人或者其受雇人、代理人的过错造成的，相应减轻其赔偿责任。但是，损害是由于受害人的受雇人、代理人的过错造成时，受害人证明其受雇人、代理人的行为超出其所授权的范围的，不免除或者不减轻应当承担责任的人的赔偿责任。一人对另一人的死亡或者伤害提起诉讼、请求赔偿时，损害是另一人或者其受雇人、代理人的过错造成的，适用上述规定。

（5）两个以上的民用航空器在飞行中相撞或者相扰，造成应当赔偿的损害，或者两个以上的民用航空器共同造成此种损害的，各有关民用航空器均应当被认为已经造成此种损害，各有关民用航空器的经营人均应当承担责任。

二、违反《中华人民共和国飞行基本规则》的法律责任

（1）违反本规则规定，《中华人民共和国民用航空法》及有关法规对其处罚有明确规定的，按其规定予以处罚。

（2）违反本规则规定，《中华人民共和国民用航空法》及有关法规对其处罚无明确规定的，按照下列规定处罚：

① 未按规定履行审批、备案或者其他手续的，由有关部门按照职责分工责令改正；情节严重的，对直接负责的主管人员和其他直接责任人员依法给予行政处分或者纪律处分；构成犯罪的，依法追究刑事责任。

② 飞行人员未按规定履行职责的，由有关部门依法给予行政处分或者纪律处分；情节严重的，依法给予吊扣执照 1 个月至 6 个月的处罚，或者责令停飞 1 个月至 3 个月；构成犯罪的，依法追究刑事责任。

③ 飞行指挥员未按规定履行职责的，由有关部门视情节给予批评教育、警告、记过、降职或者取消资格、免除职务的处分；构成犯罪的，依法追究刑事责任。

三、违反《中华人民共和国通用航空飞行管制条例》的法律责任

（1）从事通用航空飞行活动的单位、个人违反本条例规定，有下列情形之一的，由有关部门按照职责分工责令改正，给予警告；情节严重的，处 2 万元以上 10 万元以下罚款，并可给予责令停飞 1 个月至 3 个月、暂扣直至吊销经营许可证、飞行执照的处罚；造成重大事故或者严重后果的，依照《刑法》关于重大飞行事故罪或者其他罪的规定，追究刑事责任：

① 未经批准擅自飞行的；

② 未按批准的飞行计划飞行的；

③ 不及时报告或者漏报飞行动态的；

④ 未经批准飞入空中限制区、空中危险区的。

（2）飞行管制部门对违反飞行管制规定的航空器，可以根据情况责令改正或者停止其飞行。

四、违反《中华人民共和国民用机场管制条例》的法律责任

（1）违反规定，放飞影响飞行安全的无人驾驶航空器的，由民用机场所在地县级以上地方人民政府责令改正；情节严重的，处2万元以上10万元以下的罚款。

（2）违反规定，使用的无线电台（站）或者其他仪器装置，对民用航空无线电专用频率的正常使用产生干扰的，由民用机场所在地无线电管理机构责令改正，情节严重的，处2万元以上10万元以下的罚款。

五、违反《民用无人机驾驶员管理规定》的法律责任

（1）驾驶员飞行经历记录本要求规范填写并妥善保存，禁止填入任何欺骗性的或者虚假的内容。对于提供虚假材料的执照或者等级申请人，根据民航CCAR-61部规定，予以警告的处罚，申请人一年内不得再次申请该执照或等级；对于提供虚假材料的执照或等级持有人，根据民航CCAR-61部规定，将予以警告的处罚，撤销其相应执照或等级，当事人三年内不得再次申请执照或等级。

（2）根据CCAR-61部第245条规定，对理论考试中作弊或其他禁止的行为，执照申请人予以警告，申请人自该行为被发现之日起一年内不得申请驾驶员执照及相关考试；执照持有人予以警告，同时责令当事人立即停止飞行运行并交回其已取得的驾驶员执照，驾驶员执照被撤销之日起三年内，当事人不得申请驾驶员执照及考试。

附　录

一、无人驾驶航空器飞行管理暂行条例

第一章　总　则

第一条　为了规范无人驾驶航空器飞行以及有关活动，促进无人驾驶航空器产业健康有序发展，维护航空安全、公共安全、国家安全，制定本条例。

第二条　在中华人民共和国境内从事无人驾驶航空器飞行以及有关活动，应当遵守本条例。

本条例所称无人驾驶航空器，是指没有机载驾驶员、自备动力系统的航空器。

无人驾驶航空器按照性能指标分为微型、轻型、小型、中型和大型。

第三条　无人驾驶航空器飞行管理工作应当坚持和加强党的领导，坚持总体国家安全观，坚持安全第一、服务发展、分类管理、协同监管的原则。

第四条　国家空中交通管理领导机构统一领导全国无人驾驶航空器飞行管理工作，组织协调解决无人驾驶航空器管理工作中的重大问题。

国务院民用航空、公安、工业和信息化、市场监督管理等部门按照职责分工负责全国无人驾驶航空器有关管理工作。

县级以上地方人民政府及其有关部门按照职责分工负责本行政区域内无人驾驶航空器有关管理工作。

各级空中交通管理机构按照职责分工负责本责任区内无人驾驶航空器飞行管理工作。

第五条　国家鼓励无人驾驶航空器科研创新及其成果的推广应用，促进无人驾驶航空器与大数据、人工智能等新技术融合创新。县级以上人民政府及其有关部门应当为无人驾驶航空器科研创新及其成果的推广应用提供支持。

国家在确保安全的前提下积极创新空域供给和使用机制，完善无人驾驶航空器飞行配套基础设施和服务体系。

第六条 无人驾驶航空器有关行业协会应当通过制定、实施团体标准等方式加强行业自律，宣传无人驾驶航空器管理法律法规及有关知识，增强有关单位和人员依法开展无人驾驶航空器飞行以及有关活动的意识。

第二章 民用无人驾驶航空器及操控员管理

第七条 国务院标准化行政主管部门和国务院其他有关部门按照职责分工组织制定民用无人驾驶航空器系统的设计、生产和使用的国家标准、行业标准。

第八条 从事中型、大型民用无人驾驶航空器系统的设计、生产、进口、飞行和维修活动，应当依法向国务院民用航空主管部门申请取得适航许可。

从事微型、轻型、小型民用无人驾驶航空器系统的设计、生产、进口、飞行、维修以及组装、拼装活动，无需取得适航许可，但相关产品应当符合产品质量法律法规的有关规定以及有关强制性国家标准。

从事民用无人驾驶航空器系统的设计、生产、使用活动，应当符合国家有关实名登记激活、飞行区域限制、应急处置、网络信息安全等规定，并采取有效措施减少大气污染物和噪声排放。

第九条 民用无人驾驶航空器系统生产者应当按照国务院工业和信息化主管部门的规定为其生产的无人驾驶航空器设置唯一产品识别码。

微型、轻型、小型民用无人驾驶航空器系统的生产者应当在无人驾驶航空器机体标注产品类型以及唯一产品识别码等信息，在产品外包装显著位置标明守法运行要求和风险警示。

第十条 民用无人驾驶航空器所有者应当依法进行实名登记，具体办法由国务院民用航空主管部门会同有关部门制定。

涉及境外飞行的民用无人驾驶航空器，应当依法进行国籍登记。

第十一条 使用除微型以外的民用无人驾驶航空器从事飞行活动的单位应当具备下列条件，并向国务院民用航空主管部门或者地区民用航空管理机构（以下统称民用航空管理部门）申请取得民用无人驾驶航空器运营合格证（以下简称运营合格证）：

（一）有实施安全运营所需的管理机构、管理人员和符合本条例规定的操控人员；

（二）有符合安全运营要求的无人驾驶航空器及有关设施、设备；

（三）有实施安全运营所需的管理制度和操作规程，保证持续具备按照制度和规程实施安全运营的能力；

（四）从事经营性活动的单位，还应当为营利法人。

民用航空管理部门收到申请后，应当进行运营安全评估，根据评估结果依法作出许可或者不予许可的决定。予以许可的，颁发运营合格证；不予许可的，书面通知申请人并说明理由。

使用最大起飞重量不超过150千克的农用无人驾驶航空器在农林牧渔区域上方的适飞空域内从事农林牧渔作业飞行活动（以下称常规农用无人驾驶航空器作业飞行活动），无需取得运营合格证。

取得运营合格证后从事经营性通用航空飞行活动，以及从事常规农用无人驾驶航空器作业飞行活动，无需取得通用航空经营许可证和运行合格证。

第十二条 使用民用无人驾驶航空器从事经营性飞行活动，以及使用小型、中型、大型民用无人驾驶航空器从事非经营性飞行活动，应当依法投保责任保险。

第十三条 微型、轻型、小型民用无人驾驶航空器系统投放市场后，发现存在缺陷的，其生产者、进口商应当停止生产、销售，召回缺陷产品，并通知有关经营者、使用者停止销售、使用。生产者、进口商未依法实施召回的，由国务院市场监督管理部门依法责令召回。

中型、大型民用无人驾驶航空器系统不能持续处于适航状态的，由国务院民用航空主管部门依照有关适航管理的规定处理。

第十四条 对已经取得适航许可的民用无人驾驶航空器系统进行重大设计更改并拟将其用于飞行活动的，应当重新申请取得适航许可。

对微型、轻型、小型民用无人驾驶航空器系统进行改装的，应当符合有关强制性国家标准。民用无人驾驶航空器系统的空域保持能力、可靠被监视能力、速度或者高度等出厂性能以及参数发生改变的，其所有者应当及时在无人驾驶航空器一体化综合监管服务平台更新性能、参数信息。

改装民用无人驾驶航空器的，应当遵守改装后所属类别的管理规定。

第十五条 生产、维修、使用民用无人驾驶航空器系统，应当遵守无线电管理法律法规以及国家有关规定。但是，民用无人驾驶航空器系统使用国家无线电管理机构确定的特定无线电频率，且有关无线电发射设备取得无线电发射设备型号核准的，无需取得无线电频率使用许可和无线电台执照。

第十六条 操控小型、中型、大型民用无人驾驶航空器飞行的人员应当具备下列条件，并向国务院民用航空主管部门申请取得相应民用无人驾驶航空器操控员（以下简称操控员）执照：

（一）具备完全民事行为能力；

（二）接受安全操控培训，并经民用航空管理部门考核合格；

（三）无可能影响民用无人驾驶航空器操控行为的疾病病史，无吸毒行为记录；

（四）近5年内无因危害国家安全、公共安全或者侵犯公民人身权利、扰乱公共秩序的故意犯罪受到刑事处罚的记录。

从事常规农用无人驾驶航空器作业飞行活动的人员无需取得操控员执照，但应当由农用无人驾驶航空器系统生产者按照国务院民用航空、农业农村主管部门规定的内容进行培训和考核，合格后取得操作证书。

第十七条 操控微型、轻型民用无人驾驶航空器飞行的人员，无需取得操控员执照，但应当熟练掌握有关机型操作方法，了解风险警示信息和有关管理制度。

无民事行为能力人只能操控微型民用无人驾驶航空器飞行，限制民事行为能力人只能操控微型、轻型民用无人驾驶航空器飞行。无民事行为能力人操控微型民用无人驾驶航空器飞行或者限制民事行为能力人操控轻型民用无人驾驶航空器飞行，应当由符合前款规定条件的完全民事行为能力人现场指导。

操控轻型民用无人驾驶航空器在无人驾驶航空器管制空域内飞行的人员，应当具有完全民事行为能力，并按照国务院民用航空主管部门的规定经培训合格。

第三章　空域和飞行活动管理

第十八条 划设无人驾驶航空器飞行空域应当遵循统筹配置、安全高效原则，以隔离飞行为主，兼顾融合飞行需求，充分考虑飞行安全和公众利益。

划设无人驾驶航空器飞行空域应当明确水平、垂直范围和使用时间。

空中交通管理机构应当为无人驾驶航空器执行军事、警察、海关、应急管理飞行任务优先划设空域。

第十九条 国家根据需要划设无人驾驶航空器管制空域（以下简称管制空域）。

真高 120 米以上空域，空中禁区、空中限制区以及周边空域，军用航空超低空飞行空域，以及下列区域上方的空域应当划设为管制空域：

（一）机场以及周边一定范围的区域；

（二）国界线、实际控制线、边境线向我方一侧一定范围的区域；

（三）军事禁区、军事管理区、监管场所等涉密单位以及周边一定范围的区域；

（四）重要军工设施保护区域、核设施控制区域、易燃易爆等危险品的生产和仓储区域，以及可燃重要物资的大型仓储区域；

（五）发电厂、变电站、加油（气）站、供水厂、公共交通枢纽、航电枢纽、重大水利设施、港口、高速公路、铁路电气化线路等公共基础设施以及周边一定范围的区域和饮用水水源保护区；

（六）射电天文台、卫星测控（导航）站、航空无线电导航台、雷达站等需要电磁环境特殊保护的设施以及周边一定范围的区域；

（七）重要革命纪念地、重要不可移动文物以及周边一定范围的区域；

（八）国家空中交通管理领导机构规定的其他区域。

管制空域的具体范围由各级空中交通管理机构按照国家空中交通管理领导机构的规

定确定，由设区的市级以上人民政府公布，民用航空管理部门和承担相应职责的单位发布航行情报。

未经空中交通管理机构批准，不得在管制空域内实施无人驾驶航空器飞行活动。

管制空域范围以外的空域为微型、轻型、小型无人驾驶航空器的适飞空域（以下简称适飞空域）。

第二十条 遇有特殊情况，可以临时增加管制空域，由空中交通管理机构按照国家有关规定确定有关空域的水平、垂直范围和使用时间。

保障国家重大活动以及其他大型活动的，在临时增加的管制空域生效 24 小时前，由设区的市级以上地方人民政府发布公告，民用航空管理部门和承担相应职责的单位发布航行情报。

保障执行军事任务或者反恐维稳、抢险救灾、医疗救护等其他紧急任务的，在临时增加的管制空域生效 30 分钟前，由设区的市级以上地方人民政府发布紧急公告，民用航空管理部门和承担相应职责的单位发布航行情报。

第二十一条 按照国家空中交通管理领导机构的规定需要设置管制空域的地面警示标志的，设区的市级人民政府应当组织设置并加强日常巡查。

第二十二条 无人驾驶航空器通常应当与有人驾驶航空器隔离飞行。

属于下列情形之一的，经空中交通管理机构批准，可以进行融合飞行：

（一）根据任务或者飞行课目需要，警察、海关、应急管理部门辖有的无人驾驶航空器与本部门、本单位使用的有人驾驶航空器在同一空域或者同一机场区域的飞行；

（二）取得适航许可的大型无人驾驶航空器的飞行；

（三）取得适航许可的中型无人驾驶航空器不超过真高 300 米的飞行；

（四）小型无人驾驶航空器不超过真高 300 米的飞行；

（五）轻型无人驾驶航空器在适飞空域上方不超过真高 300 米的飞行。

属于下列情形之一的，进行融合飞行无需经空中交通管理机构批准：

（一）微型、轻型无人驾驶航空器在适飞空域内的飞行；

（二）常规农用无人驾驶航空器作业飞行活动。

第二十三条 国家空中交通管理领导机构统筹建设无人驾驶航空器一体化综合监管服务平台，对全国无人驾驶航空器实施动态监管与服务。

空中交通管理机构和民用航空、公安、工业和信息化等部门、单位按照职责分工采集无人驾驶航空器生产、登记、使用的有关信息，依托无人驾驶航空器一体化综合监管服务平台共享，并采取相应措施保障信息安全。

第二十四条 除微型以外的无人驾驶航空器实施飞行活动，操控人员应当确保无人驾驶航空器能够按照国家有关规定向无人驾驶航空器一体化综合监管服务平台报送识别信息。

微型、轻型、小型无人驾驶航空器在飞行过程中应当广播式自动发送识别信息。

第二十五条 组织无人驾驶航空器飞行活动的单位或者个人应当遵守有关法律法规和规章制度，主动采取事故预防措施，对飞行安全承担主体责任。

第二十六条 除本条例第三十一条另有规定外，组织无人驾驶航空器飞行活动的单位或者个人应当在拟飞行前 1 日 12 时前向空中交通管理机构提出飞行活动申请。空中交通管理机构应当在飞行前 1 日 21 时前作出批准或者不予批准的决定。

按照国家空中交通管理领导机构的规定在固定空域内实施常态飞行活动的，可以提出长期飞行活动申请，经批准后实施，并应当在拟飞行前 1 日 12 时前将飞行计划报空中交通管理机构备案。

第二十七条 无人驾驶航空器飞行活动申请应当包括下列内容：

（一）组织飞行活动的单位或者个人、操控人员信息以及有关资质证书；

（二）无人驾驶航空器的类型、数量、主要性能指标和登记管理信息；

（三）飞行任务性质和飞行方式，执行国家规定的特殊通用航空飞行任务的还应当提供有效的任务批准文件；

（四）起飞、降落和备降机场（场地）；

（五）通信联络方法；

（六）预计飞行开始、结束时刻；

（七）飞行航线、高度、速度和空域范围，进出空域方法；

（八）指挥控制链路无线电频率以及占用带宽；

（九）通信、导航和被监视能力；

（十）安装二次雷达应答机或者有关自动监视设备的，应当注明代码申请；

（十一）应急处置程序；

（十二）特殊飞行保障需求；

（十三）国家空中交通管理领导机构规定的与空域使用和飞行安全有关的其他必要信息。

第二十八条 无人驾驶航空器飞行活动申请按照下列权限批准：

（一）在飞行管制分区内飞行的，由负责该飞行管制分区的空中交通管理机构批准；

（二）超出飞行管制分区在飞行管制区内飞行的，由负责该飞行管制区的空中交通管理机构批准；

（三）超出飞行管制区飞行的，由国家空中交通管理领导机构授权的空中交通管理机构批准。

第二十九条 使用无人驾驶航空器执行反恐维稳、抢险救灾、医疗救护等紧急任务的，应当在计划起飞 30 分钟前向空中交通管理机构提出飞行活动申请。空中交通管理机构应当在起飞 10 分钟前作出批准或者不予批准的决定。执行特别紧急任务的，使用单位可以随时提出飞行活动申请。

第三十条 飞行活动已获得批准的单位或者个人组织无人驾驶航空器飞行活动的，应当在计划起飞 1 小时前向空中交通管理机构报告预计起飞时刻和准备情况，经空中交通管理机构确认后方可起飞。

第三十一条 组织无人驾驶航空器实施下列飞行活动，无需向空中交通管理机构提出飞行活动申请：

（一）微型、轻型、小型无人驾驶航空器在适飞空域内的飞行活动；

（二）常规农用无人驾驶航空器作业飞行活动；

（三）警察、海关、应急管理部门辖有的无人驾驶航空器，在其驻地、地面（水面）训练场、靶场等上方不超过真高 120 米的空域内的飞行活动；但是，需在计划起飞 1 小时前经空中交通管理机构确认后方可起飞；

（四）民用无人驾驶航空器在民用运输机场管制地带内执行巡检、勘察、校验等飞行任务；但是，需定期报空中交通管理机构备案，并在计划起飞 1 小时前经空中交通管理机构确认后方可起飞。

前款规定的飞行活动存在下列情形之一的，应当依照本条例第二十六条的规定提出飞行活动申请：

（一）通过通信基站或者互联网进行无人驾驶航空器中继飞行；

（二）运载危险品或者投放物品（常规农用无人驾驶航空器作业飞行活动除外）；

（三）飞越集会人群上空；

（四）在移动的交通工具上操控无人驾驶航空器；

（五）实施分布式操作或者集群飞行。

微型、轻型无人驾驶航空器在适飞空域内飞行的，无需取得特殊通用航空飞行任务批准文件。

第三十二条 操控无人驾驶航空器实施飞行活动，应当遵守下列行为规范：

（一）依法取得有关许可证书、证件，并在实施飞行活动时随身携带备查；

（二）实施飞行活动前做好安全飞行准备，检查无人驾驶航空器状态，并及时更新电子围栏等信息；

（三）实时掌握无人驾驶航空器飞行动态，实施需经批准的飞行活动应当与空中交通管理机构保持通信联络畅通，服从空中交通管理，飞行结束后及时报告；

（四）按照国家空中交通管理领导机构的规定保持必要的安全间隔；

（五）操控微型无人驾驶航空器的，应当保持视距内飞行；

（六）操控小型无人驾驶航空器在适飞空域内飞行的，应当遵守国家空中交通管理领导机构关于限速、通信、导航等方面的规定；

（七）在夜间或者低能见度气象条件下飞行的，应当开启灯光系统并确保其处于良好工作状态；

（八）实施超视距飞行的，应当掌握飞行空域内其他航空器的飞行动态，采取避免相撞的措施；

（九）受到酒精类饮料、麻醉剂或者其他药物影响时，不得操控无人驾驶航空器；

（十）国家空中交通管理领导机构规定的其他飞行活动行为规范。

第三十三条 操控无人驾驶航空器实施飞行活动，应当遵守下列避让规则：

（一）避让有人驾驶航空器、无动力装置的航空器以及地面、水上交通工具；

（二）单架飞行避让集群飞行；

（三）微型无人驾驶航空器避让其他无人驾驶航空器；

（四）国家空中交通管理领导机构规定的其他避让规则。

第三十四条 禁止利用无人驾驶航空器实施下列行为：

（一）违法拍摄军事设施、军工设施或者其他涉密场所；

（二）扰乱机关、团体、企业、事业单位工作秩序或者公共场所秩序；

（三）妨碍国家机关工作人员依法执行职务；

（四）投放含有违反法律法规规定内容的宣传品或者其他物品；

（五）危及公共设施、单位或者个人财产安全；

（六）危及他人生命健康，非法采集信息，或者侵犯他人其他人身权益；

（七）非法获取、泄露国家秘密，或者违法向境外提供数据信息；

（八）法律法规禁止的其他行为。

第三十五条 使用民用无人驾驶航空器从事测绘活动的单位依法取得测绘资质证书后，方可从事测绘活动。

外国无人驾驶航空器或者由外国人员操控的无人驾驶航空器不得在我国境内实施测绘、电波参数测试等飞行活动。

第三十六条 模型航空器应当在空中交通管理机构为航空飞行营地划定的空域内飞行，但国家空中交通管理领导机构另有规定的除外。

第四章　监督管理和应急处置

第三十七条 国家空中交通管理领导机构应当组织有关部门、单位在无人驾驶航空器一体化综合监管服务平台上向社会公布审批事项、申请办理流程、受理单位、联系方式、举报受理方式等信息并及时更新。

第三十八条 任何单位或者个人发现违反本条例规定行为的，可以向空中交通管理机构、民用航空管理部门或者当地公安机关举报。收到举报的部门、单位应当及时依法作出处理；不属于本部门、本单位职责的，应当及时移送有权处理的部门、单位。

第三十九条 空中交通管理机构、民用航空管理部门以及县级以上公安机关应当制定有关无人驾驶航空器飞行安全管理的应急预案，定期演练，提高应急处置能力。

县级以上地方人民政府应当将无人驾驶航空器安全应急管理纳入突发事件应急管理体系，健全信息互通、协同配合的应急处置工作机制。

无人驾驶航空器系统的设计者、生产者，应当确保无人驾驶航空器具备紧急避让、降落等应急处置功能，避免或者减轻无人驾驶航空器发生事故时对生命财产的损害。

使用无人驾驶航空器的单位或者个人应当按照有关规定，制定飞行紧急情况处置预案，落实风险防范措施，及时消除安全隐患。

第四十条 无人驾驶航空器飞行发生异常情况时，组织飞行活动的单位或者个人应当及时处置，服从空中交通管理机构的指令；导致发生飞行安全问题的，组织飞行活动的单位或者个人还应当在无人驾驶航空器降落后 24 小时内向空中交通管理机构报告有关情况。

第四十一条 对空中不明情况和无人驾驶航空器违规飞行，公安机关在条件有利时可以对低空目标实施先期处置，并负责违规飞行无人驾驶航空器落地后的现场处置。有关军事机关、公安机关、国家安全机关等单位按职责分工组织查证处置，民用航空管理等其他有关部门应当予以配合。

第四十二条 无人驾驶航空器违反飞行管理规定、扰乱公共秩序或者危及公共安全的，空中交通管理机构、民用航空管理部门和公安机关可以依法采取必要技术防控、扣押有关物品、责令停止飞行、查封违法活动场所等紧急处置措施。

第四十三条 军队、警察以及按照国家反恐怖主义工作领导机构有关规定由公安机关授权的高风险反恐怖重点目标管理单位，可以依法配备无人驾驶航空器反制设备，在公安机关或者有关军事机关的指导监督下从严控制设置和使用。

无人驾驶航空器反制设备配备、设置、使用以及授权管理办法，由国务院工业和信息化、公安、国家安全、市场监督管理部门会同国务院有关部门、有关军事机关制定。

任何单位或者个人不得非法拥有、使用无人驾驶航空器反制设备。

第五章　法律责任

第四十四条 违反本条例规定，从事中型、大型民用无人驾驶航空器系统的设计、生产、进口、飞行和维修活动，未依法取得适航许可的，由民用航空管理部门责令停止有关活动，没收违法所得，并处无人驾驶航空器系统货值金额 1 倍以上 5 倍以下的罚款；情节严重的，责令停业整顿。

第四十五条 违反本条例规定，民用无人驾驶航空器系统生产者未按照国务院工业和信息化主管部门的规定为其生产的无人驾驶航空器设置唯一产品识别码的，由县级以上人民政府工业和信息化主管部门责令改正，没收违法所得，并处 3 万元以上 30 万元以下的罚款；拒不改正的，责令停业整顿。

第四十六条 违反本条例规定，对已经取得适航许可的民用无人驾驶航空器系统进行重大设计更改，未重新申请取得适航许可并将其用于飞行活动的，由民用航空管理部门责令改正，处无人驾驶航空器系统货值金额1倍以上5倍以下的罚款。

违反本条例规定，改变微型、轻型、小型民用无人驾驶航空器系统的空域保持能力、可靠被监视能力、速度或者高度等出厂性能以及参数，未及时在无人驾驶航空器一体化综合监管服务平台更新性能、参数信息的，由民用航空管理部门责令改正；拒不改正的，处2000元以上2万元以下的罚款。

第四十七条 违反本条例规定，民用无人驾驶航空器未经实名登记实施飞行活动的，由公安机关责令改正，可以处200元以下的罚款；情节严重的，处2000元以上2万元以下的罚款。

违反本条例规定，涉及境外飞行的民用无人驾驶航空器未依法进行国籍登记的，由民用航空管理部门责令改正，处1万元以上10万元以下的罚款。

第四十八条 违反本条例规定，民用无人驾驶航空器未依法投保责任保险的，由民用航空管理部门责令改正，处2000元以上2万元以下的罚款；情节严重的，责令从事飞行活动的单位停业整顿直至吊销其运营合格证。

第四十九条 违反本条例规定，未取得运营合格证或者违反运营合格证的要求实施飞行活动的，由民用航空管理部门责令改正，处5万元以上50万元以下的罚款；情节严重的，责令停业整顿直至吊销其运营合格证。

第五十条 无民事行为能力人、限制民事行为能力人违反本条例规定操控民用无人驾驶航空器飞行的，由公安机关对其监护人处500元以上5000元以下的罚款；情节严重的，没收实施违规飞行的无人驾驶航空器。

违反本条例规定，未取得操控员执照操控民用无人驾驶航空器飞行的，由民用航空管理部门处5000元以上5万元以下的罚款；情节严重的，处1万元以上10万元以下的罚款。

违反本条例规定，超出操控员执照载明范围操控民用无人驾驶航空器飞行的，由民用航空管理部门处2000元以上2万元以下的罚款，并处暂扣操控员执照6个月至12个月；情节严重的，吊销其操控员执照，2年内不受理其操控员执照申请。

违反本条例规定，未取得操作证书从事常规农用无人驾驶航空器作业飞行活动的，由县级以上地方人民政府农业农村主管部门责令停止作业，并处1000元以上1万元以下的罚款。

第五十一条 组织飞行活动的单位或者个人违反本条例第三十二条、第三十三条规定的，由民用航空管理部门责令改正，可以处1万元以下的罚款；拒不改正的，处1万元以上5万元以下的罚款，并处暂扣运营合格证、操控员执照1个月至3个月；情节严重的，由空中交通管理机构责令停止飞行6个月至12个月，由民用航空管理部门处5万元以上10万元以下的罚款，并可以吊销相应许可证件，2年内不受理其相应许可申请。

违反本条例规定，未经批准操控微型、轻型、小型民用无人驾驶航空器在管制空域内飞行，或者操控模型航空器在空中交通管理机构划定的空域外飞行的，由公安机关责令停止飞行，可以处500元以下的罚款；情节严重的，没收实施违规飞行的无人驾驶航空器，并处1000元以上1万元以下的罚款。

第五十二条 违反本条例规定，非法拥有、使用无人驾驶航空器反制设备的，由无线电管理机构、公安机关按照职责分工予以没收，可以处5万元以下的罚款；情节严重的，处5万元以上20万元以下的罚款。

第五十三条 违反本条例规定，外国无人驾驶航空器或者由外国人员操控的无人驾驶航空器在我国境内实施测绘飞行活动的，由县级以上人民政府测绘地理信息主管部门责令停止违法行为，没收违法所得、测绘成果和实施违规飞行的无人驾驶航空器，并处10万元以上50万元以下的罚款；情节严重的，并处50万元以上100万元以下的罚款，由公安机关、国家安全机关按照职责分工决定限期出境或者驱逐出境。

第五十四条 生产、改装、组装、拼装、销售和召回微型、轻型、小型民用无人驾驶航空器系统，违反产品质量或者标准化管理等有关法律法规的，由县级以上人民政府市场监督管理部门依法处罚。

除根据本条例第十五条的规定无需取得无线电频率使用许可和无线电台执照的情形以外，生产、维修、使用民用无人驾驶航空器系统，违反无线电管理法律法规以及国家有关规定的，由无线电管理机构依法处罚。

无人驾驶航空器飞行活动违反军事设施保护法律法规的，依照有关法律法规的规定执行。

第五十五条 违反本条例规定，有关部门、单位及其工作人员在无人驾驶航空器飞行以及有关活动的管理工作中滥用职权、玩忽职守、徇私舞弊或者有其他违法行为的，依法给予处分。

第五十六条 违反本条例规定，构成违反治安管理行为的，由公安机关依法给予治安管理处罚；构成犯罪的，依法追究刑事责任；造成人身、财产或者其他损害的，依法承担民事责任。

第六章 附 则

第五十七条 在我国管辖的其他空域内实施无人驾驶航空器飞行活动，应当遵守本条例的有关规定。

无人驾驶航空器在室内飞行不适用本条例。

自备动力系统的飞行玩具适用本条例的有关规定，具体办法由国务院工业和信息化主管部门、有关空中交通管理机构会同国务院公安、民用航空主管部门制定。

第五十八条 无人驾驶航空器飞行以及有关活动，本条例没有规定的，适用《中华人民共和国民用航空法》《中华人民共和国飞行基本规则》《通用航空飞行管制条例》以及有关法律、行政法规。

第五十九条 军用无人驾驶航空器的管理，国务院、中央军事委员会另有规定的，适用其规定。

警察、海关、应急管理部门辖有的无人驾驶航空器的适航、登记、操控员等事项的管理办法，由国务院有关部门另行制定。

第六十条 模型航空器的分类、生产、登记、操控人员、航空飞行营地等事项的管理办法，由国务院体育主管部门会同有关空中交通管理机构，国务院工业和信息化、公安、民用航空主管部门另行制定。

第六十一条 本条例施行前生产的民用无人驾驶航空器不能按照国家有关规定自动向无人驾驶航空器一体化综合监管服务平台报送识别信息的，实施飞行活动应当依照本条例的规定向空中交通管理机构提出飞行活动申请，经批准后方可飞行。

第六十二条 本条例下列用语的含义：

（一）空中交通管理机构，是指军队和民用航空管理部门内负责有关责任区空中交通管理的机构。

（二）微型无人驾驶航空器，是指空机重量小于0.25千克，最大飞行真高不超过50米，最大平飞速度不超过40千米/小时，无线电发射设备符合微功率短距离技术要求，全程可以随时人工介入操控的无人驾驶航空器。

（三）轻型无人驾驶航空器，是指空机重量不超过4千克且最大起飞重量不超过7千克，最大平飞速度不超过100千米/小时，具备符合空域管理要求的空域保持能力和可靠被监视能力，全程可以随时人工介入操控的无人驾驶航空器，但不包括微型无人驾驶航空器。

（四）小型无人驾驶航空器，是指空机重量不超过15千克且最大起飞重量不超过25千克，具备符合空域管理要求的空域保持能力和可靠被监视能力，全程可以随时人工介入操控的无人驾驶航空器，但不包括微型、轻型无人驾驶航空器。

（五）中型无人驾驶航空器，是指最大起飞重量不超过150千克的无人驾驶航空器，但不包括微型、轻型、小型无人驾驶航空器。

（六）大型无人驾驶航空器，是指最大起飞重量超过150千克的无人驾驶航空器。

（七）无人驾驶航空器系统，是指无人驾驶航空器以及与其有关的遥控台（站）、任务载荷和控制链路等组成的系统。其中，遥控台（站）是指遥控无人驾驶航空器的各种操控设备（手段）以及有关系统组成的整体。

（八）农用无人驾驶航空器，是指最大飞行真高不超过30米，最大平飞速度不超过50千米/小时，最大飞行半径不超过2000米，具备空域保持能力和可靠被监视能力，专门用于植保、播种、投饵等农林牧渔作业，全程可以随时人工介入操控的无人驾驶航空器。

（九）隔离飞行，是指无人驾驶航空器与有人驾驶航空器不同时在同一空域内的飞行。

（十）融合飞行，是指无人驾驶航空器与有人驾驶航空器同时在同一空域内的飞行。

（十一）分布式操作，是指把无人驾驶航空器系统操作分解为多个子业务，部署在多个站点或者终端进行协同操作的模式。

（十二）集群，是指采用具备多台无人驾驶航空器操控能力的同一系统或者平台，为了处理同一任务，以各无人驾驶航空器操控数据互联协同处理为特征，在同一时间内并行操控多台无人驾驶航空器以相对物理集中的方式进行飞行的无人驾驶航空器运行模式。

（十三）模型航空器，也称航空模型，是指有尺寸和重量限制，不能载人，不具有高度保持和位置保持飞行功能的无人驾驶航空器，包括自由飞、线控、直接目视视距内人工不间断遥控、借助第一视角人工不间断遥控的模型航空器等。

（十四）无人驾驶航空器反制设备，是指专门用于防控无人驾驶航空器违规飞行，具有干扰、截控、捕获、摧毁等功能的设备。

（十五）空域保持能力，是指通过电子围栏等技术措施控制无人驾驶航空器的高度与水平范围的能力。

第六十三条 本条例自2024年1月1日起施行。

二、民用无人驾驶航空器系统安全要求
（GB 42590—2023）

1 范围

本文件规定了民用无人驾驶航空器系统产品（以下简称“无人驾驶航空器”）的安全要求，描述了相应的试验方法。

本文件适用于除航模之外的微型无人驾驶航空器、轻型无人驾驶航空器和小型无人驾驶航空器的研制、生产、交付和使用。

2 规范性引用文件

下列文件中的内容通过文中的规范性引用而构成本文件必不可少的条款。其中，注H期的引用文件，仅该H期对应的版本适用于本文件；不注H期的引用文件，其最新版本（包括所有的修改单）适用于本文件。

GB/T 3222.2—2022　声学　环境噪声的描述、测量与评价　第2部分：声压级测定

GB/T 17626.2—2018　电磁兼容　试验和测量技术　静电放电抗扰度试验

GB/T 20441.4—2006　测量传声器　第4部分：工作标准传声器规范

GB/T 35018—2018　民用无人驾驶航空器系统分类及分级

GB/T 38152—2019　无人驾驶航空器系统术语

GB/T 38909—2020　民用轻小型无人机系统电磁兼容性要求与试验方法

GB/T 38930—2020　民用轻小型无人机系统抗风性要求及试验方法

GB/T 41300—2022　民用无人机唯一产品识别码

3 术语、定义和缩略语

3.1 术语和定义

GB/T 35018—2018、GB/T 38152—2019 界定的以及下列术语和定义适用于本文件。

3.1.1 无人驾驶航空器　unmanned aircraft；UA

没有机载驾驶员、自备动力系统的航空器。

注：分为微型、轻型、小型、中型和大型。

3.1.2 微型无人驾驶航空器 micro unmanned aircraft

空机重量小于0.25kg，最大飞行真高不超过50m，最大平飞速度不超过40km/h，无线电发射设备符合微功率短距离技术要求，全程可随时人工介入操控的无人驾驶航空器。

3.1.3 轻型无人驾驶航空器 light unmanned aircraft

空机重量不超过4kg，最大起飞重量不超过7kg，最大平飞速度不超过100km/h，具备符合空域管理要求的空域保持能力和可靠被监视能力，全程可随时人工介入操控的无人驾驶航空器。

注：不含微型无人驾驶航空器。

3.1.4 小型无人驾驶航空器 small unmanned aircraft

空机重量不超过15kg且最大起飞重量不超过25kg，具备符合空域管理要求的空域保持能力和可靠被监视能力，全程可随时人工介入操控的无人驾驶航空器。

注：不含微型、轻型无人驾驶航空器。

3.1.5 电子围栏 electric fence

无人驾驶航空器根据其位置信息和地理范围数据，检测到其接近、进入和位于相应的地理范围时，向无人驾驶航空器操作员发出通知、警告或自动执行飞行预案的功能。

3.2 缩略语

下列缩略语适用于本文件。

EIRP：等效全向辐射功率（Effective Isotropic Radiated Power）

ID：身份识别（Identity）

RMS：均方根（Root Mean Square）

UTC：协调世界时（Coordinated Universal Time）

4 安全要求

4.1 电子围栏

轻型和小型无人驾驶航空器应在检测到其与特定地理范围可能或正在发生冲突时，向无人驾驶航空器操作员提供通知、警告或自动执行飞行预案，飞行预案可选择阻止起飞、限制飞行高度、悬停、降落、返航等一种或多种。

4.2 远程识别

轻型和小型无人驾驶航空器实施飞行活动，应通过网络主动向综合监管服务平台报送识别信息。无人驾驶航空器在飞行过程中应通过无线局域网（Wi-Fi）或蓝牙自动广播识别信息。无人驾驶航空器远程识别应符合附录 A 的规定。

4.3 应急处置

轻型和小型无人驾驶航空器在飞行过程中遇到数据链中断或丢失、电量/油量不足等突发状况时，应具有悬停/空中盘旋、返航、降落、开伞等一种或多种处置能力，遇到导航失效情况，应通过操控软件或产品手册中说明的其他方式向无人驾驶航空器操作员提供通知或警告。

4.4 结构强度

无人驾驶航空器的结构强度应满足以下要求：

a）在承受各种规定的载荷状态下具有足够的强度和刚度，无人驾驶航空器结构不产生有害变形；

b）在承受最大起飞重量的 1.33 倍的载荷时，无人驾驶航空器的主要承力结构不被破坏。

4.5 机体结构

4.5.1 锐边

无人驾驶航空器机体及部件结构不应有对用户正常使用或维护保养造成伤害的锐边。

4.5.2 桨叶

不具备桨叶保护装置的微型和轻型无人驾驶航空器，桨叶设计应减小对人员的划伤。桨叶不应使用金属材料，并满足以下任意一个要求即可：

a）非对称桨叶，桨尖前缘半径（R_1）大于 1mm，如图 1a）所示；

b）圆形桨尖半径（R_2）大于 1mm，如图 1b）所示；

c）方形桨尖梢弦（A）大于 2mm 或者桨尖梢弦与最大梢弦（B）比大于 30%，二者取大，如图 1c）所示；

d）桨叶碰撞时可折叠；

e）对固定翼，桨叶应安装在尾部，防止碰撞割伤。

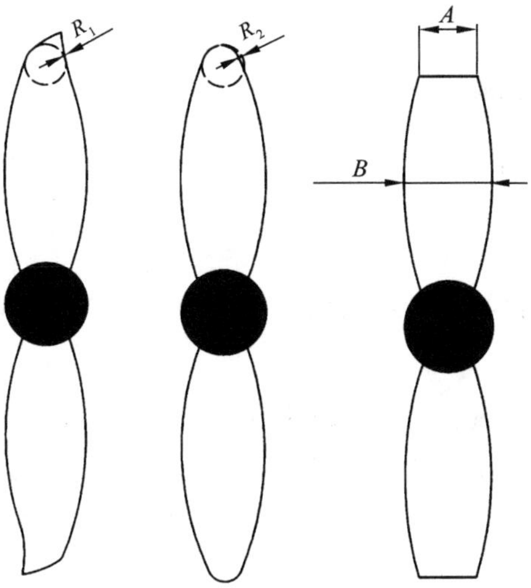

图1　桨叶端部形状要求

4.6　整机跌落

对于采用锂离子电池作为动力的微型和轻型无人驾驶航空器，整机跌落应满足以下要求：

a）调节无人驾驶航空器电池组至满电量的30% ±2%，无人驾驶航空器由10m高度自由垂直跌落（见图2），不出现爆炸或起火现象；

b）如无人驾驶航空器带有降落伞等跌落保护措施，记录无人驾驶航空器开伞状态下最大跌落速度，将此速度折算为无人驾驶航空器不带保护措施情况下自由落体高度（称为等效高度），按等效高度开展跌落试验。

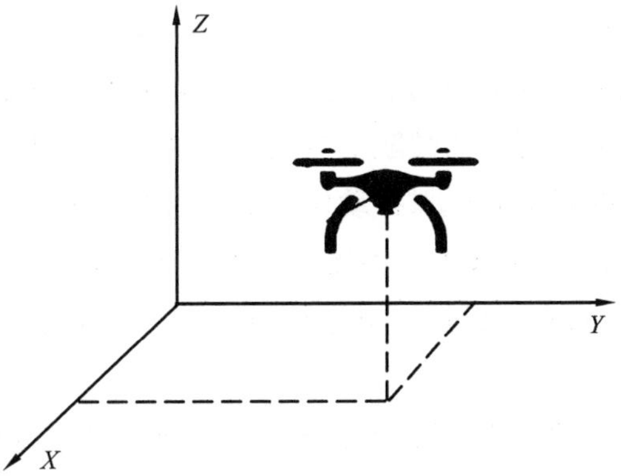

图2　整机跌落示意图

4.7 动力能源系统

4.7.1 锂离子电池动力能源

4.7.1.1 标识和警示说明

4.7.1.1.1 标识

电池组应使用中文至少标明以下标识：

a）产品名称、型号；

b）额定容量、额定能量、充电限制电压、标称电压；

c）正负极性，使用“正、负”字样、“+、-”符号或不同颜色（例如红色和黑色）表示；

d）生产厂商信息。

额定能量的标识值应满足额定能量的定义。

以上标识均应在电池组本体上标明，对于结构上能保证用户在任何使用情况下都不可能导致误插的产品，可不进行极性标识。

4.7.1.1.2 警示说明

电池组的本体或最小包装上应有中文警示说明。

示例1：禁止拆解、撞击、挤压或投入火中。

示例2：若出现严重鼓胀，切勿继续使用。

示例3：切勿置于高温环境中。

注： 当电池组单独销售时，最小包装是指电池组的最小包装；当电池组和电子产品一起销售时，最小包装是指电池组或该电子产品的最小包装。

4.7.1.2 电池组安全要求

电池组保护电路应能发现电池的电压、温度和电流的异常状态，应遵照无人驾驶航空器保护策略作出控制或向无人驾驶航空器发出信号，在特殊情况下需待无人驾驶航空器降落并停止运转后再执行电安全保护动作，电池组的安全要求如下：

a）静电放电：电池组应不起火、不爆炸、不漏液。

b）过压、过流与反向充电保护：电池组应不起火、不爆炸、不漏液，应有启动保护动作。

c）外部短路保护：电池组应不起火、不爆炸、不漏液，应有启动保护动作。

d）过温保护：电池组应不起火、不爆炸、不漏液，应有启动保护动作。

e）过载：电池组应不起火、不爆炸、不漏液。

f）温度循环：电池组应不起火、不爆炸、不漏液。

4.7.2 氢燃料电池动力系统

4.7.2.1 标识和警示说明

4.7.2.1.1 标识

氢燃料电池动力系统应使用中文至少标明以下标识；

a）产品名称、型号；

b）额定电压、额定功率、电压输出范围、峰值功率；

c）氢气入口、尾气出口；

d）燃料电池安装使用方向；

e）电气接口正负极性；

f）生产厂商信息；

g）在生产厂商规定的正常运行条件下，所设计的氢燃料电池动力系统的最大连续电输出功率。

以上标识均应在氢燃料电池动力系统本体上标明，对于结构上能保证用户在任何使用情况下都不发生误插的产品，可不进行极性标识。

4.7.2.1.2 警示说明

氢燃料电池动力系统的本体上应有中文警示说明。

示例 1：触电危险。

示例 2：高温。

示例 3：易燃气体。

示例 4：高压气体。

4.7.2.2 燃料电池堆安全要求

燃料电池堆的控制电路应能发现燃料电池堆的电压、电流、温度及气瓶压力的异常状态，遵照无人驾驶航空器保护策略做出控制或向无人驾驶航空器发出告警信息，燃料电池堆的具体要求如下：

a）外部短路保护：燃料电池堆应不起火、不爆炸、不严重漏气，应能发出相应的告警信息。

b）气瓶压力不足保护：燃料电池堆应不起火、不爆炸、不严重漏气，应能发出相应的告警信息。

c）过温保护：燃料电池堆应不起火、不爆炸、不严重漏气，应能发出相应的告警信息。

d）过载：燃料电池堆应不起火、不爆炸、不严重漏气，应能发出相应的告警信息。

e）燃料电池堆不严重漏气的判定标准为运行时氢气泄漏率不大于 0.5%。

4.7.3 燃油动力系统

燃油动力系统的安全应满足：

a）燃油动力系统可靠接地；

b）燃油管路能防止机械杂质进入；

c）燃油消耗所引起的无人驾驶航空器重心变化不超过无人驾驶航空器允许范围；

d）燃油动力系统设置工作状态有显示与告警信息，以便机组人员及时获取动力系统状态信息。

4.8 可控性

4.8.1 限制与保护能力

轻型和小型无人驾驶航空器的飞行控制系统应具备关键飞行参数的限制与保护的能力。关键飞行参数的限制包括最大飞行高度限制和最大平飞速度限制。

4.8.2 控制与导航精度要求

轻型和小型无人驾驶航空器控制与导航精度安全应满足：

a）多旋翼无人驾驶航空器和无人直升机悬停时，水平保持精度小于或等于 2m（RMS），高度（垂向）保持精度小于或等于 2m（RMS），自动返航后，降落点位置精度小于或等于 5m（RMS）；

b）固定翼无人驾驶航空器巡航中，航迹水平保持精度小于或等于 5m（RMS），高度（垂向）保持精度小于或等于 5m（RMS）；

c）无人驾驶航空器的水平定位精度小于或等于 10m（RMS），无人驾驶航空器的真高（垂向）或离起飞点高度精度小于或等于 15m（RMS）。

4.9 防差错

无人驾驶航空器电池、电机、桨叶等部件的机械接口应具有防差错功能。

4.10 感知和避让

机体没有配备桨叶保护装置的轻型和小型无人驾驶航空器，应具有感知和避让功能，包括障碍物感知、告警提示并采取自动悬停、避让或降落等措施。专门用于集群表演的无人驾驶航空器可不具备感知和避让功能。

4.11 数据链保护

轻型和小型无人驾驶航空器应采用信息安全技术手段进行防护，防止链路非授权访问。

4.12 电磁兼容性

轻型和小型无人驾驶航空器应能在其使用运行的电磁环境下保证系统安全工作，且不对公共电磁信号产生干扰，电磁兼容性应符合表1要求。

表1 电磁兼容性要求

类型	项目	要求
发射	辐射发射	满足 GB/T 38909—2020 中 5.1 规定的限值
抗扰度	工频磁场	性能判据不低于 B 级，满足 GB/T 38909—2020 中 6.1 的规定
	射频电磁场辐射	性能判据不低于 B 级，满足 GB/T 38909—2020 中 6.1 的规定
	静电放电	性能判据不低于 B 级，满足 GB/T 38909—2020 中 6.1 的规定

4.13 抗风性

轻型和小型旋翼类无人驾驶航空器应具备在持续风、阵风等不大于一定等级下保证飞行安全的能力，在飞行控制系统参与情况下，轻型旋翼类无人驾驶航空器在起降阶段应能抵抗3级风力，在飞行阶段应能抵抗4级风力；小型旋翼类无人驾驶航空器在起降阶段应能抵抗4级风力，在飞行阶段应能抵抗5级风力。

4.14 噪声

在铭牌或说明书上标识旋翼类无人驾驶航空器在悬停和典型飞行速度下的噪声测量结果，即归一化到离航空器1m处的A计权声压级。其中噪声测试频率范围为20～20000Hz。在飞行工况下，应标识测试时无人驾驶航空器的速度大小，单位为米每秒（m/s）。在表的最下栏还应标明测试环境为全消声室或者室外（见表2）。如果测试环境为室外，还需说明场地特点，如水泥地、草地或者泥地等。

示例：

表2 无人驾驶航空器噪声测量结果（归一化到离航空器1m处）标识表

观测点	悬停	飞行 1m/s
地面观测点 （垂直下方）	70.1dB（A）	76.1dB（A）
侧面观测点 （等高平面）	80.1dB（A）	79.1dB（A）

注： 测量环境为全消声室。

4.15 灯光

除用于集群表演和明确标识仅限昼间飞行的轻型和小型无人驾驶航空器，应安装航向灯光，并满足以下要求：

a）航向灯的亮度和闪烁频率应保证在夜间120m空中肉眼可见；

b）在产品说明书中说明无人驾驶航空器灯光的用途和灯语释义；

c）航向灯光不影响其他用途灯光的辨识性；

d）航向灯如果是独立的则可采用任何颜色常亮灯或闪烁灯；

e）航向灯如果和其他用途灯光共用同一光源时，航向灯应采用如红色、白色或绿色与其他用途灯光交替闪烁，其他用途灯光不限定颜色，但不应与航向灯用相同颜色。（如果在任何飞行状态下其他用途灯光均不影响航向灯的功能性，则本条不适用。）

4.16 标识

4.16.1 唯一产品识别码

无人驾驶航空器唯一产品识别码满足以下要求：

a）在无人驾驶航空器外包装和无人驾驶航空器机体不可分隔的部位表面，应有清楚标识无人驾驶航空器唯一产品识别码。

b）无人驾驶航空器唯一产品识别码应标识清晰、牢固、耐久且易于识别。

c）无人驾驶航空器应支持在地面控制单元软件程序或独立操控软件中显示其唯一产品识别码，且同产品外包装、无人驾驶航空器机体表面所标识的编码保持一致；无人驾驶航空器唯一产品识别码的联网报送、广播报送要求应符合附录 A 的规定。

d）无人驾驶航空器唯一产品识别码的编码规则应符合 GB/T 41300—2022 中第 5 章识别码结构的要求。

4.16.2 风险警示标识

在无人驾驶航空器外包装的明显位置应标识守法运行要求和防范风险提示。有关提示信息的内容要素应包括但不限于：

a）“使用飞行器之前，请熟读用户手册及相关安全飞行指南”；

b）“螺旋桨部件将可能导致伤害” 等对产品使用者的年龄限制信息。

4.16.3 分类标识符号

在无人驾驶航空器机体应明确标注无人驾驶航空器类别（微型、轻型和小型），无人驾驶航空器分类标识符号应清晰、牢固、耐久、易于识别，且附着于一个不需要借助任何工具就能查看的不可分割的机体部件之上，具体见图 3。

a）微型无人驾驶航空器　　b）轻型无人驾驶航空器　　c）小型无人驾驶航空器

图 3　无人驾驶航空器分类标识符

4.17 使用说明书

应提供电子或纸质使用说明书，并在以下方面作出警示要求：

a）操作程序；

b）安全使用规则；

c）故障处理说明；

d）使用环境适应性要求（如雷暴、台风等安全警示）；

e）描述安全性的警示语或图标。

5 试验方法

5.1 电子围栏

5.1.1 试验条件

电子围栏试验条件应满足以下要求：

a）具备被测样机技术规格要求的空域条件；

b）地面控制单元和无人驾驶航空器之间满足无线电通视要求；

c）无人驾驶航空器起飞点周围环视高度角10°以上无障碍物，且周围无显著电磁信号干扰；

d）地面风速不超过5.4m/s（3级风等级，抗风试验项目除外）；

e）气压：86～106kPa。

5.1.2 试验步骤

电子围栏应按以下步骤开展试验，其结果应满足4.1的要求：

a）在飞行试验场地内划设一规则的几何区域，标定区域边界的位置数据，利用后台服务器下发或在地面控制单元的地图上实时设置相同边界的电子围栏；

b）按照产品规范（用户使用说明书）的规定，操控无人驾驶航空器以推荐的飞行速度和飞行高度接近并试图侵入电子围栏；

c）检查地面控制单元上飞行轨迹与围栏边界发生冲突前后，是否有报警提示、是否触发无人驾驶航空器悬停、降落或返航等飞行预案；

d）将无人驾驶航空器置于划设的电子围栏区域内，操控无人驾驶航空器起飞，检查地面控制单元是否有报警提示、是否触发阻止无人驾驶航空器起飞、限制飞行高度等飞行预案。

5.2 远程识别

轻型和小型无人驾驶航空器远程识别试验方法按附录A进行。

5.3 应急处置

5.3.1 试验条件

应急处置试验条件应满足 5.1.1 的要求。

5.3.2 试验步骤

对于不同的失效情况，观察无人驾驶航空器是否自动完成返航、降落、悬停/空中盘旋、开伞等保护动作。失效情况及其试验方法如下：

a）链路中断或丢失。正常飞行状态下，关闭遥控器和地面控制设备，目视法观察是否具有相应的保护功能。

b）低电量/低油量。根据无人驾驶航空器低电量/低油量失控保护功能，在正常工作状态下，控制样机持续飞行至表 3 中的低电量/低油量状态，目视法观察是否具有相应的保护功能；对于特定的无人驾驶航空器在满足表 3 中“状态 1”的基础上，可选择性满足“状态 2”或“状态 3”的要求，制造商应向试验机构提交安全说明文件。

表 3　电量/油量状态表

状态	状态描述	保护功能
状态 1	电量/油量达到制造商规定的报警要求	系统告警，提示用户电量/油量低
状态 2	电量/油量低，仅够维持返航或前往备降点	自动返航或前往备降点
状态 3	电量/油量过低，当前状态下无法返航	自动进入降落程序

c）导航失效：操纵无人驾驶航空器飞入有顶建筑物等能遮挡卫星导航信号的区域，或使用卫星导航信号干扰设备阻断无人驾驶航空器接收卫星导航信号，持续 30s，观察无人驾驶航空器是否通过操控软件或产品说明书给出的其他方式进行提示、告警。

5.4 结构强度

5.4.1 试验条件

结构强度试验条件应满足以下要求：

a）试验件按照确定材料、工艺生产的无人驾驶航空器产品，附有试验件合格证等证明文件；

b）试验设备和仪器均为检定合格且在有效使用期内，精度优于被试样机对应指标精度的三分之一或一个数量级。

5.4.2 试验步骤

结构强度应按以下步骤开展试验：

a）试验件支持。试验件支持状态满足模拟真实使用要求，夹具设计能方便地进行试验件姿态调整，约束点与试验考核部位保持距离，且在刚度较大的部位，约束点不能限制试验件变形，防止非考核部位出现过度变形和局部破坏。

b）试验扣重处理。一般采用结构单独扣重或直接在试验载荷加载点上扣除的方法。结构扣重按结构理论重量、重心就近在对应的加载点或扣重点上扣重，使结构扣重后所产生的附加力矩最小，再用无人驾驶航空器或部件称重结果扣除假件重量后的结构实际重量，对结构理论重量进行修正。加载设备扣重，垂向加载点的加载设备重量直接在加载点上扣除，其余加载设备重量在相应扣重点或约束点上扣除，一般不考虑侧向、航向加载设备的重量。

c）试验载荷处理及加载。试验载荷可按等效原则，通过合并、分解等处理完成试验载荷的处理，试验载荷采取分级施加方式进行，逐级加载直至 1.33 倍最大起飞重量，保载至少持续 3s。

d）试验载荷施加方法（包括但不限于以下）。结构部件的表面拉向载荷，可采用胶布带—杠杆系统施加载荷；对试验载荷有压向加载要求，不能或很难等效为拉向载荷时，可采用拉压垫—杠杆系统与加载作动筒组成硬式连接系统，直接施加压向载荷。

e）试验测量。测量参数包含载荷、位移、应变等，详细记录（或录像）加载过程和试验件的变形情况等，记录最终的破坏载荷、试验件破坏模式及破坏部位。对已完成阶段试验的试验件进行无损检测，记录阶段试验后试验件损伤状态变化。

5.5 机体结构

5.5.1 锐边

通过目视检查确定无人驾驶航空器机身及相关负载、配件等不存在锐边。

5.5.2 桨叶

测量微型和轻型无人驾驶航空器桨叶端部形状并记录。

5.6 整机跌落

5.6.1 试验条件

整机跌落试验条件应满足以下要求：

a）地面风速不超过 5.4m/s（3 级风等级）；

b）试验件按照确定材料、工艺生产的无人驾驶航空器产品，附有试验件合格证等证明文件；

c）试验设备和仪器均为检定合格且在有效使用期内，精度优于被试样机对应指标精度的三分之一或一个数量级。

5.6.2 试验步骤

微型和轻型无人驾驶航空器整机跌落应按以下步骤开展试验：

a）试验前先检查试验件和试验场地状态是否满足试验要求，调整无人驾驶航空器电池组电量至满电量的30% ±2%；

b）如无人驾驶航空器带有降落伞等跌落保护措施，测试并记录等效高度；

c）用吊绳对无人驾驶航空器多点起吊，以单点悬提、释放方式进行整机跌落，提升系统能使飞行状态下试验件相对撞击地面高度达到10m或等效高度，误差在±2cm以内；

d）洇整吊绳长度使试验件处于水平姿态，误差在±50以内，可通过非接触测量手段（如地面高速摄像系统等）进行试验件姿态测量；

e）选用质轻、软的吊绳，连接在试验件上软绳的附加重量不超过无人驾驶航空器自重的5%；

f）当试验件姿态和离地高度都达到预定要求后，释放锁打开，使试验件自由落体跌落至硬质铺砌水泥道面；

g）采用高速摄像机观测无人驾驶航空器撞击地面的碰撞姿态失效过程，碰撞试验结束后，目视观测30min，以确认电池是否发生自燃、着火等现象；

h）记录试验过程参数和试验现象，并进行拍照，留存试验影像资料。

5.7 动力能源系统

5.7.1 锂离子电池动力能源

5.7.1.1 试验条件

5.7.1.1.1 试验的适用性

如因受产品设计、构造或功能上的制约而无法对电池组进行试验，连同使用该电池组的无人驾驶航空器、该无人驾驶航空器附属的充电器或构成无人驾驶航空器一部分的零部件，与电池组一起进行相关试验。考虑到无人驾驶航空器的特性，仅对电池组执行电安全保护动作试验，对无人驾驶航空器在飞行过程中的锂电池组电安全保护功能不做要求。

注：无人驾驶航空器及其附带的充电器或者构成其一部分的零部件来自该电池组的制造商或者电子设备的制造商，并由该制造商提供操作说明。

5.7.1.1.2 环境条件

除另有规定外，各项试验应在下列条件下进行：

a）温度：20℃ ±5℃；

b）相对湿度：不大于75%；

c）气压：86kPa ~ 106kPa。

5.7.1.1.3 **参数测量公差**

相对于规定值或实际值，所有控制值或测量值的准确度应在下述公差范围内：

a）电压：±0.2%；

b）电流：±1%；

c）温度：±2℃；

d）时间：±0.1%；

e）仑量：±1%。

5.7.1.1.4 **温度测量方法**

采用热电偶法测量样品的表面温度。温度测试点应选取温度最不利点作为试验判定依据。可使用红外设备等辅助方式寻找最不利点。

5.7.1.1.5 **测试用充放电程序**

5.7.1.1.5.1 **测试用充电程序**

电池组采用下列方法之一进行充电：

a）制造商规定的方法；

b）电池组以 $0.2I_t$ 充电至充电限制电压（U_{Cl}）时，改为恒压充电，直到充电电流小于或等于 $0.02I_t$，停止充电；

c）在充电前电池组先按照 5.7.1.1.5.2 规定的方法进行放电，并静置 30min。

宜采用方法 a)，当不可获得方法 a）的信息时，可采用方法 b)。

5.7.1.1.5.2 **测试用放电程序**

电池组宜以推荐放电电流（I_{dr}）恒流放电至放电终止电压（U_{de}）。

5.7.1.1.6 **样品的要求**

除非另有规定，被测试样品应是客户将要接受的产品的代表性样品，包括小批量试产样品或是准备向客户交货的产品。

若试验需要引入导线测试或连接时，引入导线测试或连接产生的总电阻应小于 20mΩ。

注：导线的电阻率温度系数小于 $5 \times 10^{-3}℃^{-1}$，如康铜线等。

5.7.1.1.7 **样品的数量**

除特殊说明外，每个试验项目的样品为 3 个。

5.7.1.1.8 **样品预处理**

电池组按照 5.7.1.1.5 规定的充放电程序进行两个充放电完整循环，充放电程序之间静置 30 min。在预处理过程中不应发生起火、爆炸、漏液等现象。

5.7.1.2 试验步骤

电池组安全试验步骤如下：

a）目视检查试验样品的标识是否满足 4.7.1.1.1 的要求；

b）目视检查试验样品（电池组的本体或最小包装）的警示说明是否满足 4.7.1.1.2 的要求；

c）试验时电池组处于正常工作状态，对于有加密设置的电池组需处于解密状态，电池组安全试验项目应按表 4 进行，只有当某项试验的受试样品全部测试合格，才可判定该项试验合格。

表 4　电池组安全试验项目

<table>
<tr><th>序号</th><th>试验项目</th><th>要求及试验方法</th><th>样品编号</th></tr>
<tr><td>1</td><td>样品预处理</td><td>5.7.1.1.8</td><td>全部</td></tr>
<tr><td>2</td><td>初始容量</td><td>电池组的初始容量不低于额定容量。
电池组的初始容量测试方法如下：
a）在 20℃ ±5℃ 环境下静置 1h
b）按照 5.7.1.1.5.1 规定的充电程序充满电，静置 30min
c）按照 5.7.1.1.5.2 规定的放电程序放电</td><td>全部</td></tr>
<tr><td>3</td><td>静电放电</td><td>4.7.1.2a)
电池组按照 5.7.1.1.5.1 规定的充电程序充满电，按照 GB/T 17626.2—2018 的规定对电池组每个输出端子进行 4kV 接触放电测试（±4kV 各 10 次）和 8kV 空气放电测试(±8kV 各 10 次)</td><td>全部</td></tr>
<tr><td>4</td><td>过压充电保护</td><td>4.7.1.2b)
电池组按照 5.7.1.1.5.1 规定的充电程序充满电，继续以最大充电电流（I_{cm}）恒流充电至充电上限电压的 1.2 倍（$1.2U_{up}$），并保持该电压进行恒压充电。当出现以下两种情形之一时，试验终止：
a）恒压持续充电时间达到 1h
b）保护电路动作</td><td rowspan="3">1 ~ 3</td></tr>
<tr><td>5</td><td>过流充电保护</td><td>4.7.1.2b)
电池组按照 5.7.1.1.5.2 规定的放电程序放电，继续以过流充电保护电流的 1.5 倍（$1.5I_{cp}$）恒流充电至充电上限电压（U_{up}）</td></tr>
<tr><td>6</td><td>外部短路保护</td><td>4.7.1.2c)
电池组按照 5.7.1.1.5.1 规定的充电程序充满电，短路电池组的正负极端子，外部短路总电阻不大于 10mΩ</td></tr>
</table>

续表

序号	试验项目	要求及试验方法	样品编号
7	反向充电保护	4.7.1.2b) 电池组按照 5.7.1.1.5.1 规定的充电程序充满电，以最大充电电流（I_{cm}）反向充电 90min[a]	
8	过温保护	4.7.1.2d) 电池组高低温保护测试方法如下： a）电池组按照 5.7.1.1.5.2 规定的放电程序放电，在高于制造商规定的充电上限温度 5℃（T_{cm} +5℃）的环境下静置 6h，以最大充电电流（I_{cm}）恒流充电至充电上限电压（U_{up}）。 b）电池组按照 5.7.1.1.5.1 规定的充电程序充满电，在低于制造商规定的放电下限温度 5℃（T_{dl} −5℃）的环境下静置 8h，以最大放电电流（I_{dm}）恒流放电至放电终止电压（U_{de}）	
9	过载	4.7.1.2e) 电池组按照 5.7.1.1.5.1 规定的充电程序充满电，以过流放电保护电流的 1.5 倍（1.5I_{dp}）恒流放电至放电截止电压（U_{do}）	4
10	温度循环	4.7.1.2f) 电池组温度循环测试方法如下： a）按照 5.7.1.1.5.1 规定的充电程序充满电； b）置于 72℃ ±2℃的试验箱中，保持 6h； c）将试验箱温度降为 −40℃ ±2℃，保持 6h； d）重复步骤 b）～c），共循环 10 次，每次温度转换时间不大于 30 min； e）将电池组从试验箱中移出，20℃ ±5℃环境下静置 8h，按照 5.7.1.1.5 规定进行一次放电充电循环	5～7

a 具有防反接功能或类似设计的电池组，本条不适用。

5.7.2 氢燃料电池动力系统

5.7.2.1 试验条件

5.7.2.1.1 试验的适用性

如氢燃料电池动力系统是独立封装或能单独集成测试的模组，则可对氢燃料电池动力系统进行单独地面功能性试验。

如因受产品设计、构造或功能上的制约而无法对氢燃料电池动力系统进行单独试验，应连同使用该氢燃料电池动力系统的无人驾驶航空器或构成无人驾驶航空器一部分的零部件，与氢燃料电池动力系统一起进行相关地面联试试验或飞行试验。

5.7.2.1.2 外部条件

除另有规定外，氢燃料电池动力系统各项安全试验应在下列条件下进行：

a）环境温度：20℃ ±5℃；

b）相对湿度：50% ~100%非凝结；

c）气压：86kPa ~101kPa。

5.7.2.1.3 参数测量公差

相对于规定值或实际值，所有控制值或测量值的准确度应在下述公差范围内：

a）电压：±1%（满量程）；

b）电流：±1%（满量程）；

c）温度：±1℃；

d）压力测试仪压力：±1%（满量程）；

e）流量：1%（满量程）。

5.7.2.1.4 温度测量方法

采用燃料电池堆内置热电偶法来测量样品的堆芯温度。温度测试点由燃料电池堆制造商指定或提供温度测试接口。

5.7.2.1.5 氢气泄漏率试验

在氢燃料电池动力系统的氢气入口前气体管路上安装流量计，把氢气的入口压力设置在其工作压力，在燃料电池堆氢气出口处于开启状态下通气1min，然后关闭燃料电池堆氢气出口，在该压力保持10min，记录流量计数值。该数值与额定功率下所需理论氢气消耗量之比为所测得的氢气泄漏率。

5.7.2.1.6 样品要求

除非另有规定，被测试样品应是客户将要接受的产品的代表性样品，包括小批量试产样品或是准备向客户交货的产品。

5.7.2.1.7 样品数量

除特殊说明外，每个试验项目的样品为3个。

5.7.2.1.8 样品预测试

燃料电池堆按照5.7.2.1.5规定的氢气泄漏率试验进行测试。在预处理过程中氢气泄漏率不满足4.7.2.2要求时，则不符合本文件要求。

5.7.2.2 试验步骤

氢燃料电池动力系统安全试验步骤如下：

a）目视检查测试样品的标识是否满足4.7.2.1.1的要求；

b）目视检查氢气瓶是否具有气瓶厂家出具的检验合格证明，产品有效期和累计充放次数是否符合产品使用范围；

c）按照表5进行燃料电池堆安全试验项目，当某项试验的受试样品全部测试合格，才可判定该项试验合格。

表5 燃料电池堆安全试验项目

序号	试验项目	要求及试验方法	样品编号
1	样品预测试	4.7.2.2 燃料电池堆按照5.7.2.1.5规定的氢气泄漏率试验进行测试	全部
2	外部短路保护	4.7.2.2a) 在氢燃料电池动力系统以额定功率运行的条件下，通过最大电阻为0.1Ω的导线连接氢燃料电池动力系统输出端口的正负极至少5min来运行短路试验，目视观察燃料电池堆是否爆炸起火。 每次短路试验后按照5.7.2.1.5规定的氢气泄漏率试验进行测试	1~3
3	气瓶压力不足保护	4.7.2.2b) 在氢燃料电池动力系统以额定功率运行的条件下，当氢气瓶压力比系统制造商规定的最低供氢压力低0.5MPa时，目视观察燃料电池堆是否爆炸起火，检查系统是否发出告警信息。 每次试验后按照5.7.2.1.5规定的氢气泄漏率试验进行测试	1~3
4	过温保护	4.7.2.2c) 在氢燃料电池动力系统以额定功率运行的条件下，当燃料电池堆温度超过制造商规定的上限温度5℃时，目视观察燃料电池堆是否爆炸起火；检查系统是否发出告警信息。 每次试验后按照5.7.2.1.5规定的氢气泄漏率试验进行测试	1~3
5	过载保护	4.7.2.2d) 将氢燃料电池动力系统按照制造商规定的额定功率的1.5倍运行2min，目视观察燃料电池堆是否爆炸起火，检查系统是否发出告警信息。 每次试验后按照5.7.2.1.5规定的氢气泄漏率试验进行测试	4

5.7.3 燃油动力系统安全试验

5.7.3.1 试验条件

燃油动力系统安全试验条件应满足以下要求：

a）试验台架或者试验场地能够安全可靠固定无人驾驶航空器；

b）配备重心称量设备一套。

5.7.3.2 试验步骤

燃油动力系统安全试验步骤如下：

a）目视检查燃油动力系统是否可靠接地；

b）目视检查燃油管路是否有基本的燃油滤清装置；

c）分别在满油、半油、除死油外5%余油条件下称量无人驾驶航空器平台重心位置，应满足设计要求；

d）试验开始前按照飞行前检查单对飞机进行放飞检查，确保达到动力系统可安全启动条件后发动机开车，发动机稳定工作2min后，目视检查地面控制单元是否显示动力系统工作状态信息与告警信息。

5.8 可控性

5.8.1 限制与保护能力

5.8.1.1 试验条件

试验条件应满足以下要求。

a）飞行试验场地满足5.1.1要求。

b）轨迹测量设备测量精度优于无人驾驶航空器对应指标精度的三分之一或一个数量级，经计量检定机构的检定合格，并在有效期内；机载测量设备部分（如有）重量不超过无人驾驶航空器标配载荷的重量，确保安装牢固，对无人驾驶航空器结构无损害，对重心无影响。

5.8.1.2 试验步骤

限制与保护能力试验步骤如下：

a）检查地面站软件，确认无人驾驶航空器是否具备最大飞行高度和最大平飞速度参数设置功能。

b）对用户未开放更改权限的无人驾驶航空器，应选择产品资料（使用说明书）中规定的最大飞行高度和最大平飞速度数值，进行动态飞行测试。

c）对用户有开放权限的无人驾驶航空器，应选择小于或等于产品资料（使用说明书）中规定的最大飞行高度和最大平飞速度数值，进行动态飞行测试。

d）最大飞行高度限制试验步骤如下：

1）在满足要求的测试环境下，按照产品规范（用户使用说明书）的规定操纵无人驾驶航空器以推荐的爬升速度上升，直至其无法继续爬升飞行，确保该最大飞行高度（真高）上无人驾驶航空器可完成平飞、转弯等操控动作，其间可视情况进行降落以确保安全；

2）全程使用测量设备采集无人驾驶航空器的真高数据，绘制高度-时间历程曲线，将曲线上反映的最大真高值与限定值（或标识值）进行比较，偏差余量应不超过+15m。

e）最大平飞速度限制试验步骤如下：

1）在满足要求的测试环境下，按照产品规范（用户使用说明书）的规定操控无人驾驶航空器飞至推荐的飞行高度，然后水平直线满油门加速至最大平飞速度后保持稳定平飞 3min 以上，其间可视情况进行减速操纵以确保安全；

2）使用测量设备采集无人驾驶航空器的地速数据，绘制速度-时间历程曲线，统计稳定平飞区段（不低于 1min 或速度样本量不少于 60）的速度均值作为单程最大平飞速度；

3）按正反航向各测试一次，取两次单程最大平飞速度的均值作为最终结果，并与限定值进行比较，速度不超过限制的最大平飞速度即认为满足要求。

5. 8. 2 控制与导航精度

5. 8. 2. 1 试验条件

同 5. 8. 1. 1。

5. 8. 2. 2 试验步骤

控制与导航精度试验步骤如下：

a）悬停位置保持精度试验步骤如下：

1）按照产品规范（使用说明书）中规定的操控方式，手动或自主飞行至规定的飞行高度后进行悬停，稳定悬停时间不小于 5min。

2）使用轨迹测量设备测量并记录无人驾驶航空器稳定悬停的位置数据（测量设备位置采集频率不低于 10Hz），悬停位置保持精度按公式（1）~ 公式（4）进行计算，分别使用 σ_L 和 σ_U 表示悬停位置的水平保持精度和高度（垂向）保持精度。

3）按照产品规范（使用说明书）操控无人驾驶航空器降落后重新起飞，并标记该起飞点位置。

4）操纵飞行至距离起飞点位置超过 100m 后，触发原路返航并完成自主降落，量取降落点与起飞点的距离。

5）按不同飞行方向重复测量 3 次，取 3 次距离的平均值作为降落点位置精度。

6）合格判据：σ_L、σ_U 和降落点位置精度均符合 4. 8. 2a）的要求。

$$\Delta L_i = \sqrt{\left(E_i - \frac{\sum_{i=1}^{n} E_i}{n}\right)^2 + \left(N_i - \frac{\sum_{i=1}^{n} N_i}{n}\right)^2} \tag{1}$$

$$\Delta U_i = \left| U_i - \frac{\sum_{i=1}^{n} U_i}{n} \right| \tag{2}$$

$$\sigma_L = \sqrt{\frac{1}{n} \sum_{i=1}^{n} \Delta L_i^2} \tag{3}$$

$$\sigma_{U} = \sqrt{\frac{1}{n}\sum_{i=1}^{n}\Delta U_i^2} \tag{4}$$

式中：

n ——测量设备记录的悬停位置坐标个数；

N_i、E_i、U_i ——测量设备记录的无人驾驶航空器实际悬停位置在站心坐标系中的北、东、天方向的坐标分量，单位为米（m）；

ΔL_i、ΔU_i ——测量设备记录的无人驾驶航空器第 i 次悬停位置与平均悬停位置之间的偏差在水平方向和垂直方向的分量，单位为米（m）；

σ_L、σ_U ——悬停位置偏差的均方根在水平方向和垂直方向的分量，单位为米（m）。

b）航迹保持精度和高度保持精度试验步骤如下：

1）在地面控制单元预设航线，按照产品规范（使用说明书）操纵无人驾驶航空器起飞并进入预设航线，开启巡航模式（产品规范中定义或推荐的自主飞行模式），巡航时间不小于5min。

2）使用轨迹测量设备测量并记录无人驾驶航空器巡航时段的轨迹位置数据（测量设备位置采集频率不低于10Hz），将记录的轨迹数据与预设的航线数据按公式（5）~公式（8）进行计算。

3）分别使用 σ_R、σ_U 表示航迹保持精度和高度保持精度。

4）合格判据：σ_R 和 σ_U 均符合4.8.2b）的要求。

$$\Delta R_i = \frac{|aN_i + bE_i + c|}{\sqrt{a^2 + b^2}} \tag{5}$$

$$\sigma_{R} = \sqrt{\frac{1}{n}\sum_{i=1}^{n}\Delta R_i^2} \tag{6}$$

$$\Delta U_i = |U_i - U_{set}| \tag{7}$$

$$\sigma_{U} = \sqrt{\frac{1}{n}\sum_{i=1}^{n}\Delta U_i^2} \tag{8}$$

式中：

a、b、c ——航线参数，通过预设航线起止位置点的坐标计算而得，可根据需要对预设航点的坐标进行标校；

N_i、E_i、U_i ——无人驾驶航空器实际巡航轨迹在站心坐标系中的北、东、天方向的坐标分量，单位为米（m）；

U_{set} ——预设的巡航高度在站心坐标系中对天方向的坐标分量，单位为米（m）；

ΔR_i、ΔU_i ——测量设备记录的无人驾驶航空器第 1 个轨迹位置与预设航线之间的偏差在水平方向和垂直方向的分量，单位为米（m）；

σ_R、σ_U ——航线偏差的均方根在水平方向和垂直方向的分量，单位为米（m）。

c）水平定位精度及真高（垂向）精度试验按以下步骤进行。

1）标定飞行场地的地面海拔高度。

2）按照产品规范（使用说明书）中规定的操控方式，手动或自主飞行 10min，其间飞行高度变化范围不小于 100m，同时飞行轨迹覆盖的试验场地地面海拔变化不超过 1m，全程使用轨迹测量设备采集无人驾驶航空器的动态位置数据（测量设备位置采集频率不低于 10Hz）。

3）飞行结束后，导出地面控制单元或被试样机机载存储的定位数据，或通过第三方云平台获取无人驾驶航空器上报的位置数据，同一时空条件（相同时刻、相同坐标系统）下，按公式（9）~公式（10）计算，使用 σ_L、σ_H 表示水平定位精度和真高（垂向）精度。

4）合格判据：σ_L 和 σ_H 均符合 4.8.2c）的要求。

$$\left.\begin{aligned}\Delta E_i &= E_i - E_0 \\ \Delta N_i &= N_i - N_0\end{aligned}\right\} \tag{9}$$

$$\left.\begin{aligned}\sigma_E &= \sqrt{\frac{1}{n}\sum_{i=1}^{n}\Delta E_i^2} \\ \sigma_N &= \sqrt{\frac{1}{n}\sum_{i=1}^{n}\Delta N_i^2} \\ \sigma_L &= \sqrt{\sigma_E^2 + \sigma_N^2} \\ \Delta H_i &= |h_i - (H_i - H_o)| \\ \sigma_H &= \sqrt{\frac{1}{n}\sum_{i=1}^{n}\Delta H_i^2}\end{aligned}\right\} \tag{10}$$

式中：

n ——采集的位置数据的个数；

N_0、E_0 ——无人驾驶航空器上报的位置在站心坐标系中的北、东方向的坐标分量，单位为米（m）；

N_i、E_i ——测量设备获取的无人驾驶航空器位置为站心坐标系中北、东方向的坐标分量，单位为米（m）；

ΔH_i、ΔE_i、ΔH_i——第 i 次实时定位数据的北、东和垂直方向的定位误差（$i=1, 2, \cdots, n$），单位为米（m）；

σ_E、σ_N ——定位误差的均方根在北、东方向的分量，单位为米（m）；

h_i、H_i、H_0 ——地面控制单元或被试样机机载存储的真高值、测量设备记录的实时飞行海拔高度和起飞点海拔高度，单位为米（m）；

σ_L、σ_H ——定位误差的均方根在水平、垂直方向的分量，单位为米（m）。

5.9 防差错安全试验

5.9.1 试验条件

防差错试验条件应满足以下要求：

a）确保部件电池、电机、桨叶等部件功能性能完好；

b）试验人员操作正确。

5.9.2 试验步骤

对于电池、桨叶、电机等部件采用与整机一体化设计（用户不可随意拆卸）的产品，无需考虑防差错试验。

对于电池、桨叶、电机等部件不是与整机一体化设计的产品，防差错按以下步骤开展试验，防差错标识和结构设计应满足至少一项：

a）观察无人驾驶航空器关键部件的机械接口是否有明显的防差错标识；

b）对无人驾驶航空器关键部件的机械接口进行插入符合试验，检查其是否具有防差错功能。

5.10 感知和避让

5.10.1 试验条件

飞行试验场地应满足 5.1.1 要求。光照条件：15lx 以上。在试验场地内设置好所需障碍物，障碍物正面面积大于或等于 $2m^2$，具有较丰富但不重复的纹理。设置被测样机起飞点距离障碍物 10m 以上。

5.10.2 试验步骤

通过检查产品说明书和目视检查，确认样品是否属于豁免范围。感知和避让应按以下步骤开展试验：

a）操控无人驾驶航空器正常飞行，以无人驾驶航空器标称的避障最大速度进行测试，设置无人驾驶航空器向前飞向障碍物正面，障碍物位于无人驾驶航空器正前方传感器可观测范围内。

b）实时观测无人驾驶航空器的速度及其与障碍物的距离。观察无人驾驶航空器是否能告警提示并采取自动悬停、避让或降落等措施。

5.11 数据链保护

5.11.1 试验条件

被测样机预留上位机或测试工具的接入接口；应具有数据链安全功能的配置（添加/解除/修改）工具、抓包工具、协议分析工具和密码算法检测工具。

5.11.2 试验步骤

数据链保护试验应按以下步骤进行：

a）将地面控制单元和无人驾驶航空器置于有效的通信距离内，上电启动，检查遥控指令和遥测信息处于正常状态。

b）根据生产企业提供的技术资料，确认无人驾驶航空器数据链保护的实现方式，对采用私有协议进行数据保护的样机，按照步骤 c）~d）进行有效性验证；对采用内置密码模块进行数据保护的样机，按照步骤 e）~f）进行密码有效性及合规性验证。

c）断电后通过上位机配置（添加/解除/修改）机载端协议，使数据链保护功能失效，重新上电后检查地面控制单元，遥控指令和遥测信息均应解析失败；而当机载端重新恢复有效协议后，地面控制单元遥控指令和遥测信息同步恢复正常。

d）当机载端协议配置方式不适用时，使用抓包工具/协议分析工具采集并分析遥控、遥测数据，验证数据链加密协议是否实现机密性保护、完整性保护和防重放攻击机制。

e）对无人驾驶航空器数据链中内置的密码模块，检查是否具备认可的密码产品检测/认证机构出具的检验报告/认证证书。

f）使用抓包工具/密码算法检测工具采集并分析遥控、遥测数据，验证数据链加密协议是否实现机密性保护、完整性保护和防重放攻击机制。

5.12 电磁兼容性

5.12.1 辐射发射

辐射发射试验按照 GB/T 38909—2020 中 5.1 的规定执行。

5.12.2 工频磁场抗扰度

工频磁场抗扰度试验按照 GB/T 38909—2020 中 6.2 的规定执行。

5.12.3 辐射抗扰度

辐射抗扰度试验按照 GB/T 38909—2020 中 6.3 的规定执行。

5.12.4 静电放电抗扰度

静电放电抗扰度试验按照 GB/T 38909—2020 中 6.4 的规定执行。

5.13 抗风性

抗风性试验按照 GB/T 38930—2020 中 5.6 的规定执行。

5.14 噪声试验

5.14.1 试验条件

噪声试验条件应满足以下要求：

a）试验环境背景噪声低于无人驾驶航空器噪声至少 10dB（A）；如果测量环境为全消声室环境，理想情况下背景噪声低于无人驾驶航空器噪声 15dB（A）。

b）传声器在测量过程中安装防风罩。

c）传声器距离地面或水平墙壁距离至少 0.5m。

d）若在全消声室环境测试，则传声器至少达到 GB/T 20441.4—2006 规定的 WS2F 类型自由场传声器的要求，宜选用 WS3F 类型自由场传声器。

e）若测试在室外环境测试，则传声器至少达到 GB/T 20441.4—2006 规定的 WS2P 类型压力型传声器的要求，宜选用 WS3P 类型压力型传声器。

f）若在全消声室环境测试，按照 GB/T 3222.2—2022 进行校准。

g）若在室外环境测试，地形平坦、宽敞，并在标识中说明地面类型如水泥地、草地或泥地等，环境条件满足：

1）测试时不能有降雨；

2）测试时环境温度（T，单位为℃）不低于 5℃，且不高于 35℃；

3）测试时相对湿度不低于 20%，且不高于 90%。当其在 20%~56% 范围时，温度满足：

$$T \geqslant -2.34\times10^{-4}RH^3+3.6\times10^{-2}RH^2-2.3RH+63.58 \tag{11}$$

注 1：此处 RH 为相对湿度的百分比的分子（例如相对湿度 50% 时，则 RH = 50）。

4）测试为悬停状态时，风速小于 2.1m/s；

5）测试为飞行状态时，飞行方向的风速小于 4.1m/s，垂直于飞行方向的风速小于 2.1m/s。

h）试验设置条件。

1）无人驾驶航空器噪声测试的示意图如图 4 所示。试验将使用两个传声器，分别位于地面观测点和侧面观测点。侧面观测点与无人驾驶航空器等高。

2）当进行悬停测试时，无人驾驶航空器位于地面观测点正上方。此时，无人驾驶航空器与两个观测点的距离 L 大于或等于 $5D$（D 为无人驾驶航空器最大直径）。

3）当进行飞行测试时，无人驾驶航空器飞行路径垂直于 2 个传声器与悬停点构成的平面，且飞行高度 L 大于或等于 $5D$，侧面传声器到飞行路径的距离为

L。飞行速度大小标记在铭牌或者说明书中。

i）对于室外测试，环境温度、相对湿度、风速大小和方向的测试点应在离地面高度 1.2m ~ 10m。温度的测量误差应在 +0.5℃以内，相对湿度的测量误差应在 +3%以内。

注2： 无人驾驶航空器的最大直径 D 是指无人驾驶航空器投影在水平方向时，最小的包络圆的直径。该包络圆覆盖的区域包含了无人驾驶航空器噪声源可能的范围。

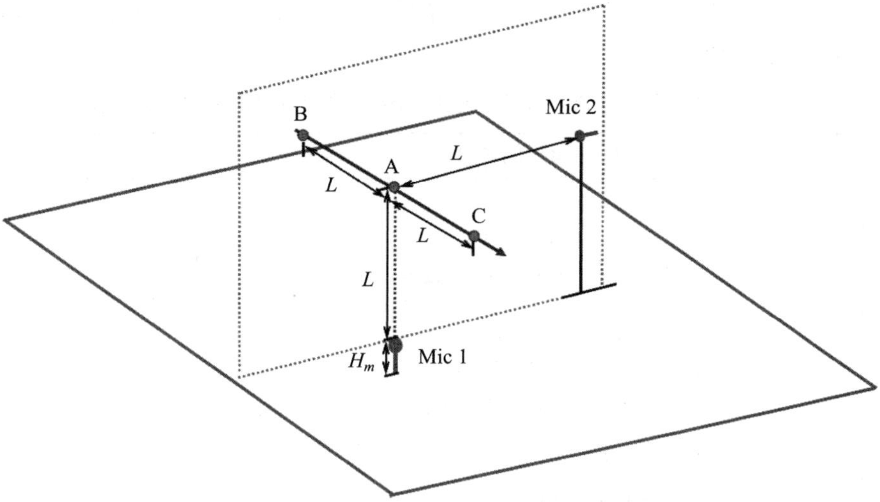

标引序号说明：

Mic 1 ——地面观测点传声器；

Mic 2 ——侧面观测点传声器；

H_m ——传声器与地面距离；

L ——航空器到观测点距离；

BAC 三点连线——飞行状态下的飞行路径。

注： 该设置用于悬停和飞行状态下的噪声测试。其中 A 点及两个传声器构成的平面垂直于地面。悬停时无人驾驶航空器位于 A 点。

图4 无人驾驶航空器噪声测试示意图

5.14.2 试验步骤

噪声试验分为悬停状态和飞行状态，应按以下步骤进行：

a）在悬停状态下。

1）旋翼无人驾驶航空器悬停达到稳定状态后，开始测量，持续时间 20s，重复至少 10 次。

2）通过两个传声器测量得到的声压信号，按公式（12）计算各自 A 计权声压级大小 SPL_i。

$$SPL_i = 10\log_{10}\frac{1}{\Delta t}\int_{t_1}^{t_2}\left[\frac{p_{A,i}(t)}{p_{ref}}\right]^2 dt \tag{12}$$

式中：

$p_{A,i}$ ——第 i 次测量所得到的 A 计权声压，单位为帕斯卡（Pa）；

$p_{ref}=20\mu Pa$ ——参考声压大小；

$\Delta t=t_2-t_1$ ——测试时间长度，t_1 为测量起始时间，t_2 为测量终止时间；

i ——第 i 次重复测量。

3）对于每一次测试，同时测量环境的温度 T_i（单位为℃）和相对湿度值（RH_i）。在满足 5.14.1g 规定的条件下，按表 6 对悬停状态的声压级测试 SPL_i 进行修正。

表 6 悬停状态下无人机噪声测量结果相对湿度和温度修正关系

<table>
<tr><th>RH_i 和 T_i 所满足的条件</th><th>修正公式</th></tr>
<tr><td>$23 \leqslant RH_i \leqslant 87$ 且
$T_i < -7.84\times10^{-5}RH_i^3 + 1.795\times10^{-2}RH_i^2 - 1.65\ RH_i + 64.36$</td><td rowspan="2">$SPL_i^* = SPL_i + 0.05dB\ (A)$</td></tr>
<tr><td>$21 \leqslant RH_i \leqslant 79$ 且
$T_i \geqslant -1.03\times10^{-4}RH_i^3 + 2.14\times10^{-2}RH_i^2 - 1.798\ RH_i + 64.27$</td></tr>
<tr><td>$21 \leqslant RH_i \leqslant 79$ 且
$T_i < -1.03\times10^{-4}RH_i^3 + 2.14\times10^{-2}RH_i^2 - 1.798\ RH_i + 64.27$</td><td rowspan="2">$SPL_i^* = SPL_i + 0.1dB\ (A)$</td></tr>
<tr><td>$20 \leqslant RH_i \leqslant 71$ 且
$T_i \geqslant -1.318\times10^{-4}RH_i^3 + 2.5\times10^{-2}RH_i^2 - 1.94\ RH_i + 63.85$</td></tr>
<tr><td>$20 \leqslant RH_i \leqslant 71$ 且
$T_i < -1.318\times10^{-4}RH_i^3 + 2.5\times10^{-2}RH_i^2 - 1.94\ RH_i + 63.85$</td><td rowspan="2">$SPL_i^* = SPL_i + 0.15dB\ (A)$</td></tr>
<tr><td>$20 \leqslant RH_i \leqslant 64$ 且
$T_i \geqslant -1.65\times10^{-4}RH_i^3 + 2.87\times10^{-2}RH_i^2 - 2.07\ RH_i + 63.2$</td></tr>
<tr><td>$20 \leqslant RH_i \leqslant 64$ 且
$T_i < -1.65\times10^{-4}RH_i^3 + 2.87\times10^{-2}RH_i^2 - 2.07\ RH_i + 63.2$</td><td rowspan="2">$SPL_i^* = SPL_i + 0.2dB\ (A)$</td></tr>
<tr><td>$20 \leqslant RH_i \leqslant 56$ 且
$T_i \geqslant -2.43\times10^{-4}RH_i^3 + 3.6\times10^{-2}RH_i^2 - 2.3\ RH_i + 63.58$</td></tr>
<tr><td>其他满足 5.14.1g 规定的条件</td><td>无需修正</td></tr>
</table>

注： SPL_i^* 表示修正后的声压级结果。

4）计算重复测试的结果的算术平均值，得到测量的 A 计权声压级大小 SPL_m，即公式（13）

$$SPL_m = \frac{1}{N}\sum_{i=1}^{N} SPL_i^* \tag{13}$$

式中：

N ——重复测量次数；

i ——第 i 次测量结果；

SPL_i^* ——修正后的第 i 次测量声压级大小；

SPL_m ——测量所得平均后的 A 计权声压级大小。

5）将测量结果按照公式（14）归一化到距离航空器等效位置为 1m 的观测点上，其中 L 的单位为米（m）。

$$SPL = SPL_m + 20\log_{10}L \tag{14}$$

式中：

L——无人驾驶航空器到传声器的距离，单位为米（m）。

6）将归一化的 A 计权声压级标记到无人驾驶航空器铭牌或者说明书。

b）在飞行状态下。

1）飞行状态中保证无人驾驶航空器在达到图 4 中点 A 前后距离不小于 $2L$；飞行过程中速度保持不变，且速度大小标记到无人驾驶航空器铭牌或者说明书。

2）在无人驾驶航空器开始飞行状态时进行测量。

3）重复至少 10 次。

4）对于每一次测量，选取两个时间点 t_1 和 t_2。在 t_1 时刻无人驾驶航空器位于图 4 中的 B 点，t_2 时刻无人驾驶航空器位于图 4 中 C 点。B 和 C 两点与 A 点的距离都为 L。

5）对于每一次测量，利用 $t \in [t_1, t_2]$ 时间段内的声压测量结果，计算两个传声器处的 A 计权声压级大小（见公式 15）。

$$SPL_i = 10\log_{10}\frac{1}{\Delta t}\int_{t_1}^{t_2}\left[\frac{p_{A,i}(t)}{p_{ref}}\right]^2 dt \tag{15}$$

式中：

$p_{A,i}$ ——第 i 次测量所得到的 A 计权声压；

$p_{ref} = 20\mu Pa$ ——参考声压大小；

$\Delta t = t_2 - t_1$ ——测试时间长度，t_1 为测量起始时间，t_2 为测量终止时间。

i ——第 i 次重复测量。

6）还同时测量环境的温度 T_i（单位为℃）和相对湿度值（RH_i）。在满足 5. 14. 1g 中规定的条件下，根据表 7 对飞行状态下测得 SPL_i 进行修正。

表 7　飞行状态下无人机噪声测量结果相对湿度和温度修正关系

RH_i 和 T_i 所满足的条件	修正公式
$23 \leqslant RH_i \leqslant 87$ 且 $T_i < -7.84 \times 10^{-5} RH_i^3 + 1.795 \times 10^{-2} RH_i^2 - 1.65\ RH_i + 64.36$	$SPL_i^* = SPL_i + 0.1dB\ (A)$
$21 \leqslant RH_i \leqslant 79$ 且 $T_i \geqslant -1.03 \times 10^{-4} RH_i^3 + 2.14 \times 10^{-2} RH_i^2 - 1.798\ RH_i + 64.27$	
$21 \leqslant RH_i \leqslant 79$ 且 $T_i < -1.03 \times 10^{-4} RH_i^3 + 2.14 \times 10^{-2} RH_i^2 - 1.798\ RH_i + 64.27$	$SPL_i^* = SPL_i + 0.2dB\ (A)$
$20 \leqslant RH_i \leqslant 71$ 且 $T_i \geqslant -1.318 \times 10^{-4} RH_i^3 + 2.5 \times 10^{-2} RH_i^2 - 1.94\ RH_i + 63.85$	
$20 \leqslant RH_i \leqslant 71$ 且 $T_i < -1.318 \times 10^{-4} RH_i^3 + 2.5 \times 10^{-2} RH_i^2 - 1.94\ RH_i + 63.85$	$SPL_i^* = SPL_i + 0.3dB\ (A)$
$20 \leqslant RH_i \leqslant 64$ 且 $T_i \geqslant -1.65 \times 10^{-4} RH_i^3 + 2.87 \times 10^{-2} RH_i^2 - 2.07\ RH_i + 63.2$	
$20 \leqslant RH_i \leqslant 64$ 且 $T_i < -1.65 \times 10^{-4} RH_i^3 + 2.87 \times 10^{-2} RH_i^2 - 2.07\ RH_i + 63.2$	$SPL_i^* = SPL_i + 0.4dB\ (A)$
$20 \leqslant RH_i \leqslant 56$ 且 $T_i \geqslant -2.43 \times 10^{-4} RH_i^3 + 3.6 \times 10^{-2} RH_i^2 - 2.3\ RH_i + 63.58$	
其他满足 5.14.1g）规定的条件	无需修正

注： SPL_i^* 表示修正后的声压级结果。

7）对重复测试的结果进行算术平均，得到测量的 A 计权声压级大小 SPL_m，即公式（16）

$$SPL_m = \frac{1}{N} \sum_{i=1}^{N} SPL_i^* \tag{16}$$

式中：

N　——重复测量次数；

i　——第 i 次测量结果；

SPL_i^*　——修正后的第 i 次测量声压级大小；

SPL_m ——测量所得平均后的 A 计权声压级大小。

8）将测量结果按照公式（14）归一化到距离航空器等效位置为 1m 的观测点上；将归一化的 A 计权声压级标记到无人驾驶航空器铭牌或者说明书。

5.15 灯光

5.15.1 试验条件

灯光安全试验条件应满足以下要求：

a）能见度良好（能见距离 10km～20km）的夜间（日落后 1h 至次日日出前 1h）进行试验；

b）无人驾驶航空器功能完好且电量充足；

c）无人驾驶航空器启动并在地面处于待飞状态。

5.15.2 试验步骤

灯光安全试验应按以下步骤进行：

a）启动无人驾驶航空器，观察航行灯是否正常开启；

b）对照使用说明书，观察灯光颜色、位置以及闪烁情况是否与说明书一致；

c）将无人驾驶航空器飞行至与操控员保持 120m 相对距离，无人驾驶航空器与操控员的相对位置示意图如图 5 所示，肉眼观察是否能看见航行灯并判断其颜色和闪烁情况。

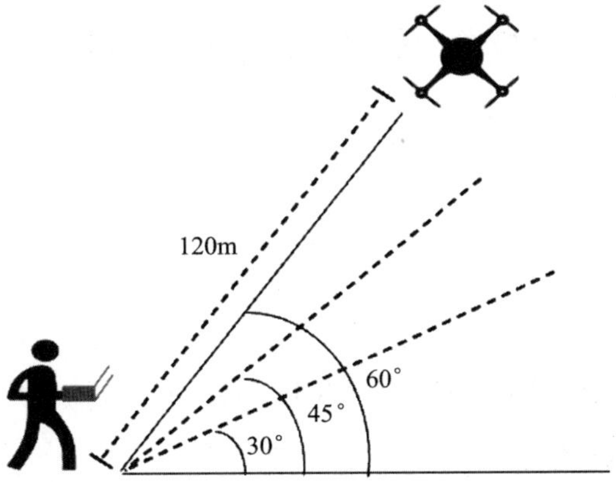

图 5 无人驾驶航空器与操控员相对位置示意图

5.16 标识

标识试验应按照以下步骤进行：

a）目视法检查产品外包装、机身标签所印刷的无人驾驶航空器唯一产品识别码是否一致并满足 GB/T 41300—2022 的要求；

b）将无人驾驶航空器上电，通过操控软件检查是否能显示无人驾驶航空器唯一产品识别码，观察操控软件显示的无人驾驶航空器唯一产品识别码是否与前述外包装、机身标签的一致；

c）目视检查是否有风险警示标识或说明；

d）目视检查是否有分类标识符，检查产品分类与分类标识是否一致；

e）目视检查无人驾驶航空器标识是否清晰、牢固、耐久。

5.17 使用说明书

目视检查有无使用说明书，检查使用说明书的内容是否符合 4.17 的要求。

6 标准的实施

在本文件实施之日前出厂或者进口的产品，可在本文件实施之日起一年内销售。

附录 A
(规范性)
远程识别

A.1 远程识别要求

A.1.1 报文，传输模式和性能要求

远程识别报文内容、报文格式、传输模式以及性能要求按无人驾驶航空器运行识别最低性能要求的相关文件执行。

A.1.2 报文传输协议

A.1.2.1 广播式远程识别

A.1.2.1.1 总则

广播式远程识别应采用 Wi-Fi 信标（Wi-Fi Beacon）或蓝牙广播协议发送报文。

A.1.2.1.2 Wi-Fi 信标帧格式

采用 Wi-Fi 信标（Wi-Fi Beacon）广播协议发送报文，Wi-Fi 信标帧（帧类别：Type 0，即管理帧，子帧类别：Subtype 8）的“厂商特定”元素字段（Vendor Specific，Element ID 为 221）承载报文消息。信标帧的帧格式如表 A.1 所示，信标帧中，1 字节报文循环计数器字段“Message Counter”的取值空间为 0 ~ 255，每发送一条报文包，则该字段的值自加 1，循环计数。详见表 A.1。

表 A.1 Wi-Fi 信标（Wi-FiBeacon）帧格式

字段	长度	取值	描述
Element ID	1	221（16 进制 0xDD）	Wi-Fi 信标帧中 Vendor Specific 元素的取值为 221
Len	1	消息长度（字节）	从 OUI/CID 字段开始到远程识别消息所有字段的总长度，单位字节
OUI/CID	3	16387004（16 进制 0xFA0BBC）	OUI/CID 固定取值 0xFA0BBC
VendType	1	13（16 进制 0xOD）	固定取值 0x0D
MessageCounter	1	0～255（16 进制 0x00～0xFF）	消息计数器，取值范围为 0～255，每发送一条报文消息则加 1，当计数值达到 255 时，则从 0 开始继续循环计数
远程识别 Message	3 + N × 25	广播式远程识别的报文消息内容	报文消息的具体内容

A.1.2.1.3 频段及信道

Wi-Fi 频段及信道应满足如下要求：

a）广播频段：2400 MHz～2476 MHz 或 5725 MHz～5829 MHz。

b）广播信道：上述广播频段中的任意信道或采用固定信道。如采用固定信道广播时，2.4GHz 频段应使用信道 6（中心频点为 2437 MHz），5.8 GHz 频段应使用信道 149（中心频点为 5745 MHz），信道带宽 20 MHz。

A.1.2.2 网络式远程识别

网络式远程识别的报文传输协议应满足轻型和小型民用无人驾驶航空器飞行动态数据管理相关要求及无人驾驶航空器运行识别最低运行性能相关要求。

A.2 试验方法

A.2.1 总则

无人驾驶航空器远程识别的技术标准分为网络远程识别和广播式远程识别，试验方法按照两种技术标准分别提出，且其中所有试验项的试验结果都达到“通过”标准，该无人驾驶航空器产品才视为符合对应技术标准的要求。

A.2.2 广播式远程识别试验

A.2.2.1 执行试验所需文件

试验申请者应填写表 A.2 以便于测试。

表 A.2　广播式远程识别试验信息表

项目	取值或描述	说明
广播协议		
远程识别开始和结束广播报文的触发条件（广播工作区间）		
广播频段或信道		
广播频次		
报文数据更新率		
异常状态的提示方式		
无人驾驶航空器紧急状态及触发方式		
无人驾驶航空器远程识别异常状态及触发方式		

A.2.2.2　测试准备

表 A.3 为本测试所需的软/硬件设备或工具。

表 A.3　广播式远程识别试验工具（软硬件）表

软/硬件设备或工具	数量	属性	用途及描述
待测无人驾驶航空器产品及配套软硬件设备	1套	必备	待测设备为确保无人驾驶航空器产品的远程识别功能能够正常工作的所需所有软/硬件设备，工具和系统
远程识别广播信号接收机	1套	必备	用于接收远程识别广播信号的无线电设备
电脑	1套	必备	用于接收和存储远程识别广播信号接收机输出报文的设备，应具备记录报文接收时间（UTC）的能力，精度为10ms

A.2.2.3　广播最小工作区间试验

A.2.2.3.1　总则

根据无人驾驶航空器制造商提供的广播最小工作区间及广播协议等信息，开始本项测试。

A.2.2.3.2　测试步骤

广播最小工作区间试验应按以下步骤进行：

a）部署能够接收对应远程识别广播协议的接收机，保持无人驾驶航空器与远程识别信号接收机在一个合理的距离范围内（通常小于5m），并实时观察接收机的输出；

b）启动无人驾驶航空器，并根据无人驾驶航空器制造商提供的远程识别开始广播的触发条件信息，构造远程识别开始广播的触发条件并尝试触发远程识别工作；

c）根据无人驾驶航空器制造商提供的远程识别结束广播的触发条件信息，构造远程识别结束广播的触发条件并尝试结束远程识别。

A.2.2.3.3 判定规则

广播最小工作区间试验判定规则应满足如下要求：

a）当触发开始广播的条件具备时，无人驾驶航空器自动广播远程识别信号，远程识别信号接收机能接收到远程识别信号；

b）当触发结束广播的条件具备时，远程识别信号接收机不再接收到远程识别信号；

c）上述广播的工作区间至少满足无人驾驶航空器在空中飞行阶段自动报送远程识别报文的能力；

d）如 a）~c）都满足要求，则该测试项通过测试。

A.2.2.4 报文元素和广播协议试验

A.2.2.4.1 总则

该测试项用于测试和检查远程识别报文元素和广播协议的符合性。

A.2.2.4.2 测试步骤

报文元素和广播协议试验应按以下步骤进行：

a）部署对应远程识别广播协议的接收机，保持无人驾驶航空器与远程识别信号接收机在一个合理的距离范围内（通常小于 50 m），并实时观察接收机的输出；

b）启动无人驾驶航空器，并触发远程识别启动工作，操控无人驾驶航空器进行多种姿态、速度和高度的飞行，包括异常状态的飞行（按照无人驾驶航空器制造商提供的无人驾驶航空器紧急状态以及远程识别异常状态的触发方法，触发无人驾驶航空器分别进入紧急状态和远程识别异常状态）；

c）观察远程识别接收机输出的所需报文元素。

A.2.2.4.3 判定规则

逐个检查远程识别接收机接收到的所需报文元素，当无人驾驶航空器进入紧急状态和远程识别异常状态时，远程识别接收机接收到的无人驾驶航空器工作状态分别为紧急状态和远程识别异常状态，则测试通过。

A.2.2.5 报文广播频次和数据更新率试验

A.2.2.5.1 总则

该测试项用于测试和检查报文数据的更新率和报文广播频次。此测试项宜在无干扰或较低干扰环境下进行，防止外部无线电信号干扰测试结果。

A.2.2.5.2 测试步骤

报文广播频次和数据更新率试验应按以下步骤进行。

a）部署对应远程识别广播协议的接收机，保持无人驾驶航空器与远程识别信号接收机在一个合理的距离范围内（通常小于5 m），并实时观察和记录接收机的实时输出。

b）启动无人驾驶航空器，并触发远程识别启动工作。操控无人驾驶航空器处于空中悬停状态或静止状态，广播时间不少于5 min。然后朝任意方向移动无人驾驶航空器控制站大于10m。

c）记录远程识别接收机接收到所需报文的时间以及每个报文数据的取值，接收机端接收报文数据的时间精度至少达到10ms。

A.2.2.5.3　**判定规则**

无人驾驶航空器广播的所需报文的广播频次以及动态报文数据和非动态报文数据的更新率都满足无人驾驶航空器运行识别最低运行性能的相关要求，则该测试项通过测试。

A.2.2.6　**远程识别传输功率**

A.2.2.6.1　**总则**

该测试项用于测试和检查远程识别传输功率。此测试项有以下两种测试方法：

a）拆分为传导发射功率测试和广播天线的水平面远场90%方向上的最低增益值测试。水平面远场90%方向上的最小全向等效辐射功率取值为传导发射功率值加上广播天线的水平面远场90%方向上的最低天线增益值。

b）在专业环境下直接测试水平面90%方向上的最低等效全向辐射功率（EIRP）。

A.2.2.6.2　**测试步骤**

启动无人驾驶航空器，并触发远程识别启动广播工作。远程识别广播功率测试应按以下两种方法进行：

a）使用仪表测试得到广播式远程识别的平均传导发射功率A；在天线性能测试实验室，使用仪表测试得到发射天线水平面远场90%方向上的最低天线增益值B；水平面远场90%方向上的最低全向等效辐射功率C的取值为A+B。

b）在专业环境下（例如：微波暗室）直接测试水平面90%方向上的最低等效全向辐射功率（EIRP）值。

A.2.2.6.3　**判定规则**

两种方法的判定规则如下：

a）最低全向等效辐射功率C的取值符合无人驾驶航空器运行识别最低运行性能的相关要求。

b）直接测量得到的最低全向等效辐射功率值符合无人驾驶航空器运行识别最低运

行性能的相关要求。

A.2.2.7 远程识别功能自检试验

A.2.2.7.1 总则

远程识别功能自检是指无人驾驶航空器产品在动力系统工作前对自身可用性进行检查并把检查结果通知运行人。无人驾驶航空器产品应在运行全过程保持对自身该功能可用性的实时检查，当功能异常或失效时，能向运行人呈现异常提示信息。

A.2.2.7.2 测试步骤

远程识别功能自检测试应按以下步骤进行：

a）部署对应远程识别广播协议的接收机，保持无人驾驶航空器与远程识别信号接收机在一个合理的距离范围内，并实时观察和记录接收机的实时输出；

b）启动无人驾驶航空器，并触发远程识别正常启动工作；

c）按照无人驾驶航空器制造商提供的远程识别异常工作触发条件，触发远程识别进入异常工作模式（如适用）；

d）观测远程识别自动发出的任何异常提示信息。

A.2.2.7.3 判定规则

当远程识别处于正常工作状态时，远程识别无任何异常提示信息。当远程识别进入异常工作状态时，则能够自动发出不限于语音、灯光或文字等形式的直观无歧义的远程识别异常提示信息，则测试通过。

A.2.3 网络式远程识别试验

A.2.3.1 执行试验所需文件

试验申请者应填写表 A.4 以便于测试。

表 A.4 网络式远程识别试验信息表

项目	取值或描述	说明
远程识别开始和结束报送报文的触发条件（报送工作区间）		
报送频次		
报文数据更新率		
异常状态的提示方式		
无人驾驶航空器紧急状态及触发方式		
无人驾驶航空器远程识别异常状态及触发方式		

A.2.3.2 测试准备

表 A.5 为本测试所需的软/硬件设备或工具。

表 A.5　网络式远程识别试验工具（软硬件）表

软/硬件设备或工具	数量	属性	用途及描述
待测无人驾驶航空器产品及配套软硬件设备	1 套	必备	待测设备为确保无人驾驶航空器产品的网络式远程识别功能能够正常工作的所需所有软/硬件设备，工具和系统
网络式远程识别测试系统	1 套	必备	用于接收和解码网络式远程识别数据的系统，接收设备应具备记录报文数据接收时间（UTC）的能力，精度为 10ms

A.2.3.3　报送最小工作区间试验

A.2.3.3.1　总则

根据无人驾驶航空器制造商提供的报送最小工作区间及报送协议等信息，开始本项测试。

A.2.3.3.2　测试步骤

报送最小工作区间试验应按以下步骤进行：

a）部署网络式远程识别测试系统，实时观察网络式远程识别测试系统的输出；

b）启动被测无人驾驶航空器并起飞，并根据无人驾驶航空器制造商提供的远程识别开始报送的触发条件信息，构造远程识别开始报送的触发条件并尝试触发远程识别工作；

c）根据无人驾驶航空器制造商提供的远程识别结束报送的触发条件信息，构造远程识别结束报送的触发条件并尝试结束远程识别。

A.2.3.3.3　判定规则

报送最小工作区间试验判定规则应满足如下要求：

a）当触发开始报送的条件具备时，无人驾驶航空器开始报送报文数据，网络式远程识别测试系统能够接收到所需的报送数据；

b）当触发结束报送的条件具备时，网络式远程识别测试系统不再接收到报文数据（外推数据除外）；

c）上述报送的工作区间至少满足无人驾驶航空器在空中飞行阶段报送报文的能力；

d）如 a）~c）都满足要求，则该测试项通过测试。

A.2.3.4　报文元素和网络传输协议试验

A.2.3.4.1　总则

该测试项用于测试和检查网络式远程识别报文元素和传输协议的符合性。

A.2.3.4.2　测试步骤

报文元素和网络式远程识别协议试验应按以下步骤进行：

a）部署网络式远程识别测试系统，实时观察网络式远程识别测试系统的输出；

b）启动被测无人驾驶航空器并起飞，被测无人驾驶航空器能启动网络式远程识别数据报送，操控无人驾驶航空器进行多种姿态、速度和高度的飞行，包括异常状态的飞行（按照无人驾驶航空器制造商提供的无人驾驶航空器紧急状态以及远程识别异常状态的触发方法，触发无人驾驶航空器分别进入紧急状态和远程识别异常状态）；

c）观察网络式远程识别测试系统所有报文元素。

A. 2. 3. 4. 3 判定规则

逐个检查网络式远程识别测试系统接收到的所需报文元素，当无人驾驶航空器进入紧急状态和远程识别异常状态时，远程识别测试系统接收到的无人驾驶航空器工作状态分别为紧急状态和远程识别异常状态，则测试通过。

A. 2. 3. 5 报文报送频次和数据更新率试验

A. 2. 3. 5. 1 总则

该测试项用于测试和检查报文数据的更新率和报文广播频次是否满足无人驾驶航空器运行识别最低运行性能的相关要求。

A. 2. 3. 5. 2 测试步骤

报文元素报送频率试验应按以下步骤进行：

a）部署网络式远程识别测试系统，实时观察和记录网络式远程识别测试系统的输出；

b）启动被测无人驾驶航空器并起飞，被测无人驾驶航空器能启动网络式远程识别数据报送，操控无人驾驶航空器处于飞行状态，连续改变飞行的姿态、速度和高度，联网报送时间不少于5min，然后朝任意方向移动无人驾驶航空器控制站大于10m；

c）记录网络式远程识别测试系统接收到每条报文的时间以及每个报文数据的取值，网络式远程识别测试系统接收报文元素的时间精度至少达到10ms。

A. 2. 3. 5. 3 判定规则

无人驾驶航空器广播的所需报文的报送频次以及动态报文数据和非动态报文数据的更新率都满足无人驾驶航空器运行识别最低运行性能的相关要求，则该测试项通过测试。

A. 2. 3. 5. 4 远程识别功能自检试验

A. 2. 3. 5. 5 总则

远程识别功能自检是指无人驾驶航空器产品在动力系统工作前，对自身可用性进行检查并把检查结果通知运行人。无人驾驶航空器产品应在运行全过程保持对自身该功能可用性的实时检查，当功能异常或失效时，向运行人呈现异常提示信息。

A. 2. 3. 5. 6　测试步骤

远程识别功能自检测试应按以下步骤进行：

a）部署网络式远程识别测试系统，实时观察和记录网络式远程识别测试系统的输出；

b）启动被测无人驾驶航空器并起飞，被测无人驾驶航空器能启动网络式远程识别数据报送；

c）按照无人驾驶航空器制造商提供的远程识别异常工作触发方式，触发远程识别进入异常工作模式（如适用）；

d）观测远程识别自动发出的任何异常提示信息。

A. 2. 3. 5. 7　判定规则

当远程识别处于正常工作状态时，远程识别无任何异常提示信息。当远程识别进入异常工作状态时，则能够自动发出不限于语音、灯光或文字等形式的直观无歧义的远程识别异常提示信息，则测试通过。

注： GB 42590—2023《民用无人驾驶航空器系统安全要求》是国家市场督管理总局和国家标准化管理委员会于 2023 年 5 月 23 日发布，2024 年 6 月 1 日实施的中华人民共和国国家标准。

三、强制性产品认证实施规则

移动电源、锂离子电池和电池组(试行)

0 引 言

本规则基于移动电源、锂离子电池和电池组的安全风险和认证风险制定，规定了实施强制性产品认证的基本原则和要求。

本规则与国家认监委发布的《强制性产品认证实施规则工厂检查通用要求》等适用通用实施规则配套使用。

认证机构应当依据通用实施规则和本规则要求编制认证实施细则，并配套通用实施规则和本规则共同实施。

生产企业应当确保所生产的获证产品持续符合认证及适用标准要求。

1 适用范围

本规则适用于列入强制性产品认证目录的移动电源、锂离子电池和电池组。由于法律法规或相关产品标准、技术、产业政策等因素发生变化所引起的适用范围调整，应当以国家认监委发布的文件为准。

2 认证依据标准

序号	产品种类	认证依据标准
1	移动电源	GB 4943.1 GB 31241
2	锂离子电池和电池组	GB 31241

上述标准应当执行国家标准化行政主管部门发布的最新版本。当需要使用标准的其他版本时，应当以国家认监委发布的文件为准。

3 认证模式

实施移动电源、锂离子电池和电池组强制性认证的认证模式为：

型式试验＋初始工厂检查＋获证后监督

上述“获证后监督”是指获证后的跟踪检查、生产现场抽取样品检测两种方式的组合。

4 认证单元划分

4.1 总体要求

应当按产品类别、型式、规格、工作原理、安全结构等不同划分认证单元。具体单元划分及样品要求详见附件1。

4.2 其他要求

相同生产者、不同生产企业生产的相同移动电源、锂离子电池和电池组，应当分别进行型式试验。

不同生产者、相同生产企业生产的相同移动电源、锂离子电池和电池组，应当在一个单元的样品上进行型式试验，其他生产者的样品应当由实验室进行产品一致性检查并进行部分项目检测，检测项目不应当少于本规则附件2规定的生产现场抽样检测项目。

5 生产企业分类原则

认证机构应当收集、整理与认证产品及其生产企业有关的各类质量信息，并据此对生产企业进行分类。认证委托人、生产者、生产企业应当予以配合。

认证机构应当将生产企业分为四类，分别用A、B、C、D表示。

生产企业分类所依据的质量信息包含如下方面：

（1）工厂检查结果（包括初始工厂检查和获证后监督）；

（2）国家级、省级各类产品质量监督抽查、强制性产品认证有效性抽查等结果；

（3）企业信用信息、媒体曝光和舆情反映、司法判决、投诉举报及消费者质量信息反馈等；

（4）其他信息。

生产企业分类原则见下表。

类别	分类原则	备注
A	(a) 近2年内（含当年）的初始工厂检查、获证后跟踪检查未发现不符合项； (b) 获证后监督检测未发现不合格； (c) 近2年内（含当年）的国家级、省级的各类产品质量监督抽查、强制性产品认证有效性抽查等检测结果均为“合格”； (d) 近2年内未发生对社会造成不良影响的产品质量事件。	应当同时满足，才能评为A类企业

续表

类别	分类原则	备注
B	(a) 近2年内（含当年）的初始工厂检查、获证后跟踪检查未发现严重不符合项，检查结论判定为“书面整改通过”； (b) 获证后监督检测未发现不合格； (c) 近2年内（含当年）的国家级、省级的各类产品质量监督抽查、强制性产品认证有效性抽查等检测结果均为“合格”； (d) 近2年内未发生对社会造成不良影响的产品质量事件。	应当同时满足，才能评为B类企业
C	(a) 初始工厂检查、获证后跟踪检查结论判定为“现场验证”； (b) 根据生产企业及认证产品相关的质量信息综合评价结果认为需调整为C类的； (c) 未收集到质量信息的初次委托认证的生产企业。	任一项满足即评为C类企业
D	(a) 初始工厂检查、获证后跟踪检查结论判定为“不通过”； (b) 获证后监督检测结果为不合格； (c) 无正当理由拒绝检查和/或监督抽样的； (d) 产品质量存在问题，可直接暂停或撤销认证证书的； (e) 国家级、省级的产品质量监督抽查、强制性产品认证有效性抽查等结果中有关强制性产品认证检测项目存在“不合格”的； (f) 不能满足其他强制性产品认证要求，被暂停、撤销认证证书的； (g) 认证机构根据生产企业及认证产品相关的质量信息综合评价结果认为需调整为D类的。	任一项满足即评为D类企业

生产企业分类应当按照D-C-B-A的次序逐级提升，按A-B-C-D的次序逐级或跨级下降。

6　认证委托

6.1　认证委托的提出与受理

认证委托人向认证机构提出认证委托，认证机构应当对认证委托进行处理，并按照认证实施细则中的时限要求反馈受理或不予受理的信息。

不符合国家法律法规及相关产业政策要求时，认证机构不得受理相关认证委托。

6.2　认证委托资料

认证委托资料应当包括：

(1) 认证委托书；

(2) 首次认证委托时，认证委托人、生产者、生产企业的注册证明（如营业执照等）；

(3) 工厂检查前的工厂检查调查表；

(4) 认证委托人、生产者、生产企业之间签订的有关协议书或合同（如ODM协议书、OEM 协议书、授权书等）；

（5）产品描述信息，主要包括：型号说明、技术参数、关键元器件和/或材料清单、电气原理图、同一认证单元内所包含的不同规格产品的差异说明等；

（6）中文使用说明书、中文铭牌和警告标记；

（7）对于变更申请，相关变更项目的证明文件（如企业更名、行政区域重新划分等）；

（8）其他必要的资料。

认证委托人应当按认证实施细则中认证委托资料清单的要求提供所需资料。认证机构负责审核、管理、保存、保密有关资料，并将资料审核结果告知认证委托人。

6.3 实施安排

认证机构应当与认证委托人约定双方在认证实施各环节中的相关责任和安排，并根据生产企业实际和分类管理情况，按照本规则及认证实施细则的要求，确定认证实施的具体方案并告知认证委托人。

7 认证实施

7.1 型式试验

7.1.1 型式试验方案

认证机构应当在进行资料审核后制定型式试验方案，并告知认证委托人。

型式试验方案包括型式试验的全部样品要求和数量、检测标准项目、实验室信息等。

7.1.2 型式试验样品要求

型式试验样品应当由认证机构或实验室在生产企业现场成品库房或生产线末端随机抽取。生产企业应当保证生产现场有多于型式试验方案要求数量的样品。

实施抽样人员应当为认证机构或实验室人员。抽样时，生产企业和抽样单位应当在抽样单上共同盖章，生产企业代表和抽样人共同签字。抽样全过程应当录制清晰视频，至少包括抽样地点、抽样样品、抽样人员和被抽样企业抽样单签字人影像、样品封条等内容。生产企业和抽样单位均需要留存抽样单和抽样视频备查。

如遇特殊情况，生产企业无法进行现场抽样，应当提前向认证机构申请报备，由认证机构批准采取远程视频方式进行抽样或另行安排。

7.1.3 关键元器件和材料

关键元器件和材料清单详见本规则附件 3。

7.1.4 型式试验检测项目

应当包括认证依据标准中规定的全部适用项目。

7.1.5 型式试验的实施

型式试验应当在符合强制性产品认证要求的实验室完成。实验室收到样品，应当在检查封条完整、核对样品无误后，对样品进行型式试验。实验室应留存检测全过程的完整记录（包含实施检测的完整视频记录），同时妥善保存所有测试样品，以保证检测过程和结果具有可追溯性。当实验室对样品真实性有疑义时，应当向认证机构反馈异常情况。型式试验结论为不合格的，在企业整改后，再次抽样进行型式试验。

7.1.6 型式试验报告

认证机构应当使用统一的型式试验报告格式。

型式试验结束后，实验室应当及时向认证机构、认证委托人出具型式试验报告。试验报告应当包含对认证单元内所有产品与认证相关信息的描述。认证委托人应当确保在获证后监督时能够向认证机构和监管部门提供完整有效的型式试验报告。

7.2 初始工厂检查

初始工厂检查是认证机构为确定生产企业的质量保证能力和产品一致性控制能力是否符合认证要求而开展的现场检查。

工厂质量保证能力应当按照《强制性产品认证实施规则工厂质量保证能力要求》及本规则附件 4、5 进行全要素检查，其中生产过程控制的检查应当覆盖生产企业的所有生产线。

认证产品一致性检查内容应当至少包含以下内容：

（1）认证产品上的信息以及其他必要的说明（如产品名称、型号、规格、生产者、生产企业、必要的警告说明等）应当与型式试验报告一致；

（2）认证产品的结构与型式试验报告一致；

（3）认证产品所用的关键元器件和材料清单与型式试验报告一致。

初始工厂检查应当在产品型式试验合格后进行。

初始工厂检查应当覆盖认证产品的所有加工场所。必要时，认证机构可到生产企业以外的场所实施延伸检查。

7.3 认证评价与决定

认证机构对型式试验结论、初始工厂检查结果和有关资料/信息进行综合评价，做出认证决定。对符合认证要求的，颁发认证证书。对存在不合格结论的，认证机构不予批准认证委托，认证终止。

7.4 认证时限

认证机构应当对认证各环节的时限做出明确规定，并确保相关工作按时限要求完成。认证委托人须对认证活动予以积极配合。对符合认证要求的，一般情况下自受理认证委托起 90 天内向认证委托人出具认证证书。

8 获证后监督

获证后监督是指认证机构对获证产品及其生产企业实施的监督。

8.1 获证后的跟踪检查

8.1.1 获证后的跟踪检查原则

认证机构应当对获证产品及其生产企业实施有效的跟踪检查，以验证生产企业的质量保证能力持续符合认证要求、获证产品持续符合标准要求，并保持与型式试验样品的一致性。

8.1.2 获证后的跟踪检查内容

获证后的跟踪检查要求同初始工厂检查，生产过程控制的检查应当覆盖生产企业的所有类别和生产线。

工厂检查现场结论为“不通过”的，不再进行生产现场抽取样品检测。

8.2 生产现场抽取样品检测

8.2.1 生产现场抽取样品检测原则

采取生产现场抽取样品检测时，认证委托人、生产者、生产企业应当予以配合。生产现场无法抽到样品的，认证机构应当要求生产企业提供销售记录并进行延伸抽样，如仍无法抽到样品的，应当对认证证书予以暂停。

当生产企业有多张有效证书时，生产现场抽取样品不得连续抽取同一证书覆盖型号。当生产企业仅有一张有效证书时，生产现场抽取样品不得连续抽取同一型号。

承担生产现场抽取样品检测的实验室应当不同于型式试验的实验室，也不同于上一批次抽样检测的实验室。认证机构委派的工厂检查员现场随机抽样后，样品直接邮寄至该实验室进行检测。抽样、核查和记录要求与型式试验阶段一致。

8.2.2 生产现场抽取样品检测内容

生产现场抽样检测项目及参考抽样数量见附件 2。

8.3 获证后监督的频次和内容

企业分类	获证后 监督频次	获证后监督内容
A 类企业	一年 1 次	（1）产品一致性检查； （2）质量保证能力检查； （3）生产现场抽样检测。

续表

企业分类	获证后监督频次	获证后监督内容
B 类企业	一年 2 次	（1）产品一致性检查； （2）质量保证能力检查； （3）生产现场抽样检测。
C 类企业	一年 3 次	（1）产品一致性检查； （2）质量保证能力检查； （3）生产现场抽样检测。
D 类企业	一年 4 次	（1）产品一致性检查； （2）质量保证能力检查： （3）生产现场抽样检测。
1. 认证机构可依据企业分类动态调整情况，产品质量变化情况及认证风险控制需求，酌情增加监督频次和内容。 2. B 类企业每年至少 1 次获证后跟踪检查要采取“不预先通知”方式进行。 3. C、D 类企业所有获证后跟踪检查均采取“不预先通知”方式进行。 4. 生产现场抽样检测应覆盖所有类别和生产者。		

8.4 获证后监督的记录

认证机构应当对获证后监督全过程予以记录并归档留存，以保证认证过程和结果具有可追溯性。

8.5 获证后监督结果的评价

认证机构对跟踪检查的结论、抽取样品检测结论和有关资料/信息进行综合评价。评价通过的，可继续保持认证证书、使用认证标志；评价不通过的，认证机构应当根据相应情形做出暂停或者撤销认证证书的处理，并予以公布。

9 认证证书

9.1 认证证书的保持

本规则覆盖产品认证证书的有效期为 5 年。有效期内，证书的有效性依赖认证机构的获证后监督获得保持。

认证证书有效期届满、需要延续使用的，认证委托人应当在认证证书有效期届满前 90 天内提出认证委托。证书有效期内最后一次获证后监督结果合格的，认证机构应当在接到认证委托后直接换发新证书。

9.2 认证证书覆盖产品的变更

产品获证后，如果产品所用关键元器件和材料、涉及产品安全的设计和电气结构等发生变更，或认证机构在认证实施细则中明确的其他事项发生变更时，认证委托人应当向认证机构提出变更委托并获得批准/完成备案后，方可实施变更。

9.2.1 变更委托和要求

认证机构应当在认证实施细则中明确认证变更的具体要求，包括认证变更的范围和程序。

9.2.2 变更批准

认证机构根据变更的内容，对提供的资料进行评价，确定是否可以变更。如需样品一致性检查、检测或工厂检查，应当在一致性检查、检测或工厂检查合格后方能批准变更。原则上，应当以最初进行全项型式试验的代表性型号样品作为变更评价的基础。

对于不需要对样品进行一致性检查、检测或工厂检查的，由认证机构直接进行评价并批准变更。

9.2.3 变更备案

对于本规则附件 3 中明确的 B 类关键元器件和材料的变更，在不需要提供样品试验的情况下，可由认证机构认可的生产企业认证技术负责人确认批准，保存相应记录并报认证机构备案。认证机构在获证后监督时进行核查，必要时做验证试验。

认证机构应当在认证实施细则中明确对生产企业认证技术负责人的相关要求。

9.3 认证证书覆盖产品的扩展

认证委托人需要扩展已经获得的认证证书覆盖的产品范围时，应当向认证机构提出扩展产品的认证委托。

认证机构根据认证委托人提供的扩展产品相关技术资料进行审核，制定补充差异项目检测方案，并告知认证委托人。方案中的项目应当不少于附件 2 生产现场抽样检测项目。实验室根据方案对扩展产品进行检测，检测合格后认证机构方能批准扩展。

9.4 认证证书的注销、暂停和撤销

认证证书的注销、暂停和撤销依据《强制性产品认证管理规定》和《强制性产品认证证书注销、暂停、撤销实施规则》及认证机构的有关规定执行。认证机构应当确定不符合认证要求的产品类别和范围，对外公开被注销、暂停和撤销的认证证书，并提供便捷查询方式。

9.5 认证证书的使用

认证证书的使用应当符合《强制性产品认证管理规定》及国家认监委有关文件的要求。

10 认证标志

认证委托人应当在产品本体的适当位置或产品标牌上加施标准规格认证标志或自行印刷/模压认证标志，并确保认证标志的管理、使用符合《强制性产品认证管理规定》及国家认监委有关文件的要求。

10.1 准许使用的认证标志式样

CCC

10.2 变形认证标志的使用

对于受体积限制/工艺限制的锂离子电池，允许印刷/模压/喷码变形认证标志，即“中国强制性产品认证”英文缩写“CCC”字样，字号与锂离子电池外形尺寸相适应。

11 收费

认证机构、实验室应当制定并公示相关收费标准，按公示的收费标准向认证委托人收取费用。

12 认证责任

认证委托人应当对其所提交的委托资料的真实性、合法性负责。

生产企业应当对量产产品与最终型式试验合格样品的一致性和质量负责。

承担生产现场抽样的认证机构或实验室应当对在生产现场抽样样品的真实性负责。

承担型式试验检测任务的实验室应当对型式试验结论及型式试验报告负责。

认证机构应当对工厂检查结论及生产现场监督抽样样品的真实性负责。

承担监督抽样检测任务的实验室应当对监督抽样检测结论及监督抽样检测报告负责。

认证机构应当对其做出的认证结论负责。

13 认证实施细则

认证机构应当依据本实施规则的原则和要求，制定科学、合理、可操作的认证实施细则。认证实施细则应当在向国家认监委备案后对外公布实施。认证实施细则除包含本规则全部内容外，还应当至少包括以下内容：

（1）认证流程及时限要求；

（2）认证委托资料相关要求；

（3）关键元器件和材料的要求（包括对于非强制性产品认证范围内的关键元器件和材料，可被接受或承认的自愿性认证证书或型式试验报告的条件和具体要求等）；

（4）初始工厂检查及获证后监督要求（企业质量保证能力和产品一致性检查要求、关键元器件和材料质量控制检测要求、ODM/OEM 模式的工厂检查要求、监督抽样检测的相关要求等）；

（5）认证变更（含标准换版）和扩展的要求；

（6）认证技术负责人的要求；

（7）收费依据及相关要求；

（8）与技术争议、申诉相关的流程及时限的要求。

附件 1：

单元划分及样品要求

一、锂离子电池和电池组单元划分及样品要求

<table>
<tr><th>产品名称</th><th>电池</th><th>电池组</th></tr>
<tr><td>单元划分要求</td><td>1. 正、负极材料、隔膜、电解液相同；
2. 安全设计相同（如泄压阀等）；
3. 形状尺寸相同（圆柱形、方形等）；
4. 装配方式相同（卷绕式、叠片式）；
5. 类型相同（硬壳、软包）；
6. 标称电压相同，每个单元内最大额定容量向下覆盖 20%。</td><td>1. 标称电压、额定容量相同；
2. 组成电池的类型相同（成分、圆柱形/方形、硬壳/软包）；
3. 组成电池的串/并联方式相同；
4. 保护电路设计布局相同；
5. 装置方式相同（内置式、外置式）。</td></tr>
<tr><td>样品要求</td><td colspan="2">1. 抽样原则：对于电池，同一单元内系列型号以最大容量向下递减 20% 为一个区间，抽每个区间内最大容量产品型号进行全部试验项目，中间容量（或最接近）和最小容量（或最接近）产品型号分别进行 GB 31241 第 4.7.3（样品容量测试）、5.2（安全工作参数）、5.3.1（标识要求）、6.1（高温外部短路）、6.2（过充电）和 7.6（挤压）试验；
2. 抽样数量：
a. 电池抽样 24 个（可多抽 6 个备用样品）；
b. 电池组抽样 37 个（可多抽 3 个备用样品）。</td></tr>
<tr><td colspan="3">1. 电池、电池组均需进行容量测试。
2. 电池组的参数应当与其内部组成电池的参数相匹配。</td></tr>
</table>

二、移动电源单元划分及样品要求

产品名称	移动电源
单元划分原则	1. 规格相同（端口数量、端口规格）； 2. 工作原理、安全结构相同； 3. 输出/输入方式相同（无线功率发射输出/有线输出，交/直流输出/输入）； 4. 组成电池的类型相同（成分、圆柱形/方形、硬壳/软包）； 5. 组成电池的串/并联方式相同； 6. 保护电路的设计布局相同。
样品要求	抽样数量：单元代表性型号样品数量至少 12 台。

附件 2：

生产现场抽样检测项目及参考抽样数量

一、锂离子电池产品抽样检测项目（GB 31241）

序号	检测项目名称	参考抽样数量
1	样品容量测试（GB 31241 中 4.7.3）	9 个
2	标识要求（GB 31241 中 5.3.1）	
3	高温外部短路（GB 31241 中 6.1）	
4	过充电（GB31241 中 6.2）	
5	挤压（GB 31241 中 7.6）	

二、锂离子电池组产品抽样检测项目（GB 31241）

序号	检测项目名称	参考抽样数量
1	样品容量测试（GB 31241 中 4.7.3）	9 个
2	标识要求（GB 31241 中 5.3.1）	
3	过压充电（GB 31241 中 9.2）	
4	过流充电（GB 31241 中 9.3）	
5	反向充电（GB31241 中 9.7）	
6	阻燃要求（GB31241 中 8.9）（适用时）	见 GB 31241 中 8.9
1. 对于锂离子电池组内部锂离子电池为“自产自销”模式的，锂离子电池抽样检测项目按表一执行。 2. “自产自销”模式指的是：A 产品的生产者为甲，生产企业为乙；B 产品的生产者为甲，生产企业为乙. A 产品是 B 产品的关键材料或部件，A 的生产目的是用于 B 产品的生产，则 A 产品的生产模式是“自产自销”模式。上述甲、乙可以为同一法律主体。		

三、移动电源产品抽样检测项目（GB 4943.1、GB 31241）

<table>
<tr><th>序号</th><th colspan="2">检测项目名称</th><th>参考抽样数量</th></tr>
<tr><td>1</td><td colspan="2">标记和说明（GB 4943.1 中 4.1.15）</td><td rowspan="11">5 个（内部为“电池”时）；
4 个（内部为“电池组”时）</td></tr>
<tr><td>2</td><td colspan="2">直接插入电网电源输出插座的设备（GB 4943.1 中 4.7）（适用时）</td></tr>
<tr><td>3</td><td colspan="2">电气间隙、爬电距离（GB 4943.1 中 5.4.2，5.4.3）（适用时）</td></tr>
<tr><td>4</td><td colspan="2">直接安装导电金属零部件的热塑性零部件（GB 4943.1 中 5.4.1.10）（适用时）</td></tr>
<tr><td>5</td><td colspan="2">抗电强度试验（GB 4943.1 中 5.4.9）（适用时）</td></tr>
<tr><td>6</td><td colspan="2">跌落（GB 31241 中 8.5）</td></tr>
<tr><td>7</td><td>充电电压控制（GB 31241 中 11.1）</td><td rowspan="3">内部为“电池”时适用</td></tr>
<tr><td>8</td><td>放电电流控制（GB 31241 中 11.4）</td></tr>
<tr><td>9</td><td>充放电温度控制（GB 31241 中 11.5）</td></tr>
<tr><td>10</td><td>设备内提供的电池组保护电路（GB 4943.1 中 M.3）</td><td rowspan="2">内部为“电池组”时适用用</td></tr>
<tr><td>11</td><td>带二次锂电池的设备的充电安全防护（GB 4943.1 中 M.4.2）</td></tr>
<tr><td colspan="4">1. 对于移动电源内部锂离子电池组为“自产自销”模式的，锂离子电池组抽样检测项目按表二执行。
2. “自产自销”模式指的是：A 产品的生产者为甲，生产企业为乙；B 产品的生产者为甲，生产企业为乙。A 产品是 B 产品的关键材料或部件，A 的生产目的是用于 B 产品的生产，则 A 产品的生产模式是“自产自销”模式。上述甲、乙可以为同一法律主体。</td></tr>
</table>

附件 3：

关键元器件和材料清单

一、锂离子电池关键元器件和材料清单

序号	关键件名称	控制参数	检测依据标准	样品数量	分类
1	正极材料	型号、成分、生产者、生产企业	GB 31241	随锂离子电池	A
2	负极材料	型号、成分、生产者、生产企业	GB 31241	随锂离子电池	A
3	隔膜材料	型号、材质、厚度、生产者、生产企业	GB 31241	随锂离子电池	A
4	电解液	型号、成分（包括锂盐和有机溶剂）、生产者、生产企业	GB 31241	随锂离子电池	A
5	PTC 热敏电阻等	型号、规格、生产者	GB 31241	随锂离子电池	A

二、锂离子电池组关键元器件和材料清单

序号	关键件名称	控制参数	检测依据标准	样品数量	分类
1	锂离子电池	型号、额定容量、额定能量、标称电压、充电限制电压、生产者、生产企业	GB 31241	24 个	A
2	外壳	材料牌号/型号、材料可燃性等级、生产者	GB 31241	样条 13mm × 130mm × 实际厚度 20 条/材料 3 块	A
3	导线	线径、材料可燃性等级、生产者	GB 31241	随锂离子电池组	A
4	印制板基材/成品板	材料牌号/型号、材料可燃性等级、生产者	GB 31241 或其他等效国家标准	样条 13mm × 130mm × 实际厚度 20 条/材料 3 块	B
5	封装材料	材料牌号/型号、材料可燃性等级、生产者	GB 31241	样条 13mm × 130mm × 实际厚度 20 条/材料 3 块	A
6	保护电路板	型号、保护电压、保护电流、保护温度	GB 31241	随锂离子电池组	A
6-1	金属-氧化物半导体场效应晶体管（MOSFET）	型号、规格、生产者	GB 31241	随锂离子电池组	A
6-2	IC	型号、规格、生产者	GB 31241	随锂离子电池组	A
6-3	保护装置（熔断器、热熔断体等）	型号、规格、生产者、生产企业	GB 31241	随锂离子电池组	A

三、移动电源（除锂离子电池和电池组部分）关键元器件和材料清单

序号	关键件名称	控制参数	检测依据标准	样品数量	分类
1	电线组件	型号、规格、生产者、生产企业	GB/T 15934	12 组	B
	外部布线（不包括电源软线）	型号、阻燃等级、生产者、生产企业	GB/T 18380. 12 GB/T 18380. 13 GB/T 18380. 22 或 GB/T 5169. 23	3 米	B
	内部布线（不包括电源软线）	线径、阻燃等级、生产者	GB/T 18380. 12 GB/T 18380. 13 GB/T 18380. 22 或 GB/T 5169. 23	3 米	B

续表

序号	关键件名称	控制参数	检测依据标准	样品数量	分类
	电源插头	型号、规格、生产者、生产企业	GB 1002 GB/T 1003 GB/T 2099. 1	21 个	B
	可拆卸插头	型号、规格、生产者、生产企业	GB 4943. 1 和 GB 1002 GB/T 1003	随整机考核	B
	电源软线	型号、规格，生产者、生产企业	GB/T 5023. 5 GB/T 5013	50 米	B
	器具耦合器（含连接器）	型号、规格、生产者、生产企业	GB/T 17465. 1 GB/T 17465. 6	12 套	B
2	机内电源单元	型号、规格、生产者、生产企业	GB 4943. 1	2 个	A
	电源适配器	型号、规格、生产者、生产企业	GB 4943. 1	2 个	A
3	小型熔断器	型号、规格、熔断特性（适用时）、分断能力、生产者、生产企业	GB/T 9364. 1 GB/T 9364. 2 GB/T 9364. 3 GB/T 9364. 4 GB/T 9364. 7	48 ~ 66 个（根据具体产品和适用标准确定）	B
	熔断器座	型号、规格、生产者、生产企业	GB/T 9364. 6	27 个	B
4	热熔断体	型号、规格、生产者、生产企业	GB/T 9816. 1	60 个	B
5	平面变压器	型号、规格、生产者、生产企业	GB 4943. 1	6 个（独立）；随 PCB 板考核	A
	平面变压器用印制板	型号、阻燃等级、生产者	GB 4943. 1	随变压器	A
6	隔离变压器	型号、规格、生产者、生产企业	GB 4943. 1 或按适用情况符合： GB/T 19212. 1 GB/T 19212. 5 GB/T 19212. 7 GB/T 19212. 17	4 个（其中 1 个是未封装的）	A
	骨架	材料牌号、燃烧等级，温度（适用时）、生产者	GB 4943. 1	骨架材料样条 5 条或随变压器	A
	绝缘胶带	材料牌号、厚度、耐压值、温度、生产者	GB 4943. 1	随变压器	
	绝缘线（含完全绝缘绕组线）	型号、线径、绝缘等级、耐热等级、FIW 级、生产者	GB 4943. 1	6 米	A

续表

序号	关键件名称	控制参数	检测依据标准	样品数量	分类
7	抑制射频干扰固定电感器骨架（热固性除外）	型号、规格（燃烧等级和温度（适用时））、生产者	GB 4943. 1	3 个	A
8	抑制无线电干扰电容器（隔离、跨线、X 类、Y 类电容器）	型号、规格、生产者、生产企业	GB/T 6346. 14 或 IEC 60384-14	58 个	B
9	安全防护用电阻器	型号、规格、生产者	GB 4943. 1	10 个	B
10	熔断电阻	型号、规格、生产者	GB 4943. 1 或 SJ 2865 或 SJ/T 11611	单体 90 个 随机 10 个	B
	小型断路器	型号、规格、生产者	GB/T 10963. 1	32	B
11	压敏电阻器/电涌抑制器	型号、规格、生产者	GB 4943. 1 和 GB/T 10193 GB/T 10194； IEC61051-2:1991 + Amdl：2009 或 IEC61643-331:2017	15 只（已获得 GB/T10193、GB/T10194 认证，否则增加 60 只）	B
12	PTC 热敏电阻	型号、规格、生产者	GB 4943. 1 和 IEC 60730-1	20 只	B
13	印制板基材/成品板	材料牌号/型号、燃烧等级、生产者	PCB： GB 4943. 1 或 SJ 3275 基材： GB/T 4721 GB/T 4722 GB/T 4723 GB/T 4724 GB/T 4725 或其他等效国家标准	样条 13mm × 130mm × 实际厚度 20 条/成品板 3 块	B
14	防火防护外壳及内或外的材料、防火挡板、装饰件材料、空气过滤装置的材料	材料牌号/型号、燃烧等级、厚度、生产者	GB 4943. 1	样条 13mm × 130mm × 实际厚度 20 条/材料 3 块	A
15	器具开关	型号、规格、生产者、生产企业	GB/T 15092. 1 和 GB 4943. 1	7 个	B

续表

序号	关键件名称	控制参数	检测依据标准	样品数量	分类
16	继电器	型号、规格、生产者、生产企业	GB 4943.1 和 IEC 61810-1：2015	7 个	B
17	安全联锁装置	型号、规格、生产者	GB 4943.1	随整机考核	A
18	光电耦合器	型号、规格、生产者	GB 4943.1	20 个	A
19	整件滤波器	型号、规格、生产者、生产企业	GB/T 15287 GB/T 15288*	按不同重量为 16/12/6/3 个（元件已认证），42/32/16/8 个（元件未认证）	B
20	光辐射单元	激光单元：型号、激光功率等级、生产者	IEC 60825-1:2014 或 IEC 60825-2 或 IEC 60825-12	随整机考核/部件考核	B
		LED 单元：型号、危险类别、生产者	GB/T 20145 IEC 62471	随整机考核	B
		LED 单元（图像投影仪）：型号、危险类别、生产者	GB/T 30117.5	随整机考核	B
21	逆变板/逆变变压器	型号、规格、生产者	GB 4943.1	随整机考核	A
22	电机（含风扇）	型号、规格、生产者	GB 4943.1	随整机考核	A
23	墙壁或天花板安装用挂架	结构（可描述/照片）、厚度、材质、生产者；螺钉：直径、长度、材质	GB 4943.1	随整机考核	A
24	IC 限流器	型号、规格（电源限制/规格、最大输入电压、最大输出负载）、生产者	GB 4943.1	6 个/随整机考核	A
25	含有电容器放电功能的 IC（ICX）及关联电阻器	型号、规格、生产者 电阻：阻值	GB 4943.1	5 个/随整机考核	A
26	绝缘垫片/挡板	材质、厚度、燃烧等级、生产者	GB 4943.1	随整机考核	B
27	无线功率发射器（无线充）	型号、输入/输出规格、生产者	GB 4943.1	1 个/随整机考核	B
	线圈	型号、额定电流、温度限值、尺寸（线圈内径、线圈外径、每层绕线数、层数）、生产者	GB 4943.1	随整机考核	B
	IC 器件	型号，输入电压/电流/功率、生产者	GB 4943.1	随整机考核	B
	温度器件（如：NTC）	型号、规格、生产者	GB 4943.1	随整机考核	B

续表

1. 上述标准自动适用其现行有效版本，如遇特殊情况，由国家认监委另行说明。 2. 上述关键件若集成在其他部件中且不能分离，则其他部件应当满足关键件的相关要求，并作为关键件列出，如，作初次级隔离用的光电耦合器集成在 IC 中，则 IC 是关键件)。 3. 若整机中含有 CCC 目录内的产品或元器件且上表未列出的，应当补充相关信息并按照 B 类关键件考核。 4. 序号 19* 仅采用 GB/T 15288 中的有关安全性能部分的要求。 5. 上述安全关键件如为非标器件，应当列入清单并按适用标准管控。

附件 4：

工厂质量控制检测要求

一、锂离子电池和电池组强制性认证工厂质量控制检测要求

产品名称	依据标准	试验项目(标准条款编号)	确认检验	例行检验	备注
锂离子电池	GB 31241	样品容量测试(4.7.3)	一次/年	/	
		安全工作参数(5.2)	一次/年	/	
		标识要求(5.3.1)	一次/年	/	
		高温外部短路(6.1)	一次/两年	/	
		过充电(6.2)	一次/两年	/	
		强制放电(6.3)	一次/两年	/	
		低气压(7.1)	一次/两年	/	
		温度循环(7.2)	一次/两年	/	
		振动(7.3)	一次/两年	/	
		加速度冲击(7.4)	一次/两年	/	
		跌落(7.5)	一次/两年	/	
		挤压(7.6)	一次/两年	/	
		重物冲击(7.7)(适用时)	一次/两年	/	
		热滥用(7.8)	一次/两年	/	
		燃烧喷射(7.9)	一次/两年	/	
锂离子电池组	GB 31241	样品容量测试(4.7.3)	一次/年	/	
		安全工作参数(5.2)	一次/年	/	
		标识要求(5.3.1)	一次/年	/	
		警示说明(5.3.2)	一次/年	/	
		耐久性(5.3.3)	一次/两年	/	
		低气压(8.1)	一次/两年	/	

续表

产品名称	依据标准	试验项目(标准条款编号)	确认检验	例行检验	备注
锂离子电池组	GB 31241	温度循环(8.2)	一次/两年	/	
		振动(8.3)	一次/两年	/	
		加速度冲击(8.4)	一次/两年	/	
		跌落(8.5)	一次/两年	/	
		应力消除(8.6)	一次/两年	/	
		高温使用(8.7)	一次/两年	/	
		洗涤(8.8)(适用时)	一次/两年	/	
		阻燃要求(8.9)(适用时)	一次/两年	/	
		过压充电(9.2)	一次/两年	/	
		过流充电(9.3)	一次/两年	/	
		欠压放电(9.4)	一次/两年	/	
		过流放电(9.5)	一次/两年	/	
		外部短路(9.6)	一次/两年	/	
		反向充电(9.7)	一次/两年	/	
对于锂离子电池组内部锂离子电池为“自产自销”模式的,其内部组成锂离子电池确认检验项目也按上表执行。					

二、移动电源强制性认证工厂质量控制检测要求

产品名称	认证依据标准	试验项目(标准条款编号)	确认检验	例行检验	备注
移动电源	GB 4943.1	标记和说明(4.1.15)	一次/年	/	
		电气间隙、爬电距离(5.4.2,5.4.3)	一次/年	/	Ⅲ类设备不适用
		设备内提供的电池组保护电路(M.3)	一次/年	/	内部为“电池组”时适用
		带二次锂电池的设备的充电安全防护(M.4.2)	一次/年	/	内部为“电池组”时适用
		热塑性材料试验(4.4.3.8)一次/年	/		
		温度测量(5.4.1.4,9.3 和 9,6)一次/年	/		
		直接安装导电金属零部件的热塑性零部件(5.4.1.10)	一次/年	/	Ⅲ类设备不适用
		预期的接触电压、接触电流和保护导体电流(5.7)(仅在正常工作条件下测试)	一次/年	/	Ⅲ类设备不适用

续表

产品名称	认证依据标准	试验项目(标准条款编号)	确认检验	例行检验	备注
移动电源	GB 4943.1	抗电强度试验(5.4.9)	一次/年(在5.4.8 湿热处理后进行)	√	Ⅲ类设备不适用
		保护连接系统的电阻(5.6.6)	一次/年	√	无接地产品不适用
		直接插入电网电源输出插座的设备(4.7)	一次/年	/	
	GB 31241	跌落(8.5)	一次/年		
		充电电压控制(11.1)	一次/年	/	内部为“电池”时适用
		放电电流控制(11.4)	一次/年	/	
		充放电温度控制(11.5)	一次/年	/	

1. 例行检验通常是在生产的最终阶段对生产线上的产品进行的100%检测,检测后,除包装和加贴标签外,不再进一步加工(根据产品和实现的特点,部分项目也可以在生产过程中完成,之后的过程不影响该项目的最终结果)。
2. 检查员现场应当采用目测、观察或者追溯例行检验的设备状态、精度、人员操作能力是否满足认证机构的要求。
3. 确认检验是为验证产品持续符合标准要求进行的抽样检测,确认检验应当按标准的规定进行;确认检验时,若工厂不具备测试设备,可委托有资质实验室试验。

附件5:

移动电源、锂离子电池和电池组生产工艺流程关键控制点

序号	生产流程	关键控制点(控制参数仅供参考)	设备(举例)
以下适用于锂离子电池生产流程			
0	环境要求	• 备料和装配段维持30万级洁净度(颗粒≤10500000个/m^3),通过初效滤网、中效滤网过滤系统拦截≥0.5μm粉尘,避免金属或金属异物污染浆料; • 温度管控:5~35摄氏度; • 湿度管控:正极0~50%(备料车间0~75%),负极0~75%; • 车间金属异物源管控,防止金属异物进入浆料、极片或产品。	新风系统、风淋室、永磁磁棒(用于吸附地面金属杂质)
1	原材料处理(也可由供应商管控并提供证明)	• 正极材料(如NCM、LFP、LCO)需控制金属杂质(Fe≤50ppm,Cu≤30ppm),去除铜锌异物,去除磁性异物; • 负极石墨原材料需浮选提纯,高温石墨化(起到提纯作用),需控制金属杂质(Fe≤50ppm,Cu≤30ppm),去除磁性异物; • 隔膜需检测孔径均匀性;纵向拉伸强度≥110MPa,横向拉伸强度≥90MPa(可根据不同隔膜厚度规定下限),适用于湿法隔膜。	磁选机或艾奇逊石墨化炉、X射线荧光光谱仪(XRF)或电感耦合等离子体(1CP)、毛细管流动法孔径分布仪(检测隔膜孔径均匀性)、高精度拉力试验机、振实密度测试设备、比表面积设备等

续表

序号	生产流程	关键控制点(控制参数仅供参考)	设备(举例)
2	浆料制备	• 浆料除铁要求≥5000GS; • 控制浆料磁性物质(正极浆料:三元材料/磷酸铁锂锰酸锂/钴酸锂≤200ppb;负极浆料:石墨/硅碳体系≤500ppb); • 浆料有效期管控≤48h。	真空搅拌机、高精度粘度计
3	极片涂布与干燥	• 涂布面密度COV:正极单面≤0.5%,正极双面≤0.5%;负极单面≤0.5%,负极双面≤0.5%。涂布时100%使用正极X射线面密度仪\负极β射线面密度仪在线监控膜片面密度; • 烘烤温度(负极30~155摄氏度,正极40~155摄氏度)分段控制,防止开裂; • 干燥后失重率(正负极≤0.5%)。	转移式/挤压式涂布机、恒温干燥箱
4	辊压与分切	• 毛刺3~8μm(产品不同,要求不同)(高倍显微镜或影像仪检测); • 分切宽度误差≤±0.1mm,收卷张力波动≤5%(圆柱≤10%)(产品不同,要求不同); • 分条工序具备外观CCD检极片漏箔(负极≤0.8mm^2); • 辊压工序100%在线测量极片厚度(测量精度±1μm)。	高精密辊压机、全自动分条机
5	极片存储(圆柱型不适用)	• 存储温度:正极(5~30摄氏度),负极(5~30摄氏度); • 存储湿度:正极(0~50%),负极(0~75%)。	低温低湿房
6	极片制片与卷绕/叠片	• 极耳焊接强度(根据基材厚度,焊接工艺,箔材类型,极耳类型制定拉力最小值); • 正负极单边OH≥0.05mm,正极极耳胶上sealant≥0.05mm(适用时); • 正极尾部裁断位置要求落在负极保护胶上,正极膜区要落在负极保护胶上(圆柱型不适用); • 卷绕100% CCD监控隔膜与正/负极的OH(圆柱型不适用),裸电芯在封装前x-ray抽检正负极OH; • 极耳裁切毛刺≤30μm,极片裁切毛刺≤25μm(根据隔膜厚度和胶纸厚度进行调整,确保毛刺无刺穿风险)(圆柱型不适用); • 卷绕过程中极片使用毛刷进行除尘,并加装磁棒进行除磁。	全自动卷绕机、激光焊接机(或超声焊接机)
7	卷绕后Hi-POT	• 测量电压:≤250V(产品不同,要求不同); • 电阻:≥1MΩ(可根据隔膜厚度调整下限); • 测试时间:≥1s。	Hi-POT测试仪
8	顶侧封(圆柱型不适用)	• 顶封后电芯进行负极与铝塑膜之间的绝缘耐压测试,电压250V±5V,时间0.5s~2s,内阻≥200MΩ(产品不同,要求不同)。	绝缘耐压测试仪

续表

序号	生产流程	关键控制点(控制参数仅供参考)	设备(举例)
9	电池(电芯)装配与注液	• 注液泵重复精度≤±3%(精密计量泵),注液封装真空度≤-50kPa; • 电解液水分≤40ppm(卡尔费休法); • 注液环境:低露点(≤-30摄氏度); • 烘烤后极片水含量≤200ppm。	真空注液机
10	化成与分容	• 电流、电压精度<0.05%(产品不同,要求不同); • 化成温度差异控制±5摄氏度。	恒流恒压化成柜、高精度分容柜
11	老化与封装	• 常温电压衰减率≤5mV/天(或者≤0.08mV/h)(产品不同,要求不同); • 铝塑膜封口强度≥10N/8mm(圆柱型不适用)(产品不同,要求不同); • 二封工序要监控电解液保有量(精度0.1g)(圆柱型不适用)。	热封机
12	防呆追溯(圆柱型套膜喷码后需满足追溯要求)	• 为确保防呆追溯的可靠性,物料标识码应当满足:原材料、半成品物料标识码的编码规则应当明确定义;所有物料的标识码应当具有唯一性。 • 应当具备全流程自动标识和拦截功能,避免不良品被接收和流出,防呆系统应当满足:各工序生产前,系统通过扫描物料标识码,自动校验物料状态,拦截不合格物料,包括原料和半成品物料;各工序生产过程中,系统对该工序的过程控制参数、过程检验结果自动校验,对校验不通过的不合格品标识不合格代码,并拦截。 • 应当具备产品全生命周期的追溯功能,追溯系统应当满足:追溯信息至少包含工序步骤和各工序的生产日期、设备编号、物料信息、过程控制参数、过程检测结果等;从电池包到电池单体、到原材料各层级的信息追溯;追溯信息上传系统存储;数据保存周期不小于产品使用寿命。	
以下适用于锂离子电池组生产流程			
13	电池(电芯)分选与配对	• 电芯按开路电压、内阻分档(或者在模组成组焊接前进行测量挑选),分档配对规则分别达到或优于6mV和6mΩ(小容量产品内阻分布可放宽,例如200mAh~500mAh,内阻20mΩ;501mAh~1000mAh,内阻15mΩ;1001mAh~1500mAh,内阻10mΩ)。	全、半自动分选机、内阻测试仪,分容测试柜
14	模组组装	• 激光焊接强度(按焊接材质及其厚度区分不同的强度,如:铝极耳,拉力≥3N;镍或铜镀镍极耳厚度≥0.08mm,拉力≥15N;镍或铜镀镍极耳厚度<0.08mm,拉力≥8N); • 焊点外观100%全检——焊点应当满足有效点个数,且有效焊点应当清晰,无发黑、无炸点、无焊穿、无虚焊、焊点无重叠,焊点不超出焊接物边缘,焊接物表面有明显熔接痕迹; • 散热结构(仅适用于以导热硅脂辅助散热的产品):导热硅脂涂布厚度0.1mm~0.3mm,接触面热阻≤0.5摄氏度/W。	激光焊接机、手动或全自动涂胶机

续表

序号	生产流程	关键控制点(控制参数仅供参考)	设备(举例)
15	BMS(电池管理系统)安装与连接(可由供应商管控并提供证据)	• 信号采集线焊接(适用时):抗拉强度≥10N,焊接过程不得对电池产生商温损伤,焊接后检查应当采用 AOl(自动光学检测,Automated Optical lnspection)或其他有效的检查方式; • 如电池组中使用引线式热电偶进行温度测量,则热电偶的固定需紧贴电池表面能测量到最高温度的位置并保证粘贴强度足够; • 如使用保护板,保护板需进行安全保护功功能(包括过压充电、欠压放电、过流充电、过流放电、短路)的确认羽测试(裸板测试保护功能); • 保护板安装工位需要做 ESD 防护(接触保护板的材料摩擦电压≤100V,表面或对地电阻在 1.0 × 105Ω ~ 1.0 × 109Ω 范围内;设备接地阻抗≤4Ω,设备漏电压≤0.3V)。	精密点焊机、耐压测试仪、AOI 检测设备
16	外壳封装(适用时)	• 检查外壳毛刺对内装电池的影响:外壳注塑进胶口、行位线、斜顶线是否避开与电池接触的位置,是否存在披锋或毛刺等可能损伤电池的结构; • 对采用螺钉固定的,应当对扭矩做出要求并做检查,对螺钉数量进行计数防呆(或检查是否遗留未固定螺钉在产品内部),且螺钉不应当对内装电池造成损伤; • 组装全过程应当防止异物进入产品内部。	
17	产品追溯扫码	• 电芯、BMS 和电池的 SN 码应当关联,并录入企业的数据管理系统,至少保存 3 年。追溯保留时间不短于使用寿命。	MES 或 BIS 或等同功能的数据系统,扫码枪
18	功能测试	• 100% 测试开路电压、内阻;若有保护功能的还应当测试充放电过流保护(或在前级工序完成测试);若有电量计功能,还应当有条码写入(仅适用于多串有电量计的设计),上锁、shutdown、RSOC、FCC 等功能。	锂离子电池成品测试仪
19	产品尺寸测量	• 测试产品长宽厚尺寸,使用通止规或 CCD 或 PPG 工具测试产品尺寸是否符合设计规格。(亦可抽检)。	通止规,或 CCD 或 PPG 设备
以下仅适用于移动电源生产流程			
20	组装	• 检查外壳、结构毛刺对内装电池、PCBA 板的影响; • 对采用螺钉固定的,应当对扭矩做出要求并做检查,对螺钉数量进行计数防呆,且螺钉不应当对内装电池造成损伤; • 组装全过程中应当防止异物进入产品内部; • 对 PCBA 主板需随生产线进行自耗电全检(亦可在 PCBA 主板生产端测试)。	扭力测试仪、温度测试仪
21	组装测试	• 对储能型移动电源进行绝缘、耐压、接地测试。	功率计、充电器、数据线、负载仪、诱骗器、绝缘耐压测试仪
22	成品老化	• 对移动电源直流输入、输出接口的满充、满放测试(可抽检)。	老化柜

续表

序号	生产流程	关键控制点(控制参数仅供参考)	设备(举例)
23	成品测试	• 对移动电源直流输入、输出接口的过载、带载测试(亦可在PCBA主板生产端测试)。	功率计、充电器、数据线、负载仪、诱骗器
24	成品追溯	• 关键测试数据需进行追溯,并录入企业的数据管理系统,至少保存3年。追溯保留时间不短于使用寿命。	
1. 各生产企业应当结合不同产品特性，自主斜定相关控制要求及限定参数。 2. 生产企业符合上表的要求,不免除其遵守国家法律法规及相关标准的法定义务。			

注:《强制性产品认证实施规则 移动电源、锂离子电池和电池组(试行)》由国家认证认可监督管理委员会于2025年7月28日发布,2025年8月15日实施。

参考文献

[1] 冯登超:《无人机结构与系统》,化学工业出版社,2023 年。

[2] 王晓斌、白雪材、高爽:《无人机应用技术》,重庆大学出版社,2023 年。

[3] 何志凯、舒振杰、王晓华等:《无人机空中交通管理体系架构研究》,《标准科学》2025 年第 1 期。

[4] 鲁亚飞、陈清阳、朱炳杰等:《反潜无人机的发展与任务样式》,《国防科技》2025 第 2 期。

[5] 段海滨、梅宇、牛轶峰等:《2024 年无人机热点回眸》,《科技导报》2025 年第 1 期。

[6] 廖勇、覃录智、刘思其:《无人机在低空经济中的应用综述》,《贵州大学学报(自然科学版)》2025 年第 4 期。

[7] 韩喆、卢薇青、王安可:《无人机在农业低空经济中的应用与技术创新》,《上海信息化》2025 年第 6 期。

[8] 宰存宝:《无人机在消防灭火救援中的应用》,《今日消防》2025 年第 7 期。

后记

《无人机技术与应用》一书的出版，是苏州市安全技术防范行业协会（以下简称“苏州市安防协会”）无人机分会和苏州市职业大学安防学院成立之后的衍生品。

2018 年 6 月 8 日，苏州市职业大学与苏州市安防协会共建苏州市职业大学安防学院的签约仪式在苏州市职业大学举行。苏州市职业大学党委书记钮雪林、校长曹毓民、副校长陶亦亦和苏州市安防协会理事长陈冬根、秘书长王坤泉等领导参加了签约仪式。为了推进安防学院人才培养工作的开展，这一年的年底，在房余龙完成了《中国玉器赏识》一书 61 万字书稿的时候，苏州市安防协会王坤泉秘书长便与其商量组建无人机分会的有关事项。同年 12 月 28 日，无人机分会在苏州市安防协会三届一次会议上宣告成立，理事长、秘书长分别由协会理事长陈冬根、秘书长王坤泉兼任，退休的苏州市公安局内保支队政委于志江出任常务副秘书长，苏州市公安局治安支队老领导、苏州市安防协会首席顾问房余龙和苏州航模协会会长沈元冈、秘书长王树栋等担任顾问，苏州市公安局治安支队副支队长郭文华到会致辞祝贺。2019 年 1 月 5 日，王坤泉秘书长在嗨森无人机有限公司召开了无人机分会首次理事会、专家会。会上，房余龙从培训和服务两个方面，提出了无人机分会年度工作构想，嗨森公司总经理田超和于志江等与会的其他同志，也发表了建设性意见。此后不久，秘书长王坤泉在征求有关方面领导的意见后，确定由房余龙担任《无人机技术与应用》这一无人机培训教材的主编。

为了使教材既适用于社会培训教学，又适用于苏州市职业大学学生选修课的学习，2019 年 2 月 28 日，无人机培训教材编写工作会议在苏州市职业大学举行，该校校企办主任张芬，计算机学院院长李金祥、副院长曾海，无人机编码博士宋雅娟和苏州大学高级工程师冷飞，以及苏州市公安局治安支队分管无人机安全管理工作的警官王乐明等人应邀到会。会上，房余龙主编与大家分享了培训教材编写的思路，听取了大家的建议。会后，参加培训教材编写工作的杨智岚、杨鹏正、田源、吕鑫、陈泓、高黑兵等人，根据主编房余龙的分工，开始了无人机培训教材的编写工作。后在王坤泉秘书长的统一安排下，自 2019 年 7 月起，无人机培训教材的内容摘要，便开始在《苏州安防》上陆续刊出，供读者学习交流。

2020 年 6 月 28 日，在培训教材即将完稿之际，王坤泉秘书长主持召开了有苏州市职业大学计算机学院李金祥院长、曾海副院长以及谭方勇老师、于复生老师、房余龙主编等人参加的专门会议，就教材内容及其使用等问题进行了研讨确认。四个月后，《无人机技术与应用》结稿。2021 年 4 月，首版《无人机技术与应用》由苏州大学出版社出版。

再版《无人机技术与应用》的修订编写工作于 2025 年 3 月 9 日启动。

《无人机技术与应用》的修订再版，既是当今世界无人机热的产物，也是苏州职业技术大学无人机选修课教材的需要。在修订编写这本新书的过程中，高黑兵付出的辛劳最多，他也是首版《无人机技术与应用》的作者之一。王坤泉是上一版《无人机技术与应用》一书的发起者、策划人、副主编。新书得以出版，还得到天津大学王凯峰老师和苏州大学陈涛处长以及深圳市无人机产业协会副秘书长黄超勇等多位专家、学者、艺术家的支持与帮助。

南京航空航天大学电子工程学院副院长、电磁频谱空间认知动态系统工信部重点实验室常务副主任张小飞教授、博士生导师，在身兼多职的百忙之中为本书作序。清华大学艺术学院高研班导师、同济大学艺术顾问、中国美术家协会会员胡一龙和苏州科技大学研究生李双双，主导设计了本书的封面。苏州市新文化艺术培训中心办公室主任章静娟和崔廷勇老师，为本书文字打印、制图提供了无私的帮助。苏州国质信网络通讯有限公司董事长徐锋为本书的编写出谋划策。在此衷心感谢各位对编者的厚爱，为本书做出的贡献！放眼世界，无人机行业发展突飞猛进，日新月异，主客观因素所致，本书难免有遗漏和欠妥之处，敬请方家指教！

编者

2025 年 7 月 20 日